国家科学技术学术著作出版基金资助出版

# 土壤环境质量与食用农产品安全

刘凤枝　李玉浸　刘书田　等编著

化学工业出版社

·北京·

本书分为基础篇和应用篇，共九章。基础篇主要介绍了农产品生产对土壤质量的要求，土壤污染对农业生产的影响，土壤环境质量监测与评价对农产品安全生产的重要作用；现行农田土壤环境质量标准及评价体系；新土壤环境质量标准及评价体系的研究与建立；土壤（重金属）环境质量监测技术；农田土壤环境质量监测结果的评价等内容。应用篇主要介绍了新评价体系的应用概述；新评价体系在土壤环境质量等级划分及种植结构调整中的应用；新评价体系在农田污染土壤修复效果评估中的应用以及对土壤环境质量高风险区的预测等内容。

本书具有较强的知识性和针对性，可供环境、农业、食品等领域的工程技术人员、科研人员和管理人员参阅，也可供高等学校相关专业师生参考。

**图书在版编目（CIP）数据**

土壤环境质量与食用农产品安全/刘凤枝等编著. —北京：化学工业出版社，2018.3

ISBN 978-7-122-31491-8

Ⅰ.①土… Ⅱ.①刘… Ⅲ.①土壤环境-环境质量-关系-农产品-安全生产-研究 Ⅳ.①X833②S37

中国版本图书馆 CIP 数据核字（2018）第 024898 号

责任编辑：刘兴春　刘　婧　　　装帧设计：韩　飞

责任校对：王　静

出版发行：化学工业出版社（北京市东城区青年湖南街 13 号　邮政编码 100011）

印　　刷：北京京华铭诚工贸有限公司

装　　订：三河市瞰发装订厂

787mm×1092mm　1/16　印张 21　字数 497 千字　　2018 年 9 月北京第 1 版第 1 次印刷

购书咨询：010-64518888（传真：010-64519686）　售后服务：010-64518899

网　　址：http://www.cip.com.cn

凡购买本书，如有缺损质量问题，本社销售中心负责调换。

**定　　价：98.00 元**

# 《土壤环境质量与食用农产品安全》编著人员名单


**编著者**（排名不分先后顺序）：

| | | | | | |
|---|---|---|---|---|---|
| 刘凤枝 | 李玉浸 | 刘书田 | 韩国生 | 刘　岩 | 师荣光 |
| 徐亚平 | 蔡彦明 | 郑向群 | 李晓华 | 姚秀蓉 | 王跃华 |
| 秦　莉 | 霍莉莉 | 安　毅 | 林大松 | 谭炳昌 | 王　伟 |
| 王晓男 | 王　玲 | 米长虹 | 战新华 | 刘卫东 | 王宪仁 |
| 张铁亮 | 赵玉杰 | 黄碧燕 | 凌乃规 | 谭仕彦 | 高明和 |
| 黄　毅 | 董淑萍 | 贾兰英 | 刘淑萍 | 邱　丹 | 万晓红 |
| 董文忠 | 王　迪 | 刘春湘 | 王　农 | | |

# 前 言

万物土中生，土壤是地球表面岩石经千百万年风化形成的，是大自然馈赠给人类的珍贵礼物，人们在土地上种植、收获，得以生存繁衍。

然而，工业化进程的加快，特别是矿山的开采、冶炼、加工等，对土壤造成了不同程度的污染。土壤环境的质量直接影响农产品的产量和安全质量。

为保证食用农产品安全，早在2006年我国就颁布了《中华人民共和国农产品质量安全法》及与之配套的《农产品产地安全管理办法》，其中明确规定了对农产品产地进行监测与评价，把不符合农产品安全生产的区域划为禁止生产区等内容。2016年又颁布了《土壤污染防治行动计划》（简称“土十条”），提出：到2020年，全国土壤污染加重趋势得到初步遏制，土壤环境质量总体保持稳定，农用地和建设用地土壤环境安全得到基本保障，土壤环境风险基本得到管控。受污染耕地安全利用率达到90%左右，污染地块安全利用率达到90%以上。这就对土壤的监测评价工作提出了更高的要求，其结果应更贴近实际情况。

科学研究的目的就是为生产实践服务。农田土壤环境质量监测评价就是要分析污染土壤对农产品产量和安全质量的影响，以达到既充分利用宝贵的耕地资源，又不生产超标农产品的目的。然而，土壤重金属污染监测评价又是一个非常复杂的问题，也是多年来困扰学术界的难题，有业内专家把它称为“世界级的难题”。因为，农作物在土壤中生长，从土壤中吸收有毒有害物质，不仅与土壤中该物质的总含量有关，还与其在土壤中存在的状态、农作物吸收利用的方式、农作物生长发育过程中的温度和湿度等众多环境因素有关。

虽然1995年我国颁布了《土壤环境质量标准》，给出了重金属在土壤中最高允许含量（总量），但土壤中重金属总量只能提供潜在储量的信息，并不能反映重金属可进入植物体内有害离子的数量。这是由于重金属在土壤中大部分以不能溶解的固定状态存在，而只有极小部分存在于土壤溶液中。作物根系从土壤溶液中吸收重金属离子，传输至作物各部位及籽实中，能被作物根系吸收的重金属的形态为有效态。土壤中有效态重金属含量决定着作物吸收利用重金属的程度。

然而，不同的土壤类型，其土壤质地、pH值、阳离子代换量、有机质含量等不同，这些因素均会影响土壤中重金属的有效态含量；不同的作物种类对污染物的吸收能力不同，作物的不同部位对污染物的蓄积能力也不尽相同；再加上不同地域的温度、湿度等影响，导致不同的土壤类型、不同作物种类其重金属有效态临界值是不同的。因此，制定全国统一的土壤中重金属含量限值作为评价农产品产地土壤中重金属的标准，是不能满足农产品产地污染监测与评价需要的。

对土壤环境质量进行监测评价，就要从土壤-植物生态体系出发，针对不同土壤类型、不同作物种类，制定出相应的临界值，作为土壤重金属污染评价的指标值，以确定土壤环境质量对种植作物的适宜性，以及对农产品产量和安全质量的影响。

虽然在理论上，用临界值作为评价土壤环境质量对种植作物的适宜性是科学、可行的，但在实际操作中，对于我国众多的土壤类型、繁杂的作物种类，为8种重金属污染元素一一制定出相应的临界值作为土壤污染评价的指标值是一项巨大的、难以实现的工程。为将这一复杂问题简化，使之在操作上成为可能，我们根据多年的监测工作实践，选择了分布在我国不同地域的具有代表性的黄淮海平原潮土区土壤、辽东半岛棕壤区土壤、长江中游红壤区土壤、长江三角洲水稻土和刁江流域水稻土5种土壤类型；在作物种类上，选择了种植广泛且对污染物相对敏感的大田作物水稻、菜田作物青菜2种作物；在污染元素的选择上，选择了在监测中出现问题较多的铅、镉2种污染元素。试图通过此项研究得出规律，制定出《农产品产地土壤重金属临界值制定技术规范》，供有关单位在需要时使用，以避免对所有的土壤类型、各种作物种类一一制定临界值。

本书采用了盆栽实验与田间小区实验相结合的研究方法，实验虽完成于十几年前，但至今仍具有很强的学术意义与参考价值，有效态重金属的提取采用DTPA法，有效态及其他项目的测定按照相关国家标准或行业标准执行。

研究工作的关键，一是盆栽实验的浓度梯度的设计和确定；二是污染小区的选择。能否把握住关键环节，需要以往的工作基础。首先是广泛查询相关资料，了解实验土壤当地背景值、土壤理化性质等；其次是通过当地开展的土壤环境质量普查、例行监测结果等，掌握当地水稻、青菜主产区的污染状况，找出铅、镉的最大超标倍数，估算临界值范围。

在以上工作基础上，本着将污染临界值设计在浓度梯度之中的原则，设计了8个浓度梯度；同时考虑为避免盆栽实验的偶然性与不稳定性，将每个梯度设计为5次重复。

临界值的确定以国家食品卫生标准中铅、镉的限量指标值为依据，在实验中，当糙米和青菜中铅、镉达到这一含量时，根据数学模型计算出土壤中铅、镉的总量和有效态的含量值。

盆栽实验结果，因其添加污染物浓度、温度、湿度、浇水、施肥等均是在可控条件下进行的，实验结果相关性较好，$r$值均在0.90以上，甚至可达到0.99。虽然盆栽实验有条件可控、污染物浓度可依研究需要添加等优势，但考虑到土壤的固化作用（固化时间会影响土壤中污染物的形态），在实验前虽然已将污染物加入待试土壤中经过一段时间的固化，但与在实际中经过多年固化的土壤中的重金属相比仍有很大差距。因此，还要选择与盆栽实验相同的土壤类型，并且糙米和青菜中铅、镉超标的地块进行小区实验，用于验证盆栽实验得到的临界值。

田间小区实验，虽可弥补盆栽实验固化时间不足的问题，但需要在实际工作中寻找污染较重且涵盖临界值的地块一般难度较大；另外，在管理上，因为是在开放条件下进行，降雨、降尘、酸雨等各种影响因素难以控制，得到的实验结果相关性往往不够理想。因此，临界值的确定，还应以盆栽实验为主，适当地参考小区田间实验结果进行调整。

通过上述研究，摸索出一套制定土壤中重金属临界值的技术方法，并形成了《农产品产地土壤重金属临界值制定技术规范》，在本书第三章第一节中叙述了这一研究过程。

通过上述研究可知，土壤环境质量不仅和土壤中重金属的绝对含量有关，而且还和土壤中目前重金属的含量水平与达到临界值的距离（土壤容量）有关。因此，对土壤环境质量进行评价，要从土壤对重金属的累积性与适宜性两个方面进行，二者缺一不可。因为，土壤作为各种污染物的最终蓄积地，随着时间的推移和环境污染的加剧，土壤中污染物的蓄积量是不断累积的，而且是不可逆的。也就是说，污染物一旦进入土壤就难以被清除，所谓的土壤污染治理也只能是改变其形态，使之成为作物难以吸收利用的形态而已。因此，掌握污染物在土壤中的累积程度、累积速率以及现有浓度与临界值之间的差距，对有效地把握土壤目前的环境质量状况及可利用年限至关重要。

研究土壤重金属临界值是为了更有效地评价农田土壤对种植作物的适宜性。即当土壤中某种污染物的含量达到该土壤中种植作物种类临界值时，就对该农产品的产量或安全质量构成了威胁。根据土壤中污染物的含量及其与临界值之间的差距，就可以把农田土壤划分为适宜区、限制区和禁产区。

然而，从对耕地土壤的有效管理和合理利用的角度出发，还需对土壤环境质量分等定级，根据土壤适宜种植作物的种类，可将土壤环境质量分为四级。一级地：土壤环境质量良好，适宜种植各类农作物；土壤中重金属对各类农作物适宜指数均小于1，且未有因污染减产或超标现象。二级地：已不适宜种植对环境条件敏感的农作物，但尚可种植具有一般耐性的农作物；土壤中某些重金属已对某类敏感农作物造成威胁，使其适宜指数大于1，或因污染有明显的减产或超标现象；而对一些具有一定耐性的农作物，适宜指数仍小于1，且尚没有因污染有明显的减产或超标现象。三级地：已不适宜种植具有一般耐性的农作物，但尚可种植具有较强耐性的农作物；土壤中某些重金属已使具有一定耐性的农作物适宜指数大于1，或有因污染明显的减产或超标现象；而对一些耐性较强的农作物，适宜指数仍小于1，且没有因污染明显的减产或超标现象。四级地：已不适宜种植食用农产品，但可种植非食用农产品；土壤中某些重金属已使各类食用农产品适宜指数均大于1，或因污染导致减产或超标现象。

综上所述，要较全面地反映土壤环境质量状况，就要用累积性评价和适宜性评价相结合的方法加以表述；为对耕地进行有效管理与合理利用，就应根据适宜种植的作物把耕地分等定级。由此形成了《耕地土壤重金属污染评价技术规程》，在第三章中有详细描述。

全书共分上、下两篇，上篇为基础篇（第一章～第五章），下篇为应用篇（第六章～第九章）。第一章绪论介绍了土壤重金属问题的由来及相关内容；第二章现行农田土壤环境质量标准及评价体系介绍了国内外土壤环境质量标准、评价的主要方法以及存在的问题；第三章新土壤环境质量标准及评价体系的研究与建立介绍了新标准体系的实验研究过程、结论的形成、标准的制定等内容；第四章土壤（重金属）环境质量监测技术介绍了监测的程序、内容、方法等；第五章农田土壤环境质量监测结果的评价介绍了基于不同监测目的的评价方法；第六章新评价体系的应用概述介绍了土壤中重金属累积性评价与适宜性评价的适用范围及在典型污染区调查中的应用；第七章新评价体系在土壤环境质量等级划分及种植结构调整中的应用介绍了土壤环境质量的等级划分、农作物种类的敏感性排序及种植结构调整等；第八章新评价体系在农田污染土壤修复效果评估中的应用介绍了农田污染土壤修复目标的确认、修复技术的选择及修复结果的评估；第九章土壤环境质量高风险区域预测介绍了土壤环境容量及其影响因素、我国土壤环境背景值分布规律、我国主要农作物种植主产区分布、我国土壤环境质量高风险区域的预测等。

本书由刘凤枝、李玉浸、刘书田等编著，具体分工如下：第一章由韩国生、刘书田、刘凤枝、王农编著；第二章由刘书田、李玉浸、韩国生、刘凤枝编著；第三章由刘凤枝、李玉浸、刘书田、刘岩、师荣光、徐亚平、蔡彦明、郑向群、李晓华、黄碧燕、凌乃规、谭仕彦、高明和、黄毅、贾兰英、刘淑萍、董淑萍、邱丹、万晓红、董文忠编著；第四章由李玉浸、刘凤枝、韩国生、战新华、王跃华、姚秀蓉、刘卫东、王宪仁、张铁亮、赵玉杰编著；第五章由刘凤枝、李玉浸、韩国生、秦莉、安毅、霍莉莉、林大松、谭炳昌、王伟编著；第六章由刘凤枝、刘书田、李玉浸、韩国生、王晓男、王玲编著；第七章由刘凤枝、李玉浸、秦莉、王迪、刘春湘编著；第八章由刘凤枝、李玉浸、林大松、米长虹编著；第九章由刘凤枝、李玉浸、安毅、霍莉莉编著。全书最后由刘凤枝、韩国生统稿定稿。

本书是作者项目组根据多年来从事土壤环境质量监测工作中遇到的问题，在农业部、科技部、国家标准化委员会等有关部门的支持下，项目组成员的大力协作下，进行了大量的实验研究基础上完成的，倾注了项目组全体成员的大量心血。

本书在编著过程中，参考了该领域专家、学者等的部分相关内容，在此表示衷心感谢！

由于编著者研究水平有限，疏漏与不妥之处在所难免，敬请广大读者批评指正。

**编著者**

**2018年1月**

# 目录

## 上篇 基础篇

# 下篇　应　用　篇

# 上篇

# 基础篇

# 第一章

# 绪　论

## 第一节　农产品生产对土壤质量的要求

土壤质量是农业生产的基础。土壤质量包括土壤肥力质量和土壤环境质量两个方面。良好的土壤质量应该是：土壤的肥力质量能满足农作物生长发育的需要；土壤的环境质量（土壤中所含有毒有害物质）不影响农作物产量和食用农产品的安全质量。

### 一、土壤的肥力质量

#### （一）土壤的组成和性质是农业生产的基础

1. 土壤的组成

土壤是由固相、液相和气相三相物质组成的疏松多孔体。固相物质是岩石风化后的产物，包括土壤矿物质、土壤中动植物残体的分解产物和再合成物质，以及生活在土壤中的微生物。土壤矿物质构成土壤的无机体，后两者构成土壤的有机体。在土壤固相物质之间有大小不同的孔隙，孔隙中充满了水分和空气。

（1）土壤的化学组成　土壤是三相物质共存的统一体，为植物提供必需的生存条件。土壤固相物质由不同粒径的原生、次生矿物质和有机物质、土壤动物、微生物组成，是土壤的基础物质。土壤液相物质包括土壤水分和各类可溶性电解质。土壤气相物质是存在于土壤孔隙中的空气。一般来说，土壤中的固相占土壤质量的70%～90%，占土壤总容积的50%；液相占土壤质量的10%～30%，占土壤总容积的20%～30%；气相占土壤质量的1%以下，占土壤总容积的20%～30%。

土壤液相是溶解了固相和气相成分的溶液，其成分又反过来影响着固相和气相成分的溶解和分解作用。虽然固相、液相和气相三相物质化学成分之间相互转化，但固相的化学成分在整个土壤成分中具有决定性的作用，因此土壤化学组成受土壤土质、大气、温度、湿度、土壤生物的影响，体现了不同土壤类型成土物质与成土条件的特性；同时在人为因素的影响下，土壤化学组成也会发生一定的改变。

① 土壤矿物质的化学组成。土壤矿物质构成了土壤的骨架，支撑着植物的生长。多数耕作土壤中矿物质占土壤总质量的90%以上。土壤矿物质是岩石经过风化作用形成的不同大小的矿物颗粒（砂粒、土粒和胶粒）。土壤矿物质种类很多，化学组成复杂，它直接影响到土壤的物理、化学性状和化学组成，是植物生长所需的矿物养分来源。土壤矿物质可划分为原生矿物质和次生矿物质。

原生矿物质是原始成岩矿物在风化过程中仅遭到机械破碎而没有改变成分和结构的一类矿物，基本上保持了岩石中的原始化学成分，主要有硅酸盐类、氧化物类、硫化物类、磷酸盐类（表 1-1）；次生矿物质是原生矿物在风化过程中形成的新矿物，包括各种简单盐类、铁铝氧化物和次生硅酸盐黏土矿物类（如高岭土、蒙脱土），它们是土壤矿物质中最活跃的重要物质成分。土壤矿质营养元素主要来源于土壤矿物质，土壤矿物质含有的主要元素有氧、硅、铝、铁、铅、镁、钾、钠、磷、锰等 10 多种常量元素和 20 多种微量元素。土壤矿物质各种元素的相对含量与地球表面岩石圈元素的平均含量及其化学组成相似。

**表 1-1　土壤中主要的原生矿物质组成**[1]

| 原生矿物质 | 分子式 | 稳定性 | 常量元素 | 微量元素 |
|---|---|---|---|---|
| 橄榄石 | $(Mg,Fe)_2SiO_4$ | 易风化 | Mg,Fe,Si | Ni,Co,Mn,Li,Zn,Cu,Mo |
| 角闪石 | $Ca_2Na(Mg,Fe)_2(Al,Fe^{3+})(Si,Al)_4O_{11}(OH)_2$ | ↑ | Mg,Fe,Ca,Al,Si | Ni,Co,Mn,Li,Se,V,Zn,Cu,Ga |
| 辉石 | $Ca(Mg,Fe,Al)(Si,Al)_2O_6$ | | Ca,Mg,Fe,Al,Si | Ni,Co,Mn,Li,Se,V,Pb,Cu,Ga |
| 黑云母 | $K(Mg,Fe)(Al,Si_3O_{10})(OH)_2$ | | K,Mg,Fe,Al,Si | Rb,Ba,Ni,Co,Se,Li,Mn,V,Zn,Cu |
| 斜长石 | $CaAl_2Si_2O_8$ | | Ca,Al,Si | Sr,Cu,Ga,Mo |
| 钠长石 | $NaAlSi_3O_8$ | | Na,Al,Si | Cu,Ga |
| 石榴子石 | $(Mg,Fe,Mn)_3Al_2(SiO_4)$或$Ca_3(Cr,Al,Fe)Al_2(SiO_4)_3$ | 较稳定 | Cu,Mg,Fe,Al,Si | Mn,Cr,Ga |
| 正长石 | $KAlSi_3O_8$ | | K,Al,Si | Ra,Ba,Sr,Cu,Ga |
| 白云母 | $KAl_2(AlSi_3O_{10})(OH)_2$ | | K,Al,Si | F,Rb,Sr,Ga,V,Ba |
| 钛铁矿 | $Fe_2TiO_3$ | | Fe,Ti | Co,Ni,Cr,V |
| 磁铁矿 | $Fe_3O_4$ | | Fe | Zn,Co,Ni,Cr,V |
| 电气石 | $(Ca,K,Na)(Al,Fe,Li,Mg,Mn)_3(Al,Cr,Fe,V)_6(BO_3)_3Si_6O_{18}(OH,F)_4$ | | Cu,Mg,Fe,Al,Si | Li,Ga |
| 锆英石 | $ZrSiO_4$ | ↓ | Si | Zn,Hg |
| 石英 | $SiO_2$ | 极稳定 | Si | |

② 土壤液相的化学组成。土壤液相指土壤水分及其所含的溶质，即土壤溶液。土壤溶液存在于土壤结构体内毛管孔隙中。土壤溶液中主要含有无机盐类、无机胶体（铁、铝氧化物）、有机化合物、有机胶体（有机酸、糖类、蛋白质及其衍生物含腐殖酸）、络合物（如铁铝有机络合物）、溶解性气体 $O_2$、$CO_2$ 等；离子态物质，包括各种重金属离子、负离子化合物、$H^+$、$OH^-$ 等。

土壤溶液的化学组成及其浓度随时间、空间、位置、种类的变化而变化很大，不同土壤、不同土层、不同时间，甚至同一土壤、同一土层之间存在很大差异。土壤溶液中的化学成分受土壤固相物质、土壤空气及外界进入土壤的物质及水分物质的组成的影响，是它们之间物质和能量交换、迁移及转化的结果，如土壤各种固相物质也是经过分解转化成可被作物吸收的可溶性物质，存在于土壤溶液中才能最终被输入作物体内。因此土壤溶液中可溶性物质化学成分及其浓度决定着植物的生长状态，植物直接从土壤溶液中吸收水、养

分及有害物质。

③ 土壤气相的化学组成。土壤气相指存在于土壤孔隙中的空气，土壤空气来源于大气和土壤中有机活体的呼吸和有机质的分解，主要有 $O_2$、$CO_2$、$N_2$ 及少量其他气体。土壤空气中 $O_2$ 占 10.35%～20.03%、$CO_2$ 占 0.15%～0.65%、$N_2$ 占 78.8%～80.2%，土壤空气中的 $CO_2$ 浓度始终高于近地大气中 $CO_2$ 的浓度（0.03%），$O_2$ 浓度低于近地大气中 $O_2$ 浓度（20.94%）。土壤空气化学组成受大气、土壤湿度、土壤温度和季节等因素的影响而变化，土壤空气对植物生长、微生物活动有直接影响，能为植物根系提供必需的 $O_2$。有资料报道，当空气中 $O_2$ 浓度<9%时，根系发育受影响；$O_2$ 浓度<5%，根系就会停止发育。

土壤中 $O_2$ 浓度反映土壤的氧化还原状况，$CO_2$ 的浓度反映土壤的酸碱性，如淹水条件下土壤中 $O_2$ 浓度会下降，$CO_2$ 浓度会上升，*Eh* 值降低，通气不良，而土壤氧化还原状况又直接影响土壤养分的形态和状态。

（2）土壤有机质　土壤有机质主要累积于土壤表层，它与矿物质是土壤固相部分的主要构成物质，土壤有机质主要来源于土壤动植物残体和施入土壤中的有机肥料。这些有机物质经过物理、化学、生物的反应和作用，形成了新的性质相当稳定而复杂的有机化合物，被称为土壤有机质。

土壤有机质包括酶、腐殖质、分解和半分解状土壤动植物残体、含 N 及不含 N 有机化合物、部分有机质分解产物及新合成的简单有机化合物。土壤有机物质的成分主要以有机质和氮素来表示，土壤中有机质含量的多少能直接反映土壤肥力水平的高低，因此有机质是土壤中最重要的物质。不同土壤类型有机质含量差别很大，有机质主要集中于土壤耕层（0～20cm），通常在耕地土壤耕层中仅占土壤干重的 0.5%～2.5%，我国大多数土壤中有机质含量在 1%～5%之间。土壤有机质以腐殖质为主，腐殖质是有机物经微生物分解后合成的一种褐色或暗褐色的大分子胶物质，与土壤矿物质土粒紧密结合在一起，是土壤有机质存在的主要形态特征。在一定条件下腐殖质缓慢分解，释放出来以氮素为主的养分供给植物生长吸收，将植物从土壤中吸收的元素又返回到土壤表层。

首先土壤有机质的化学组成决定于进入土壤中的有机物质的组成。土壤有机质的主要元素有 C、O、H、N，有机化合物主要有碳水化合物，是土壤有机质中最主要的有机化合物，约占有机质总量的 15%，包括糖类、纤维素、半纤维素、果胶质、甲壳质等，含氮化合物主要来源于动植物残体中的蛋白质，蛋白质是由氨基酸组成的，除含有 C、H、O 外，还含有 N。一般含氮化合物需要经过微生物分解后被利用，因此含氮化合物是植物能够吸收的营养来源，是土壤肥力水平的决定性物质。除此之外，土壤有机质还含有少量的树脂、蜡质、脂肪等较复杂的有机化合物，不溶于水。灰分是植物残体燃烧后留下的灰，主要化学元素为 Ca、Mg、K、Na、Si、P、S、Fe、Al、Mn 等，还有少量的 I、Zn、B、F 等元素。

（3）土壤生物　土壤生物包括土壤动物、土壤微生物和高等植物根系。土壤生物是土壤具有生命力的表现，在土壤形成和发育过程中起主导作用。同时，土壤中生物是净化有机污染物的主力军。因此，生物群体是评价土壤质量和健康状况的重要指标之一[2]。土壤动物包括脊椎动物、节肢动物、软体动物、环节动物、线形动物和原生动物等。土壤微生物种类繁多、分布广、数量大，是土壤生物中最活跃的部分。其中，细菌是土壤微生物中分布最广、数量最多的一类，占土壤微生物总数的 70%～90%；特点是个小、代谢强、繁殖快、与土壤接触表面积大，是土壤最活跃的因素，具有富集土壤重金属及降解农药等有机污染物的作用。此外，放线菌的数量和种类之多仅次于细菌，其作用主要是分解有机质，对新鲜的纤维素、淀粉、脂肪、木质素和蛋白质等均有分解能力，并可产生抗生素，对其他有害菌起拮抗作用。此外，土壤生物还包括具有固氮作用的蓝细菌、黏细菌、真菌、藻类等。

（4）土壤水　土壤水是土壤的重要组成部分之一。土壤水是作物吸水的最主要来源，它也是自然界水循环的一个重要环节，处于不断地变化和运动中，势必影响到作物的生长和土壤中许多化学、物理和生物学过程。

从作物对水分吸收的角度来讲，土壤含水量及其有效性是土壤对作物提供水分的重要影响因素。

① 土壤含水量。土壤含水量有多种表达方式，数学式表达也不同，常用的有质量含水量、容积含水量、相对含水量和土壤储水量等[2]。这里只介绍质量含水量和相对含水量的计算方法。

质量含水量的计算，由式(1-1)表示：

$$\text{土壤质量含水量}(\%)=\frac{\text{湿土质量}-\text{干土质量}}{\text{干土质量}}\times 100\% \tag{1-1}$$

式中，干土一般是指在105℃条件下烘干的土壤。

相对含水量的计算，由式(1-2)表示：

$$\text{土壤相对含水量}(\%)=\frac{\text{土壤含水量}}{\text{田间持水量}}\times 100\% \tag{1-2}$$

② 土壤水的有效性。土壤水的有效性指土壤中的水能否被植物吸收利用及其难易程度。不能被植物吸收利用的水为无效水，能被植物吸收利用的水为有效水。

当植物因根无法吸收水而发生永久萎蔫时，此时的土壤含水量为萎蔫系数或萎蔫点。它因土壤质地、作物和气候不同而不同。一般土壤质地越黏重，萎蔫系数越大。

土壤毛细管悬着水达到最多时的含水量称为田间持水量。在数量上它包括吸湿水、膜状水和毛细管悬着水。当一定深度的土体储水量达到田间持水量时，若继续供水，就不能使该土体的持水量增加，而只能湿润下层土壤。所以田间持水量是确定灌溉水量的依据。田间持水量主要受土壤质地、有机质含量、结构和松紧状况等影响。

一般将田间持水量视为土壤有效水的上限，田间持水量与萎蔫系数之间的差值即为土壤有效水的最大含量。土壤有效水最大含量因不同土壤类型和不同作物而异，表1-2给出了土壤质地与有效水最大含量的关系。

**表1-2　土壤质地与有效水最大含量的关系[3]**　　单位：%

| 土壤质地 | 砂土 | 砂壤土 | 轻壤土 | 中壤土 | 重壤土 | 黏土 |
|---|---|---|---|---|---|---|
| 田间持水量 | 12 | 18 | 22 | 24 | 26 | 30 |
| 萎蔫系数 | 3 | 5 | 6 | 9 | 11 | 15 |
| 有效水最大含量 | 9 | 13 | 16 | 15 | 15 | 15 |

（5）土壤空气　土壤空气是土壤的重要组成之一。它对土壤微生物活动、营养物质、土壤污染物质的转移以及植物的生长发育都有重要作用。

土壤空气的含量取决于土壤的孔隙状况和土壤的水分含量，因为土壤空气和土壤水分

存在于土壤的孔隙系统中，在一定容积的土壤中，如果孔隙度不变，水和空气在土壤中是相互消长的关系。轻质土壤的大孔隙比黏质土壤的大孔隙多，因此具有较大的容气能力，即空气含量较高，通气性能也较好，而黏性土壤中空气量少，通气性也会降低。土壤质地与水分-空气的关系可见表1-3。

**表1-3　土壤质地与水分-空气的关系**[4]　　单位：%

| 土壤质地 | 总孔隙度（体积比） | 田间持水量（占总孔隙度的） | 容气孔隙度（占总孔隙度的） |
|---|---|---|---|
| 黏土 | 50～60 | 85～90 | 15～10 |
| 重壤土 | 45～50 | 70～80 | 30～20 |
| 中壤土 | 45～50 | 60～70 | 40～30 |
| 轻壤土 | 40～45 | 50～60 | 50～40 |
| 砂壤土 | 40～45 | 40～50 | 60～50 |
| 砂土 | 30～35 | 25～35 | 75～65 |

由于土壤中植物根系、土壤动物和土壤微生物的呼吸作用均是吸收 $O_2$ 呼出 $CO_2$，土壤中有机物的分解也是如此，所以土壤空气中 $CO_2$ 含量一般高于大气，约为大气 $CO_2$ 含量的5～20倍，$O_2$ 含量则明显低于大气。显然，土壤空气成分与近地表的大气成分有一定的区别，见表1-4。

**表1-4　土壤空气成分与近地表的大气成分组成的差异**[5]　　单位：%

| 成分 | $O_2$ | $CO_2$ | $N_2$ | 其他气体 |
|---|---|---|---|---|
| 近地表的大气 | 20.94 | 0.03 | 78.05 | 0.98 |
| 土壤空气 | 18.0～20.03 | 0.15～0.65 | 78.8～80.24 | 0.98 |

土壤空气主要来源于大气；土壤内部进行的生物化学过程也产生一些气体。

土壤中空气是运动的，其方式有两种：一是土壤空气与大气的对流；二是土壤空气向大气扩散。人们把土壤从大气吸收 $O_2$，同时排出 $CO_2$ 的作用，称为土壤呼吸。

2. 土壤性质对作物生长的影响

（1）土壤质地　土壤质地主要继承了成土质来源及成土过程的某些特征，是土壤十分稳定的自然属性。土壤质地一般分为砂土、壤土和黏土三组，不同质地反映不同的土壤性质。而根据此三组质地中机械组成的组内变化范围，又可细分出若干种质地名称。中国土壤质地分类见表1-5。

（2）土壤结构　土壤是由土壤固体颗粒，即土粒（分单粒和复粒），在内外综合作用下相互团聚成一定形状和大小且性质不同的团聚体（土壤结构体）而形成的。土壤结构可分为块状结构和核状结构、棱柱状结构和柱状结构、片状结构、团粒结构等。其中团粒结构多在土壤表土中出现，特点是：土壤泡水后结构不易分散；不易被机械力破坏；具有多孔性等。具有团粒结构的土壤是农业的最佳结构形态，有利于作物根系生长发育，有利于空气的流动和对流，有利于水分的输送和吸收。

**表 1-5　中国土壤质地分类**[3]　　单位：%

| 质地分类 | 质地名称 | 颗粒组成 | | |
|---|---|---|---|---|
| | | 砂粒(1～0.05mm) | 粗粉粒(0.05～0.01mm) | 细黏土(<0.001mm) |
| 砂土 | 极重砂土 | >80 | | <30 |
| | 重砂土 | 70～80 | | |
| | 中砂土 | 60～70 | | |
| | 轻砂土 | 50～60 | | |
| 壤土 | 砂粉土 | ≥20 | ≥40 | |
| | 粉土 | <20 | | |
| | 砂壤土 | ≥20 | <40 | |
| | 壤土 | <20 | | |
| 黏土 | 轻黏土 | | | 30～35 |
| | 中黏土 | | | 35～40 |
| | 重黏土 | | | 40～60 |
| | 极重黏土 | | | >60 |

(3) 土壤通气性　土壤通气性对于保证土壤空气更新有重大意义。如果土壤没有通气性，土壤空气中的氧在很短时间内就会被全部消耗，而 $CO_2$ 则会增加，以致危害作物生长。实际测量表明[3]，在 20～30℃、0～30cm 的表层土壤，每平方米每小时的耗氧量高达 0.5～1.7L。设土壤中的平均空气容量为 33.3%，其中 $O_2$ 含量为 20%，如果土壤不能通气，土壤中 $O_2$ 将会在 12～40h 内被耗尽。所以，土壤的通气性可以保障土壤中空气与大气交流，不断更新土壤空气组成，保持土体各部分气体组成趋向均一。总之，土壤的通气性能良好，就有充足的 $O_2$ 供给作物根系、土壤动物、微生物，保障作物的生长发育。

(4) 土壤酸碱性　土壤酸碱性常用土壤溶液的 pH 值来表示。pH<7，土壤溶液显酸性；pH=7，显中性；pH>7，显碱性。我国南方土壤的 pH 值大部分小于 7，介于 5.5～6.5 之间，土壤溶液显酸性。北方地区土壤 pH 大部分为中性或碱性，pH 值在 7～8 之间。

土壤的酸碱性对土壤的许多化学反应和化学平衡都有很大影响，对氧化还原反应、沉淀和溶解、吸附和解吸及配位反应起支配作用。酸性土壤中，$H^+$ 浓度高且活跃，重金属的盐类，如碳酸盐、硝酸盐、硫酸盐、硫化物及氢氧化物溶解度加大，溶液中重金属离子浓度增高，对许多作物毒害程度增加。碱性土壤中，$OH^-$ 浓度高且活跃，易与许多重金属阳离子形成氢氧化物沉淀，相应盐类的溶解度则随之降低，如 $Zn^{2+}$、$Fe^{3+}$、$Ca^{2+}$、$Cd^{2+}$、$Ni^{2+}$、$Al^{3+}$、$Cr^{3+}$、$Pb^{2+}$ 等在土壤溶液中浓度降低。沉淀和溶解反应始终存在平衡，酸性介质利于平衡向溶解方向移动，碱性介质则有利于平衡向沉淀方向移动。对于吸附-解吸和配位-解离平衡也是如此。同时，土壤的酸碱性对土壤微生物的活性、矿物质和有机质分解也起重要作用。

(5) 土壤的氧化还原性　土壤中始终进行着氧化还原反应，因为土壤中有氧化剂存在，如氧气和高价态的金属离子；有还原剂存在，如土壤有机物及在厌氧条件下形成的分解产物和低价态的金属离子。通常用氧化还原电位（$Eh$）值来衡量土壤氧化还原的能力。土壤是氧化环境还是还原环境与许多因素有关，主要取决于土壤中氧气的含量。在通气性能好、水分含量低的旱地土壤，其氧化还原电位（$Eh$）值较高，为+400～+700mV，而水田的 $Eh$ 值为+300～200mV；前者为氧化环境，后者为还原环境。此外，微生物活动、

易分解有机质的含量、植物根系的代谢作用和土壤的 pH 值也是影响土壤氧化还原电位的因素。

当水田土壤中实测的氧化还原电位（*Eh*）值低于－150mV 时，土壤的还原性强，具有较高浓度的还原态阳离子和阴离子。如 $S^{2-}$，它是一种较强的还原剂，主要来源于有机物的分解和高价硫（如硫酸盐）的还原反应，当土壤被重金属污染后，重金属离子均是亲硫元素，极易生成难溶的硫化物，如 CdS、PbS、CuS、NiS、HgS 等。所以，土壤溶液中重金属离子浓度大大降低，从而降低了对作物的毒害。土壤排水后的氧化还原电位升高，在氧化环境下，重金属离子会再度溶解被作物吸收。

水稻土壤的氧化还原性如前所讲可以降低大部分重金属的有害性，但对砷来说是 As（Ⅴ）还原为强毒性的 As（Ⅲ），使砷得以活化，导致水稻根际砷的积累[6]。

由于氧气是水稻叶片向根部输送的，因此升高了根际的氧化还原电位。刘志光等[7]测得未受根系影响的水稻土的 *Eh* 值约为－100mV，而根系密集处的土壤 *Eh* 值可达 150～250mV。此外，水稻根际 *Eh* 值提高后形成的氧化微环境对激发微生物分解有机污染物也特别有效，也直接制约微生物种群分布，进而影响有机物的降解，例如当硫、磷在水稻根际中降解 22.6％时，在非根际中仅降解 5.5％，前者是后者的 4 倍[2]。

（6）土壤酶活性　土壤酶来源于微生物、植物根系、土壤动物和动植物残体。酶主要吸附在有机质和矿物质胶原体上，并以复合物的状态存在。至今，在土壤中已发现的酶有 50～60 种，包括氧化还原酶、转化酶和水解酶等。酶在土壤中的作用是参与各种生化反应，对土壤圈中养分循环和污染物质的净化具有重要作用，土壤酶活性可以综合反映土壤理化性质和重金属浓度，特别是脲酶的活性可用于监测重金属污染。到目前为止，用于监测重金属污染的还有脱氢酶、转化酶和磷酸酶等。

土壤酶活性受到多种环境因素的影响，如土壤质地、结构、水分、温度、pH 值、阳离子交换量、腐殖质、黏粒矿物及土壤中氮、磷、钾含量等。

pH 值对酶活性的影响表现为：转化酶适宜 pH 值在 4.5～5.0 之间的酸性土壤；磷酸酶适宜 pH 值在 4.0～6.7 之间和 8.0～10 之间的土壤；脲酶最适宜 pH 值为 7 的中性土壤；脱氢酶最适宜 pH＞7 的碱性土壤。

酶活性在根际土壤中比在非根际土壤中大。不同植物的根际土壤中酶活性也有较大差异。例如，脲酶在豆科作物的根际土壤中的活性比在其他作物根际土壤中要高；蛋白酶、转化酶、磷酸酶及接触酶的活性在三叶草根际土壤中比在小麦根际土壤中高。此外，土壤酶活性还与植物生长过程和季节性的变化有一定的相关性，在作物生长最旺盛期酶的活性也最大。酶活性还受土壤污染物的影响，重金属、杀虫剂、杀菌剂等对酶活性有抑制作用。

### （二）土壤的肥力质量是保证农业生产的前提

土壤肥力质量指作物生长、发育和成熟所需要的养分供应能力和环境条件，也就是土壤的生产能力。

土壤肥力质量主要包括氮、磷、钾三要素和有机质。

作物生长需要大量的氮、磷、钾营养元素，其中一部分来源于土壤本身；另一部分是人为施肥引入的。土壤中氮、磷、钾含量的多少是土壤养分高低的重要标志之一。

1. 氮

作物根系主要吸收无机态氮，即铵态氮和硝态氮，也吸收一部分有机态氮，如尿素。氮是蛋白质、核酸、磷脂的主要成分，这三者又是原生质、细胞核和生物膜的重要组成部分，它们在生命活动中具有特殊作用。因此，氮被称为生命元素。氮还是某些植物激素，如生长素、细胞分裂素和维生素等成分，它们对生命活动起重要调节作用。此外，氮是叶绿素成分，与光合作用有密切关系。由于氮具有上述功能，所以土壤中的含氮量会直接影响植物细胞的分裂和生长。

当氮肥供应充足时，植株枝叶繁茂，躯体高大，分蘖能力强，籽粒饱满，蛋白质含量高。植物必需元素中，除碳、氢、氧外，氮的需求量最大。土壤中氮元素主要的来源是土壤中的有机质，而有机质主要来源于土壤的动植物残体和施入土壤中的有机肥料。土壤中有机质含量的多少能直接反映土壤肥力水平的高低，因此有机质是土壤中最重要的物质。土壤有机质主要以腐殖质为主，腐殖质是有机物经微生物分解后合成的一种褐色或暗褐色的大分子胶物质，与土壤矿物质土粒紧密结合在一起，是土壤有机质存在的主要形态。其在一定条件下缓慢分解，释放出来以氮素为主的养分供给植物生长吸收。除此之外，在农业生产中也要特别注意氮肥的供应，常用人的粪尿、尿素、硝酸铵、硫酸铵、碳酸氢铵等肥料，以补充土壤中原有氮素营养的不足。

缺氮时，蛋白质、核酸、磷脂等物质合成受阻，植物生长矮小，分枝、分蘖少，叶片小而薄，花果少且易脱落；缺氮还会影响叶绿素的合成，使枝叶变黄、叶片早衰甚至干枯，从而导致产量降低。

氮过多时，叶片大而深绿，柔软披散，植株徒长。另外，氮素过多时植株体内含糖量相对不足，茎秆中的机械组织不发达，易造成倒伏和被病虫害侵害。过多氮素经水体流失进入地下、地表水水源，使水源富营养化形成次级污染。

2. 磷

磷主要以 $H_2PO_4^-$ 或 $HPO_4^{2-}$ 的形态被植物吸收。吸收这两种形态的量取决于土壤的pH值：当 $pH<7$ 时，$H_2PO_4^-$ 居多；当 $pH>7$ 时，$HPO_4^{2-}$ 较多。当磷进入根系或经木质部运输到枝叶后，大部分转变为有机物质，如糖磷脂、核苷酸、核酸、磷脂等，有一部分仍以无机磷形态存在。磷是核酸、核蛋白和磷脂的主要成分，它与蛋白质合成、细胞分裂、细胞生长有密切关系；磷间接参与光合作用、呼吸过程并参与碳水化合物的代谢和运输。由于磷促进碳水化合物的合成、转化和运输，对种子、块根、块茎的生长有利，所以，磷对如马铃薯、甘薯和谷类作物有明显的增产效果。磷对植物生长发育有很大作用，是仅次于氮的第二重要营养元素。

缺磷影响细胞分裂，使植物分蘖、分枝减少，幼芽、幼叶生长停滞，茎、根纤细，植株矮小，花果脱落，成熟延迟；缺磷时，蛋白质合成下降，糖的运输受阻，从而使营养器官中糖的含量相对提高，这有利于花青素的形成，植物叶片呈现不正常的暗绿色或紫红色，这是缺磷的病征。

磷肥过多时，叶片上会出现小焦斑，系磷酸钙沉淀所致；磷过多还会阻碍植物对硅的吸收，易导致水稻患缺硅病。水溶性磷盐还可以与土壤中的锌结合，降低锌的有效性，故磷过多易引起植物的缺锌病。过量磷肥流失进入地下水、地表水水源，引起水体富营养化，形成次级污染。

3. 钾

钾在土壤中以 KCl、$K_2SO_4$ 等盐的形态存在，在水中离解成 $K^+$ 而被根系吸收。在植物体内钾呈离子态，主要集中在生命活动最旺盛的部位，如生长点、形成层、幼叶等。

钾在细胞中可作 60 多种酶的活化剂，因此钾在碳水化合物代谢、呼吸作用及蛋白质代谢中起重要作用；钾能促进蛋白质合成，钾充足时形成的蛋白质较多，从而使可溶性氮减少；钾与糖类合成有关，大麦和豌豆幼苗缺钾时淀粉和蔗糖合成缓慢，而钾肥充足时，蔗糖、淀粉、纤维素和木质素含量较高，葡萄糖积累则较少。

缺钾时，植株茎秆柔弱，易倒伏，抗旱性、抗寒性降低，叶片失水，蛋白质、叶绿素被破坏，叶色变黄而逐渐坏死；缺钾有时也会出现叶绿焦枯、生长缓慢的现象，由于叶中部生长仍较快，所以整个叶子会形成杯状弯曲，或发生皱缩。

4. 有机质

有机质是土壤肥力质量的一个重要指标。土壤中有机质含量的多少能直接反映土壤肥力水平的高低，因此有机质是土壤中最重要的物质。土壤有机质主要来源于土壤中动植物残体和人为施入的有机肥料。有机质是土壤中的有机化合物经过物理、化学、生物的反应和作用，形成的新的并且性质相当稳定而复杂的有机化合物。有机质主要以腐殖质为主，腐殖质是有机物及微生物分解后合成的大分子胶体物质。有机质的化学组成主要包括 C、O、H、N 等元素，含氮化合物主要来源于动植物残体中的蛋白质，经微生物分解后被植物利用，因此含氮化合物是植物能够吸收的营养来源，是土壤肥力水平的决定性物质。

土壤有机质主要累积于土壤表面，不同土壤类型有机质含量差别很大，主要集中于土壤耕层（0～20cm），通常耕地土壤耕层中有机质仅占土壤干重的 0.5%～2.5%，我国大多数土壤中有机质含量在 1%～5%之间。

### （三）土壤提供的植物必需营养元素是作物生长发育的重要因素

1. 植物的必需营养元素种类和含量

土壤中除含有植物生长发育必需的营养三要素氮、磷、钾之外，还含有 13 种必需的营养元素。经过许多科学家的研究与实践[8]现已确定，碳、氢、氧、钙、镁、硫、铁、硼、锰、铜、锌、钼和氯 13 种元素是高等植物生长发育所必需的营养元素，缺少任何一种植物都难以正常生长。所以，这 13 种元素被称为植物的必需营养元素，与氮、磷、钾合起来共计 16 种营养元素。

这 16 种植物体必需的营养元素，根据其在植物体干重含量又分为大量营养元素、中量营养元素和微量营养元素。

（1）大量营养元素　平均含量在植物干重 0.5%以上的为大量营养元素，它们是碳、氢、氧、氮、磷、钾。

（2）中量营养元素　平均含量在植物干重 0.1%～0.5%的为中量营养元素，它们是硫、镁、钙。

（3）微量营养元素　平均含量在植物干重 0.1%以下的为微量营养元素，它们是铁、硼、锰、铜、锌、钼和氯。

（4）植物体内 16 种营养元素的含量　植物体内营养元素的含量差异很大（表 1-6）。

表 1-6　正常生长的植株其干物质中营养元素的平均含量[9]

| 元素及符号 | 含量(按干重计)/(μmol/g) | 含量/(mg/kg) | 占比/% |
|---|---|---|---|
| 钼(Mo) | 0.001 | 0.1 | |
| 铜(Cu) | 0.1 | 6 | |
| 锌(Zn) | 0.30 | 20 | |
| 锰(Mn) | 1.0 | 50 | |
| 铁(Fe) | 2.0 | 100 | |
| 硼(B) | 2.0 | 20 | |
| 氯(Cl) | 3.0 | 100 | |
| 硫(S) | 30 | | 0.1 |
| 磷(P) | 60 | | 0.2 |
| 镁(Mg) | 80 | | 0.2 |
| 钙(Ca) | 125 | | 0.5 |
| 钾(K) | 250 | | 1.0 |
| 氮(N) | 1000 | | 1.5 |
| 氧(O) | 30000 | | 45 |
| 碳(C) | 40000 | | 45 |
| 氢(H) | 60000 | | 6 |

（5）植物必需营养元素的来源　植物必需营养元素的来源主要是空气、水、土壤及施肥。碳主要来自空气中的二氧化碳，氢来自水和空气，氧来自二氧化碳和氧气，其他的营养元素则主要来自土壤，只有豆科作物能从空气中获得一部分氮素。土壤既是陆生植物扎根的场所，也是养分的供给者，担负着提供各种养分的重任。施肥是为了补充植物对氮、磷、钾“肥料三要素”的需求。

2. 必需营养元素的主要营养作用

16 种营养元素的营养作用各有特点，但按其生理功能和代谢作用，可分成作用相似、性质相近的几组[8]。

（1）碳、氢、氧　该三元素是植物有机体的主要组成成分。三者的总量占植物干重的96%，这足以说明它们是植物有机体的基础。碳、氢、氧三者以不同的方式组合起来可形成多种多样的碳水化合物，如纤维素、半纤维素和果胶质等，它们是细胞壁的组成物质，而细胞壁是支撑植物体的骨架。碳、氢、氧也可构成植物体内多种生物活性物质，如某些维生素和植物激素等，它们直接参与体内代谢活动，是植物体正常生长所必需的。此外，它们可构成糖、脂肪、酚类等化合物，其中以糖最为重要。糖类是合成植物体内许多重要化合物的基本原料，如蛋白质和核酸等。碳水化合物在代谢过程中还可释放出能量，供植物利用，这是不可忽视的重要功能之一。

从植物代谢角度来看，这三种元素各自都有许多特殊的作用。例如，$CO_2$ 是光合作用的原料，绿色植物必不可少。$O_2$ 为植物有氧呼吸所必需；在呼吸链的末端，$O_2$

是电子（$e^-$）和质子（$H^+$）的受体。$H^+$在氧化还原反应中作为还原剂，参与NADP的还原过程。$H^+$在光合作用和呼吸作用中是维持膜内外酸度梯度所必需的物质，它在能量代谢中有重要作用。此外，在保持细胞内离子平衡和稳定pH值方面$H^+$也有重要贡献。

（2）氮、磷、钾

① 氮。氮是作物体内许多重要有机化合物的组成部分，例如蛋白质、核酸、叶绿素、酶、维生素、生物碱和激素等都含有氮素。氮在植物体内的平均含量约占干重的1.5%，含量在0.28%～6.5%之间。一些主要农作物体内的含氮量见表1-7。

**表1-7　一些主要农作物体内的含氮量**

| 作物 | 器官 | 含氮量/% |
|---|---|---|
| 水稻 | 子粒<br>茎秆 | 1.3～1.8<br>0.5～0.9 |
| 小麦 | 子粒<br>茎秆 | 2.0～2.5<br>0.4～0.6 |
| 玉米 | 子粒<br>茎秆 | 1.5～1.7<br>0.5～0.7 |
| 棉花 | 种子<br>纤维<br>茎秆 | 2.8～3.5<br>0.28～0.33<br>1.2～1.8 |
| 油菜 | 种子<br>茎秆 | 4.0～4.5<br>0.8～1.2 |
| 豆科作物 | 子粒<br>茎秆 | 4.0～6.5<br>0.8～1.4 |

氮素营养对作物生长发育有至关重要的作用，蛋白态氮通常占植株全氮的80%～85%，而蛋白质中平均含氮16%左右。在作物生长发育过程中，细胞的增长和分裂以及新细胞的形成都必须有蛋白质。植物缺氮会使蛋白质合成减少、新细胞形成受阻，从而导致植物生长发育缓慢，甚至出现生长停滞现象。如果没有氮素，就没有蛋白质，也就没有生命。所以氮被称为“生命元素”。

此外，核酸也是植物生长发育和生命活动的基础物质。核酸中含氮15%～16%，无论是核糖核酸（RNA）还是脱氧核糖核酸（DNA）都含有氮素。核酸在细胞内通常与蛋白质结合，以核蛋白形式存在。核酸和核蛋白在植物生长和遗传变异过程中有特殊作用。除以上提到的蛋白质和核酸中含有氮素之外，在叶绿素、酶、维生素、生物碱和细胞色素的组分中也都含有氮。显然，氮素也是直接或间接影响作物的光合作用、体内的代谢作用、生理过程等的重要因素之一。

农作物生长发育的某些阶段，是氮素需要多、氮营养特别重要的阶段，例如禾本科作物的分蘖期、穗分化期，棉花的蕾铃期，作物的大量生长和产品的形成期等。在这个阶段保证正常的氮营养，就能促进生长发育，增加产量。但若氮营养不足，则一般表现为植株矮小，细弱；叶呈黄绿、黄橙色等非正常颜色；基部叶片逐渐干燥枯萎；根系分枝少；禾谷类作物的分蘖显著减少，甚至不分蘖；幼穗分化差，分枝少，穗形小；作物显著早衰并早熟，产量降低。但是，若氮素过量，作物表现为生长过于繁茂；腋芽不断出生，分蘖往往过多，妨碍生殖器官的发育，以至推迟成熟；叶片呈浓绿色；茎叶柔嫩多汁，体内可溶性非蛋白态氮含量增加，易遭病虫害，容易倒伏；禾谷类作物的谷粒不饱满，秕粒多；棉花烂铃增多，铃壳厚，棉纤维品质降低；甘蔗含糖率降低；薯类薯块变小；豆科作物枝叶繁茂，结荚少，作物产量降低。

② 磷。在作物的植株中磷的含量占干重的 0.2%～1.1%。在作物的种子中，磷的含量仅次于氮，油料作物的种子中磷的含量可达 1%以上，大豆和花生中含磷量接近 1%，禾谷类作物的种子含磷在 0.6%～0.7%之间。

磷是作物体内很多重要有机化合物的组成元素，如核酸、核蛋白、磷脂、植素和三磷酸腺苷等都含有磷。即使有些有机化合物不含磷，但在其形成和转化过程中也必须有磷参加，如淀粉、蛋白质、油脂和糖的形成和其他生命活动。

核酸是核蛋白的主要成分，而核蛋白又组成了细胞核、原生质和染色体。核酸等在作物最富有生命力的幼叶、新芽、根尖中担负着细胞增殖和遗传变异的功能。

磷脂是生物膜的重要组成部分，几乎所有生命现象都与生物膜有关，因为生物膜是保证和调整物质流、能量流和信息流出入细胞的通道，并对这三种流具有选择性，从而调节生命过程。磷脂具有亲水性，同时又具有疏水性，这就增强了细胞的渗透性。磷脂既含有酸性基又含有碱性基，因而可以调节原生质的酸碱度。

植素中含有磷，在种子萌芽时或幼苗生长初期，植素在植素酶的作用下被水解为无机磷供作物吸收利用。植素还有利于淀粉的生物合成。含有磷的三磷酸腺苷水解时，末端的磷酸根很快脱出，形成三磷酸腺苷并释放出能量。磷还存在于各种脱氢酶中，是作物体内许多代谢过程的重要催化剂。

此外，磷在加强碳水化合物的合成和运转；氮化物的合成；豆科作物提高固氮活性，增加固氮量；作物体内油脂代谢；提高作物的抗逆性及对外界环境的适应性等方面具有重要作用。

总之，磷对作物生长、发育的影响是多方面的。及时供给磷素养分，能促使各种代谢过程顺利进行，使体内物质合成和分解、移动和积累得以协调一致，达到根深、秆壮、发育完善，使作物提早成熟，提高产量，改善作物品质。

作物缺磷时，表现为植株矮小，生长迟缓，延迟成熟。缺磷使禾谷类作物分蘖延迟或不分蘖；延迟抽穗、开花和成熟；穗粒少而不饱满；玉米果穗秃顶；油菜脱荚；果树花果脱落；甘薯、马铃薯块变小，耐储性差等。

③ 钾。钾是排在氮、磷之后居第三位的作物生长发育必需的大量营养元素。在作物体内，钾的含量占干物重的 1%～5%，一般在 1.5%～2.5%之间。钾是以离子的形态存在于作物体中的含量最高的阳离子，移动性很强，集中分布在作物的幼嫩组织中，在生长快和新陈代谢旺盛的部位如根尖、幼叶、幼芽中含量均很高，新生叶含钾一般比老叶高。作物缺钾时，钾离子能较快地从老组织转移到新生组织中去。

钾最重要的生理功能是对酶的活化作用。钾对酶的活化作用机理是钾离子能够打开酶分子的活化部位，现在证明有 60 多种酶需要钾离子活化，这 60 多种酶分别属于合成酶类、氧化还原酶类和转移酶类三大类。在作物体内各种新陈代谢过程，如有机化合物的合

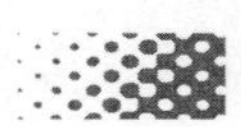

成、转移、运输、氧化还原等都需要这些酶的参加。钾对酶的活化作用直接影响作物的产量和品质。

钾离子具有高速通过细胞膜的能力，气孔的开闭主要依靠钾的进入和渗出，钾离子可以调节气孔的开闭，从而控制叶的蒸腾作用，在不良气候条件下气孔关闭就能保持作物体内的水分不受损失，增强了作物的保水能力。钾还可以提高细胞的渗透势，增强作物吸收土壤中水分的能力。当根部细胞中钾的浓度高时，会产生渗透压的梯度，增加根压，有助于将土壤水分吸入根部。

此外，钾还具有提高作物的光合作用和光合产物运转的能力；提高作物的抗旱、抗寒、抗病、抗盐、抗倒伏的能力，因此，钾有“抗逆元素”之称。

(3) 硫、钙、镁

1) 硫。硫是组成植物生命的基础物质——蛋白质、核酸不可缺少的元素。作物需硫量大致与磷相当，某些作物的需硫量甚至超过磷，因此，硫被认为是植物的第四大营养元素。

一般来说植物含硫平均在0.2%左右，一些作物含硫量见表1-8[10~12]。

**表1-8 一些作物含硫量**

| 作物 | 含硫量/% | | 作物 | 含硫量/% | |
|---|---|---|---|---|---|
| | 子粒 | 秸秆 | | 子粒 | 秸秆 |
| 水稻 | 0.05～0.15 | 0.11～0.29 | 甘蔗 | 0.024(蔗茎) | 0.027(全株) |
| 小麦 | 0.14～0.17 | 0.12～0.19 | 烟草 | 0.42(叶) | 0.2(茎) |
| 玉米 | 0.06～0.22 | 0.15～0.20 | 马铃薯 | 0.02～0.03(块茎) | 0.08(茎叶) |
| 高粱 | 0.16～0.28 | 0.14(全株) | 番茄 | 0.02～0.03(果) | — |
| 谷子 | 0.07 | 0.13 | 蚕豆 | 0.27～1.0 | 0.26～0.83 |
| 荞麦 | 0.18 | 0.13 | 豌豆 | 0.18～0.25 | 0.32 |
| 燕麦 | 0.196 | 0.20 | 萝卜 | 0.014(块根) | 0.92(叶) |
| 花生 | 0.26～0.27 | 0.23～0.27(全株) | 紫云英 | — | 0.27 |
| 大豆 | 0.2～0.37 | 0.23～0.25 | 柽麻 | — | 0.26 |
| 油菜 | 0.89 | 0.35 | 苜蓿 | — | 0.25(地上部) |
| 棉花 | 0.08(种子) | 0.4(叶) | 红三叶草 | — | 0.25(地上部) |
| 糖用甜菜 | 0.16(块根) | — | 饲用甜菜 | 0.08(块根) | 0.55(叶) |

硫是蛋白质的重要氨基酸如半胱氨酸、胱氨酸、蛋氨酸等含硫氨基酸的组分，缺硫时蛋白质形成受阻，非蛋白氮积累而导致发育障碍。硫还参与硫胺素、生物素、辅酶A及铁氧化还原蛋白等的组成与代谢活动。此外，硫还是一些酶的组成成分，在磷酸甘油醛脱氢酶、脂肪酶、氨基转移酶、脲酶及木瓜蛋白酶等酶中都含有硫。

当硫营养不足时，碳水化合物含量增加，还原糖减少，植物体内柠檬酸代谢受阻，蛋白质减少；同时可溶性氮、酰铵态氮、硝态氮增加，游离氨基酸中精氨酸增加；蛋白质中甲硫氨酸降低；豆科植物根瘤着生数减少。

作物缺硫症状类似缺氮，主要特征表现为失绿和黄化。但失绿出现部位与缺氮不同，缺硫首先出现在顶部的新叶上，而缺氮是新老叶同时褪绿。不过，烟草、棉花和柑橘缺硫时症状首先表现在老叶上，从而易与缺氮混淆。双子叶植物缺硫一般表现为植株矮小、叶细小，叶片向上卷曲、变硬、易碎，提早脱落，茎生长受阻滞、僵直，开花迟，结果结荚少；而禾谷类作物缺硫表现为生长直立，植株失绿黄化，脉纹不清晰，但一般很少出现棕色斑点。刘芷宇等[13]描述了一些作物硫营养缺乏时的特征表现，如下所列。

① 水稻：返青慢，不分蘖或少分蘖，植株矮瘦，叶片薄，幼叶呈淡绿色或黄绿色，叶尖有水渍状圆形褐色斑点，叶尖枯焦，根系暗褐色，白根少，生育期延迟。

② 大麦：植株色淡绿，幼叶失绿，较老叶片更明显，严重缺硫时叶片出现褐色斑点。

③ 棉花：植株瘦小，整个植株变为淡绿或黄绿色，生育期推迟。

④ 油菜：初始表现为植株呈淡绿色，幼叶色泽较老叶浅，以后叶片逐渐出现紫红色斑块，叶缘向上卷曲，开花结荚延迟，花荚少而小，色淡，根系短而稀。

⑤ 大豆：新叶呈淡绿到黄色，叶脉叶肉失绿，但老叶仍呈均匀浅绿色，后期老叶也失绿发黄，并出现棕色斑点，植株细弱，根系瘦长，根瘤发育不良。

⑥ 甘蔗：幼叶先失绿呈浅黄绿色，后变为淡柠檬黄色，并略带淡紫色，老叶深紫色，根系发育不良。

⑦ 烟草：整个植株呈淡绿色，下部老叶易枯焦，叶尖常卷曲，叶面也发生一些突起的泡点。

⑧ 马铃薯：叶片和叶脉普遍黄化，症状与缺氮相似，但叶片并不提前干枯脱落，极度缺硫时叶片上出现褐色斑点。

⑨ 柑橘：新叶失绿，严重时出现枯梢，果小、畸形、色淡、皮厚、汁少。有时囊汁胶质化形成微粒状。

油菜、苜蓿、三叶草、豌豆、芥菜、葱、蒜等都是需硫多、对硫反应敏感的作物，土壤缺硫，首先就会在硫反应敏感的作物上表现出症状。我国北方土壤硫的自然供应量较高，缺硫现象较少见，南方地区硫不足现象相对较普遍。所以，南方要重视作物缺硫问题，但缺硫症状往往与缺氮症状很难区分。硫过量现象除了在工矿和工业城市郊区因亚硫酸气的烟害和过量施硫情况下会出现外，一般于旱作物很少见因硫过量中毒等现象，但在南方冷浸田和其他低湿、还原过程强烈的土壤经常发生 $H_2S$ 毒害水稻使其根系变黑、根毛腐烂、叶片有胡麻斑病的棕褐色斑点。

植物吸收 $SO_4^{2-}$ 态硫，在植物体内很快合成有机硫，但植物硫素营养化学诊断通常还是测定植株的 $SO_4^{2-}$ 含量，因为土壤供硫状况与植株体 $SO_4^{2-}$ 含量有相关性[14]，一些作物硫素丰缺临界指标见表 1-9。南方水稻土耕层硫平均含量见表 1-10。

**表 1-9　一些作物硫素丰缺临界指标**[10]

| 作物 | 取样时期与部位 | 硫素/% | | |
|---|---|---|---|---|
| | | 低 | 中 | 高 |
| 玉米 | 地上部 | 0.04 | 0.08 | — |
| 大豆 | 地上部 | 0.14 | 0.23 | — |
| 烟草 | 叶片 | 0.11 | 0.15 | — |
| 苜蓿 | 成熟期地上部 | 0.24 | 0.27 | 0.75 |
| 柑橘 | 幼叶 | 0.08～0.1 | 0.19～0.26 | — |
| 桃树 | 5～11月叶片 | — | 0.18 | — |

表 1-10 南方水稻土耕层硫平均含量[11]

| 地区 | 全硫/% | 有效硫/% | 有机硫/% |
| --- | --- | --- | --- |
| 太湖地区 | 0.029 | 5.1 | 0.024 |
| 贵州 | 0.058 | 3.8 | 0.054 |
| 洞庭湖区 | 0.034 | 3.5 | 0.031 |
| 云南 | 0.021 | 2.7 | 0.018 |
| 广东 | 0.025 | 2.2 | 0.023 |
| 闽北 | 0.024 | 1.6 | 0.023 |
| 浙江 | 0.021 | 1.4 | 0.020 |
| 江西 | 0.020 | 1.3 | 0.019 |
| 四川 | 0.019 | 1.1 | 0.018 |
| 平均 | 0.026 | 2.2 | 0.026 |

2）钙。植物含钙量在0.2%～1.0%之间，不同植物含量高低差异很大，高桥英曾对生长在同一种土壤上129种植物进行了元素含量分析，并将最高的与最低的各10种进行平均，高的含钙4.15%（占干重，下同），低的仅含0.32%，相差13倍。通常双子叶植物含钙量高于单子叶植物，而双子叶植物中又以豆科植物含钙量高，作物含钙量高的有三叶草、豌豆、花生，还有蔬菜中的甘蓝、番茄、黄瓜、甜椒、胡萝卜、洋葱、马铃薯和烟草等。一些作物含钙量见表1-11。

表 1-11 一些作物含钙量[10,12]

| 作物 | 含钙量/% | | 作物 | 含钙量/% | |
| --- | --- | --- | --- | --- | --- |
| | 子粒 | 秸秆 | | 子粒 | 秸秆 |
| 水稻 | 0.04～0.07(稻谷) | 0.26～0.41 | 甘蔗 | 0.029(蔗茎) | — |
| 小麦 | 0.05～0.1 | 0.20～0.22 | 烟草 | 3.63(叶) | 0.89(茎) |
| 燕麦 | 0.07 | 0.3 | 马铃薯 | 0.02(块茎) | 0.57(茎叶) |
| 玉米 | 0.02～0.08 | 0.18～0.35 | 番茄 | 0.11(果) | 4.12(叶) |
| 谷子 | 0.07 | 0.09 | 蚕豆 | 0.13～0.4 | 1.01～1.80 |
| 荞麦 | 0.036 | 0.68 | 豌豆 | 0.06 | 1.30 |
| 棉花 | 0.75(棉铃) | 4.39(叶) | 禾本科牧草 | — | 0.38～0.6(地上部) |
| 花生 | 0.17(荚果) | 1.31(全株) | 苜蓿 | — | 1.25(地上部) |
| 大豆 | 0.12～0.33 | 0.78～1.04 | 红三叶草 | — | 1.71(地上部) |
| 向日葵 | 0.14～0.18(种子) | 0.90(全株) | 饲料胡萝卜 | 0.05(块根) | 1.07(茎叶) |
| 糖用甜菜 | 0.04(块根) | 0.12(茎叶) | 饲用甜菜 | 0.19(块根) | 1.17(叶) |

钙有其不可代替的生理作用功能，主要表现为：钙与作物中的果胶酸生成的果胶酸钙构成植物细胞壁的中胶层，将细胞联结起来形成组织，并具有一定的机械强度。这是钙的

特殊功能。钙可以中和作物体内代谢过程产生的过多且有毒的有机酸，尤其是钙与草酸可以形成不溶性的草酸钙沉淀而消除草酸毒害作用。钙是植物体内一些酶的组成成分与活化剂，如钙是$\alpha$-淀粉酶的组成成分，ATP酶（三磷酸腺苷酶）中也含有钙。此外，钙还是植物体内某些酶的活化剂，如磷脂酶、脂酶、葡萄糖-6-磷酸脱氢酶、精氨酸激酶、卵磷脂酶、果胶多聚丰乳糖醛酸酶等。钙还有助于增强细胞膜的稳定性、促进$K^+$的吸收、延缓细胞衰老。

作物缺钙时首先在新根、顶芽、果实等生长旺盛而幼嫩的部位表现出症状，轻则凋萎，重则坏死。

最典型的作物缺钙症状莫过于白菜心腐病和番茄蒂腐病。包心大白菜缺钙时，里面包心叶片边缘开始由水浸状逐渐变为果酱色，心叶萎缩直至腐烂，类似的还有芹菜、洋葱、甘蓝的心腐病都由缺钙造成。番茄缺钙时在花蒂附近果皮内侧出现水浸状病变，继而黑化、果腐，与此同时，生长点、子房表现凋枯或萎缩、叶扭曲、茎软弱、枝下垂。

根据刘芷宇等[13]、仝月澳等[15]及其他一些作者的资料，对一些大田作物及果树缺钙的形态症状与钙素营养诊断指标摘编如下。

① 水稻：植株矮化，组织老化，心叶干枯，定型的心叶前端及叶缘枯黄，老叶仍保持绿色，但叶形弯卷，结实少、秕谷多，根少而短，新根尖端变褐坏死。

② 小麦：植株矮或呈簇生状，根系短，分枝根多，根尖分泌黏液，似球状黏附在根尖。叶片常出现缺绿，幼叶往往不能展开。

③ 大麦：前期生长正常，拔节期出现心叶凋萎枯死，根极少分枝，老根短，新根不能生长。

④ 玉米：植株矮，新叶生长受阻，新叶尖端几乎完全失绿，分泌透明胶汁，使相近幼叶尖端胶黏在一起不能伸长。心叶不能伸长，萎缩黄化，老叶的叶缘呈白色透明锯齿状不规则破裂，根少而短，老根多呈棕褐色。

⑤ 棉花：顶芽生长受阻，生长点呈弯钩状。节间缩短，叶片向下弯卷，老叶提前脱落，植株矮，果枝少，结铃少。根少色褐，主根基部出现胼胝状组织。

⑥ 油菜：老叶枯黄，新叶凋萎。

⑦ 花生：第一片真叶就出现畸形，老叶边缘和叶面有不规则白色小斑点，叶柄变弱，植株生长缓慢，根细弱，荚果空秕。

⑧ 甘蔗：生长缓慢，幼叶柔弱不能伸长，生长点很快死亡，老叶褪绿并有红棕色斑点，继而斑点间出现枯腐，逐渐扩展至整叶枯腐。

⑨ 豌豆：叶片中脉周围发生红色斑点，后扩展至支脉周围和叶边缘，全叶干燥卷缩，叶片基部最早褪色，叶片色由淡绿转为黄白色。根尖死亡，幼叶及花梗枯萎、卷须萎缩。

⑩ 苹果：根尖停止生长，附近又长出许多幼根，枯死后又在上边长出，使根系变短但又似有膨大状。幼苗长不到30cm高就形成封顶芽，叶片减少。成龄树新生小枝的嫩叶先褪色并出现坏死斑，叶缘、叶尖有时向下卷曲，老的叶组织枯死，果实有苦痘病。

⑪ 葡萄：叶呈淡绿色，幼叶脉间和边缘褪绿，脉间有灰褐色斑点，边缘接着出现针头大的坏死斑，茎蔓先端枯死。

⑫ 桃：新根生长1.5～7.5cm从根尖向后枯死，上部又长出新根，使根系短而密、有些膨大、弯曲。嫩叶沿中脉及叶尖产生红棕色或深褐色坏死区，坏死区扩大后枝条基部及

顶端开始落叶，更严重时枝条尖端及嫩叶呈似火烧状，小枝死亡。

此外，苜蓿缺钙生长缓慢，新根生长受抑制；西瓜、黄瓜缺钙时顶部生长点腐烂或坏死。

一些作物钙素营养指标见表1-12。

**表1-12 一些作物钙素营养指标**

| 作物 | 栽培条件、取样部位、时期 | 含钙量/% | |
|---|---|---|---|
| | | 低(或缺乏) | 中(或正常) |
| 水稻 | 砂培、开花期、叶片 | 0.14～0.26 | 0.26～0.34 |
| 玉米 | 砂培、25d、地上部 | 0.3 | 0.76～0.80 |
| 小麦 | 幼苗期、地上部 | 0.14 | 1.38 |
| 甘蔗 | 水培、茎 | 0.02 | 0.04 |
| 棉花 | 土培、初花期、地上部 | 0.8～1.02 | 2.20 |
| 大豆 | 水培、成熟期、地上部 | 0.57 | 1.34 |
| 花生 | 土培、花针期、叶片 | 1.50 | 2.60 |
| 马铃薯 | 田间、叶片 | 0.48 | 3.3 |
| 甜菜 | 叶 | 0.66 | 3.70 |
| 烟草 | 土培、叶片 | 1.3～7.3 | 3.5～4.0 |
| 番茄 | 65d苗、地上部 | 0.79～0.96 | 0.82～1.78 |
| 苜蓿 | 出苗后4周、地上部 | 0.58 | 1.55 |
| 椪柑 | 春梢顶部第3片叶 | <2.3 | 2.3～2.7 |
| 苹果 | 营养枝中部叶片 | 0.56 | 1.11 |
| 龙眼 | 夏梢顶部第2对复叶第2～3片小叶 | <0.7 | 0.7～1.7 |
| 梨 | 田间、新梢最先长大叶片 | — | 1.25～1.85 |
| 李 | 叶片 | <2.0 | — |
| 桃 | 田间、成熟后叶片 | — | 2.12 |
| 甜橙 | 田间、结果枝顶端叶片 | <2.0 | 2.5～5.0 |
| 杏 | 田间、叶片 | — | 3.0 |
| 葡萄 | 田间、短枝基部以上第5节叶片 | — | 1.27～3.19 |
| 咖啡 | 水培、3月龄、叶片 | 0.80 | 0.92 |
| 草莓 | 土培、32周、叶片 | 0.47～0.7 | 0.91～1.37 |

3）镁。作物体内镁的分布一般以种子含量最高，茎叶次之，根最少。有人测定，小麦茎秆含镁0.08%，全株含镁0.1%，子粒含镁却高达0.15%；水稻根部含镁0.07%，茎叶含镁0.12%，穗部含镁0.13%。对一般作物，镁含量在1～6g/kg之间，一些作物含镁量情况见表1-13。

表 1-13 一些作物含镁量情况[10,12]

| 作物 | 含镁量/% | |
|---|---|---|
| | 子粒 | 秸秆 |
| 水稻 | 0.1～0.17(稻谷) | 0.11～0.12 |
| 小麦 | 0.09～0.24 | 0.08～0.18 |
| 燕麦 | 0.14 | 0.13 |
| 玉米 | 0.11～0.2 | 0.16～0.26 |
| 高粱 | 0.24 | 0.24 |
| 荞麦 | 0.09 | 0.11 |
| 棉花 | 0.17(棉铃) | 0.67(叶) |
| 花生 | 0.33(果荚) | 0.34(全株) |
| 大豆 | 0.15～0.33 | 0.3～0.39 |
| 向日葵 | 0.31～0.33(种子) | 0.4～0.41(全株) |
| 蚕豆 | 0.15～0.4 | 0.18～0.6 |
| 豌豆 | 0.08 | 0.16 |
| 糖用甜菜 | 0.03(块根) | 0.07(茎叶) |
| 甘蔗 | — | 0.028(蔗茎) |
| 烟草 | 0.62(叶) | 0.03(茎) |
| 马铃薯 | 0.036(块茎) | 0.126(茎叶) |
| 番茄 | 0.32(果) | 0.73(叶) |
| 禾本科牧草 | — | 0.38～0.4(地上部) |
| 苜蓿 | — | 0.26(地上部) |
| 红三叶草 | — | 0.45(地上部) |
| 饲用胡萝卜 | 0.03(块根) | 0.09(茎叶) |
| 饲用甜菜 | 0.18(块根) | 0.89(叶片) |

镁的生理功能：镁是叶绿素的组成成分，也是叶绿素分子中唯一的金属元素。叶绿素是植物光合作用的核心，植物缺镁，叶绿素就减少，光合作用减弱，碳水化合物、蛋白质、脂肪的合成受到影响。由此可见镁在光合作用中的重要性。镁是多种酶的活化剂，并且镁还参与了一些酶的构成。植物的光合作用、呼吸作用、脂肪代谢过程中有许多酶参与，而镁对这些酶均起到了活化作用。

作物缺镁时形态表现为叶片失绿，起初叶尖和叶缘的脉间色泽褪绿，再到淡绿变黄进而变紫，随后向基部和中央扩展，但叶脉仍保持绿色。对于叶脉平行的作物，失绿呈条状，而对于网状脉的作物，失绿则呈斑点状，至严重时则整片叶片干枯，这是缺镁的典型特征。刘芷宇等[13]描述了一些作物缺镁时的形态特征，表现如下。

① 水稻：植株高度不减，但叶片脉间失绿，先变为蓝黑色，进而变为铁锈色，中下部叶片从叶舌部分开始略向下倾斜，老叶枯焦；易感染稻瘟病、胡麻叶斑病。

② 小麦：叶片脉间出现黄色条纹，心叶挺直，下部叶片下垂，叶缘出现不规则的褐色焦枯，仍能分蘖抽穗，但穗小。

③ 大麦：叶片淡绿，叶脉有念珠状绿色斑点，老叶脉间失绿，边缘间隙坏死变褐，

尖端焦枯。严重时不分蘖也不会抽穗。

④ 黑麦：老叶发黄，其他叶片脉间失绿，带棕色斑点，边缘及尖端变为红棕色，进而叶缘向内卷曲，后枯死。

⑤ 玉米：下部叶片脉间出现淡黄色条纹，后变为白色条纹，极度缺乏时脉间组织干枯死亡，呈紫红色的花斑叶，而新叶变淡。

⑥ 棉花：老叶脉间失绿，叶片主脉与支脉仍保持绿色，老叶上有紫红色斑块，新定型叶片随后失绿变淡，棉桃亦变为浅绿色，苞叶最后红黄色枯焦。

⑦ 油菜：苗期子叶边缘首先呈现紫红色，中后期下部老叶叶缘失绿黄化，逐渐向内扩展，但叶脉仍呈绿色，以后失绿部分由淡绿变黄绿，最后紫红色和黄紫色、绿紫色相间的花斑叶，后期不抽薹、不开花。

⑧ 大豆：前期叶片脉间叶肉失绿并凸起呈皱缩状，而叶脉附近、叶片基部仍保持绿色，进而整叶变为黄绿色，并带有一些棕色小斑点，后期叶缘向下卷曲，从边缘逐渐向内变黄，最后整叶变为橘黄色，叶缘枯焦，似有早熟的假象。

⑨ 花生：老叶边缘先失绿，后逐渐向叶脉间扩展，而后叶缘部分变成橙红色。

⑩ 甘蔗：老叶先在脉间出现些缺绿斑点，后变为棕褐色，斑点合并后变成大块锈斑，以致整叶呈现锈棕色，茎细小。

⑪ 烟草：下部叶片尖端边缘和脉间失绿，叶脉及周围保持绿色，极度缺乏时下部叶片几乎变为白色，少数干枯或产生坏死斑点。

⑫ 马铃薯：老叶尖端及边缘褪绿，沿脉间向中心部分扩展，下部叶片发脆，严重时植株矮小，根及块茎生长受抑制，下部叶片向叶面卷曲，叶片增厚，最后失绿的叶片变成棕色而后死亡脱落。

⑬ 番茄：新叶发脆并向上卷曲，老叶脉间黄色而后变褐、枯萎，黄化症进而向幼叶发展，结实期叶片缺镁失绿症加重，果实由红色褪变为淡橙色。

⑭ 茶树：老叶色暗绿且发脆，新叶叶脉呈绿色，脉间叶肉呈褐黄色。

⑮ 三叶草：老叶脉间失绿，叶缘带绿色，随后叶缘变为褐色或褐带红色。

⑯ 柑橘：老叶呈青铜色，随后周围组织绿色减退，叶基部形成绿色的楔形。

⑰ 香蕉：叶片失绿，叶柄上有紫褐色斑点。

一些作物镁素营养临界指标见表1-14。

**表1-14　一些作物镁素营养临界指标**

| 作物 | 栽培条件、取样部位与时期 | 含镁量/% | | 资料来源 |
|---|---|---|---|---|
| | | 低(或缺乏) | 中(或正常) | |
| 水稻 | 茎叶 | 0.06 | 0.096～0.108 | 文献[11] |
| 小麦 | 幼苗地上部 | 0.078 | 0.3 | 文献[11] |
| 玉米 | 苗期叶片 | 0.138 | 0.24 | 文献[11] |
| 大豆 | 苗期叶片 | 0.180 | 0.36 | 文献[11] |
| 番茄 | 叶片 | 0.132 | 0.48 | 文献[11] |
| 甜菜 | 叶片 | 0.096 | 0.55 | 文献[11] |
| 马铃薯 | 上部叶片 | 0.132 | 0.48 | 文献[11] |

续表

| 作物 | 栽培条件、取样部位与时期 | 含镁量/% | | 资料来源 |
|---|---|---|---|---|
| | | 低（或缺乏） | 中（或正常） | |
| 烟草 | 叶片 | 0.08～0.2 | 0.18～0.65 | 文献[10] |
| 桃树 | 叶片(7月11日) | 0.14～0.18 | 0.19～0.29 | 文献[10] |
| 苹果 | 叶片 | 0.06～0.15 | 0.21～0.53 | 文献[10] |
| 椪柑 | 春梢顶部第3叶片 | 0.25 | 0.25～0.38 | 文献[17] |
| 龙眼 | 夏梢顶第2对复叶2～3小叶 | 0.14 | 0.14～0.30 | 文献[16] |

（4）微量营养元素

① 铁。铁是合成叶绿素的必需元素。虽然铁不是叶绿素的组成成分，但是叶绿素的合成必须有铁存在。在叶绿素合成时，铁可能是一种或多种酶所需的活化剂，缺铁时叶绿体结构被破坏，叶绿素不能合成。严重缺铁时，叶绿体变小，甚至被解体或液泡化。这也是叶绿素合成时需要铁的主要原因。

植物缺铁常出现失绿症，且表现在幼叶上。因为铁在植物体内流动性很小，老叶中的铁很难再转移到新生组织中去，所以一旦缺铁新生的幼叶上就会出现失绿症。

铁参与植物体内的氧化还原反应和电子传递。在植物体内经常发生化学代谢过程中的氧化还原反应，而三价铁离子（$Fe^{3+}$）和二价铁离子（$Fe^{2+}$）分别是氧化剂和还原剂，在两种离子之间极易发生电子转移。尤其是当不同价态的铁离子与有机物结合形成不同种类的蛋白质时，其氧化还原能力将得到极大提高，电子传递更容易发生，这对植物体内多种代谢活动具有重要作用。

铁是固氮酶所必需的元素。固氮酶是豆科作物固氮所必需，而固氮酶由两种蛋白质组成，一个是钼铁蛋白，另一个是铁硫蛋白，钼铁蛋白是固氮酶的活性中心。当两种蛋白单独存在时，固氮酶没有活性，豆科作物也不能固氮，只有两者复合时才有活性，才能固氮。

铁参与植物呼吸作用。因为铁是一些与呼吸作用有关酶的成分，例如，细胞色素氧化酶、过氧化氢酶、过氧化物酶等都含有铁，并且铁常处于酶结构的活性部位上，所以铁参与了植物细胞的呼吸作用。

当植物缺铁时这些酶的活性就受到影响，并使植物体内一系列氧化还原作用减弱，电子不能正常传递，呼吸作用也受到阻碍，ATP合成减少。

铁还是磷酸蔗糖合成酶的活化剂。植物缺铁会导致体内蔗糖形成减少。

② 硼。硼对作物具有某些特殊的营养作用。硼促进植物体内碳水化合物的运输和代谢，它的重要功能之一是参与糖的运输。研究表明，硼不是酶的组成成分，没有变价，没有氧化还原能力，不发生电子转移，不与酶和其他有机物发生反应，但是，硼有利于蔗糖的合成和运输：硼含量充足，糖运输就顺利；硼含量不足，则会有大量糖类化合物在叶片中积累，使叶片变厚、变脆，甚至畸形。糖运输不顺，使新生组织形成受阻，往往表现为植株顶部生长停滞，甚至生长点死亡。

硼酸与顺式二元醇可以形成稳定的酯类，许多糖及其衍生物均属于这类化合物。它们是细胞壁半纤维的组分，显然，元素硼就被牢固地结合在细胞壁中。然而不同种类的植物对硼的需求量是有差异的，例如，单子叶植物（小麦）的细胞壁中硼的含量只有3～5μg/g，而在双子叶植物（向日葵）中则多达30μg/g。这说明了硼具有调节和稳定细胞壁结构的作用。

此外，硼可以促进植物花粉的发育、授粉，种子的形成和成熟；调节酚的代谢，可以

防止如甜菜的腐心病、萝卜的褐腐病等病症；保护生物膜；提高根瘤的固氮能力；促进细胞伸长和分裂；提高作物的抗旱性能等。

③ 锰。锰对植物的作用主要表现在：直接参与光合作用，在光合作用中，水被分解并释放出氧气和电子。水的光解反应可简单表示如下：

$$H_2O \xrightarrow[\text{叶绿体}, Mn^{2+}, Cl^-]{\text{光}} 2H^+ + 2e^- + \frac{1}{2}O_2$$

资料表明，在叶绿体中锰的含量较高，缺锰时，膜结构遭破坏而导致叶绿体解体、叶绿素含量下降。在所有细胞中，叶绿体对锰最为敏感，是维持叶绿体结构所必需的元素。

其次，锰还是植物体内某些酶的组成成分，直接参加代谢过程。锰在植物体内是许多酶的活化剂。锰对酶活性的影响可以促进氮素代谢；调节氧化还原状况；提高植物的呼吸强度；增加二氧化碳的同化量；促进碳水化合物的水解；有利于蛋白质合成等。

此外，锰还具有促进种子萌发和幼苗生长、促进根系的生长、促进维生素 C 的形成、增强植物茎的机械组织等功能。

④ 铜。铜多以络合物形态存在于多种氧化酶和各种蛋白质中，其主要作用是参与植物体内的氧化还原反应，原因是铜可以改变化合价，具有传递电子的作用，主要的氧化还原反应如下：

$$\underset{(\text{底物})}{AH_2} + \frac{1}{2}O_2 \xrightarrow{Cu^{2+}} \underset{(\text{产物})}{A + H_2O}$$

铜以酶的方式参与植物体内氧化还原反应，并对植物的呼吸作用有明显影响。其次，铜蛋白参与光合作用，叶片中的铜大部分结合在细胞中，尤其在叶绿体中有较高的含量，缺铜虽不破坏叶绿体结构，但淀粉减少。铜与色素可形成络合物，对叶绿素和其他色素有稳定作用。近年来，又发现铜与锌类同存在于超氧歧化酶中，这种酶是所有好氧有机体所必需的。超氧歧化酶对毒性较大的超氧自由基（$O_2^-$）具有歧化作用，从而起到了保护叶绿体免遭超氧自由基的伤害、不使生物体代谢发生紊乱而导致有机体死亡的作用。此外，铜还具有参与氮素代谢、影响固氮的作用，在复杂的蛋白质形成过程中，铜对氨基酸活化及蛋白质合成有促进作用。缺铜时蛋白质合成受阻，导致植物体内 DNA 的含量降低，同时根瘤内氧化酶活性降低，使固氮能力降低；缺铜时，影响植物花器官的发育，影响禾本科作物的生殖生长。以麦类作物为例，缺铜时分蘖明显增加，导致秸秆产量较高，但不结实，子粒产量降低。铜供给充分时，秸秆产量增加不多，但子粒产量明显提高。显然，铜营养元素关系到粮食生产的产量问题，应给予足够的重视。

⑤ 锌。锌在植物体内是许多酶的组成成分，例如乙醇脱氢酶、铜-锌超氧化物歧化酶、碳酸酐酶、RNA 聚合酶、谷氨酸脱氢酶等都含有结合态锌，锌还是核糖核蛋白体的组成成分。锌不仅是许多酶的组分，而且也是许多酶的活化剂。显而易见，从锌在植物体内存在的状态就不难得出它所有的功能和作用。锌在促进植物生长素合成、促进光合作用、参与蛋白质合成中均起到重要作用，尤其在影响蛋白质合成中的几种微量元素里是最突出的元素。

缺锌时，作物生长发育即出现停滞，其典型表现是叶片变小、节间缩短等症状，通常称之为小叶病和簇叶病。

缺锌时，作物的光合作用强度大大降低，这不仅与叶绿素含量减少有关，而且也与二氧化碳的水合反应受阻有关。因为含锌的碳酸酐酶可催化光合作用过程中二氧化碳的水合作用。其反应如下：

$$CO_2 + H_2O \rightleftharpoons H_2CO_3 \xrightleftharpoons[Zn^{2+}]{\text{碳酸酐酶}} H^+ + HCO_3^-$$

锌是醛缩酶的激活剂，而醛缩酶是光合作用中的关键酶之一，所以缺锌使光合作用强度大大降低。

锌除以上作用外，它还影响作物生殖器官的建成和发育，如在缺锌介质中的豌豆不能产生种子。给三叶草增施锌肥，营养体产量可提高 1 倍，而种子和花的产量可增加近 100 倍。

锌既能提高植物的抗旱力，又能提高植物的抗热性。此外，锌还能提高植物抗低湿或霜冻的能力，有助于冬小麦抵御霜冻侵害，安全越冬。

⑥ 钼。钼在植物体中是硝酸还原酶和固氮酶的成分。硝酸还原酶的作用是将硝酸还原为亚硝酸，然后进一步还原为氨，而氨能用于合成氨基酸和蛋白质。这一系列的还原过程是通过钼的价态变化、转移电子完成的。

钼是固氮酶的成分，而固氮酶是植物体氮素代谢过程中所不可缺少的酶。对于豆科作物，钼有固氮的特殊作用。固氮酶是由钼铁氧还蛋白和铁氧还蛋白两种蛋白组成的。这两种蛋白单独存在时都不能固氮，只有两种蛋白结合才具有固氮的功能。钼处于固氮酶的活性中心部位，游离的氮分子与活性中心结合，而铁氧还蛋白则与 Mg-ATP 结合，向活性中心提供能量和传递电子，使氮分子还原成氨。

除了以上两种重要的功能之外，钼还具有促进有机磷与维生素 C 的合成、繁殖器官的建成以及抗病毒的能力。

⑦ 氯。氯是植物体需要量最多的微量元素，许多植物体内氯的含量都很高，含氯量在 10%以上的植物并不少见。氯在植物体内的作用表现在参与光合作用上。氯对水的光解反应不起直接作用，而是辅助锰参与反应，把锰离子稳定在较高的氧化状态。氯不仅是希尔反应放氧气所必需的，还具有促进光合磷酸化的作用。其次，氯在维持细胞膨压、调节气孔运动方面的作用很明显。氯对叶片气孔的张开和关闭有调节作用，当某些植物叶片张开时，钾离子由氯离子伴随流入叶片内保护细胞。氯离子调节气孔运动的功能可减少叶片水分的过多损失，从而能增强植物的抗旱能力。

此外，氯还具有激活膜结合的 $H^+$-泵 ATP 酶，而后可以把原生质的 $H^+$ 转运到液泡内，而使液泡膜内外产生 pH 梯度；含氯肥料对抑制病害的发生具有明显作用，例如冬小麦的全蚀病、条锈病，大麦的根腐病，玉米的茎枯病，马铃薯的褐心病等大约 10 种作物的 15 个品种，其叶、根可通过增施含氯肥料，明显减轻病害的严重程度；氯离子在维持离子平衡方面的作用可能有特殊意义，因为氯离子化学性质稳定，与阳离子保持电荷平衡，氯离子流动性强，能迅速进入细胞内，提高细胞的渗透压和膨压，减少植物水分的丢失；氯可以激活某些酶，促进天冬酰胺和谷氨酸的合成，因而氯对氮素代谢有重要作用。

### （四）土壤的营养环境是作物生长发育的保障

1. 我国主要类型土壤的养分状况

（1）母岩的养分含量

① 氮。地壳平均含氮量约为 0.04%（质量分数），这一数字比土壤低，因为在绝大多

数岩石中都不含氮素。由于生成上的原因，火成岩完全不含氮素，而沉积岩中有微量氮素存在，这是因为在沉积过程中混入少量有机物质的缘故。这一氮素虽然很少，但地球上沉积岩中氮的总含量却高达400万亿吨（$4\times10^{14}$t），而且每年地球上生物的固氮量可达$1\times10^{8}$t以上，这些都是土壤氮素的潜在的或直接的来源。

② 磷。地壳平均含磷量为0.08%，比一般土壤的含磷量高。母岩中以火成岩平均含磷量最高，达1300mg/kg，其次是页岩（含磷870mg/kg），石灰岩、砂岩中含磷很少。

③ 钾。地壳平均含钾量比氮、磷高得多，达到2.6%。母岩中主要的含钾矿物是正长石、微斜长石（含钾14%）、白云母（含钾10%）、黑云母（含钾7.5%），所以土壤的含钾量受母岩中这些矿物的影响很大。

④ 微量元素。母岩中铁的含量很高，火成岩平均含铁4%，所以从母岩含量和土壤含量看，铁不属于微量元素范围，之所以称铁为微量元素只是从植物营养角度来说的。因此，土壤缺铁并不是含量低，而是指有效性低。

岩石锰含量虽低于铁，但仍相当高，火成岩、石灰岩含锰量均可达1000mg/kg以上。所以土壤缺锰，也是指有效性低，不是绝对含量低。

富含锌、铜的母岩石主要是火成岩和页岩。火成岩平均含锌量为80mg/kg，含铜量为70mg/kg，页岩含锌量在50～300mg/kg间变动，而含铜量在30～150mg/kg间变动。石灰岩和砂岩中锌、铜含量一般较低。

岩石中砂岩、页岩含硼量较高，砂岩平均含硼155mg/kg，页岩含硼130mg/kg。

钼在岩石中的含量很低，火成岩平均含钼1.7mg/kg，而沉积岩含钼量平均在1mg/kg以下[8]。

(2) 我国土壤的养分概况　土壤养分含量主要决定于母质和耕作施肥措施，但土壤养分的全量一般不能直接表示当季作物养分的丰缺。因为，土壤养分的供应能力主要取决于养分的有效性，土壤养分状况必须结合土壤的物理和化学环境考虑。下面简要介绍一下我国主要土壤养分的基本状况[8]。

① 氮。虽然空气中含有高达80%的氮气，但除豆科植物外，绝大多数植物都不能利用这些分子态的氮，而只能利用取自土壤的氮。

土壤中的氮有95%以上是以有机态存在的。这些形态的氮也需要先经矿化作用变成无机状态才能被植物利用。有机态氮的矿化作用受一系列土壤、气候条件的制约，其中最重要的是温度。因此，我国土壤氮素矿化的量和速度一般是南方高于北方。据测定，我国南方土壤每年氮素的矿化量为土壤全氮量的2%～4%。

我国土壤耕层中的全氮含量在0.05%～0.25%之间变动。其中东北地区的黑土是我国土壤平均含氮量最高的土壤，一般为0.15%～0.35%。而西北黄土高原和华北平原的土壤含氮量较低，一般为0.05%～0.10%。华中、华南地区由于受不同因素的影响，土壤全氮含量有较大的变幅，一般为0.04%～0.18%。在条件基本相近的情况下，水田的含氮量往往高于旱地土壤。

根据现有资料，我国绝大部分土壤施用氮肥都有一定的增产效果。

② 磷。磷是农业上仅次于氮的一个重要土壤养分。和氮不同，土壤中大部分磷都是无机形态（50%～70%），只有30%～50%是以有机磷形态存在的。

我国北方土壤中的无机磷主要是磷酸钙盐，而在南方则主要是磷酸铁、铝盐类。其中有相当大部分是被氧化铁胶膜包裹起来的磷酸铁铝，称为闭蓄态磷。

我国土壤的全磷含量在0.02%～0.11%之间变动。其中北方土壤的全磷含量一般比南方土壤高，故我国土壤的全磷含量大体上从南向北有增加的趋势。如我国东北地区的黑土、白浆土全磷含量一般为0.06%～0.15%，而我国南方的红壤和砖红壤全磷含量一般为0.01%～0.03%。当然，由于受母岩以及耕作施肥等人为因素的影响，土壤磷素含量可以在不大的距离内和不长的时间中有明显变异。

土壤全磷含量的高低通常不能直接表明土壤磷素供应水平的高低，它是一个土壤潜在肥力的指标。但是，当土壤全磷低至0.03%以下时，土壤往往缺磷。

在土壤的全磷中，只有很少一部分是对当季作物有效的，称为土壤有效性磷。通常所说的土壤有效性磷并不具有特定的化学意义，它只是指用某种化学提取剂（或生物提取剂）所能提出来的那一部分磷。这一部分磷量只是一个经验性的、相对的数值，只有在这些数值经过必要的生物试验校正处理之后才具有指导施肥的作用。

近年来，随着产量提高，我国土壤缺磷面积不断扩大，原来那些对磷肥效果不大的地区表现出了严重缺磷的现象，如广大的黄淮海平原、西北黄土高原以及新疆等地都大面积缺磷。而原来缺磷的地区，由于长期施磷，磷肥效果下降，这主要是指华中、华南某些缺磷水稻土。华中、华南地区的中、高产水稻土，在一般情况下，随有机肥的施入，磷已可满足作物需要，而大面积的酸性旱地土壤以及部分低产水田，缺磷仍然是相当严重的。

③ 钾。和氮、磷不同，土壤中的钾全部以无机形态存在，而且其数量远高于氮、磷。对于大部分的土壤，钾存在于长石、白云母、黑云母等原生矿物中，少量存在于伊利石到蛭石之间不同分解程度的黏粒矿物中。长石和白云母中的钾一般很难被植物利用，而黑云母的钾在一定条件下可被植物利用，伊利石所含的钾则对植物有较好的有效性。一般把存在于黏粒矿物表面可以进行交换的钾和土壤水溶液中的钾之和称为速效性钾。

我国土壤的全钾含量也大体上是南方较低，北方较高。例如我国最南方的砖红壤区，土壤全钾含量平均只有0.4%左右，华中、华东的红壤则平均为0.9%左右，而我国北方包括华北平原、西北黄土高原以至东北黑土地区，土壤全钾含量一般都在1.7%左右，每100g土含交换性钾10～30mg。因此，我国缺钾土壤主要在南方，北方缺钾已有一些报道，应值得重视。

除去上述通常被称为“三要素”的氮、磷、钾以外，近年来土壤微量元素在农业上的作用日益显露。

所谓微量元素是指植物在生理上对这类元素需要量甚微，但它们仍然是植物生长发育所必需的养分。这些微量元素大多在土壤中的含量很少，但其中锰、铁等含量则较高。通常所说的微量元素是指硼、锌、钼、铜、锰、铁等。氯近来也被认为是一种植物必需的微量元素。

土壤中的微量元素大部分以硅酸盐、氧化物、硫化物、碳酸盐等无机盐的形态存在。在土壤溶液中有一部分微量元素以有机络合态存在。通常把水溶液或交换态的微量元素看作是对植物有效的。

土壤中微量元素供应不足，通常是由两种原因造成的：一种原因是土壤本身微量元素含量过低；另一种原因是虽然土壤中微量元素含量并不低，甚至相当高，但是由于土壤条件（主要是土壤酸碱度和土壤氧化还原条件等），使土壤微量元素的有效性降低而造成供应不足。在前一种情况下，必须补施微量元素肥料，而在后一种情况下，有时只需改变土壤条件，增加土壤微量元素的有效性，即可增加供应水平而纠正缺乏。这方面突出的例子

有钼，其他如铁、锰也能有条件地增加其有效性。

我国土壤的含钼量为0.1～6mg/kg，平均为1.7mg/kg，一般我国北方土壤含钼量低于南方，但南方土壤大多呈酸性，使土壤钼的有效性降低。因此，我国南、北方都有缺钼的报道。

我国土壤的含硼量在0～500mg/kg之间，变化幅度很大，平均为64mg/kg。粗略地说，我国土壤的含硼量北方高于南方，滨海高于内陆。

我国土壤的含锌量在3～790mg/kg之间，平均为100mg/kg。土壤锌的供应水平除取决于锌的含量以外，还取决于土壤条件（主要是土壤酸碱度），这是因为在碱性条件下，土壤锌常呈难溶性盐类存在，大大限制了它对植物的有效性。所以缺锌土壤大多是石灰性土壤或施用石灰过量的土壤。

近年来，我国施用微量元素肥料的数量迅速增长，施用面积也高达数亿亩，最常用的微量元素肥料是锌、硼、钼、锰。

土壤中还有一些微量元素，虽然它们并不是植物生长发育所必需的，但有时可对植物和动物产生有利的或不利的影响。

硅：硅对禾本科植物，特别是水稻的生长在某种条件下可产生有利的影响，它可增加水稻的细胞硅化，从而增加水稻抗病虫害、抗倒伏的能力。因此，日本等一些水稻生产国家常在水稻上施用含硅物质（炉渣等），我国也有这方面的研究报道。

碘、钴、钠等元素：在畜牧业上比较重要，因为牧草中含有这些元素有益于动物健康。如土壤中缺乏这些元素会导致人和动物的某种疾病。还有报道表明，某些元素如在土壤中含量过高，则导致牧草中含量也高，如硒、铝、砷、氟等，导致对动物和人的危害。

也有报道说，土壤中的锂、锶、锡、钒等对作物生长有一些刺激作用。

2. 作物的土壤营养环境

作物生长状况是土壤环境和作物生理特点的综合反映。作物的土壤营养环境包括物理环境、化学环境和养分环境。当然，生物在作物的土壤环境中也有重大作用。

作物的这三大营养环境相互影响、相互作用，有着极为复杂的相互关系，这些复杂的关系构成了土壤-植物生态系统的基本内容。以下简述这三大营养环境与作物生长的关系[8]。

(1) 物理环境　土壤物理环境影响作物的水分和空气供应，也直接影响养分的供应和保蓄。

土壤由大小不同的颗粒组成，这些颗粒可以是无机的，也可以是有机的，也有相当数量是有机-无机结合的。这些颗粒的组合构成了土体的三相，即固相、液相和气相。一般肥沃的土壤，它的固相大体占整个土壤体积的50%以上。另外，不到1/2的体积是大大小小的空隙，这些空隙充满着水分（土壤溶液）和空气。

土壤固相部分有巨大的表面积。例如，每$1m^2$耕层中，其中黏粒的表面积可以高达$2.6\times10^7m^2$。这样巨大的表面积，使得土壤具有一系列活泼的胶体化学性质。所以固相部分不仅是作物养分的潜在来源，而且决定着土壤对养分的吸附和释放等一系列反应。

土壤孔隙不仅承担着作物水分、空气的供应，孔隙本身也对作物生长有重要作用。例如，一个肥沃的土壤，必须含有相当数量的直径≥250μm的大孔隙，有了这些大孔隙作物根系才能顺利伸展。土壤中还应有不低于10%的直径≥50μm的中等孔隙，这些孔隙相互连通就保证了土壤良好的排水功能。此外，为了使土壤具有良好的水分保蓄性能，土壤中必须有不低于10%的直径为0.5～50μm的小孔隙。所以，土壤中孔隙的大小和数量决定着作物营养物理环境的一系列因素。

土壤孔隙的大小和数量也直接影响养分在土壤中的扩散。另外，空隙中的土壤溶液不仅是作物营养元素的直接来源，而且由于液体巨大的比热特性，还起着调节和稳定土壤温度的重大作用。所以，土壤物理环境也同时影响土壤的化学和营养环境。

(2) 化学环境

① 电荷特性。土壤黏粒的负电荷主要来源于黏粒四面体和八面体晶片中阳离子的同晶置换作用。在黏粒矿物中，凡离子大小相近，并且具有相同配位数的离子可以相互取代。例如，硅氧四面体中的四价硅（$Si^{4+}$）被三价的铝离子（$Al^{3+}$）取代，就产生一个多余的负电荷。而八面体中的 $Mg^{2+}$、$Fe^{2+}$、$Zn^{2+}$ 和 $Li^{+}$ 也可以取代晶格中的 $Al^{3+}$，从而产生多余的负电荷，这些负电荷与晶体外的阳离子相互吸引而达到电荷的平衡，这就是土壤的阳离子交换性能。因同晶置换作用形成的负电荷不因环境改变而增减，故称永久电荷。表1-15是我国主要土壤的负电荷和黏土矿物类型。

**表1-15　我国主要土壤的负电荷和黏土矿物类型[18]**

（黏粒部分，pH=7时）

| 土壤 | 地区 | 黏土矿物类型 | 负电荷/(cmol/kg) |
|---|---|---|---|
| 暗栗钙土 | 内蒙古 | 蒙脱石(蛭石) | 91 |
| 褐土 | 北京 | 伊利石(蛭石,高岭) | 53.8 |
| 黄棕壤 | 江苏 | 伊利石(高岭,蛭石) | 40.0 |
| 红壤 | 江西 | 高岭(伊利石,蛭石) | 22.0 |
| 砖红壤 | 广东 | 高岭(三水铝石) | 5.2 |

同晶置换作用主要发生在2∶1型的黏土矿物中，而土壤中1∶1型的黏土矿物如高岭土等，同晶置换作用很小，所以它的交换量很小。它们的少量负电荷主要来源于晶体边缘的断裂部分。这部分电荷可随环境（主要是pH环境）改变而变化，所以称为可变电荷。这部分电荷可以是负电荷，也可以是正电荷，主要依pH值条件而定，在特定条件下也可以不带电荷，这时的pH值称为电荷零点。

土壤中主要的可变电荷来源于土壤中的无定型矿物，包括大量的铁、铝氧化物。这些氧化物在土壤溶液中吸收水分子，水分子可解离为 $H^{+}$ 和 $OH^{-}$，当环境pH值高于电荷零点时，$H^{+}$ 解离大（因 $H^{+}$ 被环境中的 $OH^{-}$ 中和为水），而氧化物上出现多余的 $OH^{-}$ 而带负电荷；当pH值低于电荷零点时，$OH^{-}$ 解离多，而形成多余正电荷。

不同来源的电荷对阳离子的吸持强度不同，粗略地说，四面体的负电荷最强，八面体的次之，可变电荷的吸持能力最弱。

土壤阳离子交换性能决定着一系列与土壤肥力有关的性状，以至联合国粮农组织在土壤分类中把盐基饱和度作为土壤肥瘦的指标之一，如把饱和度大于50%的土壤列为较肥土壤（eutric soil），而饱和度低于50%的称为较瘦土壤（dystric soil）。

交换性阳离子的组成和饱和度在很大程度上影响养分的有效性，如交换性阳离子钙镁比一般应为3～5，如果小于3植物就可能缺钙，而磷的吸收也会被抑制。交换性钾

的饱和度（EPP）如低于2%，就可能出现缺钾现象。而铝的饱和度大于30%时，就会使一些敏感作物中毒。而交换性钠如超过15%，土壤一系列性质受到破坏，土壤就变成碱土，等等。

土壤不仅带有负电荷（这是主要的），而且也带有正电荷，这就决定了土壤除阳离子交换性能外，还有阴离子交换性能，土壤阴离子交换性能在某种意义上比阳离子交换性能要复杂一些，因为它包括了专性吸附和非专性吸附。简单说来，专性吸附是一种配位交换的化学吸附，而非专性吸附则是由静电力引起的物理吸附，所以前者比后者强得多。如磷酸离子主要是专性吸附，而硝酸离子主要是非专性吸附。它们被土壤吸附的强度是很不相同的。硝酸离子在土壤中极易被淋失，是由它只能被土壤物理吸附造成的。这些因素都是在施肥中必须考虑的。

② 土壤有机质。土壤有机质包括腐殖质和非腐殖质两大部分，后者主要由碳水化合物、蛋白质、氨基酸以及低分子量的有机酸等成分组成，这些部分能比较容易地被微生物分解。腐殖质部分是土壤有机质的主体，但较难分解。它是由分子量从数百到数千的复杂有机化合物组成的，包括胡敏酸、富里酸和胡敏素。

土壤有机质一般含碳约50%、氮5%、磷0.5%，不同土壤有较大的变幅。由于腐殖质含有各种功能团，所以它有相当大的阳离子交换量，可为100～400cmol/kg，但通常为150cmol/kg。此外，它可以和多价阳离子（如锰、铜、锌等）形成配位络合物。所以土壤溶液中的大部分Cu和Zn是以可溶性有机络合物形式存在的。

土壤中95%以上的土壤氮素、20%～50%的土壤磷素都是以有机形态存在的，所以它在养分供应上也有重大作用。

③ 土壤酸度。土壤酸度除对养分有效性有巨大的影响外，其作为一个化学环境因素也对作物生长有较大影响。

例如从土壤化学角度说，土壤酸度过高，如pH值达到5～5.5，会使土壤中的铝、锰活性增加，活性铝、锰的增加将对作物生长产生一系列不良影响：a. 过量的铝将影响根系的细胞分裂，严重影响根系正常发育；b. 影响根的呼吸作用；c. 影响某些酶的功能，这些酶能控制多糖在细胞壁上的沉积；d. 增加细胞壁的硬度；e. 影响作物对钙、镁、磷的吸收、运转和利用。

在这种情况下，即使养分的供应非常充足，作物仍然无法正常生长，所以调节土壤化学环境也是使施肥达到最大经济效益的重要因素。

通常消除铝、锰毒害最简易的方法是施用石灰，这是我国南方酸性旱地土壤施肥时必须考虑的措施。

土壤酸度也决定着土壤电荷的类型。

另外，土壤酸度也在很大程度上影响土壤中微生物的活动，从而影响到养分的一系列转化。例如，土壤过酸、过碱，都会严重影响微生物的活动，从而影响硝化作用的进行，而且在某些条件下会造成有毒的$NO_2^-$的积聚。

所以，土壤酸度是作物土壤营养中的主要化学因素，考虑到这些化学因素才能使施肥更为合理有效。

综上所述，对作物化学环境产生重大影响的3个因素是土壤黏粒、土壤有机质和土壤酸度。

（3）养分环境　土壤养分即使在施肥的情况下也起着重要作用。据粗略估计，在一般施肥情况下，中等产量水平时，植物吸收的氮中有30%～60%、磷中有50%～70%，钾中有40%～60%是来自土壤。当然不同作物、不同施肥量和不同土壤有很大变幅，但从上述粗略估计中已可看到土壤养分环境对作物营养的重要作用。长期试验证明，在有丰富储备的土壤与贫瘠土壤施用同量的肥料，前者更容易达到高产。

土壤的养分环境取决于养分的总量和其中有效部分，后者对当季作物的养分供应起重大作用，而前者则代表土壤养分的供应潜力。

土壤养分总量和一季作物的需要量相比要大得多，例如，我国中等肥力的土壤，其养分含量假定能被全部利用，每亩耕地的土壤氮可供年产500kg的作物利用15～30年、磷可供利用30～45年、钾可供利用140～300年。当然全部被利用是不可能的，但从以上数字可以看出土壤养分的巨大储备。但是，对当年作物来说，只有土壤中有效的部分才是有意义的。一般土壤中，这一部分所占比例很小，例如土壤中的有效氮只占全部氮的0.05%以下，有效磷、钾通常只占0.03%～0.05%，甚至更低。表1-16中列出了几种土壤养分总量、有效量和作物吸收量的大概范围。

**表1-16　土壤养分总量、有效量和作物吸收量**[19,20]　　单位：kg/15亩

| 养分 | 总量 | 有效养分量 | 作物吸收量 |
|---|---|---|---|
| N | 1000～2000 | 20～140 | 50 |
| P | 500～4000 | 20～100 | 20 |
| K | 5000～50000 | 40～200 | 100 |
| Mo | 0.5～10 | 0.02～1 | 0.01 |
| Zn | 20～50 | 2～20 | 0.2 |
| B | 4～100 | 1～5 | 0.2 |
| Mn | 100～10000 | 10～200 | 0.5 |

注：本表部分数据引自《中国化肥区划》❶。1亩≈666.7$m^2$，下同。

近代研究已经明确，作物主要是从土壤溶液中吸取养分。固相部分的养分一般需要先进入土壤溶液才能被作物利用。因此，土壤养分环境的基本标志之一是土壤溶液中的养分水平，它是土壤养分供应的强度因素。良好的养分环境要求土壤溶液中的养分浓度（活度）能达到最适水平，这一水平对于不同作物是不同的。

土壤养分环境第二个最佳条件是土壤养分的缓冲能力。由于土壤溶液中养分的浓度在一般情况下都是比较低的，尽管它可能已经达到最适水平，但在作物吸收而消耗了部分养分之后，为了避免养分浓度下降，土壤必须有能力迅速补给这一部分被吸收的养分，而使土壤继续保持在最佳的养分浓度水平，这一能力就是土壤的养分缓冲能力。

土壤的这种缓冲能力取决于固相中的与液相处于平衡的养分数量，这一养分称为养分供应的数量因素。

从作物的土壤营养观点看，养分的有效性还受其他离子存在的影响，即作物对某一养分的利用受其他养分离子的巨大影响，这些影响可以是相互促进的（协同作用），也可以是相互排斥的（拮抗作用）。这些作用随作物、土壤以及环境条件不同而不同。现将主要养分离子的交互作用列于表1-17。

❶ 中国农业科学院土壤肥料研究所．中国化肥区划．北京：中国农业出版社，1986.

表 1-17　主要养分离子的交互作用[21]

| 养分离子 | Ca | Cu | Fe | K | Mg | Mn | Mo | N | Na | P | S | Zn |
|---|---|---|---|---|---|---|---|---|---|---|---|---|
| B | — | — | — | — | — | — | — | — | — | A | — | — |
| Ca | | — | A | A | A | A | — | — | A | A | — | A |
| Cu | | | A | — | — | A | A | — | — | A | — | A |
| Fe | | | | A | — | A | — | — | — | A | — | — |
| K | | | | | A | E | A | A | A | — | — | — |
| Mg | | | | | | A | E | — | A | E | E | A |
| Mn | | | | | | | A | — | — | — | — | — |
| Mo | | | | | | | | — | — | — | A | — |
| N | | | | | | | | | — | E | — | A |
| Na | | | | | | | | | | A | — | A |
| P | | | | | | | | | | | E | A |
| S | | | | | | | | | | | | — |

注：A—拮抗作用；E—协同作用；——资料不足或相互作用较复杂。

## (五) 土壤养分的供应能力是农业生产可持续发展的条件

1. 土壤养分供应的强度因素

土壤养分供应的强度因素可以简单理解为土壤溶液中养分的浓度（活度）。土壤溶液严格讲是不均匀的，它在不同的土壤空隙中的浓度可能有所不同。另外，根际土壤和整个土体的养分浓度也是不同的。

(1) 土壤溶液中一般的养分浓度范围　土壤溶液的养分浓度和组成受土壤含水量影响，水分含量高时浓度低些，土壤变干时浓度增加。因此，土壤溶液养分浓度是以在饱和水的条件下为标准的。

土壤溶液的浓度受土壤性质的巨大影响，但在大多数土壤中不同养分的浓度有以下规律：一般土壤溶液中磷的浓度最低，钾、镁次之，而钙一般浓度较高。表 1-18 是美国土壤的例子。

表 1-18　美国某土壤溶液中养分离子的浓度范围[22]　　单位：mmol/L

| 养分离子 | 范围 | 举例 | |
|---|---|---|---|
| | | 酸性土壤 | 石灰性土壤 |
| Ca | 0.5～38 | 3.4 | 14 |
| Mg | 0.7～10 | 1.9 | 7 |
| K | 0.2～10 | 0.7 | 1 |
| N | 0.16～55 | 12.1 | 13 |
| P | 0.001～1 | 0.007 | <0.03 |
| S | 0.1～150 | 0.5 | 24 |

欧洲土壤的大概浓度范围如下。

磷：0.015～0.03mmol/L。

钾：0.1～1mmol/L。

镁：0.5～1mmol/L。

钙：1～10mmol/L。

我国对土壤溶液养分离子浓度的研究几乎是空白，曾对太湖地区主要类型土壤做过一些初步测定，结果列于表1-19。

**表1-19　太湖地区土壤溶液中养分离子浓度[23]**　　单位：mmol/L

| 土壤名称 | Ca | Mg | P | K |
|---|---|---|---|---|
| 夹砂土 | 4.74 | 1.79 | 0.0013 | 0.15 |
| 砂土 | 4.11 | 4.55 | 0.0012 | 0.09 |
| 黄泥土 | 4.14 | 6.50 | 0.0014 | 0.17 |
| 鳝血黄泥土 | 5.70 | 7.39 | 0.0017 | 0.18 |
| 灰土 | 6.05 | 6.16 | 0.0023 | 0.25 |
| 白土 | 5.82 | 4.87 | 0.0016 | 0.12 |
| 青泥土 | 6.06 | 5.55 | 0.0015 | 0.21 |
| 小粉土 | 5.88 | 5.29 | 0.0030 | 0.24 |

从表1-19中可以看到，在这些不同肥力土壤上养分浓度有以下范围。

钙：4.11～6.06mmol/L。

镁：1.79～7.39mmol/L。

磷：0.0012～0.0030mmol/L。

钾：0.09～0.25mmol/L。

虽然上述数字只是少数土壤，但也看到这些养分的浓度均在一般土壤范围之内，其中磷、钾含量和欧美土壤相比都偏低一些。

（2）植物生长的养分最佳浓度

① 氮。由于大多数研究偏重于旱作土壤，所以土壤溶液中氮的浓度主要是指$NO_3^-$-N的浓度。在水培时，溶液中氮素浓度一般保持在10～15mmol/L之间，这相当于140～210mg/kg。这一浓度可以看作是作物营养的最佳氮素浓度。但在不同土壤条件下作物营养所需的最佳浓度有所不同。对大多数作物，最佳氮素浓度大体在5～15mmol/L范围内（按$NO_3^-$-N计则为70～210mg/kg）。$NO_3^-$-N浓度过高，可能对磷的吸收有一定抑制作用（$NH_3$-N则对磷吸收有促进作用）。为了避免$NO_3^-$-N过高，一些研究者认为，对玉米和小麦，最佳的$NO_3^-$-N浓度应在100mg/kg左右，在含盐土壤上，可能会由于作物蒸腾作用或干旱使根际的盐分浓度成倍地增加。所以，土壤溶液中$NO_3^-$-N浓度也不应高于100mg/kg。

② 磷。在这方面的研究较多，但是不同作者所得结果有较大差异。

英国的研究者认为，土壤溶液中磷的浓度可粗分为以下等级：磷浓度为3mg/kg时，可以充分满足作物需要；磷浓度为0.3mg/kg时，多数作物均能满足需要；磷浓度为0.03mg/kg时，多数作物会感到磷的供应不足；磷浓度为0.0003mg/kg时，作物将感到极度缺磷。

上述分级大体是正确的，当然在水稻土的情况下，这一分级就显得偏高。以下是不同

作物最佳磷浓度的一些研究结果[24]：水稻，0.1mg/kg；小麦，0.3mg/kg；大麦，0.1mg/kg；甜玉米，0.13mg/kg；谷子，0.07mg/kg；牧草，0.2～0.3mg/kg；玉米，0.06mg/kg；甘薯，0.1mg/kg；莴苣，0.4mg/kg；花生，0.01mg/kg；大豆，0.2mg/kg；番茄，0.2mg/kg。

很明显，这一最佳养分浓度受一系列性质的影响，特别是土壤质地（土壤缓冲能力）的影响。如大麦在不同质地土壤上的最佳磷浓度是：黏土，0.10mg/kg；粉砂黏壤土，0.16mg/kg；细砂壤土，0.35mg/kg。

由此可知，在质地轻的土壤上，临界值要高得多，这是因为轻质土壤养分的缓冲能力小。这也是文献上不同作者所得结果有较大差异的原因之一。

由于磷位也是磷素供应的强度因素，它实际上也取决于土壤溶液中磷的浓度。磷位与作物生长关系见表 1-20。

**表 1-20 磷位① 与作物生长**[25]

| 作物 | 极缺 | 施磷肥 | 最佳水平 |
|---|---|---|---|
| 小麦 | 1(8200)② | 5(7300) | 10(6900) |
| 大麦 | 1(8200) | 2(7800) | 5(7300) |
| 大豆 | 1(8200) | 3(7600) | 5(7300) |
| 马铃薯 | 1(8200) | — | 40(6000) |
| 豌豆 | 2(7800) | — | 30(6200) |

① 磷位（$\frac{1}{2}pCa+pH_2PO_4$）中$\frac{1}{2}pCa$一般为常数，这里用$-RT\ln a_{H_2PO_4}$表示。

② 括号外数字为磷活度，mol/L×$10^{-6}$；括号内数字为$-1362\times\lg a_{H_2PO_4}$。

从表 1-20 中结果可以看出，对于麦类作物，所得结果与前述数字相当接近，同时也证实了马铃薯对磷的要求特别高。

③ 钾。对大多数作物来说，土壤溶液中钾浓度保持在 20mg/kg 时，即可充分满足作物需要。当然不同作物有很大差异，但当土壤溶液钾浓度＜20mg/kg（5×$10^{-5}$mol）时，大多数作物将感到缺钾。

2. 土壤养分供应的数量因素和缓冲能力

（1）数量因素在土壤养分供应上的意义　由于土壤溶液中养分的浓度和作物需要量相比是很少的，特别是对于磷、钾来说，在肥沃土壤中，土壤溶液中磷的浓度也只有0.03～0.3mg/kg。那么，每 15 亩土壤耕层中，土壤溶液中的磷量也只有 0.003～0.03kg。而在一般中等产量时，作物约需要（按磷计）20kg/15 亩，如果作物单纯依靠土壤溶液中的磷，磷的浓度不仅要剧烈下降，而且很快就会被消耗殆尽。但在上述情况下，作物一般都能得到磷的充分供应，这是因为一旦土壤溶液中磷被吸收，固相养分会很快补充进去而大体保持磷浓度的稳定。如果土壤溶液磷为 0.02kg/15 亩（这是磷素水平很高的土壤），作物一季每 15 亩需磷 20kg，那么，这意味着土壤溶液磷在一季作物生长期中，要全部更新 1000 次。如果作物生长期为 100d，那么，土壤溶液中磷每天要更新 10 次。从这里可以看到，土壤养分供应不仅取决于土壤溶液的养分浓度（强度因素），而且还取决于固相养分及其在固、液相间的平衡。这种与液相养分处于平衡状态的养分，可在液相养分被植物吸收或因其他原因减少时，很快进入溶液，这一养分的总量称为土壤养分供应的数量因素。因此，不同土壤，尽管它们具有同样的强度因素，如果固相养分的数量因素不同，它们的养分供应能力也是不同的。但是由于土壤性质极为复杂，至今还没有一个比较令人满意的办法来定量地测定这个数量因素。目前常用的方法有同位素测定法、生物提取法、化学提取法（包括树脂法），以及常用的有效磷、钾的测定法。但这些方法只能近似地测定土壤的数量因素。也有人用 Langmuir 方程中的最大吸附量作为数量因素，很显然，等温吸附对磷来说只是部分可逆的，所以这些方法都有一定缺点。

(2) 土壤养分的缓冲能力（Q/I） 土壤养分供应的强度因素和数量因素已如前述，如果把两者作图（以钾为例）则可得到如图 1-1 的形状。

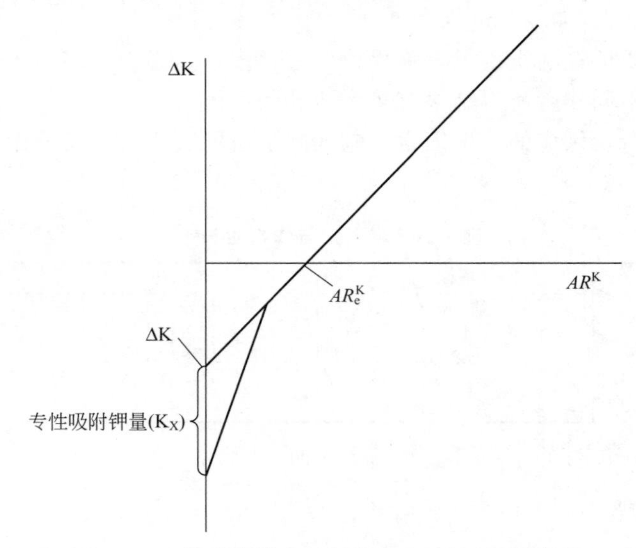


图 1-1 土壤养分供应的强度因素和数量因素[22]

图 1-1 中横坐标为强度因素（$I$）（在本例中为钾位 $AR^K$），纵坐标为数量因素（$Q$）（本例中为土壤交换性钾的吸附或解吸量 ΔK）。因此，直线的斜率为 $\Delta K/AR^K_e$（ΔK 为交换性钾，$AR^K_e$ 为 ΔK=0 时的 $AR^K$），即 $\Delta Q/\Delta I$，这就是土壤养分供应的缓冲能力（简写为 $BC$，$\frac{Q}{I}$），在 $I$ 以养分位表示时，简写为 $PBC$。

土壤养分的缓冲能力就是土壤养分强度因素变动一个单位，数量因素变动的数量。也就是由于植物吸收而使土壤溶液中养分浓度（或养分位）减小时，土壤保持溶液中养分浓度的能力。例如有两个土壤，它们具有不同的缓冲能力：

$$\frac{\Delta Q_1}{\Delta I_1} > \frac{\Delta Q_2}{\Delta I_2}$$

当 $I$ 减少同一数量时，即 $\Delta I_1 = \Delta I_2$ 时，$\Delta Q_1 > \Delta Q_2$。也就是当植物从这两种土壤中吸走同样数量的养分后，缓冲能力大的土壤将有更多的养分转入溶液，从而具有更大的保持溶液养分浓度的能力。换句话说，当植物从土壤溶液中取走相同数量的养分后，缓冲能力大的土壤溶液中，养分浓度的降低要比缓冲能力小的土壤小得多。正是由于这一原因，不同缓冲能力土壤所需最佳浓度也会不同。图 1-2 说明，随着土壤钾缓冲能力的增加，最佳养分浓度临界值降低。但是当缓冲能力增大至某一数值后，临界值即不再下降。这一现象，在磷素供应研究中也得到证实。

另外，从 $Q/I$ 关系中还可知道，具有不同缓冲能力的土壤，为了保持同一临界浓度，所需的土壤养分数量因素也是不同的（图 1-3）。

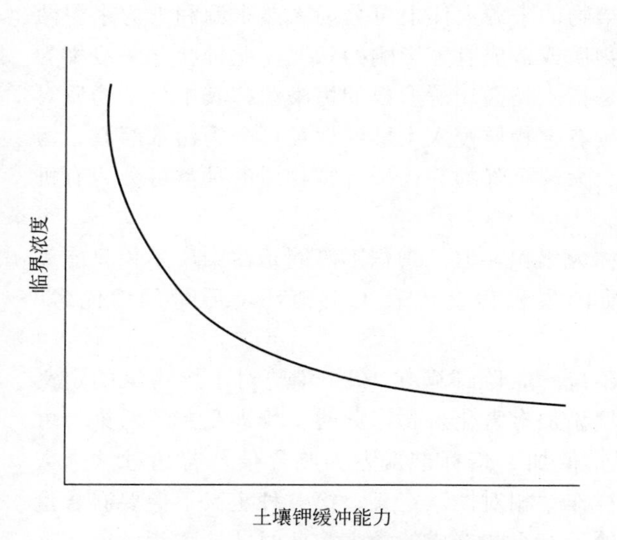


图 1-2 土壤钾缓冲能力和最佳养分浓度临界值[22]

图 1-3 不同土壤磷的等温吸附线[22]

图 1-3 是不同土壤对磷吸附的等温线。从图中可以看到，在灰壤中，要使土壤溶液的浓度达到最佳浓度 $A$，所需加入的磷量（磷的吸附量）要比红壤小得多。也就是说，红壤对磷的缓冲能力要比灰壤大得多。因此，可以通过磷的等温吸附线来测定不同土壤的磷肥需要量，这一方法曾得到广泛的关注。据试验，这一方法所得结果通常远远高于用其他方法得到的数值。这一方法和其他方法比较起来，可能具有更多的理论意义，而其他大多数方法常常是经验性的。

上述关于土壤养分供应能力的理论，主要应用于磷、钾并在某种程度上应用于 $NH_4^+$。对于 $NO_3^-$-N 的供应是不适用的。因为土壤中氮绝大多数是有机态的，而 $NO_3^-$-N 基本上不被土壤吸附，也不具备缓冲能力[8]。

## 二、土壤的环境质量

### （一）土壤环境质量的定义和状况

1. 土壤环境质量定义

土壤环境质量是土壤质量的重要组成部分，是描述土壤环境“优劣”的一个概念，它与土壤遭受外源物质的侵袭、累积或污染的程度密切相关，总之，土壤环境质量是土壤容纳、吸收和降解各种环境污染物质的能力。

2. 土壤环境质量状况

（1）背景状况　背景状况是土壤在自然成土过程中所形成的固有的环境状况，其中一个重要的指标就是土壤元素背景值，它是在不受或少受人类活动影响和现代工业污染与破坏的情况下，土壤原来固有的化学组成和结构特征。事实上，由于人类对环境的干扰越来越大，目前要找到一个绝对没有遭受人类影响的土壤非常困难。所以，一般所指的背景值只是一个相对的概念，即表观背景浓度。表观背景浓度是指在某一特定时间点上，一个地区或区域范围内一类土壤物质的特征浓度。它是土壤环境质量的一个重要指标，代表土壤环境质量的背景状况。

(2) 外来污染物的累积状况　外来污染物的来源大体上可分为天然来源和人为来源两类，天然来源是指自然界向环境排放有害物质或造成有害影响的状况，此种状况一般称为自然灾害，如正在活动的火山。人为来源是指人类活动所形成的污染源，其中化学物质对土壤的入侵是人们最为关注的研究对象。按有害物质侵入土壤的途径可分为污水灌溉、污水处理厂污泥的利用、农药和化肥的施用、大气沉降物等；按有害物质的种类可分为有机物、无机物、有害生物种群和放射性物质。

土壤中有害物质的含量已超过背景值称为累积，但是累积不等同于污染。累积只能表明与背景值的差异程度。土壤中有害物质的累积程度代表了土壤环境质量的“优劣”状况。

(3) 污染状况　土壤污染定义目前尚不统一，陈怀满在 1996 年曾对土壤污染的定义做过归纳：一种认为，由人类的活动向土壤添加有害化合物，此时土壤即受到了污染，可视为“绝对性”定义；第二种定义是以背景值加 2 倍标准偏差为临界值，若超过这个数值，即认为该土壤为某元素所污染，这可视作“相对性”定义；第三种定义不但要看含量的增加，还要看后果，即加入土壤的物质给生态系统造成的危害，此时才能称为污染，这可视作“综合性”定义。作者认为土壤污染的定义应由土壤应用功能、保护目标和土壤主要性质决定，不能一概而论。例如对于农田土壤，土壤类型的复杂性、种植作物种类的多样性、有害物质的差异性等多种影响因素，均是定义一个地区或区域范围的农田土壤是否已受到污染的要素。只有在作物种类、土壤类型、有害物质均已确定的前提下，土壤中有害物质超过了安全“临界值”，同时农产品中有害物质超过食品安全“限量值”，或因污染而减产时，才称土壤被污染。所以土壤的“临界值”和食品安全“限量值”是定义土壤污染的重要参数。

**(二) 影响土壤环境质量的因素**

1. 污水灌溉

污水灌溉是指将城市生活污水、工业废水或混合污水直接用于农田灌溉，虽然近年来各地建立了许多污水处理厂，但污水处理的效率并不高，处理后的水质达到灌溉水质标准的比率也不理想，但是由于我国缺水严重，利用污水灌溉农田仍是普遍现象。污水灌溉的后果使一些灌区土壤中有毒有害物质明显累积，农作物生长受到严重影响，严重地区农田土壤已达污染程度，农产品有害物质已超过食品卫生规定的限量值，土壤已不适宜种植可食用的农作物，其环境质量处于污染状况。

2. 污水处理厂污泥的利用

将城市污水处理厂的污泥作为肥料使用是固体废弃物利用的主要途径。由于污泥中含有一定的养分，因而可作为作物肥料使用，城市生活污水处理厂的污泥含有氮、磷、钾和有机质等养分，适宜作为肥料使用。但是，城市的工业废水处理厂的污泥，其成分较生活污泥要复杂得多，特别是重金属含量很高；此外，如石化、炼焦、医药、化工等企业的废水处理后的污泥中可能含有各种难降解的有机污染物质，如有机氯、多氯联苯、多环芳烃等。我国的现状是在大多数城市中，生活污水和工业废水未能分开处理，而是作为混合废水统一处理，这样得到的污泥含有多种有毒有害物质，不适宜作为肥料使用。然而，由于过去多年的使用已使农田土壤环境质量下降，污染物达到一定程度的累积，严重地区可能已达污染状况。

3. 农药和化肥的施用

使用农药防治病虫害，保护作物生长，提高产量，这是毋庸置疑的事情，但是，由于农药的使用量极难严格控制，会有相当数量的农药残留在土壤中，尤其是那些难降解的长效农药，如有机氯，所以，使用农药的副作用就是增加了土壤中的有害物质数量。化肥的使用是必需的而且也是非常必要的，提高作物的产量和品质的正面效果是为人们所公认的，但是，过量地使用化肥所带来的负面效应却又是无法避免的，如使土壤养分失调，土壤中过量的氮有的直接挥发进入大气，有的经微生物作用转化为氮气和氮氧化物进入大气，可能破坏臭氧层；有的随地表径流和地下水排入水体，使地下水源受氮污染；河川、湖泊、海湾的富营养化使藻类等水生植物生长过多。磷肥的使用更应谨慎，因为磷矿的矿渣经常作为磷肥来使用，而磷矿中重金属镉的含量较高，所以镉在土壤中的累积应引起重视。此外，含有三氯乙醛的磷肥属于有毒磷肥。这是因为原料中的三氯乙醛进入土壤后转化为三氯乙酸，两者均可对植物造成毒害，关于由此而造成的作物大面积受害的情况屡有发生。综上所述，对农药和化肥的施用对土壤环境质量的影响必须给予高度重视，严格控制难降解农药的施用，逐渐推广高效低毒农药的应用；控制化肥的施用量，逐渐推广精准施肥、增加农家有机肥施用量，减少化肥的施用量。

4. 大气沉降物

大气沉降物主要是指大气中的飘尘，而在飘尘中有害的主要是金属飘尘。金属飘尘是在交通繁忙的大城市，汽车尾气和工厂废气排放中含有金属的尘埃进入大气而形成的飘尘；土壤表层的微细颗粒随风力进入大气形成的飘尘中也含有各类微量重金属。我国京津冀地区大气污染严重，空气中的$PM_{2.5}$严重超标，科学证明，微尘中主要的有害物质是重金属。大气飘尘自身降落或随雨水降落均有可能直接接触作物且部分停留在叶面上，被叶面吸收或进入土壤后被作物根部及动物吸收。显然，在大气污染严重的地区，金属飘尘的沉降对作物的危害和土壤环境质量的影响是不可忽视的，尤其是在我国南方地区，大部分土壤属于酸性土壤，又经常出现酸雨天气，酸沉降本身就是土壤的污染源，加上大气飘尘的降落，不仅使土壤进一步酸化，还加重了其他有毒物质的危害。在酸雨的作用下，土壤养分淋溶，肥力下降，作物受损，土壤结构也受到破坏，造成土壤环境质量恶化，破坏土壤生产力的严重后果更值得高度关注。

当前，我国大气污染严重，雾霾笼罩，$PM_{2.5}$超标普遍，在京津冀地区尤为严重，环境质量的恶化对人体健康的危害程度日趋严重，所以，治理大气污染无论是对土壤环境还是对人类的生存环境来说都是刻不容缓的任务。

### （三）农业生产对土壤环境质量的要求

1. 农业安全生产的目标

农业安全生产的目标极为明确，就是生产出优质、高产的农产品，满足人类生存的需要。

（1）产量安全目标　产量安全就是数量安全，是指有足够的食品满足人类的需求。不同作物的产量不同，同一种作物因品种不同产量差异也很大，当然，这里的产量是在土壤的肥力质量和土壤环境质量一定的前提下进行比较的。所以，研究新品种、提高产量是人类永远的研究课题。

（2）质量安全目标　优质的食用农产品是农业生产的追求，质量安全是指营养质量和安全质量，安全质量是指有害物质的含量不影响人体健康而规定的界限，即食品卫生标准的限量值。

2. 保障农业安全生产土壤环境质量指标

(1) 产量指标　将农作物产量（主要指可食部分）减少10%时的土壤有害物质的浓度作为有害物质的最大允许浓度。

(2) 安全质量指标　即当作物可食部分某有害元素的含量达到食品卫生指标的限量时，相应土壤中该元素的含量为最大允许浓度。

(3) 微生物与酶学指标　当微生物数量减少10%～15%或土壤酶活性降低10%～15%时的土壤有害物质的浓度为最大允许浓度。

(4) 环境效应指标　包括流行病学法和血液浓度指标，对地面水、地下水及其他环境要素的影响限量等。

上述各项指标均是保障农业安全生产所要求的土壤环境质量指标，重要的是产量和安全质量两项指标。产量指标的制定比较容易，因为方法比较成熟，仅考虑由于有害物质的存在导致产量减少而人为规定即可。但是安全质量指标是复杂的，它的确定需要一定的试验方法，如盆栽试验、小区试验、建立土壤中有害物质含量与农产品（可食部分）含量的剂量-效应关系、建立相关的数学模型，并以食品卫生标准的限量值计算出土壤中该有害物质含量的最大允许浓度。而这个最大允许浓度或称安全临界值是与作物种类、土壤类型和有害物质种类密切相关的。刘凤枝（2005年）利用盆栽、小区试验，分别在棕壤、潮土、黄泥土和红壤土上种植水稻，观察到重金属镉的剂量变化对糙米中镉含量的变化的剂量-效应关系的相关性非常好，计算得到重金属镉在不同类型土壤中对水稻的安全临界值是不同的，并且差异较大。这充分地说明了同一种类的作物对不同类型的土壤所要求的环境质量是不同的。所以，农业生产对土壤环境质量的要求应具体到在作物的种类、土壤的类型和有害物质的种类上作出明确的规定才能对农业安全生产具有实际的指导意义。

3. 制定土壤环境质量标准

土壤环境质量的“优劣”是农业能否安全生产的关键，保持良好的土壤环境质量是农业生产可持续发展的前提，所以，必须制定一部《农田土壤环境质量标准》以达到农业的安全生产和可持续发展的目的。我国现有的《土壤环境质量标准》(GB 15618—1995) 已不能适应当前的需要，国家环境保护部于2009年9月发布了公开征求对土壤环境质量标准修改意见的公告，决定对国家标准《土壤环境质量标准》(GB 15618—1995) 进行修订。

作者认为应制定一部《农田土壤环境质量标准》，规范农业生产对土壤环境质量的要求，该标准应包括以下主要内容。

(1) 依据种植作物的种类制定土壤环境质量标准　我国大田作物主要为水稻、小麦、玉米和高粱，应分别制定土壤环境质量标准。

(2) 确定农田土壤中有害物质的种类　原有国家标准GB 15618—1995中有害物质只有8种重金属和2种有机氯农药（HCH和DDT），项目少，应增加难降解的有机化合物等。

(3) 制定土壤中有害物质的最大允许浓度或安全临界值　由于各种有害物质的最大允许浓度或安全临界值与作物种类和土壤类型密切相关，所以应对不同作物种类和不同土壤

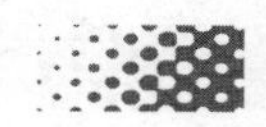

型的各类有害物质分别制定。

(4) 根据有害物质的累积程度划分土壤环境质量等级　因为土壤环境质量的状况分为三级，即背景状态、累积状况和污染状况，而累积状况又是土壤环境质量现状的主要状态，所以应根据有害物质的累积程度，将土壤划分为背景级、轻度累积、中度累积、重度累积4个等级。

(5) 根据有害物质的最大允许浓度或安全临界值划分土壤环境质量等级　根据土壤中有害物质的含量小于、等于、大于最大允许浓度或安全临界值将土壤划分为安全、风险、污染3个等级。

4. 制定土壤环境质量评价方法

(1) 制定土壤环境质量累积性评价方法　用累积指数法（累积指数即有害物质的测定值与背景值之比）评价土壤有害物质的累积程度并划分土壤的累积等级。

(2) 制定土壤环境质量适宜性评价方法　用适宜性指数法（适宜性指数即有害物质测定值与最大允许值或安全临界值之比）评价土壤环境质量对作物的适宜程度并划分土壤适宜性等级。

## 第二节　土壤污染对农业生产的影响

土壤污染的类型如从污染物的属性来考虑，一般可分为有机物污染、无机物污染、生物污染和放射性物质污染[26]。有机物污染主要指人工合成有机污染物，它包括有机废弃物（工农业生产及生活废弃物中生物易降解和生物难降解有机毒物）、农药（包括杀虫剂、杀菌剂、除草剂和杀螨剂等）、酚类、油类、洗涤剂类和石油及裂解产物等。有机污染物以沸点高低来划分又可以分为挥发性、半挥发性和持久性三类。从降解的难易程度来划分又可分为易降解和难降解两类。半挥发性有机污染物大部分属于持久性的、难降解的有机物，如有机氯农药、有机磷农药、多氯联苯、多环芳烃等。持久性有机污染物具有高毒性、持久性、积累性和流动性等特点，进入土壤后可危及农作物的生长和土壤生物的生存，能通过食物链积聚，对人体健康造成威胁。

无机污染物主要指随着人类的生产和消费活动而进入土壤的无机物。如采矿、冶炼、机械制造、建筑材料、电镀、医药、化工等生产部门，每天都排放大量的无机物，包括有害元素氧化物、酸、碱和盐类，尤其是重金属Cd、Pb、Zn、Cu、Ni、Hg、Cr及As等。土壤中的重金属不被生物分解，可在生物体内积累和转化，超过一定限度时便产生毒害。作物吸收重金属随土壤中重金属浓度的增加而增高，如在重金属污染的土壤中生产的糙米，其平均重金属含量亦较高，我国南方的“镉米”就是重金属对作物危害的典型例证。近年来，重金属对土壤污染的现状及产生的严重后果已引起人们的极大关注。土壤重金属污染的特点是具有隐蔽性、潜伏性、累积性、长期性、不可逆性和后果的严重性。因为重金属在土壤中移动性差、滞留时间长、不能被生物体降解，所以被重金属污染的土壤可能需要超过百年以上的时间才有可能修复。

除了以上提及的有机物污染、无机物污染之外，还有生物污染和放射性物质污染，在这四类污染物中，本书重点针对无机污染物中重金属污染对作物生长、农业安全生产和对人类健康影响展开讨论。

## 一、土壤中含有对作物生长发育的有害物质

### （一）土壤中有害物质的种类及含量分布

1. 砷

砷（As）又名砒，灰色半金属，在元素周期表中属ⅤA族，它有多种同素异形体，常温下最稳定的形态是灰砷，常见化合价为+3、+5和−3。砷的化学性质十分复杂，有许多无机和有机化合物。

自然界中的砷大多以硫化物形式夹杂在铜、铅、镍、钴和金等矿中，一些含砷矿物如表1-21所列。水域、大气、生物、岩石和土壤中都有砷的存在。水域中的砷通常以砷酸盐和亚砷酸盐形式存在，有时也能与Fe、Al、Ca一起大量沉积。在氧化条件下，砷一般以砷酸盐形态存在；在还原条件下，则以亚砷酸盐为主；在生物活性作用下，无机砷进行甲基反应，形成甲基砷化物[27,28]。某些海洋生物能把无机砷转化为较复杂的有机砷化物。海藻与海草的含砷量往往相当高，挪威沿海海藻的砷含量为10～100mg/kg，与生长环境中砷含量相比，海藻中砷的富集为1500～5000倍[29]。

表1-21 一些含砷矿物

| 矿物名称 | 成分 |
|---|---|
| 砷华(Arsenolite) | $As_2O_3$ |
| 雄黄(Realgar) | AsS |
| 雌黄(Orpiment) | $As_2S_3$ |
| 毒砂(Arsenopyrite) | FeAsS |
| 砷铜矿(Domeykite) | $Cu_3As$ |
| 硫砷铜矿(Enargite) | $Cu_3AsS_4$ |
| 砷黝铜矿(Tennantite) | $Cu_{12}As_4S_{13}$ |
| 砷锌铜矿(Barthite) | $3ZnO,CuO \cdot 3As_2O_5 \cdot 2H_2O$ |
| 砷铀铜矿(Zeunerite) | $Cu(UO_2)_2As_2O_8+8H_2O$ |
| 砷铋铜石(Mixite) | — |
| 斜方砷铁矿(Arsenoferrite) | $FeAs_2$ |
| 淡红银矿(Proustite) | $Ag_3AsS_3$ |
| 砷钴矿(Smaltite) | $(Co,Ni,Fe)As_{3-x}$或$(Co,Ni,Fe)As_{3+x}$ |
| 辉砷钴矿(Cobaltite) | CoAsS |
| 辉砷镍矿(Gersdorffite) | NiAsS |
| 红砷镍矿(Mickelite) | NiAs |
| 砷镍矿(Chloathite) | $NiAs_3$ |
| 砷铋矿(Atelestite) | — |
| 砷铀铋矿(Walpurgite) | $Bi_{10}(UO_2)_2(OH)_{29}(AsO_4)_4$ |
| 钙砷铀云母(Uranospinite) | $Ca(UO_2)_2As_2O_8+8H_2O$ |
| 块硫砷铅矿(Guitermanite) | $Pb_2As_2S_6$ |
| 砷铂矿(Sperrylite) | $PtAs_2$ |
| 砷锶磷灰石(Fermorite) | $F(Ca,Sr)_5(AsP)_3O$ |
| 氟砷钙镁灰石(Tilasite) | $FMgCaAsO_4$ |
| 砷镁石(Hörnesite) | $Mg_3As_2O_8+8H_2O$ |
| 砷灰石(Svabite) | $Ca_4(CaF)(AsO_4)_3$ |
| 橙砷钠石(Durangite) | $FAlNaAsO_4$ |

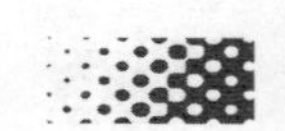

地壳砷含量为1.5～2mg/kg，比其他元素高20倍，一些地壳材料中的砷含量范围如表1-22所列。虽然表中所列数值较低，但在有砷矿或矿带的岩石中含有较高浓度的砷。我国湖南大义山脉一带的成土母岩，形成于印支期和燕山早期花岗岩形成时期，发生过接触变质，在这个过程中产生过砷化物成矿作用，岩层中砷含量高达166.6～3505mg/kg[14]。

表1-22 地壳材料中砷含量[30]

| 类别 | 含量范围/(mg/kg) | 类别 | 含量范围/(mg/kg) |
|---|---|---|---|
| 火成岩 | | 沉积岩 | |
| 超碱岩 | 0.3～16 | 石灰岩 | 0.1～20 |
| 玄武岩 | 0.06～11.3 | 砂岩 | 0.3～120 |
| 安山岩 | 0.5～5.8 | 页岩与黏土 | 0.3～490 |
| 花岗岩 | 0.2～12.2 | 磷灰岩 | 0.4～188 |
| 硅岩、火山岩 | 0.2～12.2 | | |

世界土壤中砷含量为0.1～40mg/kg，平均含量为6mg/kg[22]，我国各种类型土壤砷含量如表1-23所列。它的范围值为0～38.7mg/kg，在世界土壤砷含量的范围之内，其中黄壤土和红色石灰土含量较高，水稻土和风沙土较低。其他类型土壤一般砷含量在10mg/kg左右。但在有砷矿母质发育的土壤，砷含量相当高，湖南大义山脉一带成土母岩发育土壤可高达502mg/kg±42.4mg/kg[14]。湖南常宁县东南曲谭、双安、白砂沿线，若干河谷盆地，因受含砷母岩的影响，土壤含砷160～510mg/kg[31]，该县的曲坛乡，整个土壤剖面的砷含量相当高，最高达1969.9mg/kg（表1-24）。

表1-23 我国土壤中的砷[32～35]

| 土类 | 亚类 | 含量范围/(mg/kg) | 算术平均值/(mg/kg) | 土壤采集地 | 采集点数 |
|---|---|---|---|---|---|
| 砖红壤 | 砖红壤 | | 6.8±3.4 | 广东省 | 19 |
| 红壤 | 红壤 | 7～31 | 16 | 湘江流域 | |
| 黄壤 | 黄壤 | 6.2～38.7 | 20.7±8.0 | 黔中北地区 | 20 |
| | | 1.4～21.0 | | 长江三峡地区 | 29 |
| 黄棕壤 | 黄棕壤 | 5.5～35.9 | 12.0±10.3 | 南京地区 | |
| | 黄刚土 | 7.3～11.9 | 9.8±2.0 | 南京地区 | |
| 棕壤 | 棕壤 | 2.4～14.0 | 9.2±2.5 | 松辽平原 | 139 |
| | | 4.3～14.2 | 8.2±2.9 | 胶东地区 | |
| 褐土 | 褐土 | 4.1～11.0 | 6.9 | 松辽平原 | 27 |
| | | 4.3～10.5 | 8.6±1.7 | 济南地区 | |
| | | 4.6～11.7 | 8.3±1.8 | 北京市 | |
| | 淋溶褐土 | 5.6～12.8 | 8.7±2.5 | 北京地区 | |
| | 碳酸盐褐土 | 6.1～10.8 | 9.0±1.9 | 北京地区 | |
| 潮土 | 潮土 | 12.6～13.3 | 12.9±1.2 | 黄淮海平原 | |

续表

| 土类 | 亚类 | 含量范围/(mg/kg) | 算术平均值/(mg/kg) | 土壤采集地 | 采集点数 |
|---|---|---|---|---|---|
| | 黄潮土 | 12.9～14.5 | 13.7±2.9 | 黄淮海平原 | |
| | 褐土化潮土 | 12.4～13.5 | 12.9±1.2 | 黄淮海平原 | |
| | 盐化潮土 | 12.2～13.4 | 12.8±2.2 | 黄淮海平原 | |
| 黑土 | 黑土 | 4.5～15.2 | 9.9±2.7 | 松辽平原 | 166 |
| | 黑钙土 | 3.9～18.1 | 11.0±3.6 | 松辽平原 | 113 |
| | 白浆土 | 2.3～13.7 | 8.0±2.9 | 松辽平原 | 10 |
| 绵土 | 黄绵土 | 6.1～16.8 | 10.6±1.8 | 黄土高原 | |
| 塿土 | 塿土 | 7.1～17.2 | 12.7±1.7 | 黄土高原 | |
| 黑垆土 | 黑垆土 | 6.9～14.6 | 10.5±1.9 | 黄土高原 | |
| 草甸土 | 草甸土 | 0.98～17.5 | 9.3±4.1 | 松辽平原 | 307 |
| 沼泽土 | 沼泽土 | 1.0～14.0 | 7.5 | 松辽平原 | 2 |
| 盐碱土 | 盐碱土 | 0～15.8 | 7.8 | 松辽平原 | 43 |
| | 滨海盐土 | | 11.8±3.1 | 广东省 | |
| 紫色土 | 中性紫色土 | 2.7～29.5 | 9.0 | 重庆地区 | |
| | 石灰性紫色土 | 3.4～7.5 | 5.5 | 重庆地区 | |
| | 酸性紫色土 | 7.0～7.7 | 7.3 | 重庆地区 | |
| 石灰土 | 石灰土 | 7.9～17.8 | 13.3±3.7 | 长江三峡区 | 19 |
| | 红色石灰土 | | 23.1±11.9 | 广东省 | |
| 栗钙土 | 栗钙土 | 6.4～8.9 | 7.6±1.1 | 大同地区 | |
| | 暗栗钙土 | 7.2～30.0 | 14.7±1.4 | 松辽平原 | 10 |
| 棕钙土 | 棕钙土 | 7.5～14.1 | 11.1 | 天山托尔峰地区 | 6 |
| 灰漠土 | 灰漠土 | | 10.0 | 新疆天池 | |
| 棕漠土 | 棕漠土 | 3.2～12.8 | 8.0±2.4 | 吐鲁番盆地 | |
| 风沙土 | 风沙土 | 0.7～7.7 | 4.2 | 松辽平原 | 49 |
| | | 4.4～9.9 | 7.0±2.1 | 黄土高原 | |
| 暗棕壤 | 暗棕壤 | 4.4～17.2 | 10.8±3.2 | 松辽平原 | 30 |
| 水稻土 | 冲积性水稻土 | 4.6～16.2 | 8.6 | 松辽平原 | 45 |
| | | 6.3～7.0 | 6.6±2.2 | 川西平原 | |
| | 湖积性水稻土 | 2.4～12.9 | 8.8±2.2 | 太湖流域 | |
| | 红壤性水稻土 | 2.6～12.7 | 5.1 | 赣南地区 | 53 |

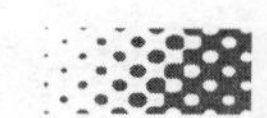

**表 1-24 土壤剖面中全砷含量**（常宁县曲坛乡）[31]

| 剖面号 | 深度/cm | pH 值 | As 含量/(mg/kg) |
| --- | --- | --- | --- |
| 1(丘陵上) | 0～12 | 4.49 | 1969.9 |
|  | 12～34 | 4.70 | 1608.7 |
|  | 24～42 | 4.76 | 1316.3 |
|  | 42～82 | 4.75 | 1016.4 |
| 2(丘陵上) | 0～23 | 4.29 | 698.9 |
|  | 23～36 | 4.15 | 605.3 |
|  | 36～60 | 4.50 | 1222.4 |
| 3(旱地) | 0～30 | 4.40 | 862.2 |
|  | 30～43 | 4.52 | 853.5 |
|  | 43～60 | 4.55 | 978.9 |
|  | 60～80 | 4.75 | 644.4 |

2. 镉

镉（Cd）是一种柔软、银白色的稀有金属，它于 1817 年被德国人 Strohmeyer 和 Herman 差不多同时发现[36]。在自然界中很少有纯 Cd 出现，它总是伴生于其他一些金属矿中，例如锌矿、铅锌矿、铅铜锌矿等。在这些矿石中 Cd 的浓度往往跟 Zn 的含量有关，它随着 Zn 含量的增加而增加。在闪锌矿中（ZnS），Cd 的含量范围为 0.1%～5%，有时还会更高些[37]。通常 Cd 含量为 Zn 含量的 0.2%～0.4%，很少超过 1%[38]。Cd 主要用于电镀、颜料、化学制品、塑料工业、合金以及一些光敏元件的制备等。第一次关于 Cd 的国际会议曾经讨论了 Cd 的使用、Cd 的环境问题和安全保障[39]。由于 Cd 在环境中所处的位置重要，因而引起了土壤、环境、生态等方面诸多科学家的极大重视。

未受污染的土壤其 Cd 含量随着母质的不同而有差异，常见岩石中 Cd 的丰度列于表 1-25。由表 1-25 可见，火成岩 Cd 的丰度一般较小，平均约为 0.15mg/kg，沉积岩中 Cd 的含量最高，平均约为 1.17mg/kg，变质岩 Cd 含量居中间，平均约为 0.42mg/kg。基于上述数据，可以推测，如果土壤发育于沉积岩，那么它的全 Cd 含量将较高，而发育于变质岩的土壤其全 Cd 含量居中。Page 和 Bingham 指出，发育于火成岩的土壤 Cd 含量为 0.1～0.3mg/kg，发育于变质岩的土壤 Cd 含量为 0.1～10mg/kg，而发育于沉积岩的土壤 Cd 含量可能为 0.3～11mg/kg。我国一些土壤按母质母岩划分统计单元所得的元素背景值如表 1-26 所列[40]，一些作者给出了世界土壤 Cd 含量的范围为 0.01～0.70mg/kg 或 0.1～0.5mg/kg[41]，所选择的平均值为 0.06mg/kg。

**表 1-25 常见岩石中 Cd 的丰度**[42]

| 岩石类型 | Cd 含量/(mg/kg) |  | 岩石类型 | Cd 含量/(mg/kg) |  |
| --- | --- | --- | --- | --- | --- |
|  | 范围 | 平均 |  | 范围 | 平均 |
| 火成岩 |  |  | 沉积岩 |  |  |
| 花岗岩 | 0.001～0.60 | 0.12 | 油页岩 | 0.3～11 | 0.80 |
| 花岗闪长岩 | 0.016～0.10 | 0.17 | 斑脱岩 | 0.3～11 | 1.4 |
| 黑云花岗岩 | 0.05～0.50 | — | 泥灰岩 | 0.4～10 | 2.6 |
| 石英二长岩 | 1.4～1.8 | — | 页岩 | 0.3～8.4 | 1.0 |
| 松脂岩 | 0.05～0.34 | 0.17 | 石灰岩 | — | 0.035 |
| 流纹岩 | 0.05～0.48 | — | 变质岩 |  |  |
| 黑曜岩 | 0.22～0.29 | 0.25 | 榴灰岩 | 0.04～0.26 | 0.11 |
| 安山岩 | — | 0.017 | 石榴片岩 | — | 1.0 |
| 正长岩 | 0.04～0.32 | 0.16 | 灰片麻岩 | 0.12～0.16 | 0.14 |
| 玄武岩 | 0.006～0.6 | 0.22 |  |  |  |
| 辉长岩 | 0.08～0.20 | 0.11 |  |  |  |

表 1-26　我国土壤镉的背景值（按母质母岩划分，A 层土壤）[40]　单位：mg/kg

| 类别 | 样点数/个 | 统计量 | | | 算术 | | 几何 | |
|---|---|---|---|---|---|---|---|---|
| 母质名称 | | 最小值 | 中位值 | 最大值 | 平均 | 标准差 | 平均 | 标准差 |
| 酸性火成岩 | 649 | 0.002 | 0.061 | 0.680 | 0.075 | 0.0625 | 0.0547 | 2.3196 |
| 中性火成岩 | 53 | 0.005 | 0.061 | 0.400 | 0.082 | 0.0658 | 0.0641 | 2.0932 |
| 基性火成岩 | 76 | 0.005 | 0.070 | 0.270 | 0.078 | 0.0569 | 0.0582 | 2.2884 |
| 火山喷发物 | 121 | 0.004 | 0.041 | 0.427 | 0.064 | 0.0605 | 0.0462 | 2.2620 |
| 沉积页岩 | 268 | 0.002 | 0,079 | 4.500 | 0.095 | 0.0734 | 0.0752 | 1.9932 |
| 沉积砂岩 | 310 | 0.002 | 0.066 | 0.589 | 0.080 | 0.0654 | 0.0624 | 2.0411 |
| 沉积石灰岩 | 294 | 0.002 | 0.140 | 8.220 | 0.218 | 0.2838 | 0.1339 | 2.6217 |
| 沉积红砂岩 | 14 | 0.024 | 0.052 | 0.824 | 0.162 | 0.2395 | 0.084 | 2.9122 |
| 沉积紫砂岩 | 97 | 0.009 | 0.087 | 0.710 | 0.115 | 0.1053 | 0.0835 | 2.2690 |
| 沉积砂页岩 | 116 | 0.005 | 0.057 | 0.360 | 0.079 | 0.0654 | 0.0564 | 2.3703 |
| 流水冲积沉岩 | 1045 | 0.002 | 0.088 | 1.634 | 0.104 | 0.0653 | 0.0871 | 1.8511 |
| 湖相沉积母质 | 118 | 0.005 | 0.098 | 0.943 | 0.119 | 0.0679 | 0.1042 | 1.6805 |
| 海相沉积母质 | 147 | 0.002 | 0.110 | 2.470 | 0.127 | 0.0897 | 0.1016 | 1.9998 |
| 黄土母质 | 330 | 0.001 | 0.086 | 0.358 | 0.095 | 0.0404 | 0.0869 | 1.5217 |
| 冰水沉积母质 | 23 | 0.047 | 0.077 | 0.255 | 0.108 | 0.0548 | 0.0961 | 1.6088 |
| 生物残积母质 | 2 | 0.082 | 0.096 | 0.110 | 0.096 | 0.0198 | 0.095 | 1.2309 |
| 红土母质 | 149 | 0.001 | 0.060 | 0.446 | 0.079 | 0.0649 | 0.0563 | 2.4485 |
| 风沙母质 | 118 | 0.005 | 0.041 | 0.214 | 0.048 | 0.0328 | 0.0373 | 2.1502 |
| 其他 | 3 | 0.064 | 0.066 | 0.332 | 0.155 | 0.1536 | 0.113 | 2.5433 |

我国科学家在背景值的研究工作中也十分注意 Cd 的含量。杨学义[43]在南京地区土壤背景值和母质关系的研究中，求出了南京地区不同母质土壤中 Cd 的比值。

| | | | | | | | |
|---|---|---|---|---|---|---|---|
| 花岗岩 | 0.98 | 砂岩 | 0.26 | 石灰岩 | 3.89 | 玄武岩 | 0.76 |
| 酸性页岩 | 0.18 | 紫色页岩 | 1.0 | 下蜀黏土 | 0.44 | 长江冲积土 | 0.52 |

比值的求法是首先求出 Cd 在同一母质的若干土壤中的平均含量 $X$，再求出该元素在 8 种不同母质土壤中的平均含量 $X_{av}$，用 $X/X_{av}$ 的值表示某元素在同一母质土壤中的比值，用来衡量 Cd 在该地区中的含量水平：若 $X/X_{av}>1$，表示 Cd 在这种母质的土壤中含量高于当地土壤的平均水平；若 $X/X_{av}<1$，则表示 Cd 在这种母质土壤中的含量低于当地土壤的平均水平。所列的数据表明，除石灰岩发育的土壤外，其余母质发育的土壤低于或接近平均水平，但石灰岩却高出平均值差不多 4 倍。石灰岩本身 Cd 的丰度极低（表 1-25），其平均值略高于安山岩，占所列 19 种岩石的第 18 位。南京地区发育于石灰岩上的土壤 Cd 含量似乎完全脱离了母质的影响，其原因可能与特定的成土过程中 Cd 的富集有关。

Cd 的土壤背景值并不总是很低的，这是因为自然土壤的背景值主要还是受母质影响[43~45]，在美国太平洋沿岸，蒙特雷页岩含有高达 90mg/kg 的 Cd，在加利福尼亚海岸沿线，发育于该母质的土壤竟含有 30mg/kg 的 Cd，这当然都是特殊情况，在通常情况下

是很少遇见的。我国一些土壤中Cd的背景值如表1-27所列[40]。

**表1-27 我国一些土壤中Cd的背景值（A层）[40]** 单位：mg/kg

| 类别 | 样点数 | 统计量 | | | 算术 | | 几何 | |
|---|---|---|---|---|---|---|---|---|
| 土类名称 | /个 | 最小值 | 中位值 | 最大值 | 平均 | 标准差 | 平均 | 标准差 |
| 绵土 | 41 | 0.006 | 0.091 | 0.249 | 0.098 | 0.0327 | 0.0934 | 1.3465 |
| 𪸩土 | 13 | 0.064 | 0.094 | 0.253 | 0.123 | 0.0613 | 0.112 | 1.5288 |
| 黑垆土 | 23 | 0.031 | 0.104 | 0.176 | 0.112 | 0.0337 | 0.1065 | 1.4196 |
| 黑土 | 51 | 0.004 | 0.072 | 0.165 | 0.078 | 0.0282 | 0.0734 | 1.4123 |
| 白浆土 | 54 | 0.032 | 0.090 | 0.429 | 0.106 | 0.0650 | 0.0929 | 1.6576 |
| 黑钙土 | 90 | 0.005 | 0.089 | 0.393 | 0.110 | 0.0763 | 0.0869 | 2.1171 |
| 潮土 | 265 | 0.005 | 0.090 | 0.943 | 0.103 | 0.0648 | 0.0852 | 1.9375 |
| 绿洲土 | 48 | 0.054 | 0.122 | 0.206 | 0.118 | 0.0323 | 0.1138 | 1.3285 |
| 水稻土 | 382 | 0.008 | 0.115 | 3.000 | 0.142 | 0.1175 | 0.1078 | 2.1577 |
| 砖红壤 | 39 | 0.004 | 0.034 | 0.680 | 0.058 | 0.1068 | 0.0313 | 2.9304 |
| 赤红壤 | 223 | 0.005 | 0.032 | 0.505 | 0.048 | 0.0537 | 0.0331 | 2.3066 |
| 红壤 | 528 | 0.002 | 0.049 | 4.500 | 0.065 | 0.0643 | 0.0472 | 2.2040 |
| 黄壤 | 209 | 0.005 | 0.070 | 4.500 | 0.080 | 0.0527 | 0.0642 | 2.0030 |
| 燥红土 | 10 | 0.009 | 0.074 | 0.560 | 0.125 | 0.1619 | 0.069 | 3.2817 |
| 黄棕壤 | 162 | 0.008 | 0.078 | 8.220 | 0.105 | 0.0881 | 0.0786 | 2.2039 |
| 棕壤 | 265 | 0.001 | 0.078 | 0.485 | 0.092 | 0.0574 | 0.0782 | 1.7727 |
| 褐土 | 242 | 0.002 | 0.083 | 0.583 | 0.100 | 0.0703 | 0.0809 | 1.9571 |
| 灰褐土 | 19 | 0.006 | 0.104 | 0.301 | 0.139 | 0.0683 | 0.127 | 1.5359 |
| 暗棕壤 | 139 | 0.015 | 0.084 | 0.380 | 0.103 | 0.0603 | 0.0898 | 1.6681 |
| 棕色针叶林土 | 47 | 0.024 | 0.093 | 0.400 | 0.108 | 0.0648 | 0.0933 | 1.7463 |
| 灰色森林土 | 28 | 0.019 | 0.051 | 0.174 | 0.066 | 0.0423 | 0.0555 | 1.7790 |
| 栗钙土 | 150 | 0.002 | 0.057 | 0.303 | 0.069 | 0.0584 | 0.0406 | 3.3775 |
| 棕钙土 | 56 | 0.005 | 0.094 | 0.589 | 0.102 | 0.0928 | 0.0721 | 2.6726 |
| 灰钙土 | 19 | 0.026 | 0.072 | 0.172 | 0.088 | 0.0309 | 0.083 | 1.4166 |
| 灰漠土 | 17 | 0.005 | 0.079 | 0.175 | 0.101 | 0.0408 | 0.095 | 1.4633 |
| 灰棕漠土 | 41 | 0.005 | 0.091 | 0.257 | 0.110 | 0.0426 | 0.1033 | 1.4295 |
| 棕漠土 | 50 | 0.031 | 0.086 | 0.824 | 0.094 | 0.0372 | 0.0871 | 1.5145 |
| 草甸土 | 172 | 0.005 | 0.073 | 0.300 | 0.084 | 0.0459 | 0.0738 | 1.6921 |
| 沼泽土 | 60 | 0.005 | 0.080 | 1.634 | 0.092 | 0.0604 | 0.0805 | 1.6322 |
| 盐土 | 115 | 0.002 | 0.084 | 2.470 | 0.100 | 0.0739 | 0.0805 | 1.9601 |
| 碱土 | 7 | 0.035 | 0.083 | 0.178 | 0.088 | 0.0442 | 0.080 | 1.6273 |
| 磷质石灰土 | 9 | 0.027 | 0.170 | 2.286 | 0.751 | 0.8517 | 0.282 | 5.4632 |
| 石灰(岩)土 | 101 | 0.003 | 0.332 | 13.430 | 1.115 | 2.2149 | 0.3854 | 4.1835 |
| 紫色土 | 104 | 0.010 | 0.082 | 0.710 | 0.094 | 0.0668 | 0.0752 | 2.0221 |
| 风沙土 | 66 | 0.005 | 0.037 | 0.127 | 0.044 | 0.0252 | 0.0361 | 1.9583 |

续表

| 类别 | 样点数 | 统计量 | | | 算术 | | 几何 | |
|---|---|---|---|---|---|---|---|---|
| 土类名称 | /个 | 最小值 | 中位值 | 最大值 | 平均 | 标准差 | 平均 | 标准差 |
| 黑毡土 | 53 | 0.017 | 0.075 | 0.251 | 0.094 | 0.0490 | 0.0847 | 1.5557 |
| 草毡土 | 54 | 0.040 | 0.096 | 0.257 | 0.114 | 0.0541 | 0.1020 | 1.5996 |
| 巴嘎土 | 46 | 0.016 | 0.090 | 0.560 | 0.116 | 0.1017 | 0.0918 | 1.9347 |
| 莎嘎土 | 69 | 0.006 | 0.094 | 0.294 | 0.116 | 0.0517 | 0.1056 | 1.5288 |
| 寒漠土 | 4 | 0.064 | 0.083 | 0.102 | 0.083 | 0.0156 | 0.082 | 1.2120 |
| 高山漠土 | 24 | 0.044 | 0.113 | 0.326 | 0.124 | 0.0658 | 0.1105 | 1.6362 |

3. 铬

铬广泛分布在地壳中，其含量比 Co、Zn、Cu、Pd、Ni 和 Cd 要高。自然界中铬的矿物主要可分为氧化物、氢氧化物、硫化物和硅酸盐四大类，其中氧化物类的铬尖晶石族是铬的主要工业矿物。根据各组分的含量不同可相应地分成铬铁矿（$FeCr_2O_4$）、镁铬铁矿（$MgFeCr_2O_4$）、铝铬铁矿［$Fe(CrAl)_2O_4$］和硬尖晶石［$MgFe(CrAl)_2O_4$］等，此外，在世界一些地区还少量分布着红铅矿（$PbCrO_4$）。由于六配位的 $Cr^{3+}$、$Al^{3+}$ 与 $Fe^{3+}$ 离子半径相近（$Cr^{3+}$，0.07nm；$Al^{3+}$，0.061nm；$Fe^{3+}$，0.063nm），故它们之间有广泛的类质同象，如铬电气石、铬柘榴石、铬云母和铬绿泥石，在绿柱石中由于少量铬取代铝而形成一种绿色。另外可与铬类质同象的替代元素还有 Mn、Mg、Ni、Co 和 Zn 等，所以在铁镁硅酸盐矿物和副矿物中广泛分布着铬。

铬在地壳中浓度范围为 80～200mg/kg，平均浓度为 125mg/kg[46]。铬在不同矿物中的浓度变化比较大，并有如下几个特征：a. 同种矿物中铬的含量随所在岩石的基性程度增高而增高，超基性盐中铬含量为 2000mg/kg，基性岩中铬含量为 200mg/kg，中性岩中铬含量为 50mg/kg，酸性岩中铬含量为 25mg/kg；b. 从岛状到链状，片状硅酸盐铬的含量增高，橄榄石含铬很低，仅为 20mg/kg，而单斜辉石中铬含量却高达 1560～8150mg/kg；c. 云母类矿物中铬的含量一般低于角闪石，又远低于辉石。铬极难进入斜长石晶格，$Cr^{3+}$ 是六配位的，而长石中的 $Al^{3+}$ 全是四配位，彼此不能替代。

岩石中的铬，由于风化、地震、火山爆发、生物转化等自然现象，使铬由岩石圈进入土壤中，所以土壤中铬的含量主要来源于成土母岩，土壤中铬的含量与成土母质有着密切的关系，并因成土母质的不同而含量差异很大。发育于蛇纹岩的土壤，铬含量非常高，超过 3000mg/kg。但有的土壤含铬量很低，如法国有些地区土壤中的铬含量低至 1.8kg/kg，我国广州地区的山地黄壤铬含量仅为 1.9mg/kg。正常土壤含铬范围在 5～3000mg/kg，平均含量在 20～200mg/kg[47]。表 1-28 是世界部分土壤中铬背景值[48]。

**表 1-28　世界部分土壤中铬背景值[48]**　　单位：mg/kg

| 土壤 | 范围值 | 均值 |
|---|---|---|
| 安大略省农业土壤(加拿大) | 12.6～46.2 | 14.3 |
| 密苏里耕作土壤(美国) | 20～70 | 43 |
| 十五个道县水稻土(日本) | 18～282 | 70 |
| 前苏联东欧平原土壤 | 5～760 | 190 |

续表

| 土壤 | 范围值 | 均值 |
|---|---|---|
| 黑土(中国黑龙江) | 52.8～63.8 | 58.2 |
| 石灰性冲积土(中国华北) | 43.10～53.60 | 49.6 |
| 黄土(中国陕西) | 59.50～68.30 | 63.70 |
| 滨海冲积土(中国上海) | 5.48～7.00 | 6.28 |
| 红壤(中国浙江) | 182.0～184.90 | 183.40 |
| 紫色土(中国四川) | 40.00～56.40 | 47.10 |

我国由于自然地理和气候条件复杂，受成土母质和人为活动影响，因而形成多种类型土壤。含铬差异大，根据中国科学院南京土壤研究所和环境化学研究所测定的资料表明，土壤中铬的本底值一般在100mg/kg以下，北京地区土壤中铬背景值为29.7～98.7mg/kg，南京地区土壤铬背景值为17～112mg/kg，上海地区农业土壤铬背景值为54.3～75.0mg/kg，其中北京淋溶褐土铬背景值是（61±19）mg/kg，石灰性褐土铬背景值是(54.2±6.2)mg/kg，南京黄棕壤铬背景值是（57±24）mg/kg，黄刚土铬背景值是（58±8.9）mg/kg，灰潮土铬背景值是（70±10）mg/kg。而不同母质发育的土壤差别较大，如玄武岩发育的黄棕壤表土铬含量为112mg/kg，花岗岩发育的黄棕壤表土铬含量仅为21.0mg/kg。

我国有些地区的土壤由于污泥、城市垃圾的农田使用和污水灌溉，其土壤中的含量大大超过背景含量，部分污灌土壤出现明显铬累积的趋势，主要累积在表层，并呈现沿土壤纵深垂直分布递减的趋势。

4. 铜

我国土壤含铜量为3～300mg/kg，平均含量为22mg/kg，除了长江下游的部分土壤以外，各种类型的土壤平均含量都在20mg/kg左右[49~51]（表1-29）。

**表1-29　我国一些土壤的含铜量[51]**

| 土壤类型 | 含铜量/(mg/kg) | 平均含量/(mg/kg) | 土壤类型 | 含铜量/(mg/kg) | 平均含量/(mg/kg) |
|---|---|---|---|---|---|
| 棕壤 | 17～33 | 23 | 红壤 | 2～500 | 22 |
| 褐土 | 18～32 | 22 | 赤红壤 | 痕迹至44 | 17 |
| 黑钙土 | 16～34 | 20 | 砖红壤 | 2～118 | 44 |
| 黑土 | 19～28 | 26 | 黄壤 | 1～122 | 25 |
| 黄潮土 | 9～36 | 16 | 红色石灰土 | 22～183 | 57 |
| 黄棕壤 | 27～52 | 37 | 黑色石灰土 | 21～97 | 45 |
| 塿土,绵土 | 15～42 | 26 | 紫色土 | 7～54 | 23 |

土壤含铜量因成土母质的不同而有一定的差异。如华中部分丘陵地区红壤的含铜量以千枚岩发育的最多，红砂岩发育的最少，平均含量按成土母质可排列成下列顺序：玄武岩>石灰岩>千枚岩>红色黏土>页岩>花岗岩>砂岩。东北地区的暗棕色森林土中，以玄武岩母质上发育的含铜量最高，安山岩、页岩和粘板岩上发育的含量稍低，但仍较富足；而以花岗岩和砂岩母质上发育的土壤含铜量最少。华南地区的砖红壤也有同样的情况，从表1-30可以看出这种由母质的不同而导致的含铜量的变异。据报道，我国南方黄壤中，第四纪

红色黏土发育的黄壤中铜含量最高，而由花岗岩发育的铜含量为最低，不同母质发育的黄壤中铜含量的次序为第四纪红色黏土＞石灰岩＞页岩＞片岩＞砂岩＞花岗岩[52]。

表 1-30　我国一些地区的不同母质对土壤和风化物含铜量的影响[53]

| 母质类型（东北地区） | 含铜量/(mg/kg) | 母质类型（华中地区） | 含铜量/(mg/kg) | 母质类型（华南地区） | 含铜量/(mg/kg) |
|---|---|---|---|---|---|
| 玄武岩 | 34 | 千枚岩 | 55 | 玄武岩 | 10～150 |
| 花岗岩 | 8 | 石灰岩 | 20 | 石灰岩 | 40～50 |
| 石英岩 | 13 | 紫砂岩 | 20 | 片岩，页岩，紫砂岩 | 20～50 |
| 安山岩 | 23 | 红色黏土 | 19 | 花岗岩，砂岩 | ＜15 |
| 火山灰和凝灰岩 | 9 | 花岗岩 | 11 | | |
| 页岩及粘板岩 | 24 | 红砂岩 | 9 | | |
| 湖积及冲积黏土 | 31 | | | | |
| 黄土及黄土性物质 | 19 | | | | |
| 砂土 | 6 | | | | |

5. 汞

汞（Hg）的原子量为 200.59，是常温下唯一的易挥发的银白色液态金属，在自然界中以多种形态存在。但是，作为有用的矿产资源而加以利用的汞化合物是辰砂（HgS），并以原生矿物的形态存在于地壳的浅层部分。以游离的金属汞形态产出的例子非常少见，只有在汞矿床的氧化带部分才能发现。世界上汞矿脉分布于美国西部至亚洲东部带和大西洋隆起地带。在我国以贵州省东部和湖南省西部的石灰岩地区的汞矿最为有名。

汞在岩石圈、水圈、大气圈、生物圈和土壤圈之间进行地球化学循环（图 1-4）[54]。但是，有多少汞通过各圈进行循环，目前人们还不十分了解。据报道，人为活动（包括工业废水）在自然环境中造成的汞负荷每年约 8000t，自然作用（风化作用、蒸发等）产生的负荷与人为活动大体相等。据推算，陆地地下至 1000m 深分布的汞量达 $4\times10^{10}$ t，海洋及大气中的含汞量分别为 $5\times10^{7}\sim20\times10^{7}$ t 和 $1\times10^{4}$ t。

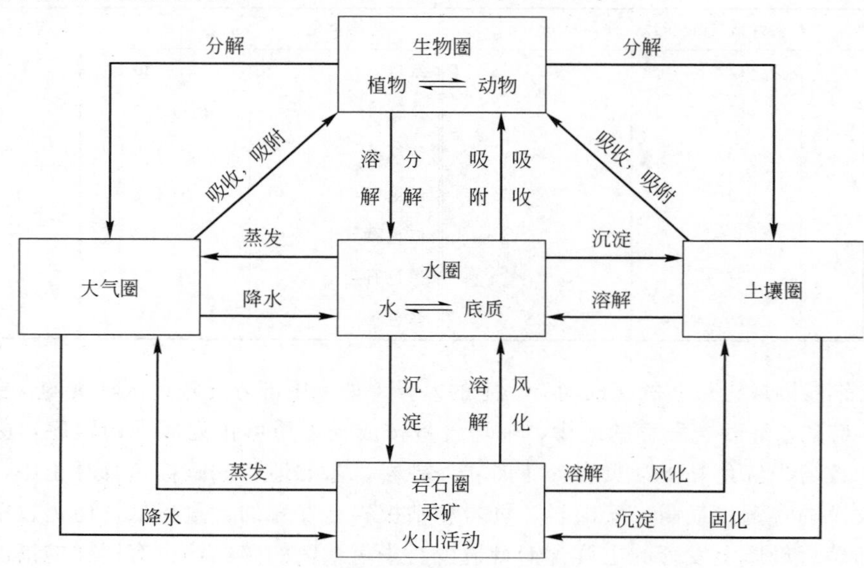


图 1-4　汞的地球化学循环

汞在地壳、出露岩石地壳的丰度分别为7ng/g和13ng/g，其中汞在岩石中的平均值为12.5ng/g、火成岩为6.9ng/g、沉积岩为22.6ng/g、变质岩为8.6ng/g。而大陆疏松沉积物、水系沉积物、泛滥平原沉积物、土壤和浅海沉积物的汞含量的平均值分别为60ng/g、60ng/g、60ng/g、65ng/g和25ng/g。

土壤含汞量的资料对于研究汞的污染有重要意义，据各国土壤学家统计，土壤中汞的自然本底值通常在10～300μg/kg之间，平均为30μg/kg。汞的本底值变化幅度如此之大，主要是由母质不同造成，例如在南京由不同母质发育的黄棕壤荒地含汞量变化幅度很大（表1-31），甚至个别的由仑山灰岩发育的黄棕壤含汞量达1mg/kg以上。

**表1-31　黄棕壤荒地含汞量与母质的关系**

| 深度/cm | 土壤含汞量/(μg/kg) | 母质 |
| --- | --- | --- |
| 0～20<br>25～45 | 35<br>32 | 象山层页岩 |
| 0～10<br>10～25 | 99<br>77 | 玄武岩 |
| 0～15<br>15～30 | 127<br>127 | 青龙灰岩 |
| 0～20<br>20～40 | 274<br>272 | 浦口层紫色砾岩 |
| 0～7<br>7以下 | 1243<br>1380 | 仑山灰岩 |

南京地区8个荒地表土含汞35～274μg/kg，平均97μg/kg，底土含汞17～272μg/kg，平均86μg/kg；北京地区10个荒地表土含汞15～68μg/kg，平均44μg/kg，底土含汞23～70μg/kg，平均42μg/kg。自然土壤含汞多少与母质关系很大，而且一般是表土含汞高于底土，可能与降水和生物富集有关。

农田土壤含汞量往往受人为活动的影响，如北京地区8个耕地表土含汞46～224μg/kg，平均99μg/kg，可见为上述北京地区荒地表土平均值的2倍，底土含汞19～221μg/kg，平均58μg/kg，也比荒地底土含汞量略高一点。过去，由于水田和菜园施用汞制剂往往比旱地多一些，所以当母质相同时，水稻土和菜园土含汞也比旱地多一些，如南京发育在长江冲积物上的一个菜园表土含汞321μg/kg，一个水田表土含汞208μg/kg，一个旱地表土含汞110μg/kg。进入土壤中的汞具有难迁移性，所以，在人类活动的影响下，表土含汞量普遍有增高的趋势，特别是农田表土更为明显。

全国土壤环境背景值调查研究工作已经完成，采样点共4092个，包括41个土类，根据调查研究结果，土壤含汞量最低为0.001mg/kg，最高为45.90mg/kg，算术平均值为0.065mg/kg，平均含汞量低于0.020mg/kg的土类有绵土、黑垆土、棕钙土、灰漠土、棕漠土、风沙土等。平均含汞量高于0.100mg/kg的土类有水稻土、石灰土等。就地区而论，平均含汞量在0.100mg/kg左右的省区都在长江以南，如江苏、浙江、湖南、广东、广西、福建、江西等，因为它们的水稻土或石灰土较多；平均含汞量在0.02mg/kg左右的省区有新疆、甘肃、青海、宁夏等。石灰土含汞较高系来自石灰岩母质，而水稻土含汞较高乃是以前用于防治稻病的汞制剂农药所致。

6. 铅

土壤铅的含量因土壤类型的不同而异，同时亦受各种其他因素的影响。我国土壤铅背景值分别列于表1-32～表1-34[40]。全国土壤背景值基本统计量的结果表明，3938个A层样点的铅的算术平均值为（26.0±12.37)mg/kg；3045个C层样点的平均值为（24.7±11.89)mg/kg。

**表1-32　我国不同类型土壤铅的背景值（A层）[40]**　单位：mg/kg

| 类别 | 样点数 | 统计量 | | | 算术 | | 几何 | |
|---|---|---|---|---|---|---|---|---|
| 土类名称 | /个 | 最小值 | 中位值 | 最大值 | 平均 | 标准差 | 平均 | 标准差 |
| 绵土 | 41 | 12.6 | 17.0 | 22.9 | 16.8 | 2.81 | 16.5 | 1.18 |
| 塿土 | 13 | 13.6 | 22.0 | 31.6 | 21.8 | 5.54 | 21.2 | 1.30 |
| 黑垆土 | 23 | 12.7 | 18.3 | 24.2 | 18.5 | 3.60 | 8.1 | 1.22 |
| 黑土 | 51 | 8.1 | 25.3 | 47.0 | 26.7 | 7.88 | 25.5 | 1.36 |
| 白浆土 | 54 | 16.3 | 25.5 | 48.5 | 27.7 | 6.02 | 27.1 | 1.23 |
| 黑钙土 | 90 | 7.1 | 20.9 | 38.0 | 19.6 | 7.37 | 18.0 | 1.53 |
| 潮土 | 265 | 4.8 | 20.5 | 200.0 | 21.9 | 7.90 | 20.6 | 1.44 |
| 绿洲土 | 48 | 8.5 | 21.2 | 28.3 | 21.8 | 3.56 | 21.5 | 1.18 |
| 水稻土 | 382 | 6.5 | 29.3 | 123.0 | 34.4 | 16.12 | 31.4 | 1.53 |
| 砖红壤 | 39 | 3.9 | 26.6 | 75.0 | 28.7 | 17.22 | 23.2 | 2.07 |
| 赤红壤 | 223 | 2.6 | 27.1 | 286.5 | 35.0 | 24.38 | 28.4 | 1.90 |
| 红壤 | 528 | 6.0 | 26.3 | 1143.0 | 29.1 | 12.78 | 26.8 | 1.49 |
| 黄壤 | 209 | 3.9 | 27.5 | 193.0 | 29.4 | 13.47 | 26.9 | 1.52 |
| 燥红土 | 10 | 17.7 | 39.8 | 74.0 | 41.2 | 17.41 | 37.8 | 1.56 |
| 黄棕壤 | 162 | 11.1 | 26.6 | 234.0 | 29.2 | 12.10 | 27.3 | 1.44 |
| 棕壤 | 265 | 4.7 | 23.8 | 98.3 | 25.1 | 9.94 | 23.4 | 1.46 |
| 褐土 | 242 | 4.3 | 20.0 | 141.8 | 21.3 | 6.89 | 20.3 | 1.36 |
| 灰褐土 | 19 | 17.9 | 20.8 | 25.9 | 21.2 | 2.00 | 21.1 | 1.10 |
| 暗棕壤 | 139 | 7.0 | 24.0 | 49.0 | 23.9 | 7.41 | 22.7 | 1.40 |
| 棕色针叶林土 | 47 | 8.1 | 21.3 | 38.2 | 20.2 | 7.33 | 18.8 | 1.49 |
| 灰色森林土 | 28 | 7.5 | 14.3 | 35.8 | 15.6 | 7.47 | 14.3 | 1.51 |
| 栗钙土 | 150 | 1.7 | 19.3 | 150.0 | 21.2 | 10.94 | 19.1 | 1.54 |
| 棕钙土 | 56 | 4.9 | 19.4 | 62.5 | 22.0 | 8.53 | 20.7 | 1.40 |
| 灰钙土 | 19 | 13.7 | 18.0 | 24.1 | 18.2 | 2.80 | 18.0 | 1.17 |
| 灰漠土 | 17 | 11.3 | 18.7 | 34.0 | 19.8 | 6.22 | 19.0 | 1.36 |
| 灰棕漠土 | 41 | 6.0 | 17.7 | 27.8 | 18.1 | 4.74 | 17.4 | 1.34 |
| 棕漠土 | 50 | 4.9 | 17.6 | 30.4 | 17.6 | 4.58 | 16.8 | 1.39 |
| 草甸土 | 172 | 4.9 | 21.9 | 77.0 | 22.4 | 9.06 | 20.9 | 1.46 |
| 沼泽土 | 60 | 7.3 | 22.1 | 43.2 | 22.1 | 7.65 | 20.7 | 1.45 |
| 盐土 | 115 | 1.0 | 20.6 | 415.0 | 23.0 | 10.40 | 21.1 | 1.50 |
| 碱土 | 7 | 13.0 | 16.4 | 25.5 | 17.5 | 4.27 | 17.0 | 1.26 |
| 磷质石灰土 | 9 | 0.7 | 1.4 | 4.7 | 1.7 | 1.14 | 1.5 | 1.65 |
| 石灰(岩)土 | 101 | 2.4 | 32.2 | 116.0 | 38.7 | 22.04 | 33.5 | 1.71 |

续表

| 类别 | 样点数 | 统计量 | | | 算术 | | 几何 | |
|---|---|---|---|---|---|---|---|---|
| 土类名称 | /个 | 最小值 | 中位值 | 最大值 | 平均 | 标准差 | 平均 | 标准差 |
| 紫色土 | 104 | 11.2 | 26.0 | 74.0 | 27.7 | 10.72 | 25.8 | 1.46 |
| 风沙土 | 66 | 4.2 | 13.9 | 32.4 | 13.8 | 4.89 | 13.0 | 1.46 |
| 黑毡土 | 53 | 10.8 | 27.3 | 89.1 | 31.4 | 13.48 | 29.3 | 1.44 |
| 草毡土 | 54 | 9.9 | 25.1 | 65.6 | 27.0 | 10.66 | 25.1 | 1.47 |
| 巴嘎土 | 46 | 9.8 | 24.8 | 41.3 | 25.8 | 6.35 | 25.0 | 1.31 |
| 莎嘎土 | 69 | 12.1 | 24.0 | 56.1 | 25.0 | 7.96 | 23.8 | 1.37 |
| 寒漠土 | 4 | 31.7 | 34.7 | 47.9 | 37.3 | 7.24 | 36.8 | 1.20 |
| 高山漠土 | 24 | 15.1 | 22.0 | 50.4 | 23.7 | 8.29 | 22.7 | 1.35 |

**表 1-33 我国不同类型土壤铅的背景值**（C层）[40] 单位：mg/kg

| 类别 | 样点数 | 统计量 | | | 算术 | | 几何 | |
|---|---|---|---|---|---|---|---|---|
| 土类名称 | /个 | 最小值 | 中位值 | 最大值 | 平均 | 标准差 | 平均 | 标准差 |
| 绵土 | 41 | 7.2 | 18.3 | 57.3 | 19.9 | 9.36 | 18.3 | 1.49 |
| 塿土 | 13 | 6.1 | 18.5 | 27.8 | 19.3 | 5.50 | 18.5 | 1.37 |
| 黑垆土 | 20 | 10.3 | 17.3 | 24.0 | 17.4 | 3.47 | 17.1 | 1.23 |
| 黑土 | 44 | 5.3 | 25.1 | 49.0 | 26.1 | 6.59 | 25.4 | 1.26 |
| 白浆土 | 54 | 16.0 | 26.5 | 59.6 | 29.6 | 9.19 | 28.4 | 1.32 |
| 黑钙土 | 76 | 6.7 | 20.0 | 36.0 | 19.5 | 6.14 | 18.3 | 1.46 |
| 潮土 | 231 | 3.5 | 20.0 | 260.0 | 21.6 | 9.73 | 19.7 | 1.54 |
| 绿洲土 | 48 | 13.1 | 19.0 | 32.3 | 20.5 | 4.44 | 20.1 | 1.23 |
| 水稻土 | 222 | 10.8 | 25.4 | 208.0 | 27.8 | 11.18 | 26.0 | 1.43 |
| 砖红壤 | 38 | 4.1 | 31.5 | 122.8 | 33.0 | 22.39 | 26.1 | 2.11 |
| 赤红壤 | 172 | 3.0 | 32.1 | 925.9 | 40.8 | 32.42 | 32.3 | 1.98 |
| 红壤 | 310 | 5.9 | 27.1 | 590.0 | 31.4 | 17.36 | 27.8 | 1.63 |
| 黄壤 | 93 | 7.4 | 25.2 | 152.1 | 34.3 | 23.80 | 28.7 | 1.79 |
| 燥红土 | 10 | 16.2 | 40.1 | 88.0 | 43.3 | 25.59 | 36.7 | 1.84 |
| 黄棕壤 | 135 | 5.6 | 24.2 | 155.0 | 26.3 | 9.11 | 24.9 | 1.40 |
| 棕壤 | 240 | 5.0 | 21.9 | 102.1 | 23.8 | 11.15 | 21.5 | 1.57 |
| 褐土 | 229 | 3.1 | 20.5 | 210.6 | 22.0 | 9.45 | 20.3 | 1.49 |
| 灰褐土 | 19 | 14.9 | 21.6 | 26.6 | 22.1 | 2.23 | 22.0 | 1.11 |
| 暗棕壤 | 96 | 7.5 | 21.9 | 116.6 | 22.2 | 9.23 | 20.4 | 1.50 |
| 棕色针叶林土 | 41 | 8.1 | 17.6 | 38.7 | 19.6 | 7.61 | 18.2 | 1.49 |
| 灰色森林土 | 22 | 5.4 | 13.3 | 28.8 | 13.5 | 5.28 | 12.6 | 1.47 |
| 栗钙土 | 136 | 1.6 | 18.0 | 250.0 | 20.3 | 10.36 | 18.4 | 1.53 |
| 棕钙土 | 56 | 4.7 | 18.7 | 122.2 | 21.5 | 9.51 | 19.9 | 1.45 |

续表

| 类别 | 样点数 | 统计量 | | | 算术 | | 几何 | |
|---|---|---|---|---|---|---|---|---|
| 土类名称 | /个 | 最小值 | 中位值 | 最大值 | 平均 | 标准差 | 平均 | 标准差 |
| 灰钙土 | 19 | 12.6 | 17.8 | 24.7 | 18.0 | 3.12 | 17.7 | 1.19 |
| 灰漠土 | 17 | 1.8 | 17.3 | 31.8 | 17.6 | 7.37 | 15.7 | 1.74 |
| 灰棕漠土 | 41 | 6.7 | 16.5 | 38.3 | 17.0 | 6.94 | 15.8 | 1.49 |
| 棕漠土 | 46 | 5.6 | 17.3 | 29.7 | 18.0 | 4.61 | 17.4 | 1.30 |
| 草甸土 | 141 | 4.0 | 19.9 | 67.0 | 20.4 | 7.79 | 19.0 | 1.47 |
| 沼泽土 | 33 | 12.6 | 22.9 | 44.2 | 23.7 | 5.77 | 23.0 | 1.27 |
| 盐土 | 103 | 1.2 | 21.4 | 246.0 | 22.8 | 6.79 | 21.8 | 1.34 |
| 碱土 | 6 | 14.5 | 17.4 | 32.9 | 20.3 | 6.72 | 19.5 | 1.34 |
| 磷质石灰土 | 8 | 0.7 | 1.1 | 2.5 | 1.2 | 0.57 | 1.2 | 1.47 |
| 石灰(岩)土 | 57 | 4.7 | 32.3 | 70.0 | 31.8 | 14.26 | 28.3 | 1.67 |
| 紫色土 | 57 | 10.0 | 24.4 | 80.3 | 27.0 | 12.07 | 25.1 | 1.45 |
| 风沙土 | 61 | 4.0 | 13.8 | 28.0 | 13.6 | 5.04 | 12.6 | 1.53 |
| 黑毡土 | 42 | 10.3 | 24.6 | 67.7 | 26.1 | 10.33 | 24.5 | 1.42 |
| 草毡土 | 45 | 8.9 | 27.3 | 107.1 | 31.2 | 17.15 | 28.1 | 1.54 |
| 巴嘎土 | 41 | 12.0 | 24.6 | 74.0 | 27.8 | 12.21 | 25.8 | 1.47 |
| 莎嘎土 | 59 | 5.2 | 22.6 | 46.6 | 25.5 | 7.20 | 24.6 | 1.31 |
| 寒漠土 | 1 | 32.4 | | | | | | |
| 高山漠土 | 22 | 11.7 | 21.9 | 60.0 | 25.9 | 12.89 | 23.6 | 1.52 |

**表 1-34　不同母质发育的土壤铅的背景值**（A 层）[40]　　单位：mg/kg

| 类别 | 样点数 | 统计量 | | | 算术 | | 几何 | |
|---|---|---|---|---|---|---|---|---|
| 土类名称 | /个 | 最小值 | 中位值 | 最大值 | 平均 | 标准差 | 平均 | 标准差 |
| 酸性火成岩 | 649 | 2.6 | 27.0 | 322.6 | 31.9 | 18.47 | 27.6 | 1.72 |
| 中性火成岩 | 53 | 7.7 | 24.0 | 85.6 | 26.9 | 12.61 | 24.6 | 1.53 |
| 基性火成岩 | 76 | 1.7 | 21.4 | 160.7 | 22.9 | 10.05 | 21.1 | 1.50 |
| 火山喷发物 | 121 | 9.2 | 28.6 | 363.0 | 31.7 | 15.49 | 28.9 | 1.51 |
| 沉积页岩 | 268 | 9.0 | 25.0 | 1143.0 | 26.3 | 8.15 | 25.1 | 1.35 |
| 沉积砂岩 | 310 | 3.0 | 23.6 | 145.0 | 25.5 | 11.07 | 23.4 | 1.51 |
| 沉积石灰岩 | 294 | 10.1 | 28.0 | 163.0 | 32.7 | 17.22 | 29.4 | 1.55 |
| 沉积红砂岩 | 14 | 15.3 | 23.2 | 28.0 | 22.5 | 4.82 | 22.0 | 1.25 |
| 沉积紫砂岩 | 97 | 9.5 | 23.7 | 74.0 | 25.5 | 9.51 | 24.0 | 1.40 |
| 沉积砂页岩 | 116 | 9.9 | 23.3 | 80.1 | 24.7 | 10.20 | 23.0 | 1.46 |
| 流水冲积沉积 | 1045 | 1.7 | 21.9 | 252.0 | 23.4 | 9.49 | 21.8 | 1.45 |
| 湖相沉积母质 | 118 | 3.4 | 22.0 | 68.6 | 22.6 | 6.47 | 21.6 | 1.34 |
| 海相沉积母质 | 147 | 0.7 | 27.4 | 415.0 | 32.6 | 16.20 | 29.5 | 1.55 |
| 黄土母质 | 330 | 4.9 | 20.1 | 49.0 | 21.6 | 7.16 | 20.6 | 1.36 |

续表

| 类别 | 样点数/个 | 统计量 | | | 算术 | | 几何 | |
|---|---|---|---|---|---|---|---|---|
| 土类名称 | | 最小值 | 中位值 | 最大值 | 平均 | 标准差 | 平均 | 标准差 |
| 冰水沉积母质 | 23 | 13.0 | 23.1 | 55.0 | 25.1 | 9.43 | 23.6 | 1.42 |
| 生物残积母质 | 2 | 26.5 | 26.8 | 27.0 | 26.8 | 0.32 | 26.8 | 1.01 |
| 红土母质 | 149 | 9.6 | 25.3 | 108.0 | 29.3 | 13.72 | 26.9 | 1.49 |
| 风沙母质 | 118 | 4.9 | 14.6 | 64.6 | 15.9 | 9.10 | 14.2 | 1.57 |
| 其他 | 3 | 20.9 | 28.9 | 38.6 | 32.1 | 9.76 | 31.0 | 1.41 |

7. 锌

刘铮等[55]对我国土壤中锌的含量做过系统的总结。我国土壤全锌量范围为3～790mg/kg，平均为100mg/kg，高于世界土壤的平均含锌量（50mg/kg）。就全锌与有效锌而言，总的趋势是南方土壤中锌含量高于北方土壤。我国的缺锌土壤主要分布在北方的石灰性土壤上（包括石灰性水稻土）。

土壤中的全锌量与成土母质的性质、土壤有机质及pH值等因子有关。

土壤中全锌量首先取决于土壤类型与成土母质，表1-35为我国土壤各主要土类的含锌量[55]。

**表1-35 我国土壤各主要土类的含锌量[55]** 单位：mg/kg

| 土类 | 范围 | 平均值 |
|---|---|---|
| 白浆土 | 79～100 | 89 |
| 棕壤 | 44～770 | 98 |
| 褐土 | 37～50 | 59 |
| 黑土 | 58～66 | 61 |
| 黑钙土 | 56～153 | 88 |
| 暗棕钙土 | 20～98 | 57 |
| 草甸土 | 51～130 | 87 |
| 红壤 | 22～172 | 79 |
| 黄壤 | 50～500 | 145 |
| 砖红壤、赤红壤 | 20～600 | 180 |
| 紫色土 | 30～100 | 65 |
| 红色石灰土 | 100～300 | 238 |
| 棕色石灰土 | 50～600 | 302 |

在同一类土壤中，土壤全锌量与成土母质类型有一定关系。火成岩、玄武岩等基性岩、中性岩发育的土壤全锌量很高，而酸性岩（花岗岩）发育的土壤全锌量较低。玄武岩发育的砖红壤全锌为155mg/kg，而花岗岩发育的砖红壤与棕壤分别为57.63mg/kg，花岗岩母质发育的赤红壤只有14mg/kg[56]。

华南地区的砖红壤、赤红壤和红色石灰土的含锌量为20～600mg/kg，其中以石灰岩发育的红色、棕色石灰土含锌量最高，玄武岩发育的次之，砂岩发育的最少。华中丘陵区红壤也有类似情况，其中以石灰岩、花岗岩发育的红壤最高，红色黏土发育的红壤次之，而红砂岩发育的红壤最小[55]。按成土母质区分，各种红壤的平均含锌量为[55]：花岗岩（153mg/kg）＞石灰岩（91mg/kg）＞紫砂岩（81mg/kg）＞千枚岩（68mg/kg）＞红色黏土（61mg/kg）＞红砂岩（31mg/kg）。

成土母质引起的土壤全锌量的差异主要与岩石中锌的地球化学特征有关，锌离子半径（8.3nm）与亚铁离子半径（8.3nm）相似，锌大多以同晶置换作用进入铁镁硅酸盐矿物。研究表明，土壤中全锌含量与游离锰呈高度正相关（$r=0.57$，$n=19$）；酸性土壤上及石灰性土壤上全锌与游离铁也都呈极显著相关[56]。这些都表明，土壤中锌与铁、锰有一定的依存关系。

土壤质地对全锌量也有一定影响，韩风祥[56]研究表明，土壤全锌量与物理性黏粒（＜0.01mm）有显著的相关关系（$r=0.52$，$n=16$），质地黏重的土壤全锌量明显高于轻质土壤。

土壤中锌的有效性主要受土壤条件，尤其是土壤pH值的影响，随着pH值升高，土壤锌的有效性下降。缺锌土壤大多为pH＞6.5的轻质土壤。酸性土壤有效锌含量较高，而有效锌的含量同时受到成土母质的影响。例如，石灰岩发育的红壤中有效锌最多，而红砂岩发育的红壤中有效锌最少，红色黏土发育的红壤中有效锌介于二者之间。

### （二）土壤中的有害物质是作物吸收的主要来源

农业环境要素：水、空气、土壤中的微量元素，进入作物体的途径，生物吸收特性，转运、分布规律均是影响作物中重金属元素含量的因素。

大气、水和土壤中的重金属元素，不论其来自于自然的地球化学循环，还是人类生产、生活活动排放的“三废”，与营养元素一样，都是通过植物的叶片吸收和根部吸收进入植株的。大气中的污染元素部分通过气孔和角质层进入叶片组织，绝大部分沉降到土壤中成为污染物质；灌溉水，特别是污染水中，含有多种金属元素，但是作物能从灌溉水中直接吸收金属元素的量也是很少的。由于迁移能力低而且微生物又无法降解，所以绝大部分重金属元素留在了土壤这个巨大的储存库中。

由此可见，一般情况下，通过土壤的根部吸收是植物摄取各种元素的主要途径。其吸收机制主要有两种。一种为主动吸收，根系细胞利用植株代谢作用产生的能量，有选择地吸收其生理、生化要求相应数量的一些必要元素。由于这种主动吸收，细胞能进行与浓度差逆向的物质吸收，也就是说尽管有时外界土壤中某元素的浓度已经低于根系细胞中该元素的含量，根系仍能从土壤中摄取它。另一种则是非代谢摄取的被动吸收，是靠土壤溶液和根系细胞原生质浓度差引起的，土壤溶液中离子通过扩散、质流、根系截获或离子交换，无选择性地进入植株体内。因而，非植物生长发育所必需的，甚至有毒元素，或者由于过量而对植物有害的微量元素，都可以通过这种吸收机制被迫进入根系，累积在植株体内，有时直接对植株产生危害，影响作物产量，有时过量的污染物残存在作物的可食部分，影响作物的安全质量。

### （三）影响农作物从土壤中吸收污染物的主要因素

影响农作物从土壤中吸收污染物的因素主要有两个方面：一为作物的生物学特性；二为环境因素（其中包括土壤环境因素及气候因素）。

1. 作物的生物学特性

（1）不同作物对不同元素吸收累积水平不同　微量元素是植物体内维生素、激素、叶

绿素、蛋白质、糖、脂肪、酶等重要化合物的组成成分，为植物生理生长过程所必需。例如，铜是酶的组成成分，锌参与作物的氮代谢和淀粉水解，钴能提高吸收和光合作用强度，铜和镍还与植物的繁殖功能有关等。不同作物的生理生化特性不同，对各种不同元素的代谢吸收程度各异，因而不同作物对不同元素的吸收累积水平不同。有些学者曾提出，某作物对镉的忍耐力为3mg/kg、铬为2mg/kg、铜为150mg/kg、锰为300mg/kg、镍为3mg/kg、锌为200mg/kg，而不同作物，甚至同一作物不同品种间对金属元素的吸收累积能力也不尽相同。

一般来说，单子叶植物对金属元素的忍耐度比双子叶植物高些。蔬菜植物对金属元素最敏感。特别是有些作物对某些元素有特强的吸收累积能力，如石竹科植物的铜，豆科植物的钙、镁，禾本科的硅等。

(2) 作物的不同部分对金属元素吸收累积水平不同　不仅不同作物对金属元素吸收累积水平不同，而且同一作物的不同器官，由于其生理功能不一样，金属元素参与的生理生化过程不同，聚积在该部位的数量不一样，其含量水平也不相同，极差可达5～10倍或更多。

一般来说，由根系进入植物体内的金属元素的含量分布，都遵循着根＞茎＞叶＞籽实的规律。

而对于由叶面吸收进入植物体的金属元素就不同了，因为大多数金属元素易与植物体内许多有机成分结合为难溶性复合物，沉积在最先接触、吸收重金属的组织中，因而植株地上部，特别是叶片中的含量就大大增加了。

(3) 不同金属元素的作物吸收累积状况及相互的影响　据报道，银、铅、镓、锡、钡、钨、铬、钒、铀等元素，大都聚积在植物根部；镉、汞在水稻、小麦体内，有60%～85%分布在根部，15%～25%分布在茎、叶，而3%～8%残留在穗子中，其中又以在穗轴、壳及米糠中为主，真正在米粒中的分布是很少的。相对而言，锌、锰较易在谷物中积累，而铬、铅、砷在谷物中残留很少，其富集系数可差1～2个数量级。

不同元素在植物体各个器官间的不均匀分布，还受许多环境因素的影响。例如，随污泥施用加入土壤中的锰、锌、镉、硼、钼、硒等元素，由于它们的螯合物类型、强度及交换速率有利于向地上部分转移，因而较容易移动到作物的顶部。而铬、铅、汞由于在土壤中被吸附的强度大，形成的螯合物在根系中又不易移动，使这些元素很难达到植物顶部，植物顶部的含量保持很低。介于这二者之间的元素如镍、钴、铜等，它们在根部形成螯合物，大部分仅缓慢地向地上部转移。这种差异影响到各元素向植株可食部分的移动。

土壤中各元素之间含量丰缺也会有相互作用。如土壤中硼的浓度高时，镁和铜累积在植物叶子中，而当硼的浓度低时，镁和铜就聚积在植物茎中。

(4) 植物不同生育期对金属元素吸收累积水平不同　每种作物都有其长短不同的生育期，在作物生长发育的不同阶段，其新陈代谢过程也是不一样的。如需要各元素参与的有机质合成分解作用，作物根系的代谢吸收强度和选择性，以及元素在植物体内的迁移性都是不同的。因而在不同生育期，植株各部位的元素含量也不一样。特别是那些正在生长中的幼小器官（如叶、花），其微量元素的变化幅度特别大。一般来说，在植物生长苗期或植株新发育出来的部位上生命力最旺盛，对元素的吸收累积也最强烈，而到了生长末期或植株衰花时，吸收能力减弱，甚至停止，有时还有分解、排出现象发生。植株内元素的转移、再分配使作物各器官元素含量发生很大变化。如玉米成熟期，穗子中锌含量有2/3来自于根系吸收，1/3是从茎、叶中转移而来的。

2. 土壤环境因素的影响

作物从土壤中摄取金属元素，受土壤中金属元素的含量、形态的直接影响。土壤是植物生长需要营养物质的储存库，因而土壤中元素的含量，以及元素存在的形态，在很大程度上左右着作物中元素的含量。元素在土壤中通常以有机态或无机态存在，大部分有机态元素不能直接被作物利用，如泥炭、沼泽土中存在的腐殖酸络合态铜，就不能被作物吸收利用，只有少部分有机物结合的元素，如富啡酸金属盐，以及分子量较小的有机金属盐是可溶性的，能被作物吸收。而在无机态方面，除了束缚在原生矿物和黏土矿物晶格中，或溶解度低的化合物（如硫化物、磷酸盐、氢氧化物、碳酸盐等）沉淀中，一时难以释放外，以吸附态、可交换态或易溶解的化学沉淀态存在的元素，都容易变成离子态，释放到土壤溶液中而被作物吸收。

因此，诸如土壤酸度、土壤通气性、氧化还原电位、土壤中有机质含量、微生物组成及其活动性、土壤中元素的组成及其相互间的关系等一系列影响元素存在形态的土壤理化性质，都与作物中相应元素的含量有关。也就是说，作物中各元素含量与土壤中元素的有效供应量有关。

（1）土壤pH值　土壤pH值对作物元素含量的影响是多方面的，不仅由于$[H^+]$的酸化作用，增加元素化合物的溶解度，使金属元素的活性增加；也由于酸度通过影响微生物活动及土壤物理性质，间接地影响元素有效性。

$[H^+]$还能抑制根细胞蛋白质中羧基离解，增加氨基酸离解，使蛋白质带的正电荷增加，根系吸收外界阳离子增加。通常土壤在酸性条件下，植物吸收阴离子能力大于阳离子，而在碱性条件下则相反。

在中性、碱性土壤中，由于形成难溶性的氢氧化物、碳酸盐化合物或磷酸盐化合物，使金属离子活性大为降低。在碱性旱地土壤中，pH值每提高一个单位，镉、锌等重金属离子的浓度便降低近百倍，作物中的含量也随着降低很多。如土壤pH值为5.3时，大豆叶片中含镉量为33mg/kg；但当pH值提高到6.9时，含镉量便下降到$4\times10^{-6}$mg/kg。

对于受重金属污染的土壤，常常施加石灰、钙镁磷肥或磷矿粉会提高土壤pH值，抑制金属元素的活性。同时，钙离子与土壤胶体结合形成的碳酸钙微粒能吸附金属离子，而钙离子本身还能与金属元素竞争根系吸附点，使植物吸收金属元素的能力受到抑制。

（2）土壤通气性及氧化还原电位　土壤的通气状况不仅影响作物根系呼吸作用，从而影响元素的吸收，还能在厌氧条件下产生$H_2S$等还原物质，使重金属元素形成难溶性硫化物沉淀，而难以被作物吸收。

氧化还原电位对变价元素，如铁、锰、铜、钒、砷、硒、铀、铬、钼等有特别重要的意义。在还原条件下，元素价态变低，活动性提高，植物对它们的吸收能力也增加；而在氧化条件下，元素价态变高，活动性减弱，植物对它们的吸收能力降低。砷、铬等变价元素，不同价态毒性差异很大，此特点非常重要。

砷是变价元素，在旱地土壤中，由于氧化还原电位较高，砷则主要以五价砷、砷酸盐形式存在，而三价砷含量较小；在淹水水稻土中，由于土壤氧化还原电位降低，使五价砷还原成迁移活动能力大的三价砷、亚砷酸盐，从而降低了土壤对砷的吸附能力，有利于作物对砷的吸收。据报道，砷酸的毒性仅为亚砷酸的1/300～1/50。这也就是水稻（水田作

物）比小麦（旱地作物）受砷毒害重些的原因。

铬与砷一样是变价元素，存在形态及环境毒性都比较复杂。铬的稳定价态为六价和三价，土壤中的六价铬主要存在的形态为 $CrO_3$，固定在矿物的晶格中，不溶于水，而以 $Cr_2O_7^{2-}$ 和 $CrO_4^{2-}$ 等盐类形态存在的数量极少，可被作物吸收。三价铬以 $Cr^{3+}$ 或 $CrO_2^-$ 形态存在，在土壤中，尤其是在中性或碱性土壤中，易生成沉淀，不容易移动，有效性小，植物吸收量少，而且即使吸收了，由于它易与生物体蛋白质结合成氢氧化物絮凝体，生物活性低，不易穿透细胞生物膜而往往被限制在作物的某个部位，在体内转移不多。相对而言，六价铬虽然在土壤环境中存在量不多，但对植物根细胞生物膜穿透力却比三价铬大得多，因而容易在籽粒中残留。六价铬的环境毒性与三价铬相比，可以高达100倍左右。

不同价态的铬，不同作物的选择吸收，积累部位都有很大差异，其差异比其他金属更显著。例如，烟草对 $CrO_4^{2-}$ 的选择吸收能力较大，但玉米却不吸收 $CrO_4^{2-}$。水稻吸收的铬大部分留在根、茎、叶中，只有很少部分转移到籽粒中；而小白菜、苋菜等吸收的铬转移到叶柄中的量高于叶片1倍左右，而且叶片中的六价铬含量小于三价铬。

由于铬在土壤中比较稳定，且提供作物吸收的有效量不多，作物从土壤中吸收铬的量很少，能转移至籽粒中的就更少，所以从土壤中吸收的铬构不成对作物生长的主要危害。但是随着乡镇企业迅速发展，许多电镀、印染、皮革工业排放的未加处理的含铬废水、废渣进入农业环境中，不少地区用含铬废水灌溉农田，水稻对灌溉水中铬的吸收率比土壤中铬的吸收率要高，这是造成铬污染水稻的主要原因。

（3）土壤中有机质的影响　土壤有机质是土壤中各种含碳有机化合物的总称。土壤中有机质含量并不多，耕地土壤多在5%以下，但它却是土壤的重要组成部分，是土壤发育过程的重要标志，对土壤性质的影响重大[2]。土壤腐殖质通常占土壤有机质的90%以上，由非腐殖物质和腐殖物质组成。非腐殖物质为有特定物理化学性质、结构已知的有机化合物，其中一些是经微生物代谢后改变的植物有机化合物，而另一些则是微生物合成的有机化合物。腐殖质是经土壤微生物作用后，由多酚和多醌类物质聚合而成的含芳香环结构的、新形成的黄色至棕黑色的非晶形高分子有机化合物。它是土壤有机质的主体，也是土壤有机质中最难降解的组分，一般占土壤有机质的60%～80%。腐殖质的主体是各种腐殖酸及其与金属离子相结合的盐类，它与土壤矿物质部分密切结合形成有机无机复合体因而难溶于水。

① 有机质对重金属离子的固定作用。土壤中腐殖质含有多种官能团，这些官能团对重金属离子有较强的配位和富集能力。土壤有机质与重金属离子的配位作用对土壤和水体中重金属的固定和迁移有极其重要的影响。各种官能团对重金属离子的亲和力为：

$$\underset{\text{烯醇基}}{>C=C<_{OH}} > \underset{\text{氨基}}{-NH_2} > \underset{\text{偶氮化合物}}{-N=N-} > \underset{\text{环氮}}{>N-} > \underset{\text{羧基}}{-COOH} > \underset{\text{醚基}}{-O-} > \underset{\text{羰基}}{-\overset{O}{\overset{\|}{C}}-}$$

上述官能团可与金属离子结合形成螯合复合体或环状的螯合物。一般金属-富啡酸（腐殖质中的重要组成之一）复合体稳定常数的排列次序为：$Fe^{3+} > Al^{3+} > Cu^{2+} > Ni^{2+} > Co^{2+} > Pb^{2+} > Ca^{2+} > Zn^{2+} > Mn^{2+} > Mg^{2+}$，而金属离子与胡敏酸（腐殖质中另一重要组成）之间形成的复合体极可能是不移动的。至于金属离子与官能团所形成的环状螯合物应是更为稳定的有机化合物。以上反应对土壤重金属离子的固定起到了重要作用。

② 有机质对农药等有机污染物的固定作用。土壤有机质对农药等有机污染物有强烈的亲和力，对有机污染物在土壤中的生物活性、残留、生物降解、迁移和蒸发等过程有重要影响。土壤有机质是固定农药最重要的土壤成分，其对农药的固定与腐殖质官能团的数量、类型和空间排列密切相关，也与农药本身的性质有关。一般认为极性有机污染物可以通过离子交换和质子化、氢键、范德华力、配位体交换、阳离子桥和水桥等各种不同机理与土壤有机质结合。非极性有机污染物可以通过分配机理与之结合。一些有机污染物与腐殖质结合后毒性可降低或消失。

（4）土壤质地的影响　土壤中的重金属存在的形态并非是简单的离子状态，而是在土壤不同组分之间的复杂分配。重金属可以溶解于土壤溶液中，吸附于胶体的表面上，或闭蓄于土壤的矿物之内，或与土壤中其他化合物产生沉淀，这些都影响植物的吸收与积累。金属离子只有由固相形态转移到土壤溶液中才能被植物有效吸收。土壤质地越黏重，重金属的持留就越大；土壤质地越砂，它的淋失率越高。土壤胶体性能较强，吸附金属离子的能力越强，土壤黏粒含量越高，对金属离子吸附能力越强。黏土矿物的层状结构以及氧化物或氢氧化物胶体常常有很大的比表面，在土壤吸附上起重要作用。

（5）土壤中元素间相互作用的影响　土壤是一个复杂的基体，存在着多种组分，各元素间相互影响又相互制约。植物对某元素的吸收能力也受元素间相互作用的影响。例如铝能降低氯、钙、镁、钾、钠、铁等元素进入植物的能力；钴、镍能抑制铁自根部向地面上转移；锌与锰之间有强烈的相互制约作用；氮阻碍作物对锰的吸收，而钾、钠却能促进锰的吸收、聚积；磷对锌、铜等许多金属元素具有抑制、拮抗作用；镉、锌共存对植物吸收镉、锌均有影响等。

（6）作物对土壤中不同元素的吸收能力不同　作物从土壤中吸取各种元素，其化学组成很大程度上取决于土壤的化学组成，但并不是土壤组成的翻版。由于各作物的代谢组合类型对各种生命必需元素有不同的需要，而使作物有选择性吸收其生理、生化过程所需要的相应数量的元素。这就是“选择性吸收”。一般用生物吸收率（或生物吸收系数），即植物灰分中某元素的含量与土壤或岩石中该元素含量的比值来表示作物对各元素的生物系吸收及累积特点。生物吸收率只是植物选择吸收的一个一般概念，受不同作物、不同品种、不同部位、不同生育期以及不同环境条件的影响。然而，作物还有被动吸收机制存在，对一些非必需甚至是有害元素的被迫吸收，对一些虽是作物必需、但却超过需要量的微量元素的奢侈吸收，使其生物吸收率有很大的变动范围。

3. 气候因素的影响

光照、温度、风力、湿度、降水等会影响大气中污染物的传播速度、传播距离，也影响着污染物在植株叶面上的黏附程度及叶面吸收情况，还影响着土壤中这些元素的数量、形态、有效性，从而影响植株的生理代谢过程以及植物根系的吸收能力。

一般来说，植物被阳光照射最强烈的部分，由于提高了植物细胞原生质的渗透性能，使某些元素渗入植株的能力增加，同时也增加了植株对这些作用元素的需求，所以微量元素含量往往较高，可高出2～5倍，甚至更高。

在低温条件下，土壤中许多元素的溶解度低，有效性就低，而植株的呼吸作用、代谢作用均较缓慢，植株对元素的吸收量也就保持在较低的水平。在一定范围内，随着温度的

增加，土壤中元素供给量增加，植株呼吸作用加强，其吸收能力也增加。例如，在10℃、16℃、21℃、27℃时，同一土壤上生长的同一番茄植株品种，金属元素锌含量分别为5.1mg/kg、6.8mg/kg、11.9mg/kg、12.4mg/kg。但当温度过高时，植株体内酶会变性，反而降低了其吸收能力。

降水量也影响植物中某些微量元素的含量，干旱年份，植物中铁含量高；而湿润年份，植物中锰、铜、锌、钼含量较高。

### （四）土壤中有害元素对作物的影响

1. 砷对作物的毒害

（1）砷对作物毒害的主要症状　其症状为植株矮小，根长、茎长变短，叶片萎蔫，叶尖及边缘退绿，根细胞皱缩，根短而粗。呈断株样，根尖发褐，根密度和体积减小，根系生长受阻，植物生长受到抑制。根茎干质量减少，砷毒害严重可导致植株死亡。砷害的症状也随不同植物而异，乌麦砷害症状是叶身变细，颜色变淡；小麦砷害则表现为根部枯死，叶变狭而硬，茎青绿色；扁豆砷害症状是叶边缘组织坏疽，根软弱，带红色；水稻砷害呈现为抑制茎叶分蘖，根系发育不良，后期影响水稻的生长，抽穗迟，不成熟，千粒重减少。

（2）砷对种子萌发的影响　肖玲等[57]研究砷对小麦种子萌发影响的试验结果表明：砷浓度≤7.5mg/L时，对小麦发芽率、芽长的影响不大；砷浓度＞7.5mg/L时，砷浓度与发芽率、芽长呈显著负相关；当砷浓度≥1.0mg/L时，对根长有显著影响，砷的浓度越大，抑制作用越强。随砷浓度升高，根系变得短粗而且弯曲，侧根丛生，呈明显的抑制畸形。这是因为主根生长点细胞容易受毒物伤害，细胞分裂增殖被抑制，生长点附近的细胞分裂加快，生出许多次生根，因而导致根系侧根丛生，呈毛刷状。砷在种子萌发期，对根的影响大于对芽的影响。如砷（Ⅲ）和砷（Ⅴ）浓度均增为50mg/L时，芽长比对照组分别减少了30.0%和11.82%，而相应的根长比对照组分别减少了59.7%和72.25%。Khan等[58]研究表明印度芥菜在含0.5μmol/L、25μmol/L砷的培养液中的生长情况，发现25μmol/L砷处理下，芥菜的根茎干质量分别下降22.3%和25.0%，根长和茎长分别降低33.1%和24.9%。

（3）砷对光合作用的影响　杨桂娣等[59]研究砷对水稻光合作用的影响，发现高浓度砷处理后，水稻光合作用参数，如净光合速率、细胞间隙$CO_2$浓度、蒸腾速率、气孔导度、气孔限制值、叶绿素含量等都有降低现象。总之，高浓度砷明显抑制了植物的光合作用和细胞生长，造成植物有毒反应的可能原因是，砷引起植物体内产生有害的自由基和活性氧，导致植物氧化压力增大。丙二醛（MDA）是细胞膜脂过氧化作用的产物之一，可加剧膜的损伤，因此植物体内MDA的含量能一定程度地反映植物体内氧化压力的大小。

（4）砷对不同种类作物的影响　不同种类的作物对耐受砷的毒害有明显差异，水稻对砷十分敏感，而小麦相对耐砷毒害能力较强。试验表明：向正常土壤中投入6mg/kg砷时，水稻产量仅为对照组的18%，而小麦却为70.2%；当砷含量超过100mg/kg时，水稻颗粒不收，而小麦则为对照组的59.1%。刘更另等研究表明，砷对作物的毒害的顺序为：水稻＞雀稗＞芜菜＞生姜＞辣椒＞花生＞烟草＞空心菜＞水花生。水培试验显示，番茄的耐砷性要高于菜豆。此外，砷对水稻、小麦、玉米、棉花、蚕豆、扁豆、萝卜等作物的生长危害也均有报道[60~62]。

（5）砷的不同形态对作物的影响　土壤中砷的形态为亚砷酸盐［As(Ⅲ)］、砷酸盐

[As(Ⅴ)]、一甲基砷酸盐（MMAA）和二甲基砷酸盐（DMAA）。但是，主要形态是无机盐。无机砷主要影响水稻的营养生长，而有机砷主要影响水稻的生殖生长。三价砷和五价砷对作物的毒害的机理不同，As（Ⅴ）主要干扰作物的磷（P）代谢，而As（Ⅲ）则干扰作物体内的蛋白和酶。因此，不同形态的砷对作物生长的影响也不相同。通过As（Ⅲ）和As（Ⅴ）对水稻种子处理后对其萌发的影响，发现As（Ⅲ）处理的水稻发芽率，胚芽鞘长、根长、幼苗的鲜质量、干质量和含水率显现出来的毒害作用都比As（Ⅴ）处理的水稻显现出的毒害大，表现出不同形态砷对作物生长率产生不同的毒害影响[59]。一般而言，As（Ⅲ）对作物生长的毒性大于As（Ⅴ），而有机形态砷毒害作用相对较低。但是，有时砷的毒害作用又与作物的种类有关，如砷对萝卜的影响，砷的形态排序为DMAA≥As（Ⅴ）≥As（Ⅲ）≥MMAA；但对芜青和番茄，则其毒害作用大小表现的顺序为MMAA＞DMAA＞As（Ⅲ）＞As（Ⅴ）；可见，在砷浓度相同水平处理下，有机砷的毒性明显大于无机砷的毒性，但对生菜的毒性顺序却为As（Ⅲ）＞DMAA＞As（Ⅴ）＞MMAA。所以砷对作物的毒害作用既与砷的浓度有关，又与砷的形态有关，还与作物的种类有关。

（6）砷对作物毒害作用的原因　砷对作物有毒害作用的原因很多，其中部分原因是由于砷酸盐进入植物体内后取代磷酸盐竞争磷酸化偶联，干扰了植物的正常生理生化反应，破坏了正常的生理功能。砷可在三碳糖磷的氧化过程中干扰中间反应的酶促作用，竞争磷位点，与ADP结合形成ADP-As弱键，不能产生高能磷酸，从而在TCA循环中极大地阻碍了ATP的生成，使植物生长发育缺乏所必需的能量，严重毒害导致细胞死亡。砷对植物的生理影响还表现为使叶绿素（chl）的形成受阻，结构被破坏，光合作用减弱，蒸腾速率降低。砷还可以干扰一些酶促反应，直接影响作物生长发育等。

2. 镉对作物的毒害

镉对植物胁迫效应的研究进展明确指出镉对植物的毒害效应主要表现在根损伤，$Cd^{2+}$损伤根尖的核仁，抑制RNA的合成及RNAase、核糖核酸酶及质子泵的活性；抑制硝酸还原酶的活性，减少根部对硝酸盐的吸收及向地上部分的转运；抑制根部$Fe^{3+}$还原酶活性，引起$Fe^{2+}$亏缺[63]。Schutzen[64]研究表明，在$Cd^{2+}$处理后，苏格兰松幼苗$H_2O_2$增加，抗氧化系统活性及根的伸长受到抑制，根尖细胞老化加速。镉对植物的毒害影响水分吸收和呼吸作用，镉通常会降低植物对水分胁迫的耐性，在相对水分含量和叶片水势较高时使膨压丧失，$Cd^{2+}$处理的植物表现出蒸腾速率降低和气孔阻力增加，如促使单位面积上气孔数量增加而气孔面积减少，显著降低植物的蒸腾速率和相对水分含量，$Cd^{2+}$降低细胞壁弹性，诱导木质部细胞壁退化，这种退化减少了水分的运输，加上由于根生长减少而导致植物对水分吸收的减少，引起植物萎蔫。$Cd^{2+}$增加线粒体$H^+$的被动通透性，阻止线粒体的氧化磷酸化。$Cd^{2+}$处理可使植物气孔阻力增加，其原因是$Cd^{2+}$可直接影响保卫细胞中离子和水分迁移。彭鸣等[65]研究$Cd^{2+}$对玉米幼苗伤害时，观察到质体基粒肿胀或解体的现象。

镉抑制植物的光合作用：$Cd^{2+}$进入植株叶片后，首先影响光合色素，使叶绿素总含量下降，进而影响光合功能。$Cd^{2+}$对分蘖期水稻叶片色素含量的影响最为明显，在此生育期，以$Cd^{2+}$处理植株，其叶绿素含量显著下降，且叶绿素b降低比例大于叶绿素a[66]。镉使植物叶绿素含量下降的原因是在镉胁迫下，植物的叶绿素合成途径的酶活性受到抑制。植物中镉的积累还可以导致光合系统中色素蛋白的复合体团聚，使光合速率降低，生长受抑

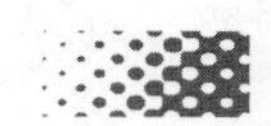

制。光合作用和氮代谢在植物生长过程中是两个较重要的作用，镉抑制光合作用，影响植物的氮吸收和固化，进而影响植物的生长发育[67]。$Cd^{2+}$破坏光合器官，抑制RuBP羧化酶活性，影响碳固定、叶绿素Hill反应、PSⅠ和PSⅡ活力，增加非光学猝灭等；降低叶片中的电导率、减少$CO_2$吸收、干扰气孔的开放等。

镉具有很强的生物毒性，它不参与生物的结构和代谢活动，但生物体过量地积累$Cd^{2+}$将产生严重的毒害作用。与其他重金属相比，$Cd^{2+}$更容易被植物吸收和积累[68]。当镉在土壤中含量达到或超过伤害阈值时，可引起小麦植株代谢紊乱、品质变劣、生物量降低、生长受阻乃至死亡。贾夏等[69]在镉胁迫对小麦的影响及小麦对镉毒害响应的研究进展一文中，综述了$Cd^{2+}$毒害对小麦生长、生理生化及分子生物学水平等方面的影响以及小麦对$Cd^{2+}$毒害影响的研究进展。文章内容主要包括了$Cd^{2+}$毒害对小麦种子萌发、幼苗生长、酶活性、光合作用、可溶性糖和脯氨酸含量、根系分泌物及在遗传损伤效应和蛋白基因表达水平的影响以及小麦对$Cd^{2+}$的吸收、分配和积累等方面的响应规律，探讨了目前该领域研究中存在的问题，并提出了今后在大田中$Cd^{2+}$对小麦根际微生系统影响机制的研究方向。

① $Cd^{2+}$胁迫对小麦种子萌发和幼苗生长的影响。当$Cd^{2+}$毒害达到一定程度时，植株就会表现出生长迟缓、植株矮小、退绿等中毒现象，严重影响其产量[70]。$Cd^{2+}$对小麦种子萌发的影响与$Cd^{2+}$浓度有关，并且与小麦的品种有关[71,72]。随着$Cd^{2+}$浓度升高，种子发芽率、发芽势、芽生长逐渐降低，一般当$Cd^{2+}$浓度大于0.5mmol/L时，严重抑制小麦种子萌发[73,74]，幼根和幼芽长度逐渐变短，芽重和根重明显下降，活力指数显著降低[75]。

② $Cd^{2+}$胁迫对小麦抗氧化保护酶活性的影响。目前研究结果显示，$Cd^{2+}$胁迫对小麦抗氧化保护酶类，如SOD、CAT、POD、GR、GST等影响主要表现为在较低$Cd^{2+}$浓度时，酶活性增加，但细胞内的$Cd^{2+}$浓度使这种防卫体系达到饱和后，在细胞中的游离$Cd^{2+}$就会通过不同的途径干扰和破坏细胞的正常代谢过程，最终导致小麦生长异常，直至死亡。

③ $Cd^{2+}$胁迫对小麦光合作用的影响。研究表明，$Cd^{2+}$是植物叶片光合作用的抑制剂[76]，在$Cd^{2+}$的胁迫下，叶片光合作用主要表现为减弱效应，叶片气孔阻力增加[77]，高浓度时导致气孔关闭[78]，而外观的伤害症状主要表现为叶片失绿、变薄、变白、同化面积减少等。$Cd^{2+}$抑制光合作用的原因主要是$Cd^{2+}$能抑制原叶绿素酸酯还原酶和氨基-7-酮戊酸的合成，而这两者是叶绿素生物合成中必不可少的酶和原料。

3. 铬对作物的毒害

当农业环境中的铬超过一定限度时，就要影响作物生长，从对农作物的毒性来看，六价铬要比三价铬毒性大。有人用六价铬水溶液灌溉盆栽水稻和小麦[79~86]，发现低浓度的铬就会产生危害，用1mg/L Cr(Ⅵ)溶液处理小麦，就会抑制小麦生长；用10mg/L处理时，小麦生长受到抑制达50%；用20mg/L和50mg/L时，小麦生长受到的抑制分别达66%和90%以上。小麦严重受害时，表现为叶片变黄，出现铁锈状黄色斑点，根变细，整个植株生长受到抑制，以致最后枯死。灌溉水中Cr(Ⅵ)达到5mg/L时，对水稻产生危害，达到10mg/L时危害严重，达到200mg/L时水稻死亡。在土培试验中，当土壤中六价铬为50mg/kg、三价铬为100mg/kg时水稻开始受影响，减产10%，受害的水稻植株变矮，叶片狭窄，叶色枯黄，分蘖减少，叶鞘呈黑褐色，根系溃烂且细短而稀疏，生长严重受抑。玉米试验表明，灌溉水中Cr(Ⅲ)的浓度为10mg/L时生长缓慢，100mg/L则停止生长，近于死亡；六价铬含量为50mg/L时对大麦产生毒害。铬对作物生长发育的起始受抑制浓度如表1-36所列。

**表1-36　铬对作物生长发育的起始受抑制浓度**

| 作物 | 土壤中铬浓度/(mg/kg) | | 水中铬浓度/(mg/L) | |
|---|---|---|---|---|
| | 三价铬 | 六价铬 | 三价铬 | 六价铬 |
| 水稻 | 100 | 50 | 50② | 10②<br>>10③ |
| 小麦 | 100 | 10 | 10③ | >5③ |
| 大麦 | | 50 | | |
| 燕麦 | | 50 | | 5～10② |
| 玉米 | 500 | 80 | >10② | 10① |
| 谷子 | | 20 | | |
| 大豆 | | >5 | | >0.5② |
| 芥菜 | >25 | 10 | | <10① |
| 小白菜 | | 10～25 | | |
| 苋菜 | | | | |
| 烟草 | | | | 5① |

① 砂培试验浓度。

② 水培试验浓度。

③ 灌溉水浓度。

作物对各种金属离子选择吸收的特性和毒性行为常因作物种类、土壤种类、土壤阳离子交换量、土壤反应、作物根系的交换量以及溶液中各种离子种类和浓度等因素而不同。不同作物对Cr(Ⅵ)与Cr(Ⅲ)的吸收量、吸收速度以及残留部分有所不同，如烟草对Cr(Ⅵ)有选择吸收特点，而玉米则相反，它有拒绝吸收Cr(Ⅵ)的特性。从许多研究者的试验结果看，由于Cr(Ⅵ)在土壤中的可溶性，它易被植物吸收，毒性较大；三价铬在土壤中容易形成难溶性化合物，被植物吸收比较困难，毒性较小，一般对植物毒害和引起减产的浓度等级与Cr(Ⅵ)相比要相差10倍左右。

不同土壤对Cr(Ⅲ)的吸附固定能力以及对Cr(Ⅵ)吸附和还原能力差别较大，它与土壤中黏粒和有机质的含量有关，对铬的毒性和吸收积累有很大的影响。例如，在粉砂壤土中，用600mg/kg Cr(Ⅲ)处理，玉米的生长受到严重影响，而在腐殖土中，用1020mg/kg Cr(Ⅲ)处理，玉米植株干重比对照还高。陈英旭对青紫泥和红壤的水稻盆栽试验表明：由于青紫泥中有机质含量比较高，容易把Cr(Ⅵ)还原为Cr(Ⅲ)而降低浓度，水稻对Cr(Ⅵ)的吸收在青紫泥中比红壤中要少，而红壤由于有机质含量低，但铁、铝氧化物含量比较高，它对Cr(Ⅵ)吸附能力比较大，所以，用0.05mol/L EDTA提取有效态铬时，添加于红壤中的Cr(Ⅵ)的可提取态的浓度要比青紫泥高，土壤中可能有部分吸附态Cr(Ⅵ)在水稻生长后期被释放出并重新被利用。

夏增禄等[87]的试验结果表明，当盆栽土壤投加Cr(Ⅲ)达500mg/L时，水稻各生态指标才出现明显差异，糙米减产10%左右；而投加Cr(Ⅵ)在50mg/L以下，水稻就明显受到了影响。Cr(Ⅵ)对小麦的影响比水稻还大，即投加Cr(Ⅵ)在10mg/L时，小麦就明显受影响，籽粒减产28.6%。统计表明，小麦和水稻产量都与土壤投加浓度呈显著负相关（表 1-37）。

**表 1-37 草甸褐土六价铬浓度和作物产量的关系**

| 作物 | 回归方程 | 相关系数 | 显著水平 |
| --- | --- | --- | --- |
| 水稻 | $Y=1679.3302-6.9609x$ | −0.97 | 0.01 |
| 小麦 | $Y=47.4338-14.6792x$ | −0.98 | 0.01 |

铬对作物种子的萌发有一定的影响，试验表明，当水中六价铬的浓度大于 0.1mg/L 时，就开始抑制水稻种子的萌发，在 1mg/L 以上，对小麦种子萌发也有不良影响。

高浓度的铬不仅本身对植物构成危害，而且还影响植物生长过程中对其他营养元素的吸收，将 0～6mg/L 的六价铬溶液加入大豆栽培土壤中，5mg/L 的铬开始干扰植株上部 Ca、K、P、B、Cu 的蓄积，受害的大豆最终表现为植株顶部严重枯萎。

铬对植物生理生化过程的影响研究[88～90]是由近年来铬污染问题而开始的。研究表明，铬影响根尖细胞的有丝分裂[91]，抑制萌发、发育和产量[81,92,93]，干扰大豆、矮菜豆的矿质营养，影响质体色素及酯醌的含量[94～96]，抑制矮菜豆、藻类的光合作用[97]，铬可引起永久性的质壁分离，细胞膜透性变化并使组织失水，影响氨基酸含量，使可溶性蛋白质含量增加[98,99]，并改变植物体内的羧化酶、抗坏血酸氧化酶及脱氢酶的活性，铬还影响糖及总氮的含量[93]。大豆结瘤与固氮对铬反应十分敏感，铬使结瘤数减少，根瘤重下降，使单株酶活性显著降低，用高浓度铬处理克根瘤固氮酶活性也显著降低[100]。

综上所述，六价铬对农作物的影响大于三价铬，在铬含量相同时，水中铬毒性远大于土壤中的铬。铬对植物生长刺激作用和抑制作用的机制目前还不清楚，Cary 等[82,83]在分析土壤加铬后提高作物产量的原因时认为，铬不是作为植物的营养元素起作用的，而是铬促使作物对其他营养元素的利用率发生变化。高浓度的铬对作物生长的抑制作用可能是由铬对作物吸收其他营养元素产生干扰，破坏了作物正常的生理代谢所致。

土壤中 Cr(Ⅵ) 可还原为 Cr(Ⅲ)，Cr(Ⅵ) 的吸附，Cr(Ⅲ) 在土壤中吸附和沉淀等都受土壤 pH 值影响。六价铬在中性和碱性土壤中的有效性和毒性要比在酸性土壤中大。用青紫泥和黄筋泥土壤的水稻盆栽试验也表明了这一点，青紫泥中 Cr(Ⅵ) 毒害作用比黄筋泥中严重，虽然青紫泥中有机物质含量比较高，Cr(Ⅵ) 还原量大，但可能由于黄筋泥的 pH 值比青紫泥低，黄筋泥中开始时 Cr(Ⅵ) 还原速率要快，同时，pH 值低时吸附 Cr(Ⅵ) 量要大，溶液中 Cr(Ⅵ) 浓度降低要快，所以，Cr(Ⅵ) 的毒性在黄筋泥中 Gr(Ⅲ) 要轻一些。

土壤中 Cr(Ⅲ) 情况与 Cr(Ⅵ) 刚刚相反，Cr(Ⅲ) 对植物毒性和有效性在酸性土壤中要比在碱性土壤中重，土壤 pH 值低，Cr(Ⅲ) 不容易被土壤吸附和沉淀，从 500mg/kg Cr(Ⅲ) 处理青紫泥和黄筋泥田的试验来看，在黄筋泥中 Cr(Ⅲ) 对水稻的毒性要比在青紫泥中大。

一般来说，在同样浓度 Cr(Ⅲ) 处理的情况下，旱地土壤要比水田土壤中有效态铬的含量高出几倍，并且随着处理浓度的提高差异增大，毒性的大小和土壤有效态铬含量高低是一致的。在氧化条件下，铬对植物造成的危害更大。

不同类型的植物对铬的忍耐性是不同的。一般来说，水稻对铬的忍耐性比较强，玉米和春小麦对铬的忍耐性较差。在蔬菜中，移栽的莴苣和茄子对铬的毒性反应要比大白菜敏感；另外，豆类作物对铬的毒性也较为敏感。

不同类型的植物从同样土壤中积累铬的能力差异很大。地上部分积累铬能力的差异因植物类型的不同可达到10倍，根部可达5倍。生长在碱性土壤上的苔藓、地衣、蕨类等所积累的铬可为大多数作物的5～50倍，当作物呈现中毒症状时，玉米叶中铬含量为4～8mg/kg，烟草叶为18～34mg/kg，而燕麦叶则高达252mg/kg。

郑爱珍[101]采用室内水培方法研究了不同浓度重金属铬对玉米和黄瓜籽粒萌发、幼苗生长及叶片叶绿素含量的影响，并比较了玉米和黄瓜对铬的耐受性差异。结果表明：玉米和黄瓜发芽势、发芽率、胁迫率、活力指数和幼苗的芽长、芽重、根长、根重、叶绿素含量在低浓度铬时（0.5mg/L、1mg/L、5mg/L）呈上升趋势；当铬浓度达到10mg/L时，玉米和黄瓜种子发芽率下降，幼苗生长受到抑制，且对根的抑制作用比芽明显。在铬的浓度为5mg/L时玉米的毒害已经发生，活力指数下降较缓慢；而黄瓜在铬浓度为10mg/L时才发生毒害作用，且活力指数下降较快，玉米较黄瓜表现出对铬有一定耐受力。

0.5mg/L的铬对玉米幼苗的早期生长促进作用最为明显，而对黄瓜幼苗生长促进作用最为明显的铬的浓度为1mg/L。在低浓度铬时，玉米和黄瓜的叶绿素a、叶绿素b含量均呈上升趋势。当铬的浓度达到20mg/L时，玉米和黄瓜的叶绿素含量开始下降，直至减半，且叶绿素a比叶绿素b含量下降快。铬对玉米和黄瓜的抑制作用随铬浓度的升高而增强，而且对幼苗根的抑制明显高于对芽的抑制[102]。

种子萌发和幼苗生长是作物对外部反应的开始，也是作物对外界反应的敏感期，此时重金属对植株的影响主要通过[103]生理生化过程来实现。铬对玉米和黄瓜叶绿素降低的影响情况与高浓度铬使水稻等作物叶绿素含量降低[104,105]是一致的。

赵世刚[106]在铬对植物毒性研究进展的论文中，论述了土壤中高含量铬对作物的毒害，同样Adel[107]也论述了这一问题。Singh[108]指出六价铬是一种强化剂，具有强致癌变、致畸变、致突变的作用和更强的生理毒性，对植物生长的毒害作用更大。

植物受六价铬毒害的外观表现症状主要有叶脉萎黄，幼叶叶脉清晰，叶片薄如纸、边缘卷曲、苍白等。康维钧等[109]研究了铬对萝卜种子发芽与根生长抑制的生态毒性。结果显示，当三价铬和六价铬的浓度分别小于25mg/L和8mg/L时，对种子萌发有促进作用，两种价态的铬在高浓度时对萝卜种子萌发表现为毒害作用，铬的浓度越大对作物的毒害越大。六价铬和三价铬对德日二号萝卜根伸长产生的毒害作用的半效应剂量（$EC_{50}$）分别为65.84mg/L和128.35mg/L，表明六价铬的生理毒性大于三价铬。

由于六价铬的强氧化性，所以六价铬对植物毒害的研究主要集中在对植物结构和超微结构方面[110]，植物细胞随六价铬的浓度和处理时间的不同，会出现不同程度的质壁分离、胞间连丝断裂、质壁之间出现黑色颗粒，叶绿体、线粒体膨胀变形，染色体凝聚，细胞核变形以至细胞器膜破裂解体。张晓微[111]在铬对作物生长影响的论文中总结了铬对细胞分裂、细胞膜、光合作用的影响。当有毒物质产生的遗传病毒直接或间接地影响细胞中DNA和染色体的合成与复制，使染色体发生不同程度的畸变时，随着重金属浓度的升高，植物细胞异常分裂的比例也升高。重金属产生的染色体遗传毒性，直接作用是影响细胞分裂期间的DNA合成，降低了DNase的活性，并与核酸的碱基结合引起核酸立体结构的变化，使正在分裂的细胞发生染色体畸变；而间接作用则可能是由于重金属离子转换了细胞中离子半径相近的必需元素，影响了细胞的正常生理功能。以上是铬对植物细胞分裂的影响，其次是铬对植物细胞膜的影响：铬离子可透过细胞壁作用于细胞膜，导致植物细胞膜透性的严重破坏，使细胞膜透性增加，进而影响生理代谢过程，使代谢失调，造成对环境

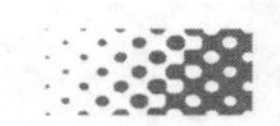

不良因子的抵抗力降低。随着重金属浓度加大，胁迫时间延长，细胞膜的组成以及选择透性会受到严重伤害，使细胞内容物大量外渗，植株萎蔫死亡。最后是铬对植物光合作用的影响：重金属对植物光合作用的影响是通过光合过程中的电子传递，破坏叶绿体和叶绿素等光合系统的完整性而实现的。过量的铬进入植物体内，破坏了生物膜结构，导致叶绿体、线粒体及细胞核等重要器官的损伤，影响光合作用，并且抑制效应与处理时间的延长和铬浓度的升高呈正相关。铬离子取代叶绿素分子的镁离子，破坏了叶绿素的结构，使叶绿素的生理功能受到抑制，影响光合作用的正常进行。鲁先文等[112]研究重金属对小麦叶绿素合成的影响表明了当铬的浓度大于5mg/L时，其毒害作用就会显现出来，叶绿素含量下降，并且叶绿素a含量下降得比叶绿素b含量要快，表现叶绿素a/b的比值下降，其下降幅度可高达72.80%以上，其危害程度随铬的浓度升高而加重。

4. 铜对作物的毒害

尽管铜是植物生长的必需微量元素，但当土壤铜含量高于某一临界值时，就会对植物生长产生一定的毒害作用。随着土壤污染的日益严重，土壤铜污染的植物效应已引起了广泛的注意。

(1) 植物铜中毒的症状[113]　通常作物铜中毒表现为失绿症和生长受阻。失绿可能是由缺铁引起的，叶面喷施铁肥或施用螯合态铁可减轻这种失绿症状。由铜引起的缺铁失绿症状的程度受气候和其他与铜中毒无关的条件所影响。

由铜过量而引起的作物生长受阻是多种因子综合作用的结果，其中包括铜对植物的专性效应，铜与其他养分的拮抗作用以及根生长及其在土壤中穿透能力的降低，铜中毒首先在植物根尖产生，并进一步阻碍侧根的生长。

(2) 铜污染对植物新陈代谢过程的影响　铜污染对作物的影响主要与根系统有关。植物从土壤中摄取过量的铜大部分积累在根部，向地上部分输送是不多的。铜可以影响有丝分裂，但更专性的影响与各种酶系统对铜污染敏感性有关。有人认为提高铜水平可以导致莴苣中过氧化氢酶、IAA-氧化酶和超氧化酶活性增加，这也是铜中毒的机制。这种对酶系统的影响包括降低核酸，尤其是胚中核酸含量，降低$\alpha$-淀粉酶和RN酶的活性及降低胚乳中蛋白酶活性。刘文彰等[114,115]在研究铜过量对棉花及黄瓜幼苗酶活性影响时发现，铜过量可使植物体内过氧化氢酶活性增加，这可能是由于铜过量引起有毒物质——过氧化氢急剧增加的缘故，所以过氧化物酶的活性可作为铜过剩作物的生理指标。吴家燕等[116]研究表明，在不同土壤铜浓度下，水稻根系过氧化物酶处于受抑制与促进的多次交替过程中。Coombes[117]研究过量铜对大麦根中IAA-氧化酶活性的影响，发现幼苗和成年植株中酶对铜的敏感性不一样。幼苗在所有铜水平下，IAA-氧化酶活性受到激发，但对生长了3周的植物而言，在高铜水平下暴露1～4d后，IAA-氧化酶活性慢慢降低。幼苗组织化学分析表明，90%的植物总铜量存在于种子中，而根中含铜量极低。在成年植株中，根含铜量迅速提高，当超过某一临界值时，IAA-氧化酶活性迅速下降。

铜中毒导致的失绿症可以降低光合作用。Cedeno Maldonado[118]报道25$\mu$mol/L的铜水平可以抑制分离叶绿体中的电子转移过程，这可能是由于叶绿素结构的改变引起的，有研究表明[114,115]，铜过量可以明显地降低棉花和黄瓜幼苗叶绿素a、叶绿素b的含量。营养液培养时在10mg/L铜水平下，黄瓜幼苗中叶绿素含量下降84%，叶绿素b下降20%，总量下降60%。

(3) 铜污染对作物生长与产量的影响　当土壤中铜含量超过一定值时，就会抑制作物生长，降低产量。许炼峰等[119]研究了砖红壤土添加铜对作物生长的影响，结果表明，随着添加铜量的增加水稻和花生产量明显下降，但是这种抑制作用主要表现在早稻，水稻生物量在添加铜浓度大于200mg/kg时明显比对照低。花生也有同样的情况，夏家淇等[120]采用红壤性水稻土进行田间小区试验和盆栽试验都表明，土壤有效铜与水稻产量呈显著负相关。盆栽试验铜添加量为4000mg/kg、8000mg/kg时，秧苗受害严重，插秧1个月后，秧苗仍不能分蘖，并且逐渐枯萎，最后盆内秧苗全部死亡。

关于土壤铜污染及其植物效应的研究工作我国尚开展较少，资料较为分散，而且大部分研究工作仅着眼于土壤铜污染及其植物效应的数量关系，对其中的机制、铜污染与土壤性状、作物生长及气候条件之间的关系涉及很少，有待于进一步深入研究。

5. 汞对作物的毒害

① 汞对植物生理生化的影响。母波[121]综述了汞对作物的毒害作用。汞与植物体内酶的活化中心——SH基结合，抑制了酶的活性，干扰细胞的生理生化过程，轻则使植物体代谢过程发生紊乱，使植物的生长发育受阻；重则造成植物枯萎，甚至衰老死亡。

② 汞对植物光合作用的影响。当植物体内$Hg^{2+}$浓度增加到一定范围后，叶绿素含量明显下降。汞使叶绿素含量下降的原因可能有两个：一是汞抑制了原叶绿素酸酯还原酶；二是影响了氨基-Y-酮戊酸的合成。也有人认为叶绿素含量减少还与叶片的发育有关，在幼叶期主要是$Hg^{2+}$直接干扰了叶绿素的合成，使其含量减少；在成叶期主要是$Hg^{2+}$使细胞膜结构发生变化，破坏了叶绿体的完整结构。$Hg^{2+}$对植物体内电子传递链的活性也有抑制作用。

③ 汞对植物细胞膜透性的影响。植物细胞膜系统是植物细胞和外界环境进行物质交换和信息交流的界面和屏障，是细胞进行正常生理功能的基础。研究表明，当用$Hg^{2+}$处理小麦时，小麦的根细胞膜有相当稳定的膜去极化作用，随着$Hg^{2+}$浓度的增加，膜的去极化作用也增强，结果会使细胞膨压下降，细胞膜出现渗漏。

④ 汞对植物可溶性蛋白的影响。植物细胞中可溶性蛋白的含量直接反映了细胞内蛋白质合成、变换及降解等状况。$Hg^{2+}$浓度增加将使可溶性蛋白质含量下降。

⑤ 汞对植物保护酶系统的影响。植物体内的超氧化物酶（SOD）、过氧化物酶（POD）和过氧化氢酶（CAT）被统称为植物保护酶系统。SOD和POD在生物体内对氧自由基、过氧化物起消除作用，抑制自由基对膜脂的过氧化作用，避免膜的损伤和破坏。而CAT能够清除植物体中的$H_2O_2$，阻止$H_2O_2$在体内的积累而限制潜在的氧伤害。汞能诱发植物产生自由基，如$O^-$和$H_2O_2$等，而且随着$Hg^{2+}$浓度增加而增多，结果降低了上述3种酶的含量，影响了保护酶的生理功能。

⑥ 汞对植物生长发育的影响。土壤中汞含量过高，不但会在植物体内累积，还会对植物产生毒害。有机汞和无机汞化合物以及汞蒸气都会引起植物汞中毒。植物受汞蒸气毒害的症状是叶、茎、花瓣、花梗和幼蕾的花冠变成棕色或黑色，严重时引起叶子和幼蕾掉落。如受汞蒸气污染的豆类植物和薄荷的叶子及茎会显出暗色的斑点，并逐渐变黑，最后枯萎和过早落叶。

⑦ 植物对汞吸收主要是通过根系完成的，汞化合物在土壤中先转化成金属汞或甲基汞后才被植物吸收。植物吸收与汞的形态有关，其顺序为：氧化甲基汞＞氧化乙基汞＞醋酸苯汞＞氯化汞＞硫化汞。汞在植物体内各部位的分布一般是：根＞茎、叶＞种子。不同作物对汞的吸收累积能力是不同的，在粮食作物中的顺序为：水稻＞玉米＞高粱＞小麦。

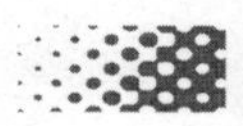

6. 铅对作物的毒害

近一个世纪以来，随着工业的快速发展及人口数量的大幅增加，很多国家农田土壤和农作物中铅的含量成倍增加[122,123]。据调查，我国的铅污染面积广，部分地区相当严重，珠江三角洲农田铅含量比自然土壤平均高20%以上，局部地区高2倍以上[124]；江苏省粮食（大米、小麦、面粉）中铅检出率达88%，局部地区达66%，蔬菜中铅污染更为严重[125]；湖南省稻田受铅污染面积占总面积的21.95%。

铅对作物的毒害影响表现为：叶绿素含量先增加而后下降[126]；其次影响植物体内活性氧代谢平衡，产生大量的氧自由基，它们能够启动膜脂氧化作用，从而破坏膜结构，导致一系列有害的生理生化变化[127]。如植物体内积累脯氨酸、可溶性糖、还原型谷胱甘肽（GSH）、抗坏血酸等，也引起抗氧化保护酶类（SOD、CAT、POD、GR-谷胱肽还原酶等）的活性变化[128,129]，改变蛋白质水平[130]及与此相关的基因表达，造成DNA损伤。结果必然导致整个生理生化过程紊乱，光合作用降低[131]，吸收受到抑制，供给作物生长的物质和能量减少，使作物生长受到抑制，对作物造成严重伤害，生物量减少，甚至造成细胞膜结构破坏，导致作物生长异常甚至死亡[132]。铅造成细胞膜结构破坏，是因为铅进入植物体内，通常会改变细胞膜透性[133]，对叶绿体、线粒体、细胞核等结构都产生了一定程度的破坏作用[134]。铅进入植物体内，竞争性取代某些酶活性中心的金属元素而影响了酶的正常活性，从而引起植物的光合作用、呼吸作用、氮素代谢、核酸代谢等一系列生理生化过程的紊乱[135~137]。此外，铅还能通过拮抗作用导致植物体内元素失调，造成营养胁迫，间接影响植物的生长发育。

郑春荣[138]通过盆栽试验研究了铅对水稻、小麦生长发育的影响：以不同浓度的铅溶液和蒸馏水将稻种浸泡24h，浸泡后的种子放于培养皿中，在25℃±1℃下使种子萌发，每天加适量蒸馏水或铅液，以保持湿润，第7天测定种子呼吸强度和发芽率。铅化合物类型为$PbCl_2$、$Pb(NO_3)_2$、$Pb(OAc)_2\cdot 3H_2O$，铅的浓度梯度为0mg/L、100mg/L、500mg/L、1000mg/L、2000mg/L、3000mg/L、4000mg/L。

（1）不同铅化合物对水稻种子萌发的影响　铅对种子的发芽率和呼吸强度有一定的影响。除100mg/L铅的$Pb(OAc)_2$对发芽率有一定的刺激作用外，其余均随添加铅量的增加明显降低，它与铅的浓度（0～3000mg/L）有良好的直线负相关（$n=6$）。

$PbCl_2$：$Y_1=56.41-0.023X$，$r=-0.88$

$Pb(NO_3)_2$：$Y_1=66.54-0.025X$，$r=-0.93$

$Pb(OAc)_2$：$Y_1=68.72-0.027X$，$r=-0.92$

式中　$Y_1$——发芽率，%；

　　$X$——添加铅的浓度，mg/L。

呼吸强度（按$CO_2$计）$Y_2$［mg/(g·h)］亦随着添加铅浓度升高（0～4000mg/L）而降低。

$PbCl_2$：$Y_2=0.495-7.32\times10^{-5}X$，$r=-0.88$

$Pb(NO_3)_2$：$Y_2=0.536-7.82\times10^{-5}X$，$r=-0.87$

$Pb(OAc)_2$：$Y_2=0.521-1.12\times10^{-4}X$，$r=-0.96$

铅能阻止稻芽的生长，对根亦有明显的抑制作用，表1-38为$Pb(OAc)_2$的结果。上述3种化合物在100mg/L处理时的芽长分别为对照的68%、84%、84%，而根长分别为对照的64%、71%、67%。发芽率和呼吸强度的比较表明，$PbCl_2$的影响要比$Pb(NO_3)_2$和$Pb(OAc)_2$大些。

**表 1-38　铅对水稻种子萌发的影响**［第 7 天测定的数据，$Pb(OAc)_2$］

| 处理铅浓度/(mg/L) | 呼吸强度(按 $CO_2$ 计)/[mg/(g·h)] | 发芽率/% | | 芽长/cm | 根长/cm |
|---|---|---|---|---|---|
| | | 有根 | 无根 | | |
| 0 | 0.57 | 75.0 | 11.4 | 1.9 | 4.8 |
| 100 | — | 82.4 | 6.7 | 1.6 | 3.2 |
| 500 | 0.42 | 38.2 | 43.9 | 1.3 | 0.7 |
| 1000 | 0.39 | 35.8 | 49.2 | 1.2 | 0.6 |
| 2000 | 0.27 | 3.1 | 68.8 | 1.2 | — |
| 3000 | 0.26 | 0 | 72.9 | 0.9 | — |
| 4000 | 0.04 | 0 | 28.8 | 0.4 | — |

（2）不同铅化合物对水稻幼苗生长的影响　取可容 0.3kg 土壤的小塑料盆，内装 0.2kg 下蜀黄棕壤、红壤，铅的浓度梯度为 0mg/kg、125mg/kg、250mg/kg、500 mg/kg、1000mg/kg、2000mg/kg。每盆直播 12 棵已发芽的稻种（品种为南京 3714），生长 4 周后分析其产量和地上部分与根中铅的含量。

铅对幼苗生长有明显的抑制作用（表 1-39），无论是生长在黄棕壤还是红壤上的稻苗，在高浓度铅时，干物重均有明显下降。在实验条件下，铅对幼苗生长的影响至少有 2 个：a. 抑制了根的生长（表 1-39），从而抑制了对营养的吸收；b. 使叶绿素含量减少，光合作用受阻，以致产量下降（表 1-40）。表 1-40 结果表明，植物体中叶绿素含量随土壤中添加铅量的增加而下降。从统计结果看，在添加等量的铅时，叶绿素总量的下降幅度顺序为 $PbCl_2 > Pb(NO_3)_2 > Pb(OAc)_2$。红壤中铅处理的影响比黄棕壤大，当添加铅浓度>1000mg/kg 时，稻苗已不能生长，其原因除了黄棕壤的 CEC 大于红壤外，可能主要是添加高浓度铅［$Pb(OAc)_2$ 除外］使得红壤的 pH 值较低。

**表 1-39　不同铅化合物对水稻幼苗干物重的影响**（3 个重复的平均值）

| 化合物 | 添加铅浓度/(mg/kg) | 地上部/(mg/株) | | 根/(mg/株) | |
|---|---|---|---|---|---|
| | | 黄棕壤 | 红壤 | 黄棕壤 | 红壤 |
| $PbCl_2$ | 0 | 139 | 123 | 29.1 | 18.1 |
| | 125 | 139 | 103 | 33.1 | 13.6 |
| | 250 | 138 | 79.2 | 29.8 | 9.4 |
| | 500 | 131 | 45.3 | 27.1 | 6.3 |
| | 1000 | 130 | 13.0 | 27.9 | 0.5 |
| | 2000 | 100 | 4.3 | 14.9 | 0 |
| | 平均 | 128 | 49.0 | 26.6 | 6.0 |
| $Pb(NO_3)_2$ | 125 | 129 | 113 | 25.3 | 17.2 |
| | 250 | 152 | 67.6 | 28.7 | 7.2 |
| | 500 | 141 | 22.9 | 27.8 | 1.9 |
| | 1000 | 175 | 3.5 | 23.1 | 0 |
| | 2000 | 125 | 2.4 | 11.7 | 0 |
| | 平均 | 144 | 41.9 | 23.3 | 5.3 |
| $Pb(OAc)_2$ | 125 | 129 | 100 | 21.5 | 16.3 |
| | 250 | 119 | 85.9 | 19.6 | 11.0 |
| | 500 | 118 | 63.8 | 21.1 | 8.0 |
| | 1000 | 104 | 36.6 | 17.2 | 7.1 |
| | 2000 | 99.2 | 10.9 | 18.5 | 1.1 |
| | 平均 | 113 | 59.4 | 19.6 | 8.7 |

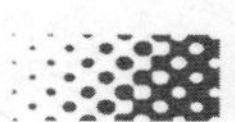

表 1-40 黄棕壤上叶绿素含量（$Y$,%）与添加铅浓度（$X$，mg/kg）之间的相关性

| 铅化合物 | 一元线性回归方程 | 相关系数 |
|---|---|---|
| 叶绿素 a | | |
| $PbCl_2$ | $Y_3=0.44-6.9\times10^{-5}X$ | −0.95 |
| $Pb(NO_3)_2$ | $Y_3=0.20-3.3\times10^{-5}X$ | −0.97 |
| $Pb(OAc)_2$ | $Y_3=0.41-3.6\times10^{-5}X$ | −0.97 |
| 叶绿素 b | | |
| $PbCl_2$ | $Y_4=0.20-3.3\times10^{-5}X$ | −0.97 |
| $Pb(NO_3)_2$ | $Y_4=0.20-3.2\times10^{-5}X$ | −0.94 |
| $Pb(OAc)_2$ | $Y_4=0.19-1.9\times10^{-5}X$ | −0.99 |
| 叶绿素(a+b) | | |
| $PbCl_2$ | $Y_5=0.64-1.0\times10^{-4}X$ | −0.96 |
| $Pb(NO_3)_2$ | $Y_5=0.64-9.6\times10^{-5}X$ | −0.91 |
| $Pb(OAc)_2$ | $Y_5=0.61-5.5\times10^{-5}X$ | −0.98 |

（3）不同铅化合物对水稻、小麦产量的影响　试验采用在同一土壤（下蜀黄棕壤）中添加 3 种不同铅化合物。将土样风干，压碎（<1cm）搅匀，采用容量为 6kg 的陶瓷盆，每盆装土 4.5kg，添加的肥料量（按每千克土计）为尿素 0.8g/kg，$KH_2PO_4$ 1.7g/kg。所用金属化合物为 $PbCl_2$、$Pb(NO_3)_2$、$Pb(OAc)_2\cdot3H_2O$。供试作物为稻麦两季，种稻前处理，收稻后续种小麦。铅的浓度梯度为：0mg/kg、500mg/kg、1000mg/kg、2000mg/kg、3000mg/kg、4000mg/kg，稻种为南京 3714，将土和肥料混合，一周后与药品混匀，倒入盆中并淹水，淹水 2 周后插秧，每盆 3 穴，每穴 2 棵。将盆置于塑料槽水浴中，以保持试验过程中温度的均匀性，试验始终保持在淹水条件下，直至收获，每个处理 3 个重复，收获时将植株、根、糙米分别处理并在 70℃左右烘干，粉碎。

水稻收获后，将土壤风干、捣碎，每盆加 1g 尿素，点播已发芽的小麦 10 棵（品种为封丘 3217），麦子成熟后分别收取植株、根、麦粒，将其洗净、烘干、粉碎后分析铅的含量。

研究结果表明，在处理浓度相同的情况下，移栽秧苗比种子直播苗受铅的危害要小。秧苗返青后，高浓度的铅（>2000mg/kg）虽有一定的抑制作用，但随着生长期的延长，由于土壤对铅吸持力的增强以及植物抵抗力的增加，这种影响逐渐减小。表 1-41 为盆栽水稻的稻谷和稻草产量（黄棕壤），由表可见，铅对稻谷产量的影响虽无明显的规律性，但不同铅化合物影响的差异还是较为明显的。例如在 1000mg/kg 处理中，其减产的幅度为 $PbCl_2$(27%)>$Pb(OAc)_2$(20%)>$Pb(NO_3)_2$(6%)；2000mg/kg 和 3000mg/kg 处理时，$Pb(NO_3)_2$使稻谷分别增产 25%和 22%，而 $PbCl_2$ 和 $Pb(OAc)_2$ 仍使产量有所下降。4000mg/kg 处理时的减产幅度顺序为 $Pb(NO_3)_2$(31%)>$PbCl_2$(16%)>$Pb(OAc)_2$(7%)。$Pb(NO_3)_2$ 的行为可能主要归因于氮素的营养作用，因而使 1000mg/kg 处理的减产幅度较小，2000～3000mg/kg 处理者增产；而 4000mg/kg 处理者无效分蘖增多，成熟期推迟，空秕率增加，从而使产量有较大幅度的下降。

表 1-41 不同铅化合物对稻谷和稻草产量的影响（黄棕壤，3 个重复的平均值）

| 铅化合物 | 添加铅浓度/(mg/kg) | 谷粒/(g/盆) | 相对产量/% | 稻草/(g/盆) | 相对产量/% |
|---|---|---|---|---|---|
| $PbCl_2$ | 0 | 67.9 | 100 | 70 | 100 |
| | 500 | 51.0 | 75.1 | 65 | 93 |
| | 1000 | 49.9 | 73.5 | 71 | 101 |

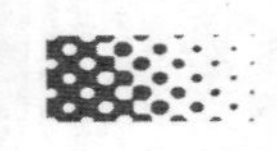


续表

| 铅化合物 | 添加铅浓度/(mg/kg) | 谷粒/(g/盆) | 相对产量/% | 稻草/(g/盆) | 相对产量/% |
|---|---|---|---|---|---|
| $PbCl_2$ | 2000 | 46.3 | 68.2 | 61 | 87 |
| | 3000 | 65.4 | 96.3 | 73 | 104 |
| | 4000 | 56.8 | 83.7 | 61 | 87 |
| | 平均 | 53.9 | 79.4 | 66 | 94 |
| $Pb(NO_3)_2$ | 500 | 64.0 | 94.3 | 68 | 97 |
| | 1000 | 63.8 | 94.0 | 76 | 109 |
| | 2000 | 85.1 | 125 | 86 | 123 |
| | 3000 | 82.7 | 122 | 94 | 134 |
| | 4000 | 47.4 | 69.8 | 97 | 139 |
| | 平均 | 68.6 | 101 | 84 | 120 |
| $Pb(OAc)_2$ | 500 | 64.1 | 94.4 | 73 | 104 |
| | 1000 | 54.1 | 79.7 | 73 | 104 |
| | 2000 | 53.5 | 78.8 | 70 | 100 |
| | 3000 | 62.0 | 91.3 | 69 | 99 |
| | 4000 | 63.1 | 92.9 | 60 | 86 |
| | 平均 | 59.4 | 87.4 | 69 | 99 |

表 1-42 为盆栽小麦的产量分析，一般用 Pb 处理后产量有所下降，$PbCl_2$ 处理的小麦产量随处理浓度升高，其下降趋势较明显。$Pb(NO_3)_2$ 在 3000mg/kg 以下处理时变化不明显。而在 4000mg/kg 处理时其产量的下降幅度较大。$Pb(OAc)_2$ 处理的小麦产量在 4000mg/kg 以内变化均不大。

**表 1-42　不同铅化合物对小麦产量的影响**

| 铅化合物 | 添加铅浓度/(mg/kg) | 麦根/(g/盆) | 相对产量/% | 麦秆/(g/盆) | 相对产量/% | 麦粒/(g/盆) | 相对产量/% |
|---|---|---|---|---|---|---|---|
| $PbCl_2$ | 0 | 0.45 | 100 | 7.6 | 100 | 9.54 | 100 |
| | 500 | 0.68 | 151 | 8.6 | 113 | 9.58 | 100 |
| | 1000 | 0.60 | 133 | 8.4 | 111 | 8.49 | 89 |
| | 2000 | 0.52 | 116 | 7.3 | 96 | 7.80 | 82 |
| | 3000 | 0.45 | 100 | 6.6 | 87 | 6.64 | 70 |
| | 4000 | 0.34 | 76 | 5.5 | 72 | 5.46 | 57 |
| $Pb(NO_3)_2$ | 500 | 0.46 | 102 | 7.2 | 95 | 7.65 | 80 |
| | 1000 | 0.48 | 107 | 6.7 | 88 | 7.97 | 84 |
| | 2000 | 0.35 | 78 | 6.6 | 87 | 7.50 | 79 |
| | 3000 | 0.42 | 93 | 7.2 | 95 | 8.30 | 87 |
| | 4000 | 0.65 | 144 | 7.5 | 99 | 4.78 | 50 |
| $Pb(OAc)_2$ | 1000 | 0.47 | 104 | 7.6 | 100 | 7.75 | 81 |
| | 2000 | 0.58 | 129 | 8.1 | 107 | 8.68 | 91 |
| | 3000 | 0.50 | 111 | 7.3 | 96 | 7.67 | 80 |
| | 4000 | 0.50 | 111 | 7.1 | 93 | 7.82 | 82 |

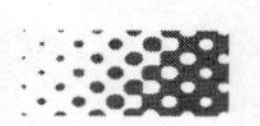

7. 锌对作物的毒害

龚红梅等[139]在锌对植物的毒害及机理研究进展中，讨论了锌对植物细胞超微结构、质膜透性、水分代谢、矿质营养、光合作用、呼吸作用、氮类代谢、核酸代谢、激素等生理生化过程以及对植物生长发育的毒害效应。

锌在植物体内累积超过一定阈值后，就会对植物细胞超微结构产生损伤，锌主要对细胞膜系统产生影响，主要表现为叶绿体被膜、核膜的断裂以及线粒体脊实膨大或破裂；叶绿体、线粒体均受到不同程度的伤害。高浓度锌通常引起植物生物量下降，其原因是对生理功能造成了严重伤害。锌对植物细胞膜造成结构性破坏，使细胞透性严重破坏，电解质外渗。锌抑制光合作用是通过对植物光合器官结构破坏以及对叶绿素合成有关酶系统和电子传递的影响而造成的。锌对植物呼吸系统的影响[140]，主要是因为线粒体结构被破坏抑制了呼吸作用。此外，锌影响了参与呼吸作用的各种酶的活性，从而影响了植物的呼吸作用。锌还给植物的氮素代谢和核酸代谢带来不利的影响。锌对植物氮素代谢的干扰是通过降低氮素的吸收和硝酸还原酶活性、阻碍蛋白质合成以及加速蛋白质分解来实现的。硝酸还原酶（NR）是植物氮素代谢中的一种含—SH 基的诱导酶。该酶是植物氮同化和吸收的关键酶，对重金属污染特别敏感的硝酸还原酶活性是反映植物对氮素吸收、同化能力强弱的一项重要指标。在一定剂量范围内，锌可以激活或强化核酸分解酶的活性，但高含量又可造成酶中毒失活，酶活性降低。锌污染引起核酸代谢失调的原因是植物体内细胞核核仁受到严重破坏，导致染色体复制和 DNA 合成受阻。由于锌可以影响 DNA 和 RNA 的含量，而 DNA 和 RNA 与蛋白质合成有关，因此影响了蛋白质的合成。锌还能阻止吲哚乙酸的合成，锌刺激吲哚乙酸氧化酶活性，促使吲哚乙酸快速分解，从而使植物生长素含量下降，影响植物的营养生长。

8. 镍对作物的毒害

镍是高等植物必需的微量元素，关于镍对植物生长、发育的作用已有过报道，补充适量的镍能改善小麦、棉花、辣椒、番茄、马铃薯等植物的生长状况[141]，一些作物：如小麦、水稻种子经低浓度镍浸种后，发芽率明显提高[142]。

发芽势和平均发芽天数是表征种子活力的指标，发芽势越高，平均发芽天数越短，表明种子活力越高，萌发速度越快，发芽整齐度越高。王海华等[143]用 0.25～1.00μmol/L 的硝酸镍处理，不仅降低了水稻种子的发芽率，而且降低了发芽势，延长了平均发芽天数，这说明了当镍浓度较高时，降低了种子的活力，抑制了种子萌发过程。土壤中镍过量会对植物产生毒害作用[144～146]。罗丹等[147]以 18 种福建常见的蔬菜为材料，筛选出镍高敏感的蔬菜品种，然后以镍高敏感蔬菜为指标作物，通过土培试验确定土壤中镍的毒害临界值。

杨红超等[148]研究了重金属镍对小麦种子萌发及幼苗生长的影响，试验结果表明，低浓度镍（≤5mg/L）有利于小麦种子萌发及幼苗生长；中等浓度时（5～10mg/L），小麦种子能正常萌发和生长；高浓度时（≥10mg/L），则有明显的抑制作用，并且随镍的浓度增加，抑制作用逐渐增强。在高浓度镍的情况下，相对于芽的长度和重量的抑制作用，对根的长度和重量的抑制作用更大。

镍超过一定浓度就会对植物产生毒害[149]，王海华等[150,151]、王启明[152]均报道了镍对植物种子萌发及幼苗生长的影响的研究结果。土壤中微量镍能刺激植物生长，过量镍可阻滞作物的生长发育，对作物造成危害，甚至死亡[153,154]。相关研究表明镍明显地抑制植物体内酶活性并干扰能量代谢过程，从而抑制植物对水分、养分的吸收，降低其生物量。刘艳[155]用盆栽试验初步研究了植物对土壤中镍含量的响应，通过植物对土壤中重金属镍的毒害和抗性比较，筛选对镍比较敏感的作物品种，研究比较了不同类型土壤和不同种类作物受镍毒害的程度和状况是不同的。试验结果表明：潮土中水稻和架豆镍中毒浓度在75mg/kg左右；芹菜、小白菜、大麦、芥菜镍中毒浓度在150mg/kg左右；菠菜、青椒、番茄镍中毒浓度在300mg/kg左右。而在红壤中，芹菜、小白菜、架豆和番茄镍中毒浓度只有12.5mg/kg左右；菠菜中毒浓度在25mg/kg左右；水稻、大麦、芥菜和青椒中毒浓度在50mg/kg左右。试验表明了不同类型土壤、不同浓度镍处理后，均影响了9种作物的种子萌发率。土壤中低浓度镍（潮土为150mg/kg，红壤为12.5mg/kg）对9种作物种子发芽率影响较小，萌发率均在80%以上。随着土壤中镍的含量增加，萌发率逐渐降低，作物的生长受到不同程度的抑制，外观表现为幼苗生长延缓或停滞，土壤镍含量越高，作用时间越长，抑制效应越短。另外，9种作物在潮土中生长状态整体要比红壤好，说明了潮土对重金属镍污染的缓冲作用比红壤强。同时，试验结果也表明了9种作物对应金属镍的毒害作用均表现出一定的耐性。

镍对不同土壤中生长的不同植物的抑制浓度（$EC_{10}$、$EC_{50}$、$EC_{90}$）各不相同，种间差异较大。作者在试验中采用了国际经济合作组织（OECD）的标准方法（ISO 11269—2），通过剂量效应曲线的分析计算，表明用$EC_{50}$作为土壤中镍污染导致植物中毒的浓度，即$EC_{50}$作为植物的镍毒害阈值是最适宜的。

潮土上生长的架豆是对镍毒害最敏感的植物种类，$EC_{50}$为69mg/kg；番茄是对镍毒害抗性最强的植物，$EC_{50}$为362mg/kg。红壤上生长的小白菜和番茄是对镍毒害最敏感的植物种类，$EC_{50}$分别为11mg/kg和11.2mg/kg；水稻是对镍毒害抗性最强的植物种类，$EC_{50}$为71.8mg/kg。

## 二、土壤重金属背景值

随着人类社会的发展，人类对于土壤的索取仍然在继续，对土壤及其自然环境的影响也在增强，在人为污染行为的作用下，土壤原有的物质形态和化学组成也随之发生变化，因此必须了解在各种成土因素综合作用下形成的相对稳定的土壤中原有化学元素的成分，即掌握土壤背景值，才能对土壤本身是否变化、是否遭受污染做出科学的判断。土壤背景值也称为土壤本底值，是指未受污染影响的土壤在自然界存在和发展过程中本身原有的化学元素组成及其含量。由于土壤是不断变化的系统，它的成分随着各种成土因素的变化而变化，但在一定的地质历史时期和一定的地域范围内有其相对稳定性，即具有时间上和空间上的相对稳定性。当前由于自然条件的不断变化，人类活动的发生，绝对未受污染的土壤很难找到，因此土壤背景值是代表土壤环境发展到一个历史阶段的、相对意义上的数值，不是绝对不变的数值，是土壤元素化学成分变化的重要参考标准。

土壤背景值是环境科学的基础数据，研究土壤背景值，了解土壤中元素的自然形态、组成和含量，能够为制定土壤质量标准提供依据，能够为确定土壤环境容量提供基础数据。将

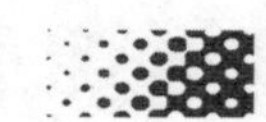

进入土壤中的污染元素的组成、数量、形态及其分布情况与背景值进行比较，能为确定土壤污染现状、污染程度提供参照。同时土壤背景值对农业生产、人体健康、经济发展也有现实意义，如土壤某元素背景值低的地区，植物中元素会相应缺乏，并通过生态链传给动物和人体，易引起地方性疾病，我国地方性克山病、大骨病和动物的白肌病都发生在低硒背景环境中。再如土壤化学元素来源于母岩、矿物质，某种元素背景值高，可能是成矿元素的指示标志，为找矿提供依据。因此开展背景值研究是土壤环境质量、土壤现状评价和预断评价，土壤环境容量确定，土壤环境质量标准制定，土壤中化学元素迁移、转化等各项科学研究工作的基础。

20 世纪 50 年代环境污染问题逐步引起了人们的重视，国内外开展了大量土壤元素背景值研究。从 20 世纪 60 年代开始，美国、日本、加拿大、英国等国家都相继开展了本国的研究，并逐步完善起来。美国 1961 年由地质调查局在美国大陆本土开展了背景值的调查研究，1975 年发表了美国大陆 147 个景观单元，8000 多个岩石土壤、植物及蔬菜中 48 种元素的地球化学背景值，这是美国地球化学背景值研究比较系统的资料，是世界自然背景值研究的重要文献之一。1984 年美国发表了《美国大陆土壤及其他地表物质中的元素浓度》的专项报告，并于 1988 年完成了全国土壤背景值研究。日本在 1978～1984 年也开展了全国范围的表土和底土背景值研究，测定了铜、铅、锌、铬、锰、镍、砷等元素，并提出了背景值的表达方法。我国背景值研究从 20 世纪 70 年代开始，1982 年国家把土壤环境背景值研究列入“六五”重点科技攻关项目，由中国农业部环境保护科研监测所主持，32 个单位参加，开展了我国 9 省市主要经济自然区农业土壤 12 个土类、26 个亚类及主要粮食作物中 14 种污染元素环境背景值研究；1986 年土壤背景值研究再次被列为“七五”重点科技攻关项目，由中国环境监测总站等 60 余个单位协作攻关研究了除台湾省以外的 29 个省、市、自治区所有土壤类型，分析元素达 69 种，是目前最广泛和最全面的一次调查研究，并于 1990 年出版了《中国土壤元素背景值》一书，是迄今我国土壤环境背景值研究最重要的著作。

土壤元素背景值受到成土母质、成土过程、气候、地形以及土地的利用方式，耕作历史等因素的影响，表现出地质地层空间分异特征、地带性分异特征、土壤属性的分异特征，即土壤地质构造、岩石、矿物及土壤本身的性质不同，其风化物及其上面发育的土壤化学元素有很大差异，但总体来说土壤是地壳岩石表层风化与成土作用的产物，其化学组成、元素含量水平与变化幅度均相对稳定，因此世界各地土壤元素背景值之间存在较高的可比性。如我国土壤元素背景值与美国、日本等国家相比，含量水平大体相当，在数量级上更为一致。

土壤元素背景值是一个统计值，一个区域的土壤背景值是在大量的调查研究分析后，经过审定检验，统计分析获得的元素背景值。它重点研究的是易引起土壤环境污染的有害微量元素。我国的土壤元素背景值的表达方法是：a. 计算出算术平均值 $\overline{X}$，几何平均值 $M$；b. 对元素测定值呈正态分布或接近正态分布的元素，用算术平均值 $\overline{X}$ 表示数据分布的集中趋势，用算术平均值的标准差 $S$ 表示数据分散程度，而用 $\overline{X}\pm 2S$ 表示 95%置信度数据的范围值；c. 对于元素测定值呈对数正态或近似于对数正态分布的元素，用几何平均值 $M$ 表示数据分布的集中趋势，用几何标准差 $D$ 表示数据分散度，而用 $M/D^2-MD^2$ 表示 95%置信度数据的范围值。中国土壤（A 层）元素背景值如表 1-43 所列。

表 1-43　中国土壤(A层)元素背景值[156]

单位:mg/kg

| 土纲 | 土类 | As | | Cd | | Cr | | Cu | | Hg | | Pb | | Zn | |
|---|---|---|---|---|---|---|---|---|---|---|---|---|---|---|---|
| | | 平均 | 标准差 | 平均 | 标准差 | 平均 | 标准差 | 平均 | 标准差 | 平均 | 标准差 | 平均 | 标准差 | 平均 | 标准差 |
| 人为土 | 绿洲土 | 12.5 | 2.42 | 0.118 | 0.0323 | 56.5 | 13.48 | 26.9 | 7.31 | 0.023 | 0.0141 | 21.8 | 3.56 | 70.5 | 9.74 |
| | 水稻土 | 10.0 | 6.19 | 0.142 | 0.1175 | 65.8 | 30.74 | 25.3 | 9.46 | 0.183 | 0.1840 | 34.4 | 16.12 | 85.4 | 32.69 |
| | 塿土 | 11.2 | 2.78 | 0.123 | 0.0613 | 63.8 | 7.42 | 24.9 | 4.22 | 0.055 | 0.0367 | 21.8 | 5.54 | 73.4 | 13.01 |
| 铁铝土 | 砖红壤 | 6.7 | 5.24 | 0.058 | 0.1068 | 64.6 | 84.38 | 20.0 | 26.66 | 0.040 | 0.0292 | 28.7 | 17.22 | 39.6 | 37.49 |
| 干旱土 | 栗钙土 | 10.8 | 5.50 | 0.069 | 0.0584 | 54.0 | 23.88 | 18.9 | 9.08 | 0.027 | 0.0254 | 21.2 | 10.94 | 66.9 | 32.71 |
| | 灰钙土 | 11.5 | 2.16 | 0.088 | 0.0309 | 59.3 | 9.21 | 20.3 | 3.05 | 0.017 | 0.0062 | 18.2 | 2.80 | 61.3 | 25.24 |
| | 灰漠土 | 8.8 | 3.49 | 0.101 | 0.0408 | 47.6 | 21.94 | 20.2 | 7.35 | 0.011 | 0.0056 | 19.8 | 6.22 | 61.5 | 19.04 |
| | 灰棕漠土 | 9.8 | 5.65 | 0.110 | 0.0426 | 56.4 | 13.50 | 25.6 | 10.67 | 0.018 | 0.0162 | 18.1 | 4.74 | 63.2 | 16.67 |
| | 棕漠土 | 10.0 | 3.53 | 0.094 | 0.0372 | 48.0 | 16.11 | 23.5 | 7.49 | 0.013 | 0.0095 | 17.6 | 4.58 | 60.1 | 14.96 |
| 盐成土 | 盐土 | 10.6 | 5.91 | 0.100 | 0.0739 | 62.7 | 21.27 | 23.3 | 9.07 | 0.041 | 0.0508 | 23.0 | 10.40 | 74.4 | 37.34 |
| | 碱土 | 10.7 | 2.42 | 0.088 | 0.0442 | 53.3 | 6.87 | 18.7 | 7.22 | 0.025 | 0.0195 | 17.5 | 4.27 | 60.0 | 16.44 |
| 潜育土 | 沼泽土 | 9.6 | 8.96 | 0.092 | 0.0604 | 58.3 | 33.14 | 20.8 | 9.66 | 0.041 | 0.0417 | 22.1 | 7.65 | 71.8 | 26.94 |
| 均腐土 | 黑钙土 | 9.8 | 4.73 | 0.110 | 0.0763 | 52.2 | 23.65 | 22.1 | 9.76 | 0.026 | 0.0161 | 19.6 | 7.37 | 71.7 | 41.93 |
| | 棕钙土 | 10.2 | 4.59 | 0.102 | 0.0928 | 47.0 | 12.77 | 21.6 | 12.74 | 0.016 | 0.0090 | 22.0 | 8.53 | 56.2 | 23.94 |
| | 黑垆土 | 12.2 | 2.35 | 0.112 | 0.0337 | 61.8 | 6.2 | 20.5 | 7.64 | 0.016 | 0.0074 | 18.5 | 3.60 | 61.0 | 11.97 |
| | 黑土 | 10.2 | 3.49 | 0.078 | 0.0282 | 60.1 | 8.66 | 20.8 | 4.15 | 0.037 | 0.0220 | 26.7 | 7.88 | 63.2 | 10.58 |
| | 灰色森林土 | 8.0 | 5.53 | 0.066 | 0.0423 | 46.4 | 20.94 | 15.9 | 5.18 | 0.052 | 0.0654 | 15.6 | 7.47 | 69.9 | 14.10 |
| | 磷质石灰土 | 2.9 | 0.89 | 0.751 | 0.8517 | 17.4 | 3.39 | 19.5 | 25.47 | 0.046 | 0.0328 | 1.7 | 1.14 | 24.1 | 16.42 |
| 富铁土 | 红壤 | 13.6 | 12.87 | 0.065 | 0.0643 | 62.6 | 43.92 | 24.4 | 21.07 | 0.078 | 0.0510 | 29.1 | 12.78 | 80.1 | 40.1 |
| | 黄壤 | 12.4 | 10.14 | 0.080 | 0.0527 | 55.5 | 26.30 | 21.4 | 13.15 | 0.102 | 0.0558 | 29.4 | 13.47 | 79.2 | 37.15 |
| | 赤红壤 | 9.7 | 13.33 | 0.048 | 0.0537 | 41.5 | 32.90 | 17.1 | 17.59 | 0.056 | 0.0385 | 35.0 | 24.38 | 49.0 | 35.00 |
| | 燥红土 | 11.2 | 20.37 | 0.125 | 0.1619 | 45.0 | 32.59 | 32.5 | 37.47 | 0.027 | 0.0132 | 41.2 | 17.41 | 62.5 | 46.81 |

续表

| 土纲 | 土类 | As |  | Cd |  | Cr |  | Cu |  | Hg |  | Pb |  | Zn |  |
|---|---|---|---|---|---|---|---|---|---|---|---|---|---|---|---|
|  |  | 平均 | 标准差 | 平均 | 标准差 | 平均 | 标准差 | 平均 | 标准差 | 平均 | 标准差 | 平均 | 标准差 | 平均 | 标准差 |
| 淋溶土 | 灰褐土 | 11.4 | 2.68 | 0.139 | 0.0683 | 65.1 | 11.46 | 23.6 | 5.74 | 0.024 | 0.0121 | 21.2 | 2.00 | 73.9 | 23.60 |
|  | 黄棕壤 | 11.8 | 6.21 | 0.105 | 0.0881 | 66.9 | 25.75 | 23.4 | 10.84 | 0.071 | 0.0714 | 29.2 | 12.10 | 71.8 | 24.07 |
|  | 棕壤 | 10.8 | 6.35 | 0.092 | 0.0574 | 64.5 | 33.35 | 22.4 | 10.14 | 0.053 | 0.0478 | 25.1 | 9.94 | 68.5 | 29.58 |
|  | 褐土 | 11.6 | 4.39 | 0.100 | 0.0703 | 64.8 | 16.79 | 24.3 | 8.28 | 0.040 | 0.0421 | 21.3 | 6.89 | 74.1 | 26.52 |
|  | 暗棕壤 | 6.4 | 3.99 | 0.103 | 0.0603 | 54.9 | 24.52 | 17.8 | 5.55 | 0.049 | 0.0299 | 23.9 | 7.41 | 86.0 | 24.19 |
|  | 白浆土 | 11.1 | 5.00 | 0.106 | 0.0650 | 57.9 | 11.68 | 20.1 | 5.70 | 0.036 | 0.0165 | 27.7 | 6.02 | 83.3 | 31.91 |
| 雏形土 | 草甸土 | 8.8 | 5.65 | 0.084 | 0.0459 | 51.1 | 19.00 | 19.8 | 6.85 | 0.039 | 0.0399 | 22.4 | 9.06 | 70.0 | 29.71 |
|  | 棕色针叶林土 | 5.4 | 3.97 | 0.108 | 0.0648 | 46.3 | 17.14 | 13.8 | 5.61 | 0.070 | 0.0421 | 20.2 | 7.33 | 89.4 | 31.99 |
|  | 紫色土 | 9.4 | 4.59 | 0.094 | 0.0668 | 64.8 | 25.49 | 26.3 | 9.64 | 0.047 | 0.0483 | 27.7 | 10.72 | 82.8 | 29.99 |
|  | 黑毡土 | 17.0 | 7.23 | 0.094 | 0.0490 | 71.5 | 25.98 | 27.3 | 14.18 | 0.028 | 0.0178 | 31.4 | 13.48 | 88.1 | 21.61 |
|  | 草毡土 | 17.2 | 7.97 | 0.114 | 0.0541 | 87.8 | 33.75 | 24.3 | 8.57 | 0.024 | 0.0108 | 27.0 | 10.66 | 81.8 | 20.73 |
|  | 石灰(岩)土 | 29.3 | 22.95 | 1.115 | 2.2149 | 108.6 | 73.68 | 33.0 | 16.33 | 0.191 | 0.1651 | 38.7 | 22.04 | 139.2 | 98.32 |
|  | 潮土 | 9.7 | 3.04 | 0.103 | 0.0648 | 66.6 | 15.73 | 24.1 | 8.07 | 0.047 | 0.0521 | 21.9 | 7.90 | 71.1 | 22.26 |
|  | 高山漠土 | 16.6 | 6.16 | 0.124 | 0.0658 | 55.4 | 18.58 | 26.3 | 8.38 | 0.022 | 0.0153 | 23.7 | 8.29 | 71.5 | 20.37 |
|  | 巴嘎土 | 20.0 | 11.41 | 0.116 | 0.1017 | 76.6 | 32.31 | 25.9 | 9.53 | 0.022 | 0.0116 | 25.8 | 6.35 | 80.1 | 19.04 |
|  | 莎嘎土 | 20.5 | 11.46 | 0.116 | 0.0517 | 80.8 | 52.47 | 20.0 | 6.73 | 0.019 | 0.0090 | 25.0 | 7.96 | 66.4 | 16.04 |
| 新成土 | 风沙土 | 4.3 | 1.90 | 0.044 | 0.0252 | 24.8 | 13.23 | 8.8 | 4.84 | 0.016 | 0.0179 | 13.8 | 4.89 | 29.8 | 19.96 |
|  | 绵土 | 10.5 | 1.94 | 0.098 | 0.0327 | 57.5 | 15.54 | 23.0 | 8.06 | 0.016 | 0.0098 | 16.8 | 2.81 | 67.9 | 19.12 |
|  | 寒漠土 | 17.1 | 6.00 | 0.083 | 0.0156 | 80.6 | 7.38 | 24.5 | 9.70 | 0.019 | 0.0057 | 37.3 | 7.24 | 92.7 | 11.53 |
| 有关国家的代表值 | 中国 | 11.2 |  | 0.097 |  | 61.0 |  | 22.6 |  | 0.065 |  | 26.0 |  | 74.2 |  |
|  | 美国大陆 | 7.2 |  | — |  | 54 |  | 25 |  | 0.089 |  | 19 |  | 60 |  |
|  | 英国 | 11.3 |  | 0.62 |  | 84 |  | 25.8 |  | 0.098 |  | 29.2 |  | 59.8 |  |
|  | 日本 | 9.02 |  | 0.413 |  | 41.3 |  | 37.0 |  | 0.28 |  | 20.4 |  | 63.8 |  |

注：平均指算术平均值。

## 三、土壤重金属污染来源

### (一) 采矿和冶炼

我国在世界上是能源（石油和煤炭）消耗大国，同时也是黑色金属、有色金属生产及消耗大国。经济的快速发展和人们生活需求的增长促使我国采矿和冶炼工业在最近几十年中得到了高速发展，大型矿区和冶炼厂遍布全国十几个省，如：我国有 13 个大型煤炭基地及 98 个矿区；辽宁鞍山矿区是我国储量、开采量最大的铁矿区之一；江西德兴、安徽铜陵、湖北大冶、山西中条山、甘肃白银是产铜的集中矿区；贵州贵阳是我国最大的锰矿区；铅、锌矿分布最广，遍布 8 个省区，其中仅云南一省即集中了我国保存储量的 1/4；汞仅在贵州集中，占全国储量的 62%。

有色金属采矿、选矿、冶炼及加工过程中产生的废水、废气和固体废弃物中所含的重金属是土壤污染的主要来源。如在固体废弃物中主要包括采矿废石、选矿尾矿、冶炼渣、炉渣和脱硫石膏等。近几年来，有色金属工业固体废弃物产生量呈增长趋势，据中国环境统计年报统计其已由 2004 年的 $1.4966\times10^8$t 增加至 2008 年的 $3.0878\times10^8$t，平均增长率达 19.8%。在有色金属工业的固体废弃物中含有多种金属元素，其中包括 Cu、Pb、Zn、Cd、Hg、Ni、Cr、Sn 等重金属及有害元素砷。以尾矿为例，我国采矿业所建立起来的尾矿设施称为尾矿库，具有一定规模的尾矿库大约有 1500 座，所存放的尾矿量已达 $5\times10^9$t 以上，并且每年以 $6\times10^8$t 以上的量增长。尾矿中含有大量的有害物质并且颗粒细，选矿过程中，加入的各类药剂中含有氰化物、硫化物、重铬酸盐、硅氧化钠、硫酸铜、硫酸锌等。尾矿会严重污染周边环境，主要途径包括：一是大量的选矿水流进河流，渗入地下，流进农田污染土壤；二是由于尾矿颗粒极细（多数小于 0.074mm），随风飞扬，在狂风季节中，细颗粒腾空而起，形成长达数公里的“黄龙”，严重污染大气；三是尾矿流失直接侵入土壤[157]。

1. 有色金属行业废水重金属和主要污染物的排放量

虽然采选、冶炼仅分别占全国工业生产总值的 0.45%和 2.25%，但废水和污染物排放量占工业废水和污染物排放量的比例却相对较高[158]，其中重金属绝对排放量惊人，占排放总量的 66.33%，排放浓度也较大，见表 1-44。

表 1-44　有色金属行业废水重金属和主要污染物的排放量与排放结构[158]

| 行业 | 重金属 | | 氰化物 | | COD | | 石油类 | | 废水 | |
|---|---|---|---|---|---|---|---|---|---|---|
| | 排放量/t | 比例/% | 排放量/t | 比例/% | 排放量/t | 比例/% | 排放量/t | 比例/% | 排放量/$10^8$ | 比例/% |
| 冶炼 | 529.345 | 47.69 | 20.18 | 2.42 | 47069.2 | 0.94 | 588.3 | 2.05 | 36451 | 2.02 |
| 采选 | 208.399 | 18.73 | 48.773 | 5.85 | 22443.4 | 0.45 | 350.9 | 1.22 | 29862 | 1.61 |

(1) 有色金属行业采选业废水中重金属排放量　有色金属行业中采选业（采矿、选矿）废水中含有大量有害元素和重金属，特别是 Pb、Cd、As、Hg、Cr(Ⅵ) 等含量非常大，在工业废水中此类污染物的排放比重十分高，而且在逐年增加，我国历年有色金属行业采选业废水中重金属排放量列于表 1-45[159]。

表 1-45 我国历年有色金属行业采选业废水中重金属排放量 单位：t

| 污染物名称 | 2003 年 | 2004 年 | 2005 年 | 2006 年 | 2007 年 | 2008 年 |
|---|---|---|---|---|---|---|
| 汞 | 0.19 | 0.21 | 0.14 | 0.16 | 2.38 | 0.41 |
| 镉 | 8.97 | 9.20 | 11.57 | 13.10 | 18.50 | 12.94 |
| 六价铬 | 1.91 | 2.29 | 2.31 | 3.02 | 2.02 | 3.10 |
| 铅 | 167.76 | 123.15 | 121.91 | 182.37 | 213.05 | 192.52 |
| 砷 | 71.05 | 42.46 | 19.15 | 26.57 | 85.42 | 119.86 |

(2) 有色金属行业冶炼及压延加工业废水中重金属排放量 我国有色金属行业冶炼及压延加工业废水中重金属汞、镉、六价铬、铅和砷的排放量列于表 1-46[159]。

表 1-46 我国历年有色金属行业冶炼及压延加工业废水中重金属排放量 单位：t

| 污染物名称 | 2003 年 | 2004 年 | 2005 年 | 2006 年 | 2007 年 | 2008 年 |
|---|---|---|---|---|---|---|
| 汞 | 2.38 | 0.85 | 0.84 | 0.63 | 0.22 | 0.17 |
| 镉 | 65.04 | 39.19 | 41.53 | 30.63 | 16.18 | 22.47 |
| 六价铬 | 19.16 | 41.46 | 12.21 | 9.09 | 5.14 | 2.37 |
| 铅 | 230.39 | 101.26 | 137.57 | 72.96 | 35.25 | 42.52 |
| 砷 | 140.66 | 116.94 | 289.73 | 120.56 | 23.92 | 41.64 |

从表 1-45、表 1-46 可以看出，有色金属矿采选业废水中重金属排放量逐年增加，平均增长率：汞 4.89%，镉 19.84%，六价铬 1.41%，铅 6.16%，砷 4.71%；而冶炼、压延加工废水中重金属排放量呈下降趋势。

2. 有色金属行业大气污染物排放量

有色金属行业排放的废气成分非常复杂。采选废气含大量的粉尘，冶炼废气含有硫、氟、氯等，有色加工企业废气含硫酸、碱和油等。在高温烟气中，有的还含有汞、镉、砷等污染物，治理非常困难。有色金属工业企业排入的二氧化硫总量与电力行业相比虽然小，但是 $SO_2$ 的浓度较高，小于 3%的烟气往往不加处理，直接排入环境中，对周边环境和人体健康造成较大影响[159]，我国历年有色金属行业废气中 $SO_2$、工业烟尘、工业粉尘排放量列表 1-47。

表 1-47 近几年有色金属行业大气污染物排放量 单位：$10^4$ t

| 项目 | | 2003 年 | 2004 年 | 2005 年 | 2006 年 | 2007 年 | 2008 年 |
|---|---|---|---|---|---|---|---|
| $SO_2$ 排放量 | 采选业 | 4.88 | 6.15 | 6.70 | 9.80 | 18.25 | 15.39 |
| | 冶炼、压延加工业 | 58.17 | 70.36 | 70.70 | 69.50 | 68.36 | 66.88 |
| | 合计 | 63.05 | 76.51 | 77.40 | 79.30 | 86.61 | 82.27 |
| 工业烟尘排放量 | 采选业 | 1.45 | 2.92 | 2.69 | 2.20 | 2.62 | 1.41 |
| | 冶炼、压延加工业 | 17.57 | 20.08 | 18.71 | 15.00 | 15.39 | 13.49 |
| | 合计 | 19.02 | 23.00 | 21.40 | 17.20 | 18.01 | 14.90 |
| 工业粉尘排放量 | 采选业 | 1.78 | 2.58 | 2.84 | 2.00 | 1.34 | 1.11 |
| | 冶炼、压延加工业 | 15.75 | 18.99 | 19.22 | 14.10 | 10.69 | 8.51 |
| | 合计 | 17.53 | 21.57 | 22.06 | 16.10 | 12.03 | 9.62 |

从表 1-47 看出，$SO_2$ 排放量逐年增加，平均每年增加 5.45%。工业烟尘和粉尘逐年降低，控制较好。

3. 有色金属行业固体废弃物排放量

有色金属行业包括采矿、选矿、冶炼及加工过程中排出的固体废弃物，具体主要包括采矿废石、选矿留下的尾矿、冶炼渣、炉渣、脱硫石膏等。有色金属行业的固体废弃物含有多种金属，尤其尾矿中虽然提取的金属品位，从选矿角度来看不高，但是一些重金属如 Pb、Zn、Cd、Cr、Cu、Ni、Hg、As 等含量，从污染角度来看是非常高的污染源。当然，众所周知，尾矿是待继续开采的矿产资源，但是，如存放、管理不当，它就是土壤重金属的污染源。

表 1-48 列出了我国历年有色金属行业固体废弃物排放量与利用量。

**表 1-48　我国历年有色金属行业固体废弃物排放量与利用量**　　单位：$10^4$ t

| 项目 | | 2004 年 | 2005 年 | 2006 年 | 2007 年 | 2008 年 |
|---|---|---|---|---|---|---|
| 工业固体废弃物生产量 | 采选业 | 10691 | 16313 | 18339 | 21044 | 23589 |
| | 冶炼、压延加工业 | 4275 | 4779 | 5544 | 6329 | 7197 |
| | 合计 | 14966 | 21092 | 23883 | 27353 | 30786 |
| 工业固体废弃物综合利用量 | 采选业 | 3954 | 4199 | 4829 | 5554 | 7289 |
| | 冶炼、压延加工业 | 1553 | 2047 | 1975 | 2411 | 2944 |
| | 合计 | 5507 | 6246 | 6264 | 7965 | 10233 |
| 工业固体废弃物排放量 | 采选业 | 143 | 140 | 228 | 115 | 66 |
| | 冶金、压延加工业 | 59 | 40 | 35 | 33 | 25 |
| | 合计 | 202 | 180 | 263 | 148 | 91 |

从表 1-48 可以看出，有色金属行业固体废弃物产生量逐年增长。不过由于重视固体废弃物综合利用，其排放量大体上逐年降低，综合利用率增加到 8%，而大部分固体废弃物，尤其是有毒、有害废弃物，没有获得有效利用或无害化处理，必须引起足够重视。

### （二）重点工业、企业重金属排放

中国环境统计年报提供的有关数据表明，我国工矿企业中排放重金属量大的行业为有色金属行业（包括有色金属采选业、有色金属冶炼及压延加工业），金属制品业，化学原料及制品业，黑色金属冶炼及压延加工业，皮革、毛皮、羽毛及其制品、制鞋业和其他行业。

例如：2008 年，有色金属行业重金属［Hg、Cd、Cr(Ⅵ)、Pb、As］排放量仍位于整个行业之首，其中采选业（包括采矿和选矿）重金属排放量占整个工业重金属排放量的 48.7%；冶炼及压延加工业占 19.1%。2009 年，重金属［Hg、Cd、Cr(Ⅵ)、Pb、As］排放量位于前 4 位的行业依次为有色金属采选业、有色金属冶炼及压延加工业、化学原料及制品业、黑色金属冶炼及压延加工业。这 4 个行业重金属的排放量为 404.4t，占重点调查统计企业排放量的 86.3%。2010 年，行业重金属排放量位于前 4 位的行业依次为有色金属采选业、有色金属冶炼及压延加工业、化学原料及制品业和金属制品业。这 4 个行业重金属排放量为 291.9t，是重点调查统计企业排放量的 84.6%。2011 年行业重金属排放

量位于前4位的行业为：有色金属冶炼及压延加工业，皮革、毛皮、羽毛及其制品、制鞋业，金属制品业和有色金属采选业。这4个行业重金属排放量为489.6t，占重点调查统计企业排放量的78.6%。

以上统计数据见表1-49。

**表1-49 重点工业、企业重金属排放量占总排放量比例** 单位：%

| 行业 | 年份 | | | |
|---|---|---|---|---|
| | 2008年 | 2009年 | 2010年 | 2011年 |
| 有色金属采选业 | 48.7 | 52.1 | 41.6 | 14.0 |
| 有色金属冶炼及压延加工业 | 19.1 | 17.3 | 19.5 | 27.5 |
| 金属制品业 | — | — | 6.7 | 17.7 |
| 化学原料及制品业 | 11.0 | 11.6 | 16.8 | — |
| 皮革、毛皮、羽毛及其制品、制鞋业 | — | — | — | 19.4 |
| 黑色金属冶炼及压延加工业 | 5.7 | 5.3 | — | — |
| 其他行业 | 15.5 | 13.7 | 15.4 | 21.4 |

## （三）全国废水主要污染物及重金属排放

1. 全国废水主要污染物排放量

依据中国环境统计年报公布的有关数据，将我国2001～2010年废水排放量、化学需氧量排放量、氨氮排放量及有关排放源列于表1-50、表1-51。

**表1-50 全国废水及其主要污染物排放量年际对比**

| 项目 | 废水排放量/$10^8$t | | | 化学需氧量排放量/$10^4$t | | | 氨氮排放量/$10^4$t | | |
|---|---|---|---|---|---|---|---|---|---|
| 年份/年 | 合计 | 工业 | 生活 | 合计 | 工业 | 生活 | 合计 | 工业 | 生活 |
| 2001 | 433.0 | 202.7 | 230.3 | 1404.8 | 607.5 | 797.3 | 125.2 | 41.3 | 83.9 |
| 2002 | 439.5 | 207.2 | 232.3 | 1366.9 | 584.0 | 782.9 | 128.8 | 42.1 | 86.7 |
| 2003 | 460.0 | 212.4 | 247.6 | 1333.6 | 511.9 | 821.7 | 129.7 | 40.4 | 89.3 |
| 2004 | 482.4 | 221.1 | 261.3 | 1339.2 | 509.7 | 829.5 | 133.0 | 42.2 | 90.8 |
| 2005 | 524.5 | 243.1 | 281.4 | 1414.2 | 554.7 | 859.4 | 149.8 | 52.5 | 97.3 |
| 2006 | 536.8 | 240.2 | 296.6 | 1428.2 | 542.3 | 885.9 | 141.3 | 42.5 | 98.8 |
| 2007 | 556.8 | 246.6 | 310.2 | 1381.8 | 511.0 | 870.8 | 132.4 | 34.1 | 98.3 |
| 2008 | 571.7 | 241.7 | 330.0 | 1320.7 | 457.6 | 863.1 | 127.0 | 29.7 | 97.3 |
| 2009 | 589.7 | 234.5 | 355.2 | 1277.5 | 439.7 | 837.8 | 122.6 | 27.3 | 95.3 |
| 2010 | 617.3 | 237.5 | 379.8 | 1238.1 | 434.8 | 803.3 | 120.3 | 27.3 | 93.0 |
| 增长率/% | 4.7 | 1.3 | 6.9 | −3.1 | −1.1 | −4.1 | −1.9 | 0 | −2.4 |

**表1-51 全国废水及其主要污染物排放情况**

| 年份/年 | 排放量 | 合计 | 排放源 | | | |
|---|---|---|---|---|---|---|
| | | | 工业源 | 农业源 | 城镇生活源 | 集中式 |
| 2011 | 废水/$10^8$t | 659.2 | 230.9 | — | 427.9 | 0.4 |
| | 化学需氧量/$10^4$t | 2499.9 | 354.8 | 1186.1 | 938.8 | 20.1 |
| | 氨氮/$10^4$t | 260.4 | 28.1 | 82.7 | 147.7 | 2 |

续表

| 年份/年 | 排放量 | 合计 | 排放源 | | | |
|---|---|---|---|---|---|---|
| | | | 工业源 | 农业源 | 城镇生活源 | 集中式 |
| 2012 | 废水/$10^8$t | 684.8 | 221.6 | — | 462.7 | 0.5 |
| | 化学需氧量/$10^4$t | 2423.7 | 338.5 | 1153.8 | 912.8 | 18.7 |
| | 氨氮/$10^4$t | 253.6 | 26.4 | 80.6 | 144.6 | 1.9 |
| 变化率/% | 废水 | 3.9 | −4.0 | — | 8.1 | — |
| | 化学需氧量 | −3.0 | −4.6 | −2.7 | −2.8 | — |
| | 氨氮 | −2.6 | −6.0 | −2.5 | −2.1 | — |

注：1. 自2011年环境统计中增加农业源的污染排放统计。农业源包括种植业、水产养殖业和畜禽养殖业排放的污染物。

2. 集中式污染治理设施排放量指生活垃圾处理厂（场）和危险废物（医疗废物）集中处理厂（场）垃圾渗滤废水及其污染物的排放量。

2. 全国工业废水重金属及污染物排放量

表1-52列出了全国工业废水中五项重金属排放量年际对比。表1-53列出了全国工业废水中重金属及污染物排放量。表1-54列出了2012年工业行业废水重金属排放量、排放行业及主要排放地区所占比例。

**表1-52　全国工业废水中五项重金属排放量年际对比**

| 年份/年 | 重金属排放量/t | | | | |
|---|---|---|---|---|---|
| | 汞 | 镉 | 六价铬 | 铅 | 砷 |
| 2001 | 5.6 | 110.5 | 121.4 | 489.9 | 408.4 |
| 2002 | 4.8 | 105.6 | 111.1 | 484.8 | 346.2 |
| 2003 | 5.5 | 84.5 | 103.1 | 568.5 | 373.7 |
| 2004 | 3.0 | 56.3 | 150.8 | 366.2 | 306.1 |
| 2005 | 2.7 | 62.1 | 105.6 | 378.3 | 453.2 |
| 2006 | 2.6 | 49.4 | 96.4 | 339.1 | 245.2 |
| 2007 | 1.2 | 39.3 | 69.0 | 319.7 | 187.4 |
| 2008 | 1.36 | 39.5 | 75.3 | 240.9 | 215.0 |
| 2009 | 1.39 | 32.3 | 55.4 | 182.2 | 197.3 |
| 2010 | 1.05 | 30.1 | 54.8 | 140.8 | 118.1 |
| 增长率/% | −24.5 | −68 | −1.1 | −22.7 | −40.1 |

注：增长率指2010年与2009年相比。

**表1-53　全国工业废水中重金属及污染物排放量**

| 年份/年 | 污染物排放量/t | | | | | | | | |
|---|---|---|---|---|---|---|---|---|---|
| | 石油类 | 挥发酚 | 氰化物 | 汞 | 镉 | 六价铬 | 总铬 | 铅 | 砷 |
| 2011 | 20589.1 | 2410.5 | 215.4 | 1.2 | 35.1 | 106.2 | 290.3 | 150.8 | 145.2 |
| 2012 | 17327.2 | 1481.4 | 171.8 | 1.1 | 26.7 | 70.4 | 188.6 | 97.1 | 127.7 |
| 变化率/% | −15.8 | −38.5 | −20.2 | −8.3 | −23.9 | −33.7 | −35.0 | −35.6 | −12.1 |

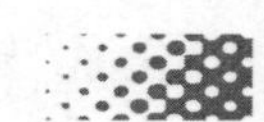

表 1-54 2012 年工业行业废水重金属排放量、排放行业及主要排放地区所占比例

| 污染物 | 排放总量/t | 主要行业及所占比例 | 排放最大的地区及所占比例 |
| --- | --- | --- | --- |
| 汞 | 1.1 | 化学原料及制品业 41.8%，有色金属采选业 27.1%，有色金属冶炼及压延加工业 1.61% | 湖南 20.4%，湖北 18.9%，江苏 9.0% |
| 镉 | 26.7 | 有色金属冶炼及压延加工业 76.4%，有色金属采选业 9.7%，化学原料及制品业 6.0% | 湖南 50.5%，江西 8.2%，云南 6.1% |
| 铅 | 97.1 | 有色金属冶炼及压延加工业 52.9%，有色金属采选业 26.8%，化学原料及制品业 8.8% | 湖南 39.6%，云南 9.1%，甘肃 7.0% |
| 砷 | 127.7 | 化学原料及制品业 34.5%，有色金属冶炼及压延加工业 28.2%，有色金属采选业 24.0% | 湖南 41.9%，云南 8.2%，湖北 7.5% |
| 六价铬 | 70.4 | 金属制品业 63.5%，汽车制造业 14.5%，黑色金属冶炼及压延加工业 5.5% | 江西 24.4%，湖北 16.4%，浙江 13.3% |
| 总铬 | 188.6 | 金属制造业 41.0%，皮革、毛皮、羽毛及其制品、制鞋业 39.2%，汽车制造业 5.7% | 河南 17.3%，广东 15.0%，浙江 10.3% |

## （四）工业固体废弃物

“十一五”期间，全国工业固体废弃物产生量、综合利用量和处理量均呈现逐年上升的趋势，储存量基本持平，而工业固体废弃物排放量呈现逐年下降趋势。

全国工业固体废弃物产生量、综合利用量及处理情况见表 1-55、表 1-56。

表 1-55 全国工业固体废弃物产生量、综合利用量及处理情况（2001～2010 年）

单位：$10^4$ t

| 年份/年 | 产生量 | | 排放量 | | 综合利用量 | | 储存量 | | 处理量 | |
| --- | --- | --- | --- | --- | --- | --- | --- | --- | --- | --- |
| | 合计 | 危险废物 | 合计 | 危险废物 | 合计 | 危险废物 | 合计 | 危险废物 | 合计 | 危险废物 |
| 2001 | 88746 | 952 | 2894 | 2.1 | 47290 | 442 | 30183 | 307 | 1449 | 229 |
| 2002 | 94509 | 1000 | 2635 | 1.7 | 50061 | 392 | 30040 | 383 | 16618 | 242 |
| 2003 | 100428 | 1170 | 1941 | 0.3 | 56040 | 427 | 27667 | 423 | 17751 | 375 |
| 2004 | 120030 | 995 | 1762 | 1.1 | 67796 | 403 | 26012 | 343 | 26635 | 275 |
| 2005 | 134449 | 1162 | 1655 | 0.6 | 76993 | 496 | 27876 | 337 | 31259 | 339 |
| 2006 | 151541 | 1084 | 1302 | 20.0 | 92601 | 566 | 22398 | 267 | 42883 | 289 |
| 2007 | 175632 | 1079 | 1197 | 0.1 | 110311 | 650 | 24119 | 154 | 41350 | 346 |
| 2008 | 190127 | 1357 | 782 | 0.07 | 123482 | 819 | 21883 | 196 | 48291 | 389 |
| 2009 | 203943 | 1430 | 710 | — | 138186 | 831 | 20929 | 219 | 47488 | 428 |
| 2010 | 240944 | 1587 | 498 | — | 161772 | 977 | 23918 | 166 | 57264 | 513 |
| 增长率/% | 18.1 | 11.0 | −30.0 | 0 | 16.9 | 17.6 | 14.5 | −24.2 | 20.5 | 19.9 |

注：1. “综合利用量”和“处理量”指标中含有综合利用和处理往年储存量；2. “—”表示数字小于规定单位。

表 1-56　全国工业固体废弃物产生量、综合利用量及处理情况（2011～2012 年）

单位：$10^4$ t

| 年份/年 | 产生量 | 综合利用量 | 储存量 | 处理量 | 倾倒废弃量 |
|---|---|---|---|---|---|
| 2011 | 322722.3 | 195214.6 | 60424.3 | 70465.3 | 433.3 |
| 2012 | 329044.3 | 202461.9 | 59786.3 | 70744.8 | 144.2 |
| 变化率/% | 1.96 | 3.71 | －1.06 | 0.40 | －66.72 |

工业固体废弃物排放的主要行业，以 2010 年为例，超过 $6\times10^5$ t 的行业依次为煤炭开采和洗选业、有色金属采选业。两个行业的工业固体废弃物的排放量占统计工业行业固体废弃物排放总量的 60.6%。

### （五）工业废气排放

工业废气排放中主要污染物的情况，以 2001 年为例说明。

1. 二氧化硫排放情况

2011 年，全国工业废气排放量为 $6.745\times10^{13}$（标）$m^3$。全国 $SO_2$ 排放量为 $2.2179\times10^7$ t。其中工业 $SO_2$ 排放量为 $2.0172\times10^7$ t，约占全国 $SO_2$ 排放总量的 91.0%；生活 $SO_2$ 排放量约 $2.004\times10^6$ t，约占全国 $SO_2$ 排放总量的 9.0%；集中式污染治理设施 $SO_2$ 排放量为 $0.3\times10^4$ t（表 1-57）。

表 1-57　全国 $SO_2$ 排放量　　单位：$10^4$ t

| 排放源 | 工业 | 生活 | 集中式 | 合计 |
|---|---|---|---|---|
| 排放量 | 2017.2 | 200.4 | 0.3 | 2217.9 |

2. 氮氧化物排放情况

2011 年，全国氮氧化物排放量为 $2.4042\times10^7$ t。其中，工业氮氧化物排放量为 $1.7297\times10^7$ t，约占全国氮氧化物排放总量的 71.9%；生活氮氧化物排放量为 $3.66\times10^5$ t，约占全国氮氧化物排放总量的 1.5%；机动车氮氧化物的排放量为 $6.376\times10^6$ t，约占全国氮氧化物排放总量的 26.5%；集中式污染治理设施氮氧化物排放量为 $0.3\times10^4$ t（表 1-58）。

表 1-58　全国氮氧化物排放量　　单位：$10^4$ t

| 排放源 | 工业 | 生活 | 机动车 | 集中式 | 合计 |
|---|---|---|---|---|---|
| 排放量 | 1729.7 | 36.6 | 637.6 | 0.3 | 2404.2 |

3. 烟（粉）尘排放情况

2011 年，全国烟（粉）尘排放量为 $1.2788\times10^7$ t。其中，工业烟（粉）尘排放量为 $1.1009\times10^7$ t，约占全国烟（粉）尘排放总量的 86.1%；生活烟（粉）尘排放量为 $1.148\times10^6$ t，约占全国烟（粉）尘总排放量的 9.0%；机动车颗粒物排放量为 $6.29\times10^5$ t，占全国烟（粉）尘总排放量的 4.9%；集中式污染治理设施烟（粉）尘排放量为 $0.2\times10^4$ t（表 1-59）。

表 1-59　全国烟（粉）尘排放量　　单位：$10^4$ t

| 排放源 | 工业 | 生活 | 机动车 | 集中式 | 合计 |
|---|---|---|---|---|---|
| 排放量 | 1100.9 | 114.8 | 62.9 | 0.2 | 1278.8 |

 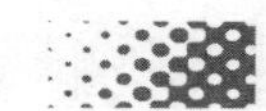

烟尘排放量位于前3名的行业依次为电力热力生产和供应业、非金属矿物制品业、黑色金属冶炼及压延加工业。3个行业占统计行业数量的65.9%。

工业粉尘排放量超过$3\times10^5$t的省份依次为湖南、山西、河北和广西。4个省份工业粉尘排放量占全国工业粉尘排放总量的31.2%。排放量位于前2名的行业依次为非金属矿物制品业、黑色金属冶炼及压延加工业。2个行业排放量占统计工业行业粉尘排放量的79.7%。

工业烟（粉）尘中含有少量的重金属，大气中附着在尘粒上的重金属，最终沉降于土壤和水中，也是构成土壤污染的因素之一。

### （六）污水灌溉

据1995～2000年农业部科教司组织的全国第二次污水灌区环境质量状况调查结果显示，我国污水灌溉面积达330余万公顷，占全国总灌溉农田面积的7.3%，主要分布在我国北方水资源严重短缺的海、辽、黄、淮四大流域，约占全国污水灌溉面积的85%，大部分集中分布在相应大中城市的近郊区或工矿区。我国污水灌溉面积所占比例虽然不大，但往往是我国人口密度最大的地区，是粮食、蔬菜、水果等农产品主要产区。

污水灌溉存在的问题是未经处理的污水含有大量的重金属、难降解有机污染物以及致病微生物等，对土壤、作物、地下水及农村生态环境造成严重的污染及破坏。

由于污水灌溉的用水来源不同，所含污染物的种类及数量差异较大，对土壤造成污染程度的轻重差异也较大。污水灌区主要在大中城市周边、工矿企业周边和受到污染水域的沿岸。城市周边污水来源主要是城市污水、生活污水及混合污水，若城市工业较少，而且污水基本上经过污水处理厂处理合格后排放，这类污水灌溉农田产生的污染较轻。但是，在工矿企业周边的污灌区，问题较为复杂，因为此时污水的来源主要是污染源直接排放的工业企业废水，大部分未经处理，直接排入江、河、湖、海或土壤农田，造成严重污染。例如，有色金属采矿、选矿区周边，大量排放的选矿废水中含有较高浓度重金属和有毒、有害化学品；有色金属冶炼及压延加工企业、金属制品企业、化学原料及制品企业、皮革加工及羽毛制品等企业均为重金属排放的重点企业。其排放量大，占全国废水中重金属排放量的绝大部分。这类污水，或直接用于污灌，或排入河流和湖泊进入沿岸灌区，对农田土壤造成严重的污染。如较为典型的沈阳的张士污灌区，利用沈阳市西部工业区排放的污水（污染源为沈阳冶炼厂）灌溉农田有近40年的历史，灌区面积为$2800hm^2$，虽然现在已经停灌了二十几年，但土壤表层中重金属Cd等含量仍处于高位。同样，甘肃省白银市污灌区农田也受到严重重金属污染，江西的赣州和大余、广东的韶关和曲江、湖南的株洲、湖北的大冶、陕西的西安等地均受到重金属严重污染，并且都有个别地块产生“镉米”。

污水灌溉使土壤累积了重金属，并使土壤的pH值、盐分发生变化，呈现土壤板结、肥力下降、土壤结构和功能失调，使土壤生态平衡受到破坏，引起土壤环境恶化，生物群落结构衰退等。

目前，我国污灌区地下水被污染主要是由污水灌溉引起的。尤其是土地渗透性强、地下水流高、含水层露头处以及集中饮水水源地，不适宜污水灌溉；否则，地下水一旦受到污染则很难恢复，后果严重。

### （七）大气沉降

大气的主要污染源：热电站和其他电站（27%），黑色冶金企业（24.3%），石油开采和加工企业（15.5%），运输（13.1%），有色金属企业（10.5%）以及建筑材料开采和生产企业（8.1%）。例如，重工业和有色金属企业可使大气受重金属 Cu、Zn、Mn、Pb、Co 和其他金属化合物污染[160]。除 Hg 外，重金属基本上以气溶胶的形态进入大气。落在土壤表面的沉降物中可能会有 Pb、Cd、As、Hg、Cr、Ni、Zn 等重金属和其他元素。

大型热电站对环境造成的污染最为严重。在煤、石油和油页岩燃烧时，这些类型燃料中含有的金属元素跟随烟尘进入大气。虽然煤和油页岩燃烧时金属主要残留在灰中，汞则除外，它很容易挥发。但是，部分悬浮颗粒和挥发了的金属随热空气通过烟囱排入大气。污染物依其粒径而沉降在距污染源不同距离的土壤表面上。例如，占排放到大气中总量的10%～30%的部分分布在距工业企业十几公里的距离。在这种情况下植物遭到复合污染，一部分来自气溶胶和粉尘在叶面上的直接沉降；另一部分来自根对土壤中长期来自大气的金属的吸收。

燃煤是大气中重金属的主要来源，有学者统计，使大气遭受污染的 10%的 Ce、Co、Mn、Mo、Se、Ti、Fe、Pb、Ag，50%的 Cr、Ni，90%的 Cd、Hg、Sn、Zn 是在煤燃烧过程中排放到大气中的。

运输，特别是汽车运输也会对大气和土壤造成明显的污染。汽车尾气的颗粒物排放量为 $6.29\times10^5$t（这仅是 2011 年的排放量），其中含有多种重金属，如 Pb、Zn、Cu、Fe 等。

工业烟尘、粉尘的排放量前文已做统计，烟（粉）尘排入大气，所含金属颗粒物随降水和沉降进入土壤和水源造成污染。

大气沉降随地域的不同具有很大的差异。例如，有色金属采矿、选矿业周边，由于采矿粉尘及选矿后留下的大量尾矿是大气的重要污染源，在有风季节，粉尘和尾矿粉末随风进入大气。有时能形成几十公里长的“黄龙”，随大气沉降，给当地土壤带来严重的重金属污染。我国是能源消耗大国，而煤炭仍占首位，因而，燃煤也是大气污染的主要因素。在能源消耗集中的工矿、企业周边及大中城市的大气污染也很严重。所以，在这些地区，大气沉降带给土壤的重金属数量也很大。而在偏远的农村，大气沉降对土壤影响较小。

### (八) 农药、化肥和矿质肥料的过量施用

农药包含多种多样的化学物质，其中多数为有机化合物。个别农药在其组成中含有 Hg、Zn、Cu、Fe 等重金属。例如，用于种子消毒的农药，汞含量较高，农业上使用 2%的粉剂。此外，还有一些含砷农药，含有铜和锌用于杀真菌的农药，及为了防治鼠害而使用磷化锌农药。我国已经不生产和使用这类含有重金属的剧毒农药。但是，有时还会在果园中使用含有 $CuSO_4\cdot5H_2O$ 的波尔多液，而增加土壤中 Cu 的累积。

为了农业增产，过量使用化肥的现象较为普遍，由于化肥中含有重金属，必将给土壤环境质量带来负面影响。有调查结果显示[161]，在某地区市场上销售的常用化肥样品中，Cd、Pb、Cu 和 Zn 的含量范围分别为 0.02～6.56mg/kg、0.07～36mg/kg、0.11～165mg/kg 和 0.75～460mg/kg。在有机肥料中，Cd、Cu 和 Zn 含量最高，过磷酸钙中，Pb 含量最高。根据相关标准的限量值，重金属 Cd、Cu 和 Zn 的超标率分别为 24.1%、13.8%和 17.2%。

矿质肥料的重金属来自农用矿石中的天然杂质。因此，矿质肥料中重金属的数量依原料及加工工艺而有不同。混杂有重金属的最主要的矿质肥料为磷肥以及利用磷酸制成的一

些复合肥料。我国的30个磷肥样平均含镉量仅为0.6mg/kg[162]。因此，随国产磷肥而带入土壤的Cd量一般不至于对农田造成污染。但是，要禁止过量施用矿质肥料。

## 四、土壤重金属容量及临界值

### （一）土壤重金属容量

未受污染土壤的重金属含量即为背景值，外源重金属进入土壤，逐渐累积使土壤中重金属含量逐渐增加，土壤对重金属的含量承受能力是有一定限度的，这个限度就是既能保证土壤质量又不产生次生污染时土壤所能容纳重金属的最大负荷量。

1. 土壤重金属容量的计算

（1）静容量计算　土壤静容量是指在一定环境单元和一定的时限内，假定特定物质不参与土壤圈物质循环情况下所能容纳重金属的最大负荷量，可用式(1-3)计算：

$$Q_{si}=W(C_{ci}-C_{oi}) \tag{1-3}$$

式中　$Q_{si}$——物质（重金属）$i$ 的静负载容量；

$W$——耕层土重；

$C_{ci}$——重金属 $i$ 的临界值含量；

$C_{oi}$——重金属 $i$ 的原有含量。

当 $C_{oi}$ 等于土壤背景值时，则 $Q_{si}$ 是区域土壤背景容量。将 $Q_{si}$ 除以预测年限（$t$），即获得在一定时限内的年静容量。土壤静容量虽然与实际容量有距离，但参数简单而具有一定的参考价值[2]。

（2）动容量计算　土壤动容量是指一定的环境单元和一定时限内，假定特定物质参与土壤圈物质循环时，土壤所能容纳的重金属最大负荷量，可用式(1-4)计算：

$$Q_{di}=W\{C_{ci}-[C_{pi}+f(I_1,I_2,I_3,\cdots,I_n)-f'(O_1,O_2,\cdots,O_n)]\} \tag{1-4}$$

式中　$Q_{di}$——土壤动容量；

$C_{ci}$——重金属 $i$ 的临界值含量；

$C_{pi}$——土壤中重金属 $i$ 的实测浓度；

$I_1$，…，$I_n$；$O_1$，…，$O_n$——输入项和输出项，各输入和输出项可分别建立各自的子函数方程。

通过计算可获得一定时限（$t$）内的动容量，将 $Q_{di}$ 除以 $t$，并假定每年的输入和输出量不变，即可得年动容量[2]。我国不同区域有关重金属的土壤负载容量见表1-60。

**表1-60　我国不同区域As、Cd、Cu和Pb的土壤负载容量**（动容量）

| 元素 | 计算年限/a | 容量值/[g/(hm² · a)] | 土壤区域 | 土壤 |
|---|---|---|---|---|
| As | 100<br>50 | 337～450<br>394～844 | 干旱土区 | 灰钙土、栗钙土、棕钙土 |
| | 100<br>50 | 450～675<br>844～1237 | 硅铝质土区 | 棕壤、褐土、黑垆土<br>暗棕壤、黑土、黑钙土 |
| | 100<br>50 | 675～787<br>1237～1462 | 富铝质土区 | 砖红壤、赤红壤、红壤、黄壤 |

续表

| 元素 | 计算年限/a | 容量值/[g/(hm$^2$·a)] | 土壤区域 | 土壤 |
|---|---|---|---|---|
| Cd | 100<br>50 | 9.0～23<br>15～37 | 富铝质土区 | 砖红壤、赤红壤、红壤<br>黄壤、黄棕壤 |
| | 100<br>50 | 23～37<br>37～73 | 硅铝质土区<br>干旱土区 | 黑土、棕壤、褐土<br>灰钙土 |
| Cu | 100<br>50 | 562～1687<br>1237～2925 | 富铝质土区 | 砖红壤、赤红壤、红壤、黄壤 |
| | 100<br>50 | 1687～2812<br>2925～5062 | 硅铝质土区<br>干旱土区 | 棕壤、褐土、黑垆土<br>灰钙土、栗钙土、棕钙土 |
| | 100<br>50 | 2812～3937<br>5062～6750 | 硅铝质土区 | 暗棕壤、黑土、黑钙土 |
| Pb | 100<br>50 | 4500～6750<br>8775～13050 | 富铝质土区<br>硅铝质土区<br>干旱土区 | 砖红壤、赤红壤、红壤、黄壤<br>褐土、黑垆土<br>灰钙土 |
| | 100<br>50 | 6750～10125<br>13050～20025 | 硅铝质土区<br>富铝质土区 | 黑土、暗棕壤、棕壤、黑钙土<br>黄棕壤 |

注：根据参考文献［163］计算并修正。

2. 影响土壤负载容量的因素

(1) 土壤临界值的影响　不同污染元素、不同作物种类和不同类型土壤的临界值是不同的；同一元素以不同化合物添加，虽然作物种类和土壤类型相同，但所获取的临界值可能也是不同的；随着时间的推移，土壤重金属的溶出量、形态和累积程度均会发生变化，重金属在土壤中的溶出浓度或对植物的有效性也在变化，所以临界值也随之变化，但是在一定的时限内是相对稳定的。

(2) 环境因素的影响

① 温度。温度变化影响植物和土壤中水分蒸发，从而影响土壤-植物系统中重金属的迁移。例如，进入土壤的外源 As 浓度为 40mg/kg 时，早稻（成熟期月均温 27.8～28℃)、中稻（成熟期月均温 16.9～22.7℃）和晚稻（成熟期月均温 10.5～16.9℃)、糙米中 As 含量分别为 0.67mg/kg、0.43mg/kg 和 0.33mg/kg，As 含量随温度下降而降低。

② 酸碱度和氧化还原电位。一般情况下，随土壤 pH 值升高，即碱性增强，土壤对重金属阳离子的“固定”能力增强。而对阴离子形态的 As 来说，随 pH 值上升和氧化还原电位的下降，水溶性 As 含量在一定时间内明显上升。

### (二) 土壤重金属临界值

1. 土壤重金属临界值定义

土壤重金属的临界值是保证作物产量和安全质量，即可食部分达到卫生标准的限量值所对应土壤中的重金属最大浓度；或者既保证土壤质量，又不产生次生污染时，土壤中重金属的最大浓度。土壤重金属临界值也称安全临界值。

2. 土壤临界值的确定

通常采用剂量-作物可食部分的卫生标准来确定土壤重金属临界值。

确定重金属临界值的程序如下。

（1）由盆栽实验获取土壤重金属安全临界值

① 以土壤中重金属有效态为横坐标，以作物含重金属量为纵坐标，做散点图。

② 分析散点图数据趋势，确定要选用的数学模型。

③ 构建回归方程，进行显著性检验，确认回归方程的合理性。

④ 根据我国食品卫生标准作物中重金属的限量值，采用回归方程计算重金属的安全临界值。

（2）利用田间小区实验验证安全临界值 考虑到土壤对重金属的固化作用，需用田间小区实验验证盆栽得出的临界值。盆栽实验确定的土壤重金属安全临界值应低于小区实验结果，当土壤中有效态重金属在安全临界值之下，作物中重金属不超过食品卫生标准。

（3）安全临界值的表达和应用 由于不同的作物种类、不同的土壤类型、不同污染元素具有不同的临界值，而且土壤的pH值、阳离子交换量、有机质含量、温度、湿度等众多因素也影响临界值。因此，针对某一特定的土壤类型、特定的作物种类及特定的污染元素通过盆栽实验、小区实验得到相应的临界值。在具体应用时，可选择当地有代表性的作物种类，制定临界值，同时可对作物进行灵敏性排序，对指导污染土壤有效利用具有很重要的现实意义。

## 五、土壤重金属污染对农业生产的影响

### （一）重金属污染降低了农田土壤肥力

氮、磷、钾通常被称为植物生长发育必需的三要素，同时也是非常重要的肥力因子。农田土壤被重金属污染后必然导致土壤结构在一定程度上受到破坏，土壤性质发生了变化，土壤营养元素失去平衡，从而影响到植物对营养元素的吸收、阻碍其生长和发育。

1. 土壤供氮能力下降

土壤中能用来被植物吸收的氮的形态是各类铵盐或氨，而各类铵盐和氨的形态是土壤中有机态氮经土壤中微生物分解形成的，这个分解过程被称为氮的矿化。重金属污染会影响氮的矿化过程，降低氮的矿化能力，能被植物吸收利用的氮的形态，即铵盐和氨的含量降低，土壤供氮能力下降，表现为土壤缺少氮肥。

2. 土壤有效磷下降

土壤中能被植物吸收的磷形态是有效磷，而难溶解的磷酸盐、氧化物和与矿物结合状态的磷是无法被植物吸收利用的形态。土壤对磷的吸附和解吸是反应土壤中磷迁移性的主要指标，重金属污染土壤后，土壤对磷吸附位的数量和能量均有可能增加，亦可能生成金属磷酸盐沉淀，且不易溶解，破坏了土壤对磷的吸附与解吸的平衡，表现为吸附固定作用增强，有效态含量下降，营养元素磷含量减少，土壤缺少磷肥。

3. 加速钾的流失、钾素肥力衰退

钾元素是一种活泼的碱金属元素，土壤中钾通常可分为水溶态、交换态、非交换态及闭蓄态4种形态。重金属污染土壤后，会占据部分土壤胶体的吸附位，从而削弱了土壤胶体对钾的吸附能力，钾的吸附与解吸平衡向有利钾解吸方向移动。土壤溶液中重金属离子价态多数为正二价，在与钾离子交换过程中，其数量比为1∶2，这些作用的结果是土壤

中水溶态钾升高，交换态钾降低，钾在土壤中存在形态分配受到影响。不同种类的重金属对钾的形态影响不同，重金属对土壤钾行为影响从大到小为Pb＞Cu＞Zn＞Cd，且复合污染效应大于单元素污染效应。

重金属污染农田土壤，对钾的行为影响初期表观上看是增加了水溶性钾，提高了钾的活度，似乎有利于提高钾的有效性，有利于植物吸收，促使植物生长和发育，然而由于钾是一种极为活泼易迁移的元素，在多雨地区，土壤中的钾会随着雨水的淋洗而流失。最终由于土壤中重金属大量累积或污染，将导致土壤对钾的吸附能力降低，而使土壤溶液钾活度增加，加速了钾的流失，土壤钾元素肥力衰退。

### （二）重金属污染破坏土壤生态系统平衡

1. 重金属对土壤中微生物数量和活性的影响

重金属在土壤中的累积，能全部或部分抑制许多生化反应，改变反应方向和速率，从而破坏土壤中原有有机物或无机物所固有的化学平衡和转化。重金属在土壤中累积超过一定浓度时对土壤微生物数量和活性均有明显的影响。通过被Cu、As、Pb、Cd污染的黑土研究重金属对微生物影响表明[164]，重金属使土壤中细菌、真菌、固氮菌、放线菌的数量均发生了显著变化。一般情况下，在重金属浓度较低时，各种重金属对微生物表现为刺激作用。如Cd对细菌、真菌、放线菌有明显的刺激作用，As对细菌、真菌有刺激作用，Cu对真菌有刺激作用，Pb对放线菌、真菌有刺激作用。同样是当重金属在较低浓度时，不同的重金属对某些种类的微生物表现是抑制作用。如Cd对固氮菌有抑制作用，As对固氮菌和放线菌有抑制作用，Pb对固氮菌和细菌有抑制作用。当土壤中重金属含量增加时，重金属对微生物的数量基本上均表现为抑制作用，如Cd＞3mg/kg时，抑制率达3%～5%；Pb＞1000mg/kg时，抑制率为7%～51%；As＞60mg/kg时，抑制率达54%。Cu却对土壤总菌数起刺激作用，当Cu＞200mg/kg时，其刺激度达7.6%～98%。研究表明，几种重金属在高浓度时，对细菌总数均表现了抑制作用，而对土壤中固氮菌的影响表现出共同的特点是，无论土壤中重金属浓度是较低还较高均表现明显的抑制作用。通过对土壤中发光菌受重金属影响作用的研究[165]，发光菌对重金属毒性均显示负效应，且发光度与毒物浓度呈负相关。这些均表明了土壤中重金属的累积和污染对微生物群体的数量和活性均起到了很大的影响，破坏了土壤中原有的生态平衡，失去了原来特有的生态状况，并在一定程度上呈现出受害现象。重金属污染不仅引起微生物数量发生明显变化，主要表现为微生物数量减少，又引起了土壤中有益固氮菌数量的减少，更加显示出对土壤环境的负面影响。

2. 重金属对土壤中酶活性的影响

土壤中酶的种类很多，常见的有脲酶、磷酸酶、多酚氧化酶、水解酶和磷酸单酯酶等，土壤中许多酶由微生物分泌，并且和微生物一起参与土壤中的物质能量循环。重金属对土壤酶活性总体影响为抑制作用：一方面重金属破坏了酶的活性基因和酶的空间结构，使单位土壤中酶的活性下降；另一方面重金属抑制了土壤中微生物的生长繁殖，降低了微生物数量和活性，影响了微生物体内酶的合成和分泌，导致土壤酶数量减少、活性降低。

### （三）重金属污染对作物生长和发育的影响

农作物依靠其根系从土壤中吸收水分，氮、磷、钾必需的无机微量元素，有机营养组

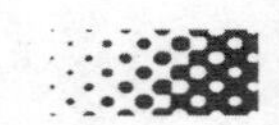

分及阳光的照射才能完成生长、发育、成熟的全过程。当重金属污染土壤后，作物的根系不仅吸收营养成分，同时也吸收了有害的重金属，然而根系吸收的前提条件是，这些组分必须存在于土壤溶液中，即水溶性的组分形态才能被作物根系所吸收。进入土壤的重金属可溶解的只是其中土壤溶液中的一部分，其他部分可能与土壤中其他化合物形成沉淀，而其中有些沉淀是难溶物质，如重金属硫化物即使在酸性土壤中也很难溶解，所以这部分重金属对作物基本没有影响。比较多的重金属可能被吸附在土壤胶体表面。

作物对重金属吸收和积累的多少首先取决于土壤溶液中重金属离子浓度的高低，而决定后者的因素首先是重金属在土壤中各种存在形态的分配比例，其次是重金属在土壤中固-液相间平衡及影响平衡移动的各因素变化。

影响土壤固-液相间平衡的因子十分复杂，至今尚未完全清楚，但是研究表明这样复杂体系中的平衡受重金属浓度、氧化还原电位、pH 值、阳离子交换量等因素的影响[166]。

1. 重金属浓度的影响

植物吸收重金属的浓度主要取决于土壤中重金属的含量，一般情况是土壤中重金属的含量越高，植物吸收重金属的数量越多。确切地说应该是重金属有效态浓度越高，植物吸收重金属的浓度越高。研究表明[167]，重金属镉对水稻的影响是，土壤中有效态 Cd 与水稻根、秸秆、籽粒中 Cd 的含量均具有良好的相关性。同样，土壤中有效态 Cd 的含量与蔬菜中 Cd 也具有良好的相关性。对重金属 Pb 的研究也是如此，水稻和蔬菜中 Pb 的含量与土壤中 Pb 含量呈现出良好的相关性。进一步研究证明[168,169]，重金属浓度增加到一定数值后，可对农作物产生危害，水稻株高变矮、籽粒数量减少、不饱满、生物量减少或生长发育停止，甚至死亡。

① 植物吸收重金属的浓度随土壤中重金属浓度增加而增加，作物的根、秸秆、籽粒中重金属与土壤中重金属有效态含量呈现良好的相关性。

② 土壤中重金属有效态含量与总量也呈现良好的相关性。

③ 受重金属污染的土壤生产的农作物产量下降，质量也下降。

④ 不同重金属对不同农作物均存在一个临界值，超越此临界值，农产品则具有超过食品卫生标准的风险。

2. 氧化还原电位、pH 值和阳离子交换量的影响

（1）氧化还原电位（*Eh*）的影响　实验结果表明，水稻土在淹水状态下，氧化还原电位较低，属还原状态，$Cd^{2+}$ 易与 $S^{2-}$ 生成 CdS 沉淀，$Cd^{2+}$ 浓度降低，作物吸收量减少，结果是毒性降低；而 As 的情况则是五价砷（$AsO_4^{3-}$）还原为三价砷（$AsO_2^-$），三价砷浓度增大，活力增强，被水稻吸收量增加，所以结果是毒性升高。水落干后，土壤的氧化还原电位升高，属氧化状态，CdS 逐渐溶解，$Cd^{2+}$ 浓度增加，作物吸收量增加，毒性升高；而砷则相反，五价砷浓度增加，三价砷浓度降低，作物吸收三价砷量减少，毒性降低。

（2）pH 值的影响　pH 值是衡量土壤酸碱度的标准。pH 值越低，土壤酸性越强，即氢离子浓度越高，越有利于离子的解吸，有利于离子交换，有利于各类化合物，包括易溶解、难溶解和复合化合物溶解度的增加。而这一切均增加了土壤溶液的重金属离子浓度，显然有利于作物的吸收。反之，pH 值增高，土壤碱性增强，上述的一切均呈相反的作用。

（3）阳离子交换量（CEC）的影响　阳离子交换量（CEC）可以衡量土壤中各种阳离

子存在形态分配程度。如果阳离子交换量大，说明阳离子在存在形态上有比较多的离子态或可交换态，较少的难溶盐形态或闭蓄态。

阳离子交换量（CEC）越高，对重金属的钝化能力越强[170]，则土壤溶液中各种阳离子总浓度越高，而土壤中钾、钠、钙、镁、钛、铁等阳离子含量远远高于重金属阳离子的含量，在土壤溶液中的浓度也显然如此，在参与植物吸收和传输的竞争过程中，重金属离子份额将明显下降。反之，阳离子交换量下降，则有利作物对重金属的吸收。实验表明，随着 CEC 下降，大豆植株中 Pb 的含量显著增加。

3. 其他影响因素

土壤质地、共存离子也影响作物对重金属的吸收。一般情况为土壤质地越黏重，重金属持留性就越大，作物吸收重金属的量越少；反之，土壤质地越沙，重金属的淋失率就越高，作物吸收重金属的量就越高。

土壤中共存离子包括大量的离子，如钙、镁、钾、钠、铁、钛、铝等，也包括共存的重金属离子等均会影响作物对重金属的吸收程度，这可能是离子间竞争的结果。某些盐类的存在也会产生明显影响，如磷酸盐会影响作物吸收铅等。

## 六、重金属污染对食品安全和人体健康的影响

### （一）重金属污染对食品安全的影响

由于土壤受到重金属的污染，农作物吸收了较高含量的重金属后，其可食部位的重金属含量必然也会增高，有些严重污染地区，生产的可食农作物中某些重金属的含量已经超过《食品中污染物限量》（GB 2762—2012）[171]中的限量值。

1. 食品中铅限量指标

食品中铅限量指标见表 1-61。

**表 1-61 食品中铅限量指标**（GB 2762—2012）

| 食品类别(名称) | 限量(以 Pb 计)/(mg/kg) |
|---|---|
| 谷物及其制品①［麦片、面筋、八宝粥罐头、带馅(料)面米制品除外］ | 0.2 |
| 麦片、面筋、八宝粥罐头、带馅(料)面米制品 | 0.5 |
| 蔬菜及其制品 | |
| 新鲜蔬菜(芸薹类蔬菜、叶菜蔬菜、豆类蔬菜、薯类除外) | 0.1 |
| 芸薹类蔬菜、叶菜蔬菜 | 0.3 |
| 豆类蔬菜、薯类 | 0.2 |
| 蔬菜制品 | 1.0 |
| 水果及其制品 | |
| 新鲜水果(浆果和其他小粒水果除外) | 0.1 |
| 浆果和其他小粒水果 | 0.2 |
| 水果制品 | 1.0 |
| 食用菌及其制品 | 1.0 |
| 豆类及其制品 | |
| 豆类 | 0.2 |
| 豆类制品(豆浆除外) | 0.5 |
| 豆浆 | 0.05 |
| 藻类及其制品(螺旋藻及其制品除外) | 1.0(干重计) |
| 坚果及籽类(咖啡豆除外) | 0.2 |
| 咖啡豆 | 0.5 |

续表

| 食品类别(名称) | 限量(以 Pb 计)/(mg/kg) |
| --- | --- |
| 肉及肉制品 | |
| 肉类(畜禽内脏除外) | 0.2 |
| 畜禽内脏 | 0.5 |
| 肉制品 | 0.5 |
| 水产动物及其制品 | |
| 鲜、冻水产动物(鱼类、甲壳类、双壳类除外) | 1.0(去除内脏) |
| 鱼类、甲壳类 | 0.5 |
| 双壳类 | 1.5 |
| 水产制品(海蜇制品除外) | 1.0 |
| 海蜇制品 | 2.0 |
| 乳及乳制品 | |
| 生乳、巴氏杀菌乳、灭菌乳、发酵乳、调制乳 | 0.05 |
| 乳粉、非脱盐乳清粉 | 0.5 |
| 其他乳制品 | 0.3 |
| 蛋及蛋制品(皮蛋、皮蛋肠除外) | 0.2 |
| 皮蛋、皮蛋肠 | 0.5 |
| 油脂及其制品 | 0.1 |
| 调味品(食用盐、香辛料类除外) | 1.0 |
| 食用盐 | 2.0 |
| 香辛料类 | 3.0 |
| 食糖及淀粉糖 | 0.5 |
| 淀粉及淀粉制品 | |
| 食用淀粉 | 0.2 |
| 淀粉制品 | 0.5 |
| 焙烤食品 | 0.5 |
| 饮料类 | |
| 包装饮用水 | 0.01mg/L |
| 果蔬汁类[浓缩果蔬汁(浆)除外] | 0.05mg/L |
| 浓缩果蔬汁(浆) | 0.5mg/L |
| 蛋白饮料类(含乳饮料除外) | 0.3mg/L |
| 含乳饮料 | 0.05mg/L |
| 碳酸饮料类、茶饮料类 | 0.3mg/L |
| 固体饮料类 | 1.0 |
| 其他饮料类 | 0.3mg/L |
| 酒类(蒸馏酒、黄酒除外) | 0.2 |
| 蒸馏酒、黄酒 | 0.5 |
| 可可制品、巧克力和巧克力制品以及糖果 | 0.5 |

续表

| 食品类别(名称) | 限量(以 Pb 计)/(mg/kg) |
| --- | --- |
| 冷冻饮品 | 0.3 |
| 特殊膳食用食品 | |
| 婴幼儿配方食品(液态产品除外) | 0.15(以粉状产品计) |
| 液态产品 | 0.02(以即食状态计) |
| 婴幼儿辅助食品 | |
| 婴幼儿谷类辅助食品(添加鱼类、肝类、蔬菜类的产品除外) | 0.2 |
| 添加鱼类、肝类、蔬菜类的产品 | 0.3 |
| 婴幼儿罐装辅助食品(以水产及动物肝脏为原料的产品除外) | 0.25 |
| 以水产及动物肝脏为原料的产品 | 0.3 |
| 其他类 | |
| 果冻 | 0.5 |
| 膨化食品 | 0.5 |
| 茶叶 | 5.0 |
| 干菊花 | 5.0 |
| 苦丁茶 | 2.0 |
| 蜂产品 | |
| 蜂蜜 | 1.0 |
| 花粉 | 0.5 |

① 稻谷以糙米计。

2. 食品中镉限量指标

食品中镉限量指标见表 1-62。

**表 1-62　食品中镉限量指标** (GB 2762—2012)

| 食品类别(名称) | 限量(以 Cd 计)/(mg/kg) |
| --- | --- |
| 谷物及其制品 | |
| 谷物(稻谷[①]除外) | 0.1 |
| 谷物碾磨加工品(糙米、大米除外) | 0.1 |
| 稻谷[①]、糙米、大米 | 0.2 |
| 蔬菜及其制品 | |
| 新鲜蔬菜(叶菜蔬菜、豆类蔬菜、块根和块茎蔬菜、茎类蔬菜除外) | 0.05 |
| 叶菜蔬菜 | 0.2 |
| 豆类蔬菜、块根和块茎蔬菜、茎类蔬菜(芹菜除外) | 0.1 |
| 芹菜 | 0.2 |
| 水果及其制品 | |
| 新鲜水果 | 0.05 |
| 食用菌及其制品 | |
| 新鲜食用菌(香菇和姬松茸除外) | 0.2 |
| 香菇 | 0.5 |
| 食用菌制品(姬松茸制品除外) | 0.5 |

续表

| 食品类别(名称) | 限量(以 Cd 计)/(mg/kg) |
|---|---|
| 豆类及其制品 | |
| 豆类 | 0.2 |
| 坚果及籽类 | |
| 花生 | 0.5 |
| 肉及肉制品 | |
| 肉类(畜禽内脏除外) | 0.1 |
| 畜禽肝脏 | 0.5 |
| 畜禽肾脏 | 1.0 |
| 肉制品(肝脏制品、肾脏制品除外) | 0.1 |
| 肝脏制品 | 0.5 |
| 肾脏制品 | 1.0 |
| 水产动物及其制品 | |
| 鲜、冻水产动物 | |
| 鱼类 | 0.1 |
| 甲壳类 | 0.5 |
| 双壳类、腹足类、头足类、棘皮类 | 2.0(去除内脏) |
| 水产制品 | |
| 鱼类罐头(凤尾鱼、旗鱼罐头除外) | 0.2 |
| 凤尾鱼、旗鱼罐头 | 0.3 |
| 其他鱼类制品(凤尾鱼、旗鱼制品除外) | 0.1 |
| 凤尾鱼、旗鱼制品 | 0.3 |
| 蛋及蛋制品 | 0.05 |
| 调味品 | |
| 食用盐 | 0.5 |
| 鱼类调味品 | 0.1 |
| 饮料类 | |
| 包装饮用水(矿泉水除外) | 0.05mg/L |
| 矿泉水 | 0.03mg/L |

① 稻谷以糙米计。

### 3. 食品汞限量指标

食品中汞限量指标见表 1-63。

**表 1-63 食品中汞限量指标** (GB 2762—2012)

| 食品类别(名称) | 限量(以 Hg 计)/(mg/kg) | |
|---|---|---|
| | 总汞 | 甲基汞① |
| 水产动物及其制品(肉食性鱼类及其制品除外) | — | 0.5 |
| 肉食性鱼类及其制品 | — | 1.0 |

续表

| 食品类别(名称) | 限量(以 Hg 计)/(mg/kg) | |
|---|---|---|
| | 总汞 | 甲基汞[1] |
| 谷物及其制品 | | |
| 稻谷[2]、糙米、大米、玉米、玉米面(渣、片)、小麦、小麦粉 | 0.02 | — |
| 蔬菜及其制品 | | |
| 新鲜蔬菜 | 0.01 | — |
| 食用菌及其制品 | 0.1 | — |
| 肉及肉制品 | | |
| 肉类 | 0.05 | — |
| 乳及乳制品 | | |
| 生乳、巴氏杀菌乳、灭菌乳、调制乳、发酵乳 | 0.01 | — |
| 蛋及蛋制品 | | |
| 鲜蛋 | 0.05 | — |
| 调味品 | | |
| 食用盐 | 0.1 | — |
| 饮料类 | | |
| 矿泉水 | 0.001mg/L | — |
| 特殊膳食用食品 | | |
| 婴幼儿罐装辅助食品 | 0.02 | — |

① 水产动物及其制品可先测定总汞，当总汞水平不超过甲基汞限量值时，不必测定甲基汞；否则，需再测定甲基汞。

② 稻谷以糙米计。

4. 食品中砷限量指标

食品中砷限量指标见表 1-64。

**表 1-64　食品中砷限量指标** (GB 2762—2012)

| 食品类别(名称) | 限量(以 As 计)/(mg/kg) | |
|---|---|---|
| | 总砷 | 无机砷 |
| 谷物及其制品 | | |
| 谷物(稻谷[1]除外) | 0.5 | — |
| 谷物碾磨加工品(糙米、大米除外) | 0.5 | — |
| 稻谷[1]、糙米、大米 | — | 0.2 |
| 水产动物及其制品(鱼类及其制品除外) | — | 0.5 |
| 鱼类及其制品 | — | 0.1 |
| 蔬菜及其制品 | | |
| 新鲜蔬菜 | 0.5 | — |
| 食用菌及其制品 | 0.5 | — |
| 肉及肉制品 | 0.5 | — |

续表

| 食品类别(名称) | 限量(以 As 计)/(mg/kg) | |
|---|---|---|
| | 总砷 | 无机砷 |
| 乳及乳制品 | | |
| 生乳、巴氏杀菌乳、灭菌乳、调制乳、发酵乳 | 0.1 | — |
| 乳粉 | 0.5 | — |
| 油脂及其制品 | 0.1 | — |
| 调味品(水产调味品、藻类调味品和香辛料类除外) | 0.5 | — |
| 水产调味品(鱼类调味品除外) | — | 0.5 |
| 鱼类调味品 | — | 0.1 |
| 食糖及淀粉糖 | 0.5 | — |
| 饮料类 | | |
| 包装饮用水 | 0.01mg/L | — |
| 可可制品、巧克力和巧克力制品以及糖果 | | |
| 可可制品、巧克力和巧克力制品 | 0.5 | — |
| 特殊膳食用食品 | | |
| 婴幼儿谷物辅助食品(添加藻类的产品除外) | — | 0.2 |
| 添加藻类的产品 | — | 0.3 |
| 婴幼儿罐装辅助食品(以水产及动物肝脏为原料的产品除外) | — | 0.1 |
| 以水产及动物肝脏为原料的产品 | — | 0.3 |

① 稻谷以糙米计。

5. 食品中铬限量指标

食品中铬限量指标见表 1-65。

**表 1-65　食品中铬限量指标** (GB 2762—2012)

| 食品类别(名称) | 限量(以 Cr 计)/(mg/kg) |
|---|---|
| 谷物及其制品 | |
| 谷物① | 1.0 |
| 谷物碾磨加工品 | 1.0 |
| 蔬菜及其制品 | |
| 新鲜蔬菜 | 0.5 |
| 豆类及其制品 | |
| 豆类 | 1.0 |
| 肉及肉制品 | 1.0 |
| 水产动物及其制品 | 2.0 |
| 乳及乳制品 | |
| 生乳、巴氏杀菌乳、灭菌乳、调制乳、发酵乳 | 0.3 |
| 乳粉 | 2.0 |

① 谷物以糙米计。

6. 食品中镍的允许量标准

食品中镍的允许量标准见表1-66。

**表1-66　食品中镍的允许量标准**（GB 2762—2012）

| 食品类别(名称) | 限量(以Ni计)/(mg/kg) |
| --- | --- |
| 油脂及其制品 | 1.0 |

## (二) 重金属污染对人体健康的影响

重金属污染土壤后可由两种途径进入人体：一种途径是经过作物可食部分，如各种谷物、蔬菜和水果等直接进入人体内，或通过食用以作物秸秆为饲料的家畜而间接进入体内；另外一种途径是受重金属污染的土壤经过扬尘由呼吸道和皮肤接触等直接进入人体。重金属进入体内一般蓄积在人体的重要器官内，且潜伏期长，中毒很长时间才能显现，损害身体健康，威胁人类生命。

1. 矿物质与人体健康

矿物质是人体内无机物的总称，是地壳中自然存在的化合物或天然元素。矿物质和维生素一样，是人体必需的元素，矿物质是人体无法自身产生、合成的。人体内约有几十种矿物质，虽然它们仅占人体体重的4%，但却是生物体的必需组成部分。这些矿物质在人体含量较多的有钙、镁、钾、钠、磷、氮、硫等，称为常量元素，占人体总灰分的60%～80%，而其他一些元素在机体内含量极少，目前已知人体必需的微量元素有铁、锌、碘、铜、硒、氟、钼、钴、铬、锰、镍、锡、钒和硅14种，其中锌、铜、铬、镍这4种重金属既是人体必需元素又在污染土壤重金属的范围内。关键问题是含量，少量或微量是人体必需的，没有不行，过量则是对人体有害的。例如，人体每日需摄入锌14.5mg左右，主要来源是牡蛎、畜禽肉及肝脏、谷物和豆类；人体每日需摄入铜1.3mg左右，来源于动物肝、肾、鱼、坚果和豆类；人体每日需摄入镍0.6mg左右；人体每日需摄入铬0.25mg左右，来源于肉类、粮食、豆类和动物肝脏；少量砷对人体也有益，能改善造血功能，有活血作用，促进组织细胞生长和杀菌作用，但过量有害，且毒性极大，尤其三价砷的氧化物$As_2O_3$，即砒霜，对人体毒性极大。

2. 重金属对人体健康的危害

(1) 砷对人体健康的危害　砷在自然界中主要以硫化物形式存在，如雌黄和雄黄。最常见的化合物为砷的氢化物$AsH_3$或称胂。砷以三价和五价存在于生物体中，三价砷在体内可以转化为甲基砷化物。在不同条件下，砷在土壤、水、空气中可以逐渐累积，并且被微生物、植物和动物摄取。植物吸收了可溶性砷，通过食物链迅速累积[172]，淡水植物和泥煤苔藓含有相当多的砷，高含量砷也存在于野生鸟类及海藻、甲壳纲类、鲸类、鳍足类和海龟等许多海洋生物中[173]。包括砷在内的生态毒性物质释放到环境中，通常在水生生物中迅速累积，并向食物链处于更高级的生物传递，最终传递到人类。已经发现，许多鱼类砷的含量非常高[174]，在高等水生生物中，如鱼类，监测砷含量水平及其对人类影响，可以全面了解砷对生态系统和人类健康的潜在影响[175]。通常空气和土壤中砷对人类影响较小，人类砷吸收的主要来源是食物和水[176]。进入体内的砷，如果未从体内排泄，可以在肌肉、皮肤、头发和指甲中蓄积[177]。食物中含有无机砷和有机砷两种形态，海产品比陆地食品含有相对较高浓度的砷，主要是由食物链长期对砷的生物富集作用所致[178]。朱

 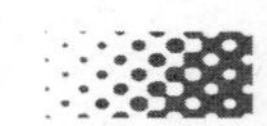

参胜等[179]叙述了砷的生物累积和代谢。

砷对人体的危害表现在以下几个方面。

① 皮肤中毒。砷使皮肤色素改变、皮肤角化，过度的色素沉着及角化症很高致使皮肤癌发病率也会很高。以皮肤损害为主的全身性疾病表现为皮肤干燥、粗糙、头发脆而易脱落，掌及趾部分皮肤增厚，角质化，最后出现皮癌，癌变潜伏期30～50年。

② 循环系统中毒。砷进入体内后，随血液分布到全身各组织器官，临床上主要表现为与心肌损害有关联的心电图异常和局部微循环降阻导致的雷诺氏综合征、球结膜循环异常、心脑血管疾病等。慢性砷中毒病人伴有血管损害。砷对血管损害的机制十分复杂，动脉粥样硬化可能是其中主要的机制之一[180]。

③ 消化系统中毒。砷对消化系统的影响研究以肝脏较多见，砷暴露可引起肝脏的病理学改变，动物试验表明[181]染砷肝组织汇管区内有炎性细胞浸润，肝细胞脂肪变性，噬酸性变性，电镜观察发现染砷组织干细胞有脂滴，线粒体肿胀，膜破坏，粗面内质网肿胀，脱颗粒。

④ 呼吸系统中毒。砷对呼吸系统的影响的临床表现主要是肺功能损害。研究表明，燃煤污染型肺中毒对肺间质损害显著，临床上主要表现为限制性通气功能异常，肺功能检查异常率为82.2%，多项肺功能指标与对照组对比均有统计学意义。

⑤ 神经系统中毒。长期低剂量摄入砷化物达一定程度时，会导致慢性中毒，引起神经衰弱症候群等。多表现为多发性神经炎，如感觉迟钝，四肢端麻木，乃至失去知感，行动困难，运动失调等；神经损伤，产生末端神经炎症，视力、听力障碍，肌肉萎缩，饮食差，消化不良，腹痛，呕吐等。

⑥ 急性砷中毒。如意外大量接触砷，则会导致人体急性砷中毒，其主要损害胃肠道系统、呼吸系统、皮肤和神经系统。主要症状为疲乏无力、呕吐、皮肤发黄、腹痛、头痛及神经痛，甚至引起昏迷，严重者表现为神经异常，呼吸困难，心脏衰竭而死亡。

⑦ 癌症。国际癌症研究机构（IARC）1980年确定无机砷具有致癌作用[182]。砷致癌的流行病学研究[183]报道在长期砷暴露情况下，鲍思病（Bowen's）及鳞状细胞癌和基底细胞癌是最常见的皮肤癌。吸入无机砷可致肺癌。历史上美国和日本还分别报道了砷对有色冶炼厂工人和居民的健康影响，结果表明肺癌发病率为对照组人群的2～9倍。Hopenhayn等[184]调查发现，在砷暴露影响下，膀胱癌的标化死亡率（SMR）持续上升，还发现不同基因组成和高脂膳食与高砷区膀胱癌高发有关。Moore等[185]对阿根廷、智利等地的流行病学调查显示，砷可致膀胱癌，脱落的膀胱细胞中微模水平的增加与饮用水砷的浓度上升有关。

（2）汞对人体健康的危害　自20世纪50年代日本水俣病和70年代我国松花江沿江居民的甲基汞中毒事件震惊世界以来，汞对人体的危害日益受到广泛关注。许韫等[186]就汞对中枢神经系统、肝脏、肾脏和生殖系统的毒性影响进行了综述，重点阐述了汞对神经系统的毒性机制和汞中毒的防治。

有机汞化合物，尤其是甲基汞的毒性远超过无机汞，虽然来源于自然界和人类活动的汞主要是以无机汞的形态存在，但汞蒸气经过风传播，最终排入水体和土壤中。在水环境中无机汞通过微生物的作用转化为有机汞，主要是甲基汞。在水中、沉积物中、土壤中、谷物中均可以检测到甲基汞。“八大公害事件”之一的日本水俣病就是由无机汞转化为有机汞，经食物链进入人体的。

据报道[187]，中国贵州省释放到全球大气环境中的汞约占全世界总人为释放的12%，其主要来源于采矿、化学排放和电子产品。我国有21个汞污染地区，最严重的有贵州省清镇地区、铜仁汞矿区以及第二松花江流域，所产稻米中汞含量高达0.382mg/kg，大大超过食品卫生标准（0.02mg/kg）。

汞的毒性很强，进入人体后蓄积于肾、肝和脑中，毒害神经系统、运动系统、肾脏系统、肝脏系统、心血管系统和生殖系统。

① 神经系统中毒。汞对神经系统有很强的毒性，即使是低水平暴露也会损害神经系统，表现为精神行为障碍，能引起感觉异常，成年人出现丧失记忆、老年痴呆、手指震颤、语言障碍、吸觉和视觉损伤等症状；儿童出现语言和记忆能力短缺、注意力不集中、智能发育迟缓、自闭症等症状。近年来，关于汞神经毒性机制方面的研究已成为热点之一，主要机制是神经细胞凋亡，神经递质异常表达和生物膜系统脂质过氧化作用。

② 肝脏系统中毒。刘晓梅等[188]研究发现，甲基汞对肝脏细胞DNA的损伤情况，其机制可能是甲基汞改变了细胞膜的通透性，破坏细胞离子平衡，抑制营养物质进入细胞，引起离子渗出细胞膜，以及通过C—Hg链的断裂产生自由基，干扰细胞的正常形态和功能，导致细胞崩解、死亡；此外，甲基汞属于亲巯基物质，它易与生物大分子及DNA分子结合，也可造成DNA损伤，从而引起细胞死亡[189]。

③ 肾脏系统中毒。砷可使血浆肌酐水平增高，心血管系统中毒，使正常心血管系统内环境平衡改变，对免疫系统的影响可造成整个肌体免疫力降低，对生殖系统的影响可造成男性和女性生育能力降低，后代畸形。

(3) 镉对人体健康的危害　世界各国对有毒金属，特别是镉污染与危害的研究非常重视。早在1974年联合国环境规划署（UNEP）和劳动卫生重金属委员会就将镉列为重点污染物，有些国家（英国、美国）还专门成立了镉委员会，组织有关的学术研究。1981年世界卫生组织（WHO）开展的全球生物检测也把镉列为当前重点研究对象[190]。

有色金属冶炼厂是环境中镉的主要污染源。我国云南是有色金属王国，冶金工矿周围环境镉污染是个突出问题，昆明西部是云南省有色冶金工业集中区域，也是重金属严重污染的地区。为了阐明冶金工厂周围镉污染对人体健康的影响[191]，在对昆明西郊镉污染调查研究的基础上，对污染区居民进行了体检和血液、头发及尿液中有关指标的测定，对结果进行了统计、分析和处理。结果表明，污染区居民体内存在着明显的镉吸收蓄积，血镉和发镉显著高于对照区，其倍数分别为对照区的1.8倍和1.6倍。

镉是一种容易以危险的含量水平进入人体的高毒性重金属元素，镉被吸收后主要分布于肝和肾中，与低分子蛋白结合成金属蛋白，引起慢性中毒的潜伏期可达10～30年之久。镉中毒的主要表现为肾功能损害和肺部损伤，导致肾皮质坏死，肾小管损害，肺气肿，肺水肿，还可引起心脏扩张和高血压。长期摄入镉导致骨质疏松、脆化、腰疼、脊柱畸形，如日本神通川流域由于镉污染引起的“骨痛病”是举世皆知的公害事件之一。近年来的研究表明，水源被镉污染，会使周围人群罹患直肠癌、食管癌和淋巴癌[192]。

黄秋婵等[193]在镉对人体健康危害效应及机理研究进展文章中综述了镉对人体健康的危害效应，崔玉静[194]也在文章中总结了镉对人体健康的危害及其影响因子的研究进展。镉主要通过呼吸道和消化道进入人体。研究表明，在新生儿体内并不含镉，但随着年龄的增长，即使无职业接触，50岁左右的人体内含镉也可达到20～30μg/kg[195]。微量镉进入机体可通过生物放大效应和积累，对肺、骨、肾、肝、免疫系统和生殖器官等产生一系列

损伤。

① 镉对肺的毒害作用。人体大量吸入镉蒸气后，在4～10h内会出现呼吸道刺激症状，如咽喉干痛、流涕、干咳、胸闷、呼吸困难，还可有头晕、乏力、关节酸疼、寒战、发热等类似感冒表现，严重的出现支气管肺炎、肺水肿（肺泡膨胀、肺泡壁肥厚），并发现支气管黏膜上皮细胞变性、坏死、脱落，肺细胞血管扩张、肺间质高度水肿，肺泡内充满大量的蛋白浆液，最终导致死亡[196]。

我国云南镉矿地区，肺癌发病率较高，患者的肺内镉含量显著高于正常人。江刚[197]对比利时东北部3家炼锌厂附近居民的健康状况调查研究结果表明，住在炼锌厂附近的居民患肺癌的概率比对照人群高出3倍。说明镉与肺癌有密切的关系，可能是一种致突变的重要因素之一。

② 镉对骨的毒害作用。“痛痛病”是十大公害病之一，潜伏期为10～30d，表现为背和腿疼痛，腹胀和消化不良，严重患者发生多发性病理骨折。骨骼病变主要表现为骨质密度降低，骨小梁和骨骼中矿物质含量减少，表现出骨质疏松。徐顺清等[198]研究结果表明，镉接触组织各部位骨矿物质含量显著低于对照组各部位，且骨矿含量，特别是桡骨超远端骨矿含量与骨损伤指标之间有很好的相关性。对因食用大米而接触镉的人群进行检测，发现尿Cd或血Cd高的绝经后妇女及血Cd高的男性，前臂骨密度均有所下降[199]。赵肃等[200]选择在Cd污染区连续居住20年以上的居民为调查对象，研究也表明，该人群的前臂骨密度随着尿Cd的水平增加而下降，骨质疏松。当Cd在肾中积累时会损害肾小管，使骨功能不全，导致骨骼生长代谢受阻，引发骨骼的各种病变，如获得性骨软化症[201]。

③ 镉对肾的毒害作用。肾脏是Cd慢性中毒的最主要的蓄积部位和靶器官，肾损伤是Cd对人体的主要损害，通常这种损害是不可逆的。经1976年国际劳动卫生会重金属中毒研究会分会和世界卫生组织讨论，人的肾皮质中Cd的临界浓度目前定为100～300μg/g，最好估计值为200μg/g。Cd可引起尿路结石[202]，并且接触Cd的工人的肾结石发病率为88%。刘宝宜等[201]对长期居住在Cd污染区人体肾脏调查结果表明，其患有蛋白尿糖尿、骨病及肾功能衰竭，且肾近曲小管小皮细胞萎缩，扁平化及肾小管上皮细胞基底膜轻度增厚。总之，Cd在肾脏蓄积会影响肾近曲小管的功能，表现为低分子量蛋白质、氨基酸钙、葡萄糖、尿酸、磷酸盐等从尿中大量排出。

④ 镉对心脑血管的毒害作用。大量研究表明，饮水、食物以及机体内Cd含量过多时，对心血管的结构及功能会产生有害影响。Cd含量和心血管的发病率及死亡率呈正相关。Cd不仅与高血压有关，而且导致动脉粥样硬化，Cd可引起血压（特别是舒张压）上升，使心率降低[203]。Cd能破坏脑屏障，进入中枢神经系统，引起大脑的形学改变，影响神经递质的含量和酶的活性。流行病学和试验研究显示，Cd与某些神经系统疾病及儿童智力发育障碍有关[204]。

此外，镉对人体健康的危害还有对肝脏的伤害，Cd蓄积于肝脏，导致肝脏病理变化，产生急性或慢性肝脏损伤[205]，Cd可引起肝脏脂质过氧化及自由基的大量产生，抑制抗氧化酶活力，造成细胞的严重损伤[206]。

⑤ Cd对免疫系统的危害。曹友军等[207]研究结果表明，25μmol/L的Cd可引起自然

杀伤细胞活性降低，且有明显的剂量反应关系。

⑥ Cd 对生殖系统的危害。长期食用含高 Cd 食物，可诱发妊娠、哺乳、内分泌的失调，老化及营养不良，缺钙等症状[208]以及致癌、致畸、致突变的作用等。

(4) 铅对人体健康的危害　铅是一种有害人类健康的重金属元素，对神经有毒性作用，在人体内无任何生理作用，人体理想的血铅浓度为零。低浓度铅进入人体后将对人体的正常细胞产生危害，铅分子通过血液干扰神经细胞的正常工作，在血液中破坏血红素的生存和脑微管的渗透性，特别是铅在大脑内蓄积影响尤为严重，在大脑发育的早期（如胚胎期），可导致大脑发育迟缓、不健全，最终影响人的智力。研究表明[209,210]，目前我国约有数以千万计儿童正在受到铅神经毒性作用的影响，儿童平均血铅水平比美国高出 70～80μg/L。血铅水平每上升 100μg/L，儿童智商（IQ）将丧失 6～7 分。血铅水平超标（世界性组织、美国国家疾病控制中心以及美国儿科学会制定儿童铅中毒诊断的标准为血铅水平超过或者等于 100μg/L）不但会引起儿童智能发育障碍，还引起体格生长落后[211]。

严重的是铅中毒对儿童的智能影响是不可逆的、无法挽回的，这将造成一代人或几代人的智力缺损。据上海市卫生防疫部门的研究结果，上海市区儿童血铅平均含量为 223.7μg/L，郊区儿童血铅平均含量为 183.6μg/L，上海市儿童铅中毒流行率为 85.6%～88.2%。据报道[212]，目前我国生活在工业区内的儿童血铅水平为 200～400μg/L，超过国际公认的标准（100μg/L）。安徽省池州市贵池工业区内，儿童血铅平均值高达 600μg/L。此外，广州、北京、沈阳等市区干线附近和工业区内的儿童血铅均超过 100μg/L，已经受到铅的毒害。

铅主要通过呼吸系统和消化系统进入人体，分布于肝、肾、脑、胰及主要动脉中，对人的健康危害很大。铅中毒对人体中枢神经系统、造血系统具有很大危害，也会引起消化系统、肾功能损伤，对儿童的不良影响尤为突出。

① 中枢神经系统中毒。铅对中枢和外围神经系统的特定结构有直接的毒害作用。铅中毒的早期症状是神经衰弱综合征，表现为头昏、头痛、失眠、健忘、烦躁或易兴奋等，儿童则表现多动症，活泼的儿童铅中毒后就变得忧郁、孤僻。严重的铅中毒可引起中毒性脑病，出现顽固性头痛、贫睡、视觉功能障碍，并可出现脑水肿的体征。铅对周围神经系统的影响主要是降低运动功能和神经传导速度，肌肉损害是严重铅中毒典型症状之一。

② 造血系统中毒。铅对造血系统的影响是降低了红细胞和血红蛋白的含量，造成红细胞、血红蛋白过少性贫血及轻度溶血性贫血。对于铅引起的贫血作用，儿童比成年人更为敏感。

此外，铅中毒还可导致消化系统、肾功能、生殖系统、心血管系统的损伤，并有明显的致癌作用。

土壤环境中的铅主要通过食物链进入人体，表层土壤中的铅也可通过扬尘等进入人体，危害人的健康。农作物铅的积累主要在根部，向地上转移很少。一般情况下，铅通过植物-人体食物链系统对人体威胁较小，但是在工矿企业周边、大中城市周边及污水灌溉区的农田作物由于铅的污染，食品含铅量超过其卫生标准的情况也是经常发生的，尤其是以食用根类的蔬菜更为突出，会直接危害人体健康。如果以植物茎叶作饲料，铅会通过植物-动物-人体食物链系统危害人体健康。

(5) 铬对人体健康的危害　铬是人体必需微量元素，能协助胰岛素发挥生理作用，维

持正常糖代谢，促进人体生长发育。人体每日需摄入铬0.25mg左右，主要来源于肉类、原粮、豆类等。

人体过量吸收铬也会导致中毒，引发疾病，例如导致消化系统紊乱、呼吸道疾病等，能引起溃疡，并在动物体内蓄积而致癌。六价铬毒性较大，其化合物重铬酸钾，有关工厂的废弃物铬渣堆放如山造成附近农田的严重污染。铬污染主要来源于采矿、冶炼、电镀及制革行业等。

铬主要通过消化道、呼吸道及皮肤进入人体，胃肠道对三价铬吸收率很低，而对六价铬的吸收率则要高些。六价铬和高浓度的三价铬对人体健康有很大的危害。进入人体的铬主要分布在肝、肾、内分泌系统和肺部。铬中毒对人体的呼吸系统、消化系统及皮肤有一定的损伤，并有明显的致癌、致畸变作用。铬对人体的毒害作用因入侵途径不同而异，铬经呼吸系统侵入时，可引起鼻炎、咽炎、喉炎、支气管炎，长期接触还会引起肺部病变，如肺气肿、支气管扩张、肺癌等病变；铬经消化系统侵入人体，可引起口角糜烂、恶心、呕吐、腹泻、溃疡等病变；铬经皮肤入侵时，可引起皮炎、湿疹、皮肤溃疡。研究发现，长期摄入六价铬可引起扁平上皮癌、腺癌、肺癌等疾病。吸入较高含量六价铬化合物会引起流鼻涕、打喷嚏、搔痒、鼻出血、溃疡和鼻中隔穿孔等症状；短期大剂量接触，在接触的部位出现溃疡，鼻黏膜刺激和鼻中隔穿孔；摄入大剂量铬会导致肾脏和肝脏的损伤及恶心、胃肠道不适、胃溃疡、肌肉痉挛等症状，严重时会使循环系统衰竭，失去知觉，甚至死亡。长期接触六价铬的父母还可能给其子代的智力发育带来不良影响。

铬对人体健康的危害小结如下。

① 对皮肤的伤害。铬中毒引起铬性皮炎及湿疹。

② 对呼吸道的伤害。早期表现为鼻黏膜充血、肿胀、反复轻度出血，中期为鼻中隔溃疡、穿孔，晚期为呼吸道系统癌症。

③ 对眼的伤害。主要表现为眼皮、角膜刺激及溃疡，症状为眼球结膜充血、有异物感，流泪刺痛，导致视力减退，严重时角膜上皮剥落。

④ 对胃肠道的伤害。食入六价铬化合物可引起口黏膜增厚，反胃呕吐，有时带血，剧烈腹痛，肝大，并伴有头痛，头晕，烦躁不安，呼吸急促，脉速，口唇、指甲青紫，肌肉痉挛症状。严重时，循环衰竭，失去知觉，甚至死亡。

许多研究证明，六价铬化合物毒性很大，具有致癌并诱发基因突变的作用。美国环境保护局（US EPA）将六价铬确定为高度危险的有毒物质之一。六价铬化合物吸入致死量约为1.5g，在水中六价铬含量超过0.1mg/L就会中毒。铬对人体危害类似于砷，其毒性随价态、含量、温度和被作用者不同而变化。在生理pH条件下，六价铬以$CrO_4^{2-}$形式存在于渗入细胞中，因六价铬的致癌机理还不完全清楚，目前主要存在两种观点：一种认为$CrO_4^{2-}$被细胞内的还原物质还原成五价铬和四价铬的过程中产生了大量的游离基，大量的游离基引发了肿瘤；另一种认为六价铬被细胞内还原物质还原为三价铬，生成的$Cr^{3+}$迅速与DNA发生反应，引起遗传密码的变化，进而引起细胞的突变和癌变。

土壤环境中的铬主要通过食物链进入人体，也有可能通过土壤铬对地下水污染而进入人体。一般情况下，铬通过土壤-植物系统进入食物链进而威胁人体健康的危害性较小，但当土壤中铬的含量超过一定限度或土壤容量时，就会通过食物链等渠道危害人体健康。

铬是重金属元素中最难被吸收的元素之一。土壤中铬被作物吸收后绝大部分累积在根部，其次是茎叶，籽实中累积很少。土壤中铬通过土壤在食物链中的转移对人体健康威胁总体较小，但当土壤中铬超过一定浓度时，特别在酸性土壤中，粮食中的铬含量会明显增加。我国南方某地区，因铬污染组成的“铬米”就是典型的事例。

(6) 镍对人体的毒害　镍是人体必需的微量元素，主要由蔬菜、谷类及海带等供给。正常情况下，成人体内含镍约10mg，血液中的正常镍浓度为0.11μg/mL。人体对镍的日需要量为0.3mg。

由于植物中含镍量较高，如玉米含镍量为(1.1±0.5)μg/kg（干重），并且人体对镍的需求量与可供应量相比较小，通常易发生的是因镍摄入过多而导致中毒现象。早在20世纪30年代，人们就注意到精炼镍的工人易患鼻咽癌和肺癌的事实。人体镍中毒特有症状是皮肤炎、呼吸器官障碍及呼吸道癌症。镍具有蓄积性，可在人体器官中累积，以肾、脾、肝中最多。一般镍盐毒性较低，但胶体镍、氯化镍、硫化镍和羰基镍毒性较大，可引起中枢性循环和呼吸紊乱，使心肌、脑、肺和肾出现水肿、出血和变性。其中羰基镍属高毒性、强致癌物质，微量即能引起动物死亡。由于白血病人血清中镍含量是健康人的2～5倍，且患病程度与血清中镍含量明显相关，所以镍也可能是白血病的致病因素之一。镍还可能导致心梗、中风、哮喘、尿结石等病症，镍还有降低生育能力、致畸和致突变作用。

镍还能影响遗传物质合成，影响多种酶和内分泌腺的作用，引起基因点突变，基因丢失，基因扩增，产生“镍指”，形成$Ni^{2+}$-肽复合物，诱导产生活性氧进而影响电解质中的离子含量等[213]。

环境中镍的污染主要是由镍矿的开采和冶炼、合金钢的生产和加工、煤和石油燃烧排放的烟尘、电镀生产等造成的[214]。

(7) 铜对人体健康的危害　铜是人体必需的微量元素，在正常成年人体内含量为100～200mg，每天吸收量达0.05～2mg就可以维持代谢平衡，满足生理需要。如果吸收过量的铜粉、铜合金或铜化合物，会使铜在人体中产生累积，如在肝中累积，就会导致肝硬化，出现呼吸困难、口渴、发烧、齿龈变色等中毒症状。铜若在肝、肾、大脑等组织过度累积，超过正常人约100倍，会引起患者极度痛苦，产生以连续不断的兴奋骚动为特征的神经错乱症，使肝、肾衰竭，大脑损伤，若未能及时发现和治疗，将会导致残废或死亡。

(8) 锌对人体健康的危害　锌是人体的必需元素，是核酸和蛋白质合成的构成要素，参与多种酶的合成，具有促进生长发育、增加肌体免疫力和性功能等作用。人体每日需要摄入锌14.5mg左右，其主要来源于牡蛎、畜禽的肉，肝脏、蛋、鱼及各种谷物和豆类等。

人体过量吸收锌也会导致中毒，引发疾病。过量锌进入人体会造成腹痛、呕吐、厌食和倦怠，并引发贫血、高血压、冠心病和动脉粥样硬化等疾病。

## 第三节　土壤环境质量监测与评价对农产品安全生产的重要作用

### 一、土壤环境质量监测与评价的意义、目的和作用

#### (一) 土壤环境质量监测与评价的意义

土壤是人类赖以生存和发展的重要物质基础之一。我国人多地少，是土壤资源高度约

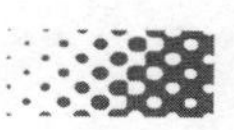

束型国家，耕地、林地和草地的人均占有量分别仅为世界平均占有量的1/3、1/5和1/4，且总体质量不高。由于可供开垦的后备土壤资源已十分有限，随着人口的增长，我国面临的土壤资源短缺问题将越来越大。我国已经是世界上土壤资源利用强度较高的国家之一，而且随着我国工业的快速发展，人们生活方式迅速变更和资源高强度的开发利用，大量未经妥善处理的工业“三废”和城镇生活污水肆意向农田排放，未经处理的固体废弃物也转移至农田，加之农业投入品的不合理使用，已造成我国大面积农田土壤环境的显性污染和潜性污染。土壤污染、质量退化、生态环境遭到破坏已成为我国农村社会经济可持续发展的最大问题之一。土壤环境质量的安全改善是我国陆地生态系统安全、农业生产安全、农产品质量安全及人体健康安全的重要基础，也是我国人口、资源、环境、经济、社会协调、可持续发展的保证。

通过科学规范地监测与评价土壤环境质量，可以了解农田土壤的污染现状。目前，我国对土壤环境质量监测与评价全部采用国家标准和行业标准，监测数据科学、可靠，可如实反映土壤环境质量的状况。通过对土壤的监测与评价，就可以使人们清楚地知道，哪些土壤是优质农产品生产区，哪些土壤是轻度污染区，哪些土壤是中度污染区，哪些土壤是重度污染区及限制或禁止生产区。这就为防治土壤污染提供了可靠的科学依据，为管理部门制定相关政策提供了重要参考。

因为土壤环境质量监测与评价是保护土壤环境质量，预防和控制土壤污染进一步加剧的关键，也是合理利用农田、调整种植结构的重要依据。所以，它具有保障农业生产安全，农产品质量安全和人体健康安全的重大现实意义和长远意义。

### （二）土壤环境质量监测与评价的目的

1. 土壤污染普查

目前，我国农田土壤污染状况不清、原因不明、环境监管质量体系不完善等问题十分突出。开展全国农田土壤污染状况调查，摸清全国农田土壤环境状况是制定土壤污染防治对策、做好土壤污染防治工作的基本前提，具有十分重要的现实意义。由农业部（现农业农村部）环境监测总站主持的农、财两部项目“全国农产品产地重金属污染普查”国拨经费近8亿元，于2012年全面展开，以全国各省农业环境监测站为主体，同时联合地矿、农业科研院所，高等学校和其他科研院所等土壤学界的技术力量和人力资源参与调查工作。重点采集污水灌区、工矿企业区周边、大中城市郊区农田土壤样品，兼顾一般农区样品，全国总样品量约146万份。这是第一次全国性的农田污染调查，目前，调查工作进展顺利，一切按预期计划进行。

2. 定点监测

为了能及时了解全国农田污染的发展趋势，需在普查的基础上选择不同污染类型、不同污染程度的区域布设，长期定位监测点。定位监测点布设必须有代表性、科学性，因为全国的农田土壤类型众多，各地区的污染情况不一，土壤环境质量差异较大，所以必须统筹考虑，合理布点，并且要做到全国及各省和地区的布点的兼顾。对所布点位定期采样、监测，并长期坚持绘制重金属污染发展趋势图。

3. 污染调查

对地区性的农田污染调查属于局部性监测与评价，这项工作的重点是污染源的调查，弄清污染的种类及污染涉及的范围。调查点位必须适当加密，最后要划出污染区域的范围，经评价确定污染程度。

4. 土壤等级划分

由于所处地区不同的农田土壤受重金属污染程度的差异也较大，在工矿企业、大中城市周边及污水灌溉区域的土壤受到污染的概率大，污染程度也高。所以，应对我国农田土壤环境质量划分等级，分别对待。对优质农产品产区土壤制定相应的管理和保护措施；对轻度污染的农田进行积极的治理和改良；对中度污染地区提出预警并采取降低污染的切实有效的措施；对严重污染土壤及质量已不符合食品卫生标准直接威胁人体健康的农产品，应采取果断措施，禁止生产。划分农田土壤等级的问题多年来并未得到很好的解决。现行的《土壤环境质量标准》只是用重金属总量给土壤划分等级而并未涉及农产品的质量和产量问题。科学、合理地划分农田土壤环境质量等级，关键是必须建立一个适用于农产品产地土壤安全生产的评价标准。而这个标准的建立依据就是农产品的产量和安全质量，其核心是农产品的安全质量必须符合食品卫生标准，即对食用者要保障安全。这是本书在第二、第四章提出的适宜性评价体系的基本思想。

### (三) 土壤环境质量监测与评价的作用

1. 监测与评价为调整种植结构、合理使用农田提供技术指导

通过对不同土壤类型、不同污染物对作物敏感性排序研究，并结合监测与评价结果，对种植结构进行科学的调整。这将给合理使用农田、发展农业生产提供可靠的指导。

2. 监测与评价为污染事故处理提供科学依据

发生污染事故并经调节无效后，必然诉诸法律来解决争端，面对这种问题，监测与评价工作应首当其冲。公平、公正处理污染事故的关键就是要有法可依，执法有据。科学的依据就是监测与评价的结果。按照标准，严格执行布点、采样、监测与评价，给出科学可靠的数据，这就为污染事故在法律上公平、公正地解决提供了依据。

3. 监测与评价为土壤修复效果提供客观的验证

已经受到严重污染或已被划分为禁产区的农田土壤，如确定需要修复，无论采用何种技术和方法，均需消耗巨大的人力、物力和财力资源。所以，农用土壤修复前必须要经过严格的科学技术论证，财务预算和效果预测报告后方可慎重决定。修复后要经过一系列检查验收工作。这其中核心的就是土壤环境质量的监测与评价。它可以客观地对比修复前、后土壤环境质量，为修复效果提供了科学、客观的验证。

## 二、建立农田土壤重金属污染技术档案数据库和样品库

### (一) 绘制全国农田土壤重金属污染分布图

1. 绘制全国、各省及地区农田土壤重金属污染现状分布图

2. 绘制全国、各省及地区农田土壤重金属污染趋势图

### (二) 绘制全国农田土壤环境质量等级划分图

1. 绘制全国农田土壤环境质量优质区域图

2. 绘制全国农田土壤环境质量警示区域图

3. 绘制全国农田土壤环境质量禁产区域图

### (三)建立农田土壤重金属污染监测与评价数据库和样品库

1. 建立全国农田土壤重金属监测与评价数据库和样品库

2. 建立各省和地区农田土壤重金属监测与评价数据库和样品库

3. 建立数据库网络、资源共享

## 参考文献

[1] 黄昌勇．土壤学．北京：中国农业出版社，2000.
[2] 陈怀满等．环境土壤学．(第二版)．北京：科学出版社，2010.
[3] 熊毅，李庆逵．中国土壤．(第二版)．北京：科学出版社，1987.
[4] 严建汉，詹重慈．环境土壤学．武汉：华中师范大学出版社，1985.
[5] 林谷成．土壤学．北京：北京农业出版社，1983.
[6] Otte M L, Kearns C C, Doyle M O. Accumulation of arsenic and zinc in the rhizosphere of weland plants. B Environ Contam Tox, 1995, 55: 154-161.
[7] 刘志光，于天仁．土壤电化学性质研究，Ⅱ微电极方法在土壤研究中应用．土壤学报，1983，11：160-170.
[8] 中国农业科学院肥料研究所．中国肥料．上海：上海科学技术出版社，1994：1-116.
[9] Epstein E. Mineral Metabolism. Plant Biochemistry. New York: Academic Press, 1965: 438-466.
[10] 鲁如坤，史陶钧．农业化学手册．北京：科学出版社，1982.
[11] 钦绳武，刘芷宇．土壤-根系养分状况的研究，V. 不同形态肥料氮素在根际的迁移规律．土壤学报，1989，26(2)：117-123.
[12] 彭克明．农业化学．北京：中国农业出版社，1980.
[13] 刘芷宇等．主要作物营养失调症状图谱．北京：中国农业出版社，1982.
[14] 韦启璠．石灰岩区土壤的综合利用．农业现代化研究，1985(3)：38-39.
[15] 仝月澳等．果树营养诊断法．北京：中国农业出版社，1982.
[16] 王仁玑，庄伊美，陈丽璇等．福建主要亚热带果树叶片营养元素适宜含量的研究．亚热带植物通讯，1988(2)：1-5.
[17] 庄伊美，王仁玑，谢志南等．兰竹荔枝叶片与土壤常量元素含量年周期变化的研究．亚热带植物通讯，1988(1)：1-7.
[18] 于天仁．土壤的电化学性质及其研究法．北京：科学出版社，1976.
[19] 熊毅，李庆逵．中国土壤．北京：科学出版社，1990.
[20] 鲁如坤，史陶钧．农业化学手册．北京：科学出版社，1982.
[21] Landon J R. Booker Tropical Soil Manual. Booker Agriculture International Ltd, 1984: 108.
[22] Mengel K, Kirkby E A. Principles of Plant Nutriention. International Potash Institute, 1982.
[23] 鲁如坤，顾益初．太湖地区水稻土土壤溶液的养分含量和养分供应机理．中国土壤肥料，1991(3)：32-33.
[24] Khasawneh F E, Sample E C, Kamprath E J. The Role of Phosphorus in Agriculture. CSSA, 1980: 446.
[25] 赵晓齐，鲁如坤．有机肥对土壤磷素吸附的影响．土壤学报，1991，28(1)：7-13.
[26] 陈怀满，郑春荣．土壤-植物系统中的重金属污染．北京：科学出版社，1996.
[27] Epps E A, Sturgis M B. Arsenic compounds toxic to rice. Soil sci. Soc Amer. , 1939, 4: 215-218.
[28] Johnson D L, Bsaman R S. Alky and inorganic sorption by soils. Soil Sci. Soc. Amer. proc. , 1975, 34: 750-754.
[29] Lunde G. Analysis of trace elements in seaweed. J. Sci. Food Agric. , 1970, 21: 416-418.

[30] NAS. Medical and Biologic Effects Environmental Pollutants: Arsenic. Washington, DC: National Academy of Sciences, 1977.

[31] 中国农业科学院祁阳红壤改良实验站．“砷素”田研究取得新进展．土壤肥料，1982（5）：117.

[32] 环境科学编辑部．环境中若干元素的自然背景值及其研究方法．北京：科学出版社，1982.

[33] 李健，郑春江等．环境背景值数据手册．北京：中国环境科学出版社，1989.

[34] 王云，贺建群．长江三峡库区部分元素土壤环境背景值研究．环境科学，1986，7：70-76.

[35] 吴燕玉，孟宪玺，陈万峰．松辽平原土壤环境背景值区域特征及分布规律．环境科学，1986，7（5）：24-33.

[36] Aylett B J. Group Ⅱ B. in Comprehensive Inorganic Chemistry. Oxford: Pergamon Press, 1973: 254.

[37] Chizhikov D M. Cadmium. New York: Pergamon Press, 1966.

[38] Sneed M C, Brasted R C. Comprehensive inorganic chemistry, Princeton. N. J. Van Nostrand, 1955, 4: 64.

[39] J J. Out west, they talked about cadmium. Enviro. Sci. Tech. 1977, 11: 336-337.

[40] 中国环境监测总站．中国土壤元素背景值．北京：中国环境科学出版社，1990.

[41] Wa Kita H, Schmitt R A. Cadmium. Handbook of Geochemisity. Berlin: Springer Verlag, 1970.

[42] Page A L, Bingham F T. Cadmium residues in the environment. In Residue Reviews, 1973, 48: 1-44.

[43] 杨学义．南京地区土壤背景值与母质关系//中国科学院土壤背景协作组等．环境中若干元素的自然背景值及其研究方法．北京：科学出版社，1982：16-20.

[44] Page A L, Eingham F T, Chang A C. Cadmium. Effect of the Heavy Metal Pollution on Plants. London and New York Jersey: Applied Science Publishers, 1981: 77-109.

[45] 唐诵六．土壤重金属地球化学背景值影响因素的研究．环境科学报，1987，7：245-252.

[46] Samuel D F, et al. Chemisty of Natural Water. Ann Arbor Sci. Pub, 1981: 376-385.

[47] Bowen H J M. Trace elements in biochemistry. New York: Academic Press, 1966: 241.

[48] 王德中，魏福香，赵玉钢．环境中铬的分布、迁移与积累//农业部环境保护科研监测所．农业环境保护研究资料，农业环境背景值专辑（第一集）．1982：49-63.

[49] 刘铮．微量元素在我国农业中的应用//孙曦．土壤养分，植物营养与合理施肥．北京：中国农业出版社，1981：92-110.

[50] 刘铮，宋其清，徐俊祥等．我国缺乏微量元素的土壤及其区域分布．土壤学报，1982，19（3）：209-223.

[51] 熊毅，李庆逵．中国土壤（第二版）．北京：科学出版社，1987.

[52] 唐丽华，徐俊祥，朱其清等．黄壤中微量元素的含量与分布．土壤学报，1983，20（2）：186-196.

[53] 袁可能．植物营养元素的土壤化学．北京：科学出版社，1983.

[54] 后藤重义．土壤环境と水银．日本土壤肥料学雑誌，1982，53（6）：550-555.

[55] 刘铮，唐丽华，朱其清等．我国主要土壤中微量元素的含量与分布初步总结．土壤学报，1978，19（3）：209-203.

[56] 韩凤祥．锌、镉的土壤环境化学形态及活性研究．南京：南京农业大学．

[57] 肖玲，梁圈生，王清华．砷对小麦种子萌发影响的探讨．西北农业大学学报，1998，26（6）：56-60.

[58] Khan I, Ahmai A, Iobai M, et al. Modulation of antioxidant defence system for arsenic detoxication in Indian mustard . Ecotoxicology and Environmental Safety, 2009, 72: 626-634.

[59] 杨桂娣，刘长辉，陆锦池等．砷胁迫对苗期水稻光合生理的影响．农产品加工学刊，2009（1）：5-7.

[60] 胡家恕，邵爱萍，叶兆杰．砷化镓和其他砷化合物对大豆种子萌发和异柠檬酸裂解酶（ICL）及超氧化物歧化酶（SOD）活性的影响．农业环境保护，1994，13（5）：194-198.

[61] 杨志敏．锌污染对小麦萌发期生长和某些生理生化特性的影响．农业环境保护，1994，13（3）：121-123.

[62] 胡勤海．Ga，As，As（Ⅲ）和 As（Ⅴ）对蔬菜种子萌发生理影响研究．农业环境保护，1996，15（2）：53-57.

[63] Toppi L S, Gabbrielli R. Response to cadmium in higherplants. Environ Exp Bot，1999, 41: 105-130.

[64] Schutzen dubel A, Polle A. Plant responses to abiotic stresses: heavy metal-induced oxidative stress and protection by mycorchization. J Exp Bot, 2002, 53（372）: 1351-1365.

[65] 彭鸣，王焕校，吴玉树．镉、铅诱导和玉米幼苗细胞超微结构的变化．中国环境科学，1991，11（6）：426-431.

[66] 刘厚田．土壤镉污染对水稻叶片光谱反射特性的影响．生态学报，1986，6（2），89-99.

[67] 孙光闻，陈目远，刘厚诚等．镉对植物光合作用及氮代谢影响研究进展，中国农学通报，2005，21（9）：

234-236.
[68] 张玲，王焕校．镉胁迫下小麦根系分泌物的变化．生态学报，2002，22(4)：496-502.
[69] 贾夏，周春娟，董岁明．镉胁迫对小麦的影响及镉毒害响应的研究进展．麦类作物学报，2011，31(4)：786-792.
[70] Obata H, Umebayashi M. Effect of cadmium on mineral nutrient concentrtion in plant differing in tolerance for cadmium. Joural of plant Nutrition, 1997, 20: 97-105.
[71] 何俊瑜，任艳芳，王阳阳等．不同品种小麦种子萌发和幼苗生长对镉胁迫的响应．麦类作物学报，2009，29(6)：1048-1054.
[72] 汪瑾，苏现伐，王东超等．Cu、Cd 对小麦幼苗生长代谢及 2 种酶活性的影响．河南师范大学学报，2008，36(2)：92-94.
[73] 张利红，李培军，李雪梅等．镉胁迫对小麦幼苗生长及生理特性的影响．生态学杂志，2005，24(4)：458-460.
[74] 何俊瑜，任艳芳，任明见等．镉对不同小麦品种种子萌发的影响．中国农业通报，2009，25(10)：235-240.
[75] Gajewska E, Skodowska M. Differential effect of equal copper, cadmium and nickel concentration on biochemical reactions in wheat seeding. Ecotoxicology and Environmental Safety, 2010, 73(5): 996-1003.
[76] Anderson J M, Park Y I, Chow W S. Phototinaction and photoporotection of photosystem I. in nature.Physiologia plantarum, 1997, 100(2): 214-223.
[77] Seregin I V, Ivanov V B. Physiological aspects of cadmium and lead toxic effects on higher plants. Russian Journal of Plant Physiology, 2001, 48(4): 606-630.
[78] 慈敦伟，姜东，戴廷波等．镉毒害对小麦幼苗光合及叶绿素荧光特征的影响．麦类作物学报，2005，25(5)：88-91.
[79] 王德中，魏福香，赵玉刚．农业环境保护研究资料，农业环境背景值专辑(第一集)环境中铬的分布、迁移与积累，1982：49-63.
[80] 陈英旭．土壤中不同形态铬的转化机制及其对水稻生长发育的影响．浙江农业大学学报，1990(1)：1-7.
[81] 夏增禄，穆从如，李森照等．北京东郊作物对重金属的吸收及其重金属在土壤中含量和存在形态的关系．生态学报，1983，3(3)：277-285.
[82] Cary E E, Allaway W H, Olson O E. Control of chromium concentrations in food plants absorption and translocation of chromium by plants. J. Agri. Food chem., 1977, 25: 300-304.
[83] Cary E E, Allaway W H, Olson O E. Control of chromium conentrations in food plants Ⅱ. Chemistry of Cr in soils and its availability to plants. J. Agri. Food Chem., 1977, 25: 305-309.
[84] Lahouti M, Peterson P J. Chromium accumulation and distribution in crop plant. J. Sci. Fd. Agric., 1979, 30: 136-142.
[85] Mertz, W. Chromium occurrence and function in biological systems. Physiol. Rev., 1969, 49: 165-239.
[86] Myttenaere C, Mousny J M. The distribution of chromium-51 in lowland rice relation to the chemical form and to the amount of stable chromium on the nutrient solution. Plant Soil, 1974, 41: 65-72.
[87] 夏增禄．论我国农田灌溉水质标准的制定——以镉、砷为例．生态与农村环境学报，1989(2)：45-49.
[88] Bianch, V. Mechanisms of chromium genotoxicity. Toxic. Environ. Chem. Rev., 1984, 9(1): 1-25.
[89] Bourque G P, Vittorio P, Wainberger P. Uptake of $^{15}Cr$ as an indicator of metabolic change in wheat root tips. J. Physiol. Pharmacol., 1967, 45: 235-239.
[90] Bowen H J M. Trace elements in biochemistry. New York: Academic Press, 1966: 240-242.
[91] 蒋德富，杨晓华．$Cr^{6+}$ 对冬小麦 6246 发芽及根尖细胞有丝分裂影响的初步研究．环境科学，1981，5：16-20.
[92] 李森照．皮革废水中铬对作物的影响//《区域环境学术讨论会文集》编辑组，区域环境学术讨论会文集．北京：科学出版社，1980：90-94.
[93] Mukherji S, Roy B K. Characterization of chromium toxicity in different plant materials. Indian J. Exp. Biol., 1978, 16: 1017-1019.
[94] Barcelo J. Effect of Cr(Ⅵ) on mineral element composition of bush. J. of Plant Natrition, 1985, 8(3): 211-217.

[95] Krupa Z, Ruszkowski M, Gkowska-Jung F. The effect of chromium on synthesis of plastid pigments and lipoquinones in Zea mays L. seedlings. Acta Societatis Botanicorum Poloniae, 1982, 51 (2) : 275-281.

[96] Turner M A, Rust R H. Effect of chromium on grouth and mineral nutrition of soybeans. S. S. S. A. J. , 1971, 35: 755-758.

[97] Wium A S. The effect of chromium on the photosynthesis and growth of diatoms and green alage. Physiol. Plant, 1974, 32: 308-310.

[98] Mukherji S, Roy B K. Changes in the anzyme levels of mungbean seedlings caused by the toxicity of chromium. Sci. Cult. , 1981, 47 (10) : 354-355.

[99] Roy B K, Mukherji S. Regulation of enzyme activity in mungbean Phaseolus aureus L. Seedlings by chromium. Environ. Pollut. Ser. A. , 1982, 28 (1) : 1-6.

[100] 张春龙，何增耀，叶兆杰．铬对大豆结瘤和固氮酶活性的影响．中国环境科学，1988，8 (3)：41-44.

[101] 郑爱珍．铬对玉米和黄瓜种子萌发及幼苗早期生长的影响．种子，2009，28 (7)：11-13.

[102] 杨双春，张洪林．铬胁迫对玉米生理特性的影响．中国生态农业学报，2006，14 (1)：373-380.

[103] 马文丽，金小弟，王转花．铬胁迫对乌麦种子萌发及幼苗生长的影响．山西大学学报（自然科学版），2004，27 (2)：202-204.

[104] 周建华，王永锐．硅营养缓解水稻幼苗 Cd、Cr 毒害的生理研究．应用与环境生学报，1999，5 (1)：11-15.

[105] 赵菲佚，翟禄新．Cr、Pb 复合处理下 2 种离子在植物体内的分布及其对植物生理指标的影响．西北植物学报，2002，22 (3)：595-601.

[106] 赵世刚．铬对植物毒性研究进展．青岛：青岛科技大学，2010.

[107] Adel M Zayed, Norman Terry. Chromium in the enviroument: factors affecting bilogical remediation. Plant and Soil, 2003, 249: 139-156.

[108] Singh A K. Effect of trivalent and hexavalent chromium on spinch (Spinacea oleracea L. ). Environment and Ecology, 2001, 19 (4) : 407-810.

[109] 康维钧，哈婧，梁淑轩等．铬对萝卜种子发芽与根伸长抑制的生态毒性．河北科技大学学报，2005，26 (4)：322-329.

[110] 王秀娟．铜、镍和铬单一和联合作用对植物的影响．青岛：青岛科技大学，2005.

[111] 张晓微．铬对农作物生长的影响．阜新：辽宁工程技术大学，2010.

[112] 鲁先文，佘林，宋小龙等．重金属铬对小麦叶绿素合成的影响．农业与技术，2007，27 (4)：60-64.

[113] Alina Kabata-Pendias, Pendias H. Trace elements in soils and plants. Boca Raton: CRC Press INc, 1984.

[114] 刘文彰，孙典兰．铜对黄瓜幼苗生长及过氧化物酶和吲哚乙酸氧化酶活性的影响．植物生理学报，1985 (3)：22-24.

[115] 刘文彰，孙典兰．铜的过剩和不足对棉花幼苗生长、酶的活性及植物内铜的累积的影响．河北农业大学学报，1986，9 (1)：45-50.

[116] 吴家燕，夏增禄，巴音等．土壤重金属污染的酶学诊断——紫色土中镉、铜、砷对水稻根系过氧化酶的影响．环境科学学报，1990，10 (1)：73-76.

[117] Coombes A J. Uptake patterns of free and complexed copper Ions in excised roots of berley. Z. Pflanzenphysiol, 1977, 82: 435-439.

[118] Cedeno Maldonado A. The copper ion as an inhibiitor of photosynthetic electron trasport in isolated chlroplasts. Pl. Physiol. , 1972, 50: 698-701.

[119] 许炼峰，韩超群．砖红壤添加铜对作物生长和残留的影响．生态与农村环境学报，1993 (3)：44-47.

[120] 夏家淇，杨桂芬，李德波等．我国南方某些铜矿区土壤铜的环境化学形态与水稻效应研究//环境中污染物及其生物效应研究文集．北京：科学出版社，1992：125-131.

[121] 母波，韩善华，张慧英．汞对植物生理生化的影响．中国微生态学杂志，2007，19 (6)：582-583.

[122] Kabata-Pendias A, Pendias H. Trace elements in soils and plants. Florida: CRC Press Inc, 1984.

[123] Smith C J, Hopmans P, Cook F J. Accumalation of Cr, Pb, Cu, Ni, Zn and Cd in soil following irrigation with treated urban effluent in Australia. Environmental Pollution, 1996, 94 (3) : 317-323.

[124] Wong S C, Li X D, Zhang G, et al. Heary metals in agricultural soil of the Pearl River Delta, South China. En-

vironmental Pollution, 2000, 119: 33-44.

[125] 赵其国，周炳中，杨浩．江苏省环境质量与农业安全问题的研究．土壤，2002，1：1-8.

[126] 张文贤．汞、镉、铅、胁迫对油菜毒害效应．山西大学学报（自然科学版），2004，27（4）：410-413.

[127] 秦天才，吴玉树，王焕校．镉、铅及其相互作用对小白菜生理生化特征的影响．生态学报，1994，14（1）：46-50.

[128] 马文丽，王转花．铅胁迫对乌麦及普通小麦抗氧化酶的影响．山西农业科学，2004，32（2）：8-12.

[129] 庞欣，王东红，彭安．铅胁迫对小麦幼苗抗氧化酶活性的影响．环境科学，2001，22（5）：108-111.

[130] 江行玉，赵可夫．铅污染下芦苇体内铅的分布和铅胁迫相关蛋白．植物生理与分子生物学学报，2002，28（3）：169-174.

[131] 乔琳，李杰，胡春红等．外施表油菜素内酯缓解玉米幼苗铅毒害机制研究．核农学报，2014，28（11）：2126-2131.

[132] 周希琴，莫灿坤．植物重金属胁迫及其抗氧化系统．新疆教育学院学报，2003，19（2）：103-108.

[133] 任安之，高玉葆，刘爽．铬、镉、铅胁迫对青菜叶片几种生理生化指标的影响．应用与环境生物学报，2000，6（2）：112-116.

[134] 李春荣．Cd、Pb 及其复合污染对烤烟叶片生理生化及细胞亚显微结构的影响．植物生态学报，2000，24（20）：238-242.

[135] 杨丹慧．重金属对高等植物光合膜结构和功能的影响．植物学通报，1991，8（3）：26-29.

[136] 张义贤．重金属对大麦（Hordeum vulgare）毒性的研究．环境科学学报，1997，17（2）：199-205.

[137] Assche F V, Clijster H. Effects of metal on enzyme activity in plant. Plant Cell Envion, 1990, 13: 195-206.

[138] 郑春荣，陈怀满．土壤-水稻体系中污染重金属的迁移及其对水稻的影响．环境科学学报，1990，10（2）：145-162.

[139] 龚红梅，李卫国．锌对植物的毒害及机理研究进展．安徽农业科学，2009，37（29）：14009-14015.

[140] 杨惠敏．锌污染对小麦萌发生长和某些生理生化特性的影响．农业环境保护，1994，13（8）：121-123.

[141] 扶惠华，王煜，田廷亮．镍在植物生命活动中的作用．植物生理学通讯，1996，32（1）：45-49.

[142] 王煜，扶惠华，田廷亮．镍对水稻种子萌发的影响及生理生化背景研究．华中师范大学学报（自然科学报），1998，32（4）：486-489.

[143] 王海华，曾富华，蒋明义等．不同浓度镍对水稻种子萌发及其生理特性的影响．湖南农业大学学报（自然科学版），2000，26（5）：332-334.

[144] Poulik Z. Influence of nickel contaminated soil on lettuce and tomatoes. Scientia Horticultarace. 1999, 81: 243-250.

[145] Papida B K, Chhibba I M, Nayyar V K. Influence of nickel contaminated soils on fenugreek（Trigonella comiculata L）growth and mineral composition. Scientia Horticulturace, 2003, 98: 113-119.

[146] Kopittke P M, Asher C J, Menzies N W. Toxic effects of $Ni^{2+}$ on growth of cowpea（Vigna unguiculata）. Plant soil, 2007, 292: 283-289.

[147] 罗丹，胡欣欣，郑海峰．镍对蔬菜毒害临界值的研究．生态环境学报，2010，19（3）：584-589.

[148] 杨红超，王素平．重金属镍胁迫小麦种子萌发及幼苗生长的影响．种子，2011，30（12）：18-20.

[149] Brown P H, Welch R M, Cary E E, et al. Micronutrients. Journal of Plant Nutrition, 1987, 10（9）: 2125-2135.

[150] 王海华，康健，曾富华等．高浓度镍对水稻幼苗及酶活性的影响．作物学报，2001，27（6）：953-957.

[151] 王海华，澎喜旭，严明等．模拟酸雨和镍复合污染红壤中莴笋的生长与抗氧化反应．水土保持学报，2007，21（3）：99-102.

[152] 王启明．铅镉及其复合胁迫对大豆幼苗生理生化特性的影响．济南农业科学，2006，35（7）：34-37.

[153] 马建军．土壤镍污染对小麦幼苗生长及生理生化指标的影响．河北职业技术师范学院学报，2000，14（3）：17-20.

[154] 马建军，朱京涛，丁凤鸣．褐土施 Ni 对小白菜的生物效应及临界值的研究．生态与农村环境学报，2006，22（1）：75-79.

[155] 刘艳．重金属镍污染土壤的生态风险评价．北京：北京林业大学，2007.

[156] 中国环境监测总站．中国土壤元素背景值．北京：中国环境科学出版社，1990.

[157] 孙燕，刘和峰，刘建明等．有色金属尾矿的问题及处理现状．金属矿山，2009，5：6-10.

[158] 中华人民共和国环境保护部．全国环境统计年报（2001 ~ 2012）．北京：中国环境科学出版社．

[159] 邓湘湘．我国有色金属行业环境污染形势分析与研究．湖南有色金属，2010，26（3）：55-59..

[160] 杨景辉．土壤污染与防治．北京：科学出版社，1995.

[161] 陈林华，倪吾钟，李雪莲等．常用肥料重金属含量的调查分析．浙江理工大学学报，2009，26（2）：223-226.

[162] 鲁如坤，时正元，熊礼明．我国磷矿磷肥中镉的含量及其对生态环境影响的评价．土壤学报，1992，29（2）：150-159.

[163] 夏增禄．土壤环境容量研究．地球科学进展，1992，（5）：79.

[164] 王淑芳，纪肖海，王玉兰等．铜、砷、铅、镉对土壤微生物生态的影响及其临界毒害浓度的确定//夏增禄等著．土壤环境容量及其信息系统．北京：气象出版社，1991：75-80.

[165] 顾宗濂，谢思琴，吴留松等．用物发光剂测定污染水质生物毒性．环境科学，1983，4（5）：30-33.

[166] Bruemmer G W, Gerth J, Herms U. Heavy metal species, mobility and availability in soils. Z Pflanz Bodenkunde, 1986. 149: 382-398.

[167] 郑春荣，孙兆海，周东美等．土壤 Pb、Cd 污染的植物效应Ⅱ——Cd 污染对水稻生长和 Cd 含量的影响．农业环境科学学报，2004，23（5）：872-876.

[168] 刘凤枝，师荣光，徐亚平等．耕地土壤重金属污染评价技术研究——以土壤中铅和镉污染为例．农业环境科学学报，2006，25（2）：422-426.

[169] 刘凤枝等．土壤和固体废弃物监测分析技术．北京：化学工业出版社，2007.

[170] Miller J E, Hassett J J, Koeppe D E. The effect of soil properties and extractable lead levels on lead uptake by soybens. Commun soil Sci Plant Anal, 1975, 6: 339-347.

[171] GB 2762—2012.

[172] Green K, Broome L, Heinze D, et al. Long distance transport of arsenic by migrating Bogon Moth from agricultural lowlands to mountain ecosystem. Victorian Nat, 2001, 118: 4112-4116.

[173] Rubota R, Kunito T, Tanabe S. Occurrence of several arsenic compounds in the liver of birds, cetaceans pinnipeds, and sea turtles. Environ Toxicol Chem, 2003, 22: 61200-61207.

[174] Tisler T, Zagorc-Koncan J. Acute and chronic toxicity of arsenic to some aquatic organisms. Bull Environ Contam Toxicol, 2002, 69: 421-429.

[175] Zelikoff J T, Raymond A, Carlson E, et al. Biomarkers of immunotoxicity in fish: from the lab to the ocean. Toxicol Lett, 2000, 15: 325-331.

[176] Bemstam L, Nriagu J. Molecular aspects of arsenic stress. Toxicol Environ Health B Crit Rev, 2000, 3: 293-322.

[177] Kitchin K T. Recent advances in arsenic carcinogenesis: modes of action, animal model systems, and methylated arsenic metabolites. Toxicol Appl Phannacol, 2001, 172: 249-261.

[178] Sakurai T, Kojirna C, Ochiai M, et al. Evaluation of in vivo acute immunotoxicity of a major organic asenic compund arsenobetaine in seafood. Int Immunopharmacol, 2004, 4: 179-184.

[179] 朱参胜，梁晓聪．砷的毒理及其对人体健康的影响．环境与健康杂志，2009，26（6）：561-563.

[180] 白爱梅，李跃，范中学．砷对人体健康的危害．微量元素与健康研究，2007，24（1）：61-62.

[181] 杨瑾，李金有，孙天佑等．亚慢性中毒大鼠血脂谱变化特征及机理研究．中国地方病学杂志，2003，22（2）：107-110.

[182] IARC. IARC Monographs on the Evaluation of Carcinogentic Risk of Chemicals to Man. Lyon: IARC, 1980, 23: 48-51.

[183] Line H C, et al. Arsenic-ralated Bowen’s disease, palmar keratosis, and skin cancer. J Amacad Dermatol, 1999, 14（4）: 641-643.

[184] Hopenhayn R C, et al. Bladder cancer Mortality associated with Arsenic in drinking water in Argentina. Epidemiology, 1996, 7（2）: 117-124.

[185] Moore L E, et al. Micronuclei in exfoliated bladder cells among indiriduals chronically exposed to arsenic in drinking water. Cancer Epidemiol Biomarkers PREV, 1997, 6（12）: 1051-1056.

[186] 许韫，李积胜．汞对人体健康的影响及防治．国外医学．卫生分册，2005，32（5）：278-281.

[187] 安建搏．低剂量汞毒性与人体健康．国外医学地理分册，2007，28（1），39-41.
[188] 刘晓梅等．甲基汞致小鼠肝细胞 DNA 的损伤．中华预防医学杂志，2002，36（1）：5-7.
[189] Anderson D, et al. The effect of various antioxidants and other modifying agents on oxygen-radical-generated DNA damage in human lymphocytes in the COMET assay Mut Res, 1994, 307（5）: 261-271.
[190] 岳麟．环境中重金属研究论文集．北京：科学出版社，1988：25.
[191] 朱凤鸣，刘芳，邹学贤．昆明西郊镉污染对人体健康影响．中国卫生检验杂志，2002，12（5）：602-603.
[192] 郭德成．生物无机化学概要．天津：天津科学技术出版社，1990：28.
[193] 黄秋婵，韦友欢，黎晓峰．镉对人体健康和危害效应及其机理研究进展．安徽农业科学，2007，35（9）：2528-2531.
[194] 崔玉静．镉对人类健康的危害及其影响因子的研究进展．卫生研究，2006，35（5）：656-658.
[195] 吴鹏鸣．环境监测原理与应用．北京：化学工业出版社，1991：22-52.
[196] 苗键，高琦，许思来．微量元素相关疾病．郑州：河南医科大学出版社，1997.
[197] 江刚．镉与癌症发病率相关．中国环境科学，2006，24（6）：468.
[198] 徐顺清，陈建伟，包克光等．镉接触者骨矿物质含量改变及其诊断价值．职业医学，1995，22（5）：8-9.
[199] Gunnarnordberg，叶葶葶．中国环境镉接触人群低骨密度及肾功能不全的研究．AMBIO-A 类环境杂志，2002，31（6）：478-481.
[200] 赵肃，王任群，邱玉鹏等．沈阳市镉污染区居民尿镉及骨密度调查．中国公共卫生，2005，21（11）：1333-1334.
[201] 刘宝宜，竹林茂夫，孙素华．长期居住镉污染区人体肾脏及骨骼的研究．中国工业医学杂志，1995，8（2）：71-73.
[202] 李怀富．镉与尿路结石．国外医学：泌尿系统分册，1994，14（1）：42-44.
[203] 陈建伟，徐顺清，彭良斌等．镉接触工人血压水平变化及影响因素分析．职业卫生与病伤，1988，13（1）：18-19.
[204] 许舸，徐晨．镉对中枢神经系统影响的研究进展．国外医学：卫生学分册，2005，32（1）：19-24.
[205] 关颖，李青，朱伟杰．镉离子介导急性肝损伤与抗损伤机制的研究进展．新乡医学院学报，2006，23（4）：423-426.
[206] 金慧英，胡惠民，周雍等．急性镉中毒的肝脏损伤机制及金属硫蛋白的保护作用研究．中华劳动卫生职业病杂志，1998，16（1）：43-46.
[207] 曹友军，方企圣，王沐沂．镉对离体自然杀伤细胞活性的影响．环境与健康杂志，1993，10（8）：105-106.
[208] 章家琪，吴燕玉．镉污染与农业．北京：科学普及出版社，1989.
[209] 郭笃发．环境中铅和镉的来源及其对人和动物的危害．环境科学，1994，2（3）：73-75.
[210] 许道礼，王佩英．智力杀手，铅中毒．科学生活，1996，（6）：4-5.
[211] 沈晓明．儿童铅中毒．北京：人民卫生出版社，1996：8.
[212] 朱顺译．铅锌冶炼厂废气对环境及青少年健康的影响．安徽医科大学学报，1990，25：94.
[213] 韦友欢，黄秋婵，苏秀芳．镍对人体健康的危害效应及其机理研究．环境科学与管理，2008，33（9）：45-47.
[214] 康立娟，孙凤春．镍与人体健康及毒理作用．世界元素医学，2006，13（2）：39-42.

# 第二章

# 现行农田土壤环境质量标准及评价体系

## 第一节　国内外农田土壤环境质量标准及评价体系

土壤环境质量标准的制定是一个世界性难题，在国际上已经有 80 多个国家或地区制定了相对完善的大气和水环境质量标准体系，但各国的土壤环境质量标准仍在不断修改和完善。综合来看，各国制定的土壤环境质量标准中有害物质大多是重金属，且各国之间标准值的差异较大，这与各国国情（含土壤类型）有关，北欧国家土壤环境质量标准相对较严，英美则较宽。

### 一、国外农田土壤环境质量标准

1. 美国农田土壤环境质量标准

美国极其重视对土壤环境的保护，其国内的土壤环境质量标准体系主要由三部分组成：一是美国国家土壤环境质量标准体系，由通用土壤筛选值（Generic SSLs）、生态土壤筛选值（Eco-SSLs，见表 2-1）、人体健康土壤筛选值（见表 2-2）和土壤放射性核素筛选值四部分构成；二是美国区系（region）土壤环境质量标准体系；三是美国各州的土壤环境质量标准体系。

**表 2-1　美国生态土壤筛选值（Eco-SSLs）（按土壤干重计）**　　单位：mg/kg

| 序号 | 金属和有机污染物 | | 植物 | 土壤无脊椎动物 | 野生动物 | |
|---|---|---|---|---|---|---|
| | | | | | 鸟类 | 哺乳动物 |
| 1 | 镉(Cd) | | 32 | 140 | 0.77 | 0.36 |
| 2 | 铬(Cr) | Cr(Ⅲ) | — | — | 26 | 34 |
| | | Cr(Ⅵ) | | | 无 | 130 |
| 3 | 钴(Co) | | 13 | — | 120 | 230 |
| 4 | 铜(Cu) | | 70 | 80 | 28 | 49 |
| 5 | 铅(Pb) | | 120 | 1700 | 11 | 56 |
| 6 | 锰(Mn) | | 220 | 450 | 4300 | 4000 |
| 7 | 镍(Ni) | | 38 | 280 | 210 | 130 |

续表

| 序号 | 金属和有机污染物 | 植物 | 土壤无脊椎动物 | 野生动物 | |
|---|---|---|---|---|---|
| | | | | 鸟类 | 哺乳动物 |
| 8 | 硒(Se) | 0.52 | 4.1 | 1.2 | 0.63 |
| 9 | 银(Ag) | 560 | — | 4.2 | 14 |
| 10 | 钒(V) | — | — | 7.8 | 280 |
| 11 | 锌(Zn) | 160 | 120 | 46 | 79 |
| 12 | 锑(Sb) | — | 78 | — | 0.27 |
| 13 | 砷(As) | 18 | — | 43 | 46 |
| 14 | 钡(Ba) | — | 330 | — | 2000 |
| 15 | 铍(Be) | — | 40 | — | 21 |
| 16 | DDT(包括代谢物) | — | — | 0.093 | 0.021 |
| 17 | 狄氏剂 | — | — | 0.022 | 0.0049 |
| 18 | 低分子量PAH | — | 29 | — | 100 |
| | 高分子量PAH | — | 18 | — | 1.1 |
| 19 | 五氯苯酚 | 5.0 | 31 | 2.1 | 2.8 |

**表 2-2 人体健康土壤筛选值居住区土壤筛选值** 单位：mg/kg

| 污染物 | 摄入-皮肤接触 | 挥发物吸入 | 地下水 | |
|---|---|---|---|---|
| | | | DAF＝20 | DAF＝1 |
| 艾氏剂 | 0.04 | 3 | 0.5 | 0.02 |
| DDT | 2 | — | 32 | 2 |
| 狄氏剂 | 0.04 | 1 | 0.004 | 0.0002 |
| 锑(Sb) | 31 | — | 5 | 0.3 |
| 砷(As) | 0.4 | — | 29 | 1 |
| 钡(Ba) | 5500 | — | 1600 | 82 |
| 铍(Be) | 160 | — | 63 | 3 |
| 镉(Cd) | 70 | — | 8 | 0.4 |
| 铬(总量) | 230 | — | 38 | 2 |
| Cr(Ⅲ) | 120000 | — | — | — |
| Cr(Ⅵ) | 230 | — | 38 | 2 |
| 汞(Hg) | 1600 | — | 2 | 0.1 |
| 镍(Ni) | 23 | 10 | 130 | 7 |
| 硒(Se) | 1600 | — | 5 | 0.3 |
| 银(Ag) | 390 | — | 34 | 2 |
| 铊(Tl) | 390 | — | 0.7 | 0.04 |
| 钒(V) | 6 | — | 6000 | 300 |
| 锌(Zn) | 550 | — | 12000 | 620 |

其中，美国国家土壤环境质量标准的制定依据包括《综合环境污染响应、赔偿和责任认定法案》(又称《超级基金法案》)、《超级基金增补和再授权法案》和《国家油品和有害物质应急计划》。美国环保总署（US EPA）颁布了旨在保护生态受体安全的土壤生态筛选导则，以及旨在保护人体健康的土壤筛选导则。美国许多州，如德克萨斯州、华盛顿州、密歇根州、新泽西州、纽约州、俄勒冈州、宾夕法尼亚州及特拉华州等也据此制订了各州的土壤质量指导值。其相关土壤标准分为不同阶段，包括监测基准、管制标准及整治标准。美国土壤净化标准（TAGM 4046）包含31种有机污染物、44种半挥发有机污染

物、27 种有机杀虫剂/除草剂和 24 种重金属的水质保护标准、土壤允许浓度和土壤净化标准等。

2. 日本农田土壤环境质量标准

日本有关土壤环境质量标准的制定始于 20 世纪 70 年代，在日本富山县神通川流域曾发生过因重金属镉污染而导致居民患上“痛痛病”，这使日本认识到土壤污染的严重后果，开始致力于土壤环境污染的防治工作，并制定了一系列的法律、法规和环境标准以进行土壤污染的监测、控制与治理。1970 年颁布了《农用地土壤污染防治法》以及《土壤质量环境标准和分析方法》。根据土壤环境功能中的保护农作物生长功能的观点，1991 年 8 月修订了 Cd 等 10 项标准，1994 年 2 月增加挥发性有机化合物（VOCs）、农药等 15 项土壤环境限制标准。2001 年从保护地下水涵养功能和水质净化功能的角度增加了氟和硼 2 项监测指标，目前日本的土壤环境质量标准中监测指标有 27 项。在制定土壤标准时，特别设立了浸出液（将土壤和 10 倍量的水混合，将污染物浸出）标准，同时规定了浸出液中 24 种污染物的浓度。

日本防治土壤环境污染的法律、法规及环境标准如表 2-3 所列。

**表 2-3　日本防治土壤环境污染的法律、法规及环境标准**

| 时间 | 相关法律、法规及环境标准 |
|---|---|
| 1970 年 | 颁布《农用地土壤污染防治法》 |
| 1986 年 | 环境厅制定《市街地土壤污染暂定对策方针》 |
| 1991 年 | 制定《土壤污染环境标准》(镉等 10 项监测指标) |
| 1994 年 | 修订《土壤污染环境标准》(追加三氯乙烯等 15 项监测指标)；环境厅制定《与重金属有关的土壤污染调查·对策方针》《与有机氯化合物有关的土壤·地下水对策暂定方针》 |
| 1999 年 | 环境厅制定《关于土壤·地下水污染调查·对策方针》；实施《环境影响评价法》，将土壤环境纳入评估范围 |
| 2001 年 | 修订《土壤污染环境标准》(追加氟和硼 2 项监测指标) |
| 2002 年 | 颁布《土壤污染对策法》 |

日本的土壤环境质量标准包括 23（4）个污染物指标（见表 2-4），具体为：铜、铅、镉、汞（烷基汞）和砷 5 种重金属；二氯甲烷、四氯化碳等 10 个挥发性有机氯化合物；有机磷、西玛嗪等农药；微量元素硒；总氰、PCB 和苯等。日本在制定土壤质量标准时，对镉、砷、铜特别针对农用地（水稻田）制定了标准值。

**表 2-4　日本与土壤污染相关的环境标准**（平成 3 年 8 月 23 日环境省厅告示第 46 号）

| 项目 | 溶出标准（以试样溶液中含量计）/(mg/L) | 农用地标准/(mg/kg) |
|---|---|---|
| 镉 | 试样溶液中含量≤0.01 | 米≤1 |
| 总氰 | 不得检出 | |
| 有机磷农药(对硫磷、甲基对硫磷、甲基 1059 及 EPN) | 不得检出 | |
| 铅 | 试样溶液中含量≤0.01 | |
| 六价铬 | 试样溶液中含量≤0.05 | |
| 砷 | 试样溶液中含量≤0.01 | 农用地土壤≤15 |
| 总汞 | 试样溶液中含量≤0.0005 | |
| 烷基汞 | 不得检出 | |
| 多氯联苯(PCB) | 不得检出 | |
| 铜 | — | 农用地土壤≤125 |
| 二氯甲烷 | 试样溶液中含量≤0.02 | |

续表

| 项目 | 溶出标准（以试样溶液中含量计）/(mg/L) | 农用地标准/(mg/kg) |
|---|---|---|
| 四氯化碳 | 试样溶液中含量≤0.002 | |
| 1,2-二氯乙烷 | 试样溶液中含量≤0.004 | |
| 1,1-二氯乙烯 | 试样溶液中含量≤0.02 | |
| 顺式-1,2 二氯乙烯 | 试样溶液中含量≤0.04 | |
| 1,1,1-三氯乙烷 | 试样溶液中含量≤1 | |
| 1,1,2-三氯乙烷 | 试样溶液中含量≤0.006 | |
| 三氯乙烯 | 试样溶液中含量≤0.03 | |
| 四氯乙烯 | 试样溶液中含量≤0.01 | |
| 1,3-二氯丙烯 | 试样溶液中含量≤0.002 | |
| 秋兰姆 | 试样溶液中含量≤0.006 | |
| 西吗嗪 | 试样溶液中含量≤0.003 | |
| 杀草丹 | 试样溶液中含量≤0.02 | |
| 苯 | 试样溶液中含量≤0.01 | |
| 硒 | 试样溶液中含量≤0.01 | |
| 氟 | 试样溶液中含量≤0.8 | |
| 硼 | 试样溶液中含量≤1 | |

注：1. 溶出标准（溶出：洗提-淋洗），从保护土壤净化水质和涵养地下水功能的角度，制定溶出标准。
2. 农用地标准：从保护土壤的生产粮食功能的角度制定，表中数值为米和土壤本身所含的有害物质的含量。

3. 荷兰土壤环境质量标准

荷兰 2006 年修订的《土壤保护法》第 36 条规定政府应制定条例，规定土壤污染对人体健康、土壤陆生生态造成危害或严重影响时的判别标准，2007 年修订的《土壤质量条例》进一步明确规定制定土壤干预值标准（表 2-5）。

**表 2-5 荷兰提出的土壤环境质量标准值**

| 元素 | 符号 | 背景值 Cb /(mg/kg) | 可忽略增加 NA /(mg/kg) | 可忽略浓度 NC /(mg/kg) | 最大允许增加 MPA /(mg/kg) | 最大允许浓度 MPC /(mg/kg) | 严重生态风险增加 $SRA_{ECO}$ /(mg/kg) | 严重生态风险浓度 $SRC_{ECO}$ /(mg/kg) |
|---|---|---|---|---|---|---|---|---|
| 铍 | Be | 1.1 | 0.0043 | 1.1 | 0.43 | 1.5 | 1.9 | 3.0 |
| 钒 | V | 42 | 0.00032 | 42 | 0.032 | 42 | 25 | 67 |
| 钴 | Co | 9 | 0.0023 | 9.0 | 0.23 | 9.2 | 15 | 24 |
| 硒 | Se | 0.7 | 0.000058 | 0.70 | 0.0058 | 0.71 | 1.2 | 1.9 |
| 钼 | Mo | 0.5 | 0.0076 | 0.51 | 0.76 | 1.3 | 270 | 270 |
| 锡 | Sn | 19 | 0.00068 | 19 | 0.068 | 19 | 250 | 270 |
| 锑 | Sb | 3 | — | — | — | — | 51 | 54 |
| 钡 | Ba | 155 | 0.082 | 160 | 8.2 | 160 | 210 | 360 |
| 铊 | Tl | 1.0 | 0.001 | 1.0 | 0.10 | 1.1 | 1.0 | 2.0 |

4. 瑞典土壤环境质量标准

瑞典按敏感程度将土地分为 3 类：敏感土地（sensitive land use）；较不敏感土地＋地下水保护（less sensitive land use＋ground water protection）；较不敏感土地（less sensitive land use）。按污染程度评价土壤分类见表 2-6。

表 2-6　按污染程度评价土壤分类

| 未污染 | 小于参考值 |
| --- | --- |
| 中等污染 | 1～3 倍参考值 |
| 严重污染 | 3～10 倍参考值 |
| 非常严重污染 | 大于 10 倍参考值 |

5. 德国土壤环境质量标准

德国的农产品产地土壤环境质量标准是根据土壤的用途来分别制定的，将土壤分为农田（栽培大田作物的）、菜地、花园、草场和绿地，根据不同的用途给出了相应的重金属含量警戒值和限量值，并特别强调了在某种特定环境条件（土壤环境容量较低）下或某种对重金属有强富集作用的农作物的产区，土壤中的重金属含量限值应做相应的调整。例如，在种植小麦和强富集镉的蔬菜产区，土壤中的限量值应用 0.04mg/kg，而在其他情况下土壤中的限量值应用 0.1mg/kg，同时对耕地的不同用途进行分类管理，制定出不同的警戒值和限量值；还根据作物对重金属不同的吸收特性和不同土壤的环境容量，对限量值做相应的调整，以确保农产品安全和标准的可操作性。此外，根据土壤污染的轻重分别制定 trigger values、action values 和 precaution values。所谓 trigger values，即“触发值”或“启动值”，超过触发值或启动值时必须进行调查评估，判断土壤是否有改变或是否有污染；所谓 action values，即“行动值”，超过该值时，一般认为土壤有污染迹象或者确认已经污染，必须采取措施；所谓 precaution values，即“预防值”或“警戒值”，超过该值时，意味着有地质或人为累积污染等原因导致土壤朝有害方向发展。

土壤污染三级设定见表 2-7。

表 2-7　土壤污染三级设定

| Precaution values | 预防值 |
| --- | --- |
| Trigger values | 启动值 |
| Action values | 行动值 |

土壤污染途径（pathway）见表 2-8。

表 2-8　土壤污染途径

| Soil-human beings(direct contact) | 土壤-人体直接接触 |
| --- | --- |
| Soil-plants(transfer) | 土壤-植物转移 |
| Soil-ground water | 土壤-地下水 |

土壤用途见表 2-9。

表 2-9　土壤用途

| Agriculture | 农业 |
| --- | --- |
| Gardening | 园地 |
| Green land | 绿地 |

有害物质可接受年负荷（acceptable additional annual load of hazardous substances）见表 2-10。

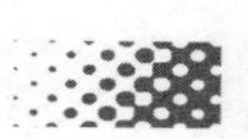

表 2-10　有害物质可接受年负荷　　　　单位：g/(hm² · a)

| 镉 | 6 |
| --- | --- |
| 铅 | 400 |
| 铬 | 300 |
| 铜 | 360 |

6. 加拿大土壤环境质量标准

加拿大土壤质量指导值如表 2-11 所列。

表 2-11　加拿大土壤质量指导值　　　　单位：mg/kg

<table>
<tr><th colspan="2" rowspan="2">物质</th><th colspan="2">农业用地</th><th colspan="2">居住/公共用地</th><th colspan="2">商业用地</th><th colspan="2">工业用地</th></tr>
<tr><th>粗糙</th><th>上等</th><th>粗糙</th><th>上等</th><th>粗糙</th><th>上等</th><th>粗糙</th><th>上等</th></tr>
<tr><td colspan="2">砷</td><td colspan="2">12</td><td colspan="2">12</td><td colspan="2">12</td><td colspan="2">12</td></tr>
<tr><td colspan="2">钡</td><td colspan="2">750</td><td colspan="2">500</td><td colspan="2">2000</td><td colspan="2">2000</td></tr>
<tr><td colspan="2">镉</td><td colspan="2">1.4</td><td colspan="2">10</td><td colspan="2">22</td><td colspan="2">22</td></tr>
<tr><td colspan="2">铅</td><td colspan="2">70</td><td colspan="2">140</td><td colspan="2">260</td><td colspan="2">600</td></tr>
<tr><td colspan="2">DDT</td><td colspan="2">0.7</td><td colspan="2">0.7</td><td colspan="2">12</td><td colspan="2">12</td></tr>
<tr><td colspan="2">镍</td><td colspan="2">50</td><td colspan="2">50</td><td colspan="2">50</td><td colspan="2">50</td></tr>
<tr><td rowspan="2">苯</td><td>表层</td><td>0.030</td><td>0.0068</td><td>0.030</td><td>0.0068</td><td>0.030</td><td>0.0068</td><td>0.030</td><td>0.0068</td></tr>
<tr><td>下层土</td><td>0.030</td><td>0.0068</td><td>0.030</td><td>0.0068</td><td>0.030</td><td>0.0068</td><td>0.030</td><td>0.0068</td></tr>
</table>

7. 澳大利亚土壤环境质量标准

澳大利亚国家环境保护委员会（NEPC）制定了基于人体健康的调研值（Health-based Investigation Levels，HILs）和基于生态的调研值（Ecologically-based Investigation Levels，EILs）（表 2-12）。澳大利亚和新西兰环境保护委员会/国家健康和医疗研究委员会（ANZECC/NHMRC）最早将调研值定义为：当土壤或地下水中污染物的浓度超过这一浓度时，需要开展进一步的调研和评估。由于澳大利亚不同地区的生态多样性，各地还建立了区域生态调研值（Regional Ecologically Investigation Levels，REILs）。

表 2-12　澳大利亚土壤调查值　　　　单位：mg/kg

| 测试项目 | 健康调查值(HILs) | | | | | | 生态调查值(EILs) | 背景范围 |
| --- | --- | --- | --- | --- | --- | --- | --- | --- |
| | A | B | C | D | E | F | 临时选取的城市 | |
| As | 100 | | | 400 | 200 | 500 | 20 | 1～50 |
| Be | 20 | | | 80 | 40 | 100 | | |
| Cd | 20 | | | 80 | 40 | 100 | 3 | 1 |
| Co | 100 | | | 400 | 200 | 500 | | 1～40 |
| Pb | 300 | | | 1200 | 600 | 1500 | 600 | 2～200 |
| Mn | 1500 | | | 6000 | 3000 | 7500 | 500 | 850 |
| Ni | 600 | | | 2400 | 600 | 3000 | 60 | 5～500 |
| DDT＋DDD＋DDE | 200 | | | 800 | 400 | 1000 | | |
| PCBs | 10 | | | 40 | 20 | 50 | | |

注：A、B、C、D、E、F 为不同地区。

8. 韩国土壤污染质量标准

韩国的土壤重金属污染除了极少数特殊案例，主要是直接或间接来自于矿场、工业或家庭废水，目前土壤重金属浓度皆在管制标准以下。在韩国食用作物中重金属的累积主要来自于矿区，经由暴露途径污染稻米、地下水及土壤，对居住在矿场周围的居民有潜在健康风险。在重金属污染区尚未有详细量化资料预估人体健康的毒性风险前，韩国所关心的重金属污染环境议题为植物中重金属毒性或重金属进入食物链的问题，遂制定土壤环境保护法（The Soil Environmental Conservation Law，SECL），管制镉、汞、铅、铜、锌、镍、铬及砷 8 个项目，如农地汞的管制标准为 4mg/kg，整治标准为 10mg/kg。韩国在制定土壤污染预警标准和土壤污染对策标准时，根据对土壤污染敏感程度从高到低将土壤划分为三类：一类土壤区包括水稻田和学校所在地；二类土壤区为森林、仓储和娱乐用地；三类土壤区包括工业、道路和铁路所在地。

## 二、我国土壤环境质量标准体系

从 20 世纪末开始，随着我国农业生产由数量型向质量效益型的转变，加上人民生活水平的逐步提高，农产品的质量安全问题越来越受到关注。在对农业生产实施“从田间到餐桌”的全程质量控制过程中，农田土壤环境的质量对农产品的质量安全水平产生直接的影响。因此制定配套农田环境标准并严格施行，已经成为农产品质量安全控制的重要手段。

我国非常重视农田土壤环境质量相关标准的制定、修订工作，目前已颁布了涉及土壤环境质量标准、农产品产地土壤环境质量标准、无公害产品产地土壤环境质量标准、绿色食品环境质量标准等。这些标准的制定和颁布对于保障农田土壤环境质量、保障农产品质量安全、促进无公害农产品的生产起到了积极的促进和推动作用，为农业环境质量调查、分析和评估，农业环境污染事故的处理、鉴定以及农业环境及农产品中重金属、农药等污染物的控制等提供科学的技术支撑和依据。

1. 国家土壤环境质量标准

目前，我国现行的《土壤环境质量标准》是在我国土壤元素背景值和土壤环境容量研究成果的基础上，结合国际上的有关技术资料，由原国家环境保护总局于 1995 年制定并颁布实施的。《土壤环境质量标准》（GB 15618—1995）是我国制定并颁布实施的第一部土壤环境质量标准，也是目前我国农田土壤环境质量的主要标准，该标准的制定反映了我国多年来的土壤科研成果，统一了全国土壤环境质量标准。《土壤环境质量标准》在考虑土壤主要性质的基础上，规定了三大类土地功能区的镉、汞、砷、铜、铅、铬、锌、镍 8 个元素以及六六六、滴滴涕 2 种有机氯农药的限量值，见表 2-13。该标准规定，当土壤中上述污染物浓度低于标准浓度时，具备相应的应用功能，符合保护目标。在该标准的制定中，第一级采用地球化学法，主要依据土壤背景值。很多有机食品生产基地土壤采用第一级标准。第二级采用生态环境效应法，主要依据土壤中有害物质对植物和环境是否造成危害和影响。一般农田、蔬菜地等采用第二级标准。第三级也采用生态环境效应法，依据国内某些高含量地区土壤尚未发生危害或污染植物和环境的资料予以制定，该标准主要适用于农田土壤环境保护。

表 2-13 土壤环境质量标准 单位：mg/kg

| 项目 | 级别 | | | | |
|---|---|---|---|---|---|
| | 一级 | 二级 | | | 三级 |
| | 自然背景 | pH<6.5 | 6.5≤pH≤7.5 | pH>7.5 | pH>6.5 |
| 镉 | ≤0.20 | ≤0.30 | ≤0.30 | ≤0.60 | ≤1.0 |
| 汞 | ≤0.15 | ≤0.30 | ≤0.50 | ≤1.0 | ≤1.5 |
| 砷（水田） | ≤15 | ≤30 | ≤25 | ≤20 | ≤30 |
| 砷（旱地） | ≤15 | ≤40 | ≤30 | ≤25 | ≤40 |
| 铜（农田等） | ≤35 | ≤50 | ≤100 | ≤100 | ≤400 |
| 铜（果园） | — | ≤150 | ≤200 | ≤200 | ≤400 |
| 铅 | ≤35 | ≤250 | ≤300 | ≤350 | ≤500 |
| 铬（水田） | ≤90 | ≤250 | ≤300 | ≤350 | ≤400 |
| 铬（旱地） | ≤90 | ≤150 | ≤200 | ≤250 | ≤300 |
| 锌 | ≤100 | ≤200 | ≤250 | ≤300 | ≤500 |
| 镍 | ≤40 | ≤40 | ≤50 | ≤30 | ≤200 |
| 六六六 | ≤0.05 | | ≤0.50 | | ≤1.0 |
| 滴滴涕 | ≤0.05 | | ≤0.50 | | ≤1.0 |

注：1. 重金属（铬主要是三价）和砷均按元素量计，适用于阳离子交换量>5cmol（+）/kg 的土壤，若阳离子交换量≤5cmol（+）/kg，其标准值为表内数值的半数。

2. 六六六为四种异构体总量，滴滴涕为四种衍生物总量。

3. 水旱轮作地的土壤环境质量标准，砷采用水田值，铬采用旱地值。

2. 农用地土壤环境质量标准

于 1995 年颁布的我国现行《土壤环境质量标准》（GB 15618—1995），至今已经执行二十多年，已不适应现阶段我国土壤环境形式的新变化、新问题和新要求。2006 年国家环境保护部启动了该标准修订的专项工作，并由环境保护部南京环境科学研究所牵头承担。2015 年 1 月 13 日，环境保护部公布了新的《农用地土壤环境质量标准（征求意见稿）》，拟代替原有的《土壤环境质量标准》，在新标准中更新了部分规范性引用文件，增加了农用地的术语和定义，同时在新制定的标准中删除了原标准中的一级标准，自然保护区等依法需要特殊保护的地区，依据土壤环境背景值开展土壤环境质量评价与管理，同时整合调整了二级和三级标准，从而使其适用于耕地、园地、林地和草地等农用地的土壤环境质量评价与管理。在污染物控制方面，新颁布的农用地土壤环境质量标准将污染物控制项目由原来的 10 项增加至 21 项，并分为基本项目和其他项目两类，调整了基本项目总镉和总铅的含量限值，并细化了土壤 pH 值分组，增加了基本项目苯并［*a*］芘的含量限值，调整了六六六和滴滴涕的含量限值，增加了总锰、总钴、总硒、总钒、总锑、总铊、总钼、氟化物（水溶性氟）、石油烃类总量和邻苯二甲酸酯类等参考含量限值，作为其他项目。

农用地土壤污染基本项目和其他项目含量限值见表 2-14、表 2-15。

表 2-14 农用地土壤污染基本项目含量限值 单位：mg/kg

| 序号 | 污染物项目 | | 耕地、园地、草地 | | | | 林地 |
|---|---|---|---|---|---|---|---|
| | | | pH≤5.5 | 5.5＜pH≤6.5 | 6.5＜pH≤7.5 | pH＞7.5 | |
| 1 | 总镉① | | 0.30 | 0.40 | 0.50 | 0.60 | 7.0 |
| 2 | 总汞② | | 0.30 | 0.30 | 0.50 | 1.0 | 5.0 |
| 3 | 总砷①② | 水田 | 30 | 30 | 25 | 20 | 40 |
| | | 其他 | 40 | 40 | 30 | 25 | |
| 4 | 总铅① | | 80 | 120 | 160 | 200 | 500 |
| 5 | 总铬①② | 水田 | 250 | 250 | 300 | 350 | 400 |
| | | 其他 | 150 | 150 | 200 | 250 | |
| 6 | 总铜② | 果园 | 150 | 150 | 200 | 200 | 400 |
| | | 其他 | 50 | 50 | 100 | 100 | |
| 7 | 总镍① | | 40 | 40 | 50 | 60 | 200 |
| 8 | 总锌① | | 200 | 200 | 250 | 300 | 500 |
| 9 | 苯并[*a*]芘 | | 0.10 | | | | |

① 重金属和总砷均按元素计；阳离子交换量≤5cmol（+）/kg 的土壤，其含量限值为表内数值的半数。

② 对于水旱轮作地，总砷和总铬采用同一 pH 值分区内较严格的含量限值。

表 2-15 农用地土壤污染其他项目含量限值 单位：mg/kg

| 序号 | 污染物项目 | 含量限值 |
|---|---|---|
| 1 | 总锰 | 1200 |
| 2 | 总钴 | 24 |
| 3 | 总硒 | 3.0 |
| 4 | 总钒 | 150 |
| 5 | 总锑 | 3.0 |
| 6 | 总铊 | 1.0 |
| 7 | 总钼 | 6.0 |
| 8 | 氟化物（水溶性氟） | 5.0 |
| 9 | 六六六总量① | 0.10 |
| 10 | 滴滴涕总量② | 0.10 |
| 11 | 石油烃总量③ | 500 |
| 12 | 邻苯二甲酸酯类总量④ | 10 |

① 六六六总量为 $\alpha$-六六六、$\beta$-六六六、$\gamma$-六六六、$\delta$-六六六四种异构体总和。

② 滴滴涕总量为 $p,p'$-DDE、$p,p'$-DDD、$o,p'$-DDT，$p,p'$-DDT 四种衍生物总和。

③ 石油烃总量为 $C_6$～$C_{36}$ 总和。

④ 邻苯二甲酸酯类总量为邻苯二甲酸二甲酯、邻苯二甲酸二乙酯、邻苯二甲酸二正丁酯、邻苯二甲酸二正辛酯、邻苯二甲酸双 2-乙基己酯、邻苯二甲酸丁基苄基酯六种物质总和。

3. 行业农田土壤环境质量相关标准

2007 年 2 月 1 日，国家环境保护总局颁布了《食用农产品产地环境质量评价标准》

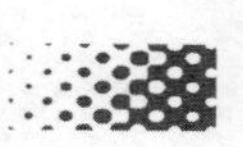

（HJ/T 332—2006）和《温室蔬菜产地环境质量评价标准》（HJ/T 333—2006）两项标准，这两项标准均涉及农田土壤环境质量评价的指标限值规定，其主要制定依据是《土壤环境质量标准》。

《食用农产品产地环境质量评价标准》主要规定了食用农产品产地土壤环境质量、灌溉水质量和环境空气质量的各个项目及其浓度（含量）限值和监测、评价方法，主要适用于食用农产品产地，不适用于温室蔬菜生产用地。食用农产品产地环境质量评价标准涉及土壤环境质量限值的内容见表 2-16。

**表 2-16 土壤环境质量评价指标限值①** 单位：mg/kg

| 项目② | | pH<6.5 | 6.5≤pH≤7.5 | pH>7.5 |
|---|---|---|---|---|
| 土壤环境质量基本控制项目： | | | | |
| 总镉 | 水作、旱作、果树等 | ≤0.30 | ≤0.30 | ≤0.60 |
| | 蔬菜 | ≤0.30 | ≤0.30 | ≤0.40 |
| 总汞 | 水作、旱作、果树等 | ≤0.30 | ≤0.50 | ≤1.0 |
| | 蔬菜 | ≤0.25 | ≤0.30 | ≤0.35 |
| 总砷 | 旱作、果树等 | ≤40 | ≤30 | ≤25 |
| | 水作、蔬菜 | ≤30 | ≤25 | ≤20 |
| 总铅 | 水作、旱作、果树等 | ≤80 | ≤80 | ≤80 |
| | 蔬菜 | ≤50 | ≤50 | ≤50 |
| 总铬 | 旱作、蔬菜、果树等 | ≤150 | ≤200 | ≤250 |
| | 水作 | ≤250 | ≤300 | ≤350 |
| 总铜 | 水作、旱作、蔬菜、柑橘等 | ≤50 | ≤100 | ≤100 |
| | 果树 | ≤150 | ≤200 | ≤200 |
| 六六六③ | | ≤0.10 | | |
| 滴滴涕③ | | ≤0.10 | | |
| 土壤环境质量选择控制项目： | | | | |
| 总锌 | | ≤200 | ≤250 | ≤300 |
| 总镍 | | ≤40 | ≤50 | ≤60 |
| 稀土总量(氧化稀土) | | ≤背景值④+10 | ≤背景值④+15 | ≤背景值④+20 |
| 全盐量 | | ≤1000，≤2000⑤ | | |

① 对实行水旱轮作、菜粮套种或果粮套种等种植方式的农地，执行其中较低标准值的一项作物的标准值。

② 重金属（铬主要是三价）和砷均按元素量计，适用于阳离子交换量>5cmol/kg 的土壤，若阳离子交换量≤5cmol/kg，其标准值为表内数值的半数。

③ 六六六为四种异构体总量，滴滴涕为四种衍生物总量。

④ 背景值：采用当地土壤母质相同、土壤类型和性质相似的土壤背景值。

⑤ 适用于半漠境及漠境区。

注：若当地某些类型土壤 pH 值变异在 6.0～7.5 范围，鉴于土壤对重金属的吸附率，在 pH 值为 6.0 时注：接近 6.5，pH 值在 6.5～7.5 之间可考虑在该地扩展为 pH 值在 6.0～7.5 范围。

《温室蔬菜产地环境质量评价标准》是环保部（现生态环境部）制定的食用农产品系列产地环境评价标准之一，其和《食用农产品产地环境质量评价标准》同期颁布执行，主要依据仍然是《土壤环境质量标准》等。该标准规定了以土壤为基质种植的温室蔬菜产地温室内土壤环境质量、灌溉水质量和环境空气质量的各个控制项目及其浓度（含量）限值和监测、评价方法。《温室蔬菜产地环境质量评价标准》标准中涉及的土壤环境质量评价指标限值规定如表2-17所列。

表2-17 土壤环境质量评价指标限值 单位：mg/kg

| 项目① | pH<6.5 | 6.5≤pH≤7.5 | pH>7.5 |
|---|---|---|---|
| 土壤环境质量基本控制项目： | | | |
| 总镉 | ≤0.30 | ≤0.30 | ≤0.40 |
| 总汞 | ≤0.25 | ≤0.30 | ≤0.35 |
| 总砷 | ≤30 | ≤25 | ≤20 |
| 总铅 | ≤50 | ≤50 | ≤50 |
| 总铬 | ≤150 | ≤200 | ≤250 |
| 六六六② | ≤0.10 | | |
| 滴滴涕② | ≤0.10 | | |
| 全盐量 | ≤2000 | | |
| 土壤环境质量选择控制项目： | | | |
| 总铜 | ≤50 | ≤100 | ≤100 |
| 总锌 | ≤200 | ≤250 | ≤300 |
| 总镍 | ≤40 | ≤50 | ≤60 |

① 重金属和砷均按元素量计，适用于阳离子交换量>5cmol/kg的土壤，若阳离子交换量≤5cmol/kg，其标准值为表内数值的半数。

② 六六六为四种异构体（$\alpha$-六六六、$\beta$-六六六、$\gamma$-六六六、$\delta$-六六六）总量，滴滴涕为四种衍生物总量（$p,p'$-DDE、$o,p'$-DDE、$p,p'$-DDD、$p,p'$-DDT）。

注：若当地某些类型土壤pH值变异在6.0～7.5范围，鉴于土壤对重金属的吸附率，在pH值为6.0时接近6.5，pH值在6.5～7.5之间可考虑在该地扩展为pH值在6.0～7.5范围。

农业部（现农业农村部）也极其重视农田土壤环境质量的保护工作，先后颁布了《无公害食品蔬菜产地环境条件》《绿色食品产地环境技术条件》《无公害食品产地环境评价准则》等标准。这些标准中涉及土壤环境质量的也主要依据国家《土壤环境质量标准》来制定。

2015年农业部在组织开展全国农产品产地土壤重金属污染防治普查的基础上，以部办公厅发文的形式，印发了《全国农产品产地土壤重金属安全评估技术规定》（农办科[2015]42号文，农业部办公厅关于印发《全国农产品产地土壤重金属安全评估技术规定》的通知）。

该文件对农产品产地土壤重金属含量的具体规定见表2-18。

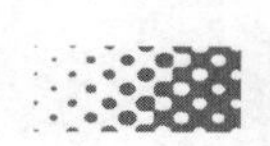

表 2-18　农产品产地土壤安全评估参比值①　　单位：mg/kg

| 项目 | 农产品产地土壤 | 土壤 pH 值 | | |
|---|---|---|---|---|
| | | ＜6.5 | 6.5～7.5 | ＞7.5 |
| 镉 | 农产品产地土壤 | ≤0.3 | ≤0.4 | ≤0.5 |
| 汞 | 农产品产地土壤 | ≤0.3 | ≤0.5 | ≤0.7 |
| 砷 | 水稻及蔬菜产地土壤 | ≤25 | ≤20 | ≤20 |
| | 其他农产品产地土壤 | ≤40 | ≤30 | ≤30 |
| 铅 | 蔬菜产地土壤 | ≤40 | ≤60 | ≤80 |
| | 其他农产品产地土壤 | ≤100 | ≤150 | ≤200 |
| 铬 | 蔬菜产地土壤 | ≤150 | ≤200 | ≤250 |
| | 其他农产品产地土壤 | ≤200 | ≤250 | ≤300 |

① 产地农产品种类两种或两种以上（包括轮作、套种等情况）者，以常年主栽相对更敏感的农产品种类确定其土壤安全评估的参比值。

4. 我国台湾省土壤环境质量标准

我国台湾省 2010 年修订的《土壤和地下水整治法》第二条规定了“土壤污染监测基准”和“土壤污染管制标准”，前者是基于土壤污染预防目的所制定的必须进行土壤污染监测的污染物浓度；后者是为防止土壤污染恶化所制定的必须进行土壤污染管制的污染物浓度。

## 三、我国现行土壤环境质量分类和标准分级

### （一）现行土壤环境质量分类[1]

我国 1995 年颁布的《土壤环境质量标准》根据土壤应用功能和保护目标，分为如下 3 类。

Ⅰ类主要适用于国家规定的自然保护区、集中式生活饮用水源地、茶园、牧场和其他保护区的土壤，土壤质量基本上保持在自然背景水平。Ⅰ类土壤中重金属含量基本处于自然背景水平，不致使植物体发生过多积累，并使植物中重金属含量基本上保持自然背景水平。本级为“背景值”级。

Ⅱ类主要适用于一般农田、蔬菜地、茶园、果园、牧场等土壤，土壤质量基本上不对植物和环境造成危害和污染。Ⅱ类土壤中有害物质对植物生长不会有不良影响，植物体的可食部分符合食品卫生标准要求，对土壤生物特性不致恶化，对地面水、地下水不致造成污染。本级为“安全值”级。

Ⅲ类主要适用于林地土壤及污染物容量较大的高背景值土壤和矿区附近等的农田土壤（蔬菜地除外）。土壤质量基本上不对植物和环境造成危害和污染。一般说来，林地土壤中污染物不进入食物链，树木耐污染力较强，故纳入Ⅲ类土壤。原生高背景土壤、矿区附近等土壤中的有害物质虽含量较高，但这些土壤中有害物质的活性较低，一般不造成对农田作物和环境的危害和污染，可纳入Ⅲ类。若监测有危害或污染，则不可采用Ⅲ类。本级为“临界值”级。

### （二）现行土壤环境质量标准分级[1]

1. 一级标准

为保护区域自然生态，维护自然背景的土壤环境质量的限制值，Ⅰ类土壤环境质量执行一级标准。

2. 二级标准

为保障农业生产、维护人体健康的土壤环境质量的限制值，Ⅱ类土壤环境质量执行二级标准。

3. 三级标准

为保障农林生产和植物正常生长的土壤环境质量临界值，Ⅲ类土壤环境质量执行三级标准。

### （三）现行土壤环境质量标准中重金属限量值制定的依据和方法

1. 第一级标准重金属限量值制定的依据和方法

第一级标准的制定主要依据土壤背景值。根据全国土壤背景值资料，全国4000多个样点数值，各元素的频数分布均呈对数正态分布，因而采用几何平均值乘以几何标准差，作为制定第一级标准值的主要依据。

经综合考虑，第一级土壤环境质量标准值（mg/kg）定为：Cd 0.20、Hg 0.15、As 15、Cu 35、Pb 35、Cr 90、Zn 100、Ni 40。鉴于沙性、低有机质含量土壤对重金属元素的吸持能力差，因而规定土壤阳离子交换量＜5cmol（+）/kg的土壤，标准值减半。

2. 第二级标准重金属限量值制定的依据和方法

第二级标准制定主要依据表2-19进行。

**表2-19 确定第二级标准重金属限量值的依据**

| 体系 | 土壤-植物体系 | | 土壤-微生物体系 | | 土壤-水体系 | |
|---|---|---|---|---|---|---|
| 内容 | 农产品卫生质量 | 作物生长 | 微生物效应 | | 环境效应 | |
| | | | 生化指标 | 微生物计数 | 地下水 | 地面水 |
| 目的 | 防止污染食物链，保证人体健康 | 保持良好的生产力和经济效益 | 保持土壤生态处于良性循环 | | 不引起次生的水环境污染 | |
| 标准 | 食品卫生标准、饮料卫生标准或茶叶卫生标准 | 按减产10%以上为准 | 凡一种以上的生化指标出现的变化＞25% | 微生物计数指标出现的变化＞50% | 生活饮用水卫生标准（GB 5749—2006） | 地面水环境质量标准（GB 3838—2002） |

3. 第三级标准重金属限量值制定的依据和方法

第三级标准与第二级标准一样，也是采用生态环境效应法制定，但不同的是第三级标准制定采用国内某些高含量地区土壤尚未发生危害或污染植物和环境资料予以制定，而第二级标准则是从全国范围着眼，选用诸多类型土壤中最小的土壤环境基准值予以制定。

## 第二节 现行《土壤环境质量标准》中存在的问题

现行《土壤环境质量标准》（GB 15618—1995）（以下简称“《标准》”）颁布实施20多年来在土壤环境保护方面发挥了重要作用，对农业安全生产和人类健康保障方面也具有重要意义，但是在实践中也发现了诸多不足之处。

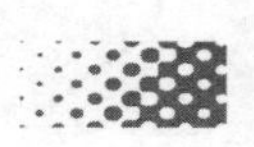

## 一、现行《标准》在土壤用途分类和土壤类型分类上存在的问题

1. 现行《标准》在土壤用途分类上存在的不足

现行《标准》分类较笼统，不能满足实际应用需要。例如，《标准》将土壤分为三类，其第二类规定主要适用于一般农田、蔬菜地、茶园、果园、牧场等，而且执行是同一级标准，即二级标准。实际上，这类土壤的用途差异很大，对土壤环境质量的要求也不尽相同，却归纳为同一类，使用同一级标准，显然是不合理的。尤其是农田土壤（或称农产品产地土壤）是我国13亿多人口赖以生存的基本保障，所以农田土壤的环境质量在《标准》中应占据很突出的位置，而现行《标准》中却没有按食用农产品产地土壤的用途分类。

2. 现行《标准》在土壤类型分类上存在的不足

我国土壤类型非常复杂，采用六级分类制，既土纲、土类、亚类、土属、土种和变种。前三级的高级分类单元，以土类为主；后三级为基层分类单元，以土种为主。土类是指在一定的生物气候条件、水文条件或耕作制度下形成的土壤类型。将成土过程有共性的土壤类型归成的类称为土纲。全国40多个土类归纳为10个土纲。不同类型的土壤其性质差异较大，20世纪80年代，我国土壤背景值调查时涉及了41种土类、60余种元素的背景值，并对土壤元素背景值的区域分异性进行了研究，证实了不同土壤类型之间在性质上存在着较大差异，如成土母质，土壤质地、pH值、阳离子交换量、土壤环境容量、胶体类型、有机质含量、盐基饱和度和土壤肥力等。总之，由于土壤类型不同，差异很大，决定了在不同类型的土壤上种植同一种类的作物，重金属临界值的差异是很大的。但是，现行《标准》在没有区别不同土壤类型的前提下，制定了全国统一的标准界限值是不合理的，所以《标准》必然与实际情况存在较大差距。

## 二、现行《标准》未考虑农作物种类的差异

研究发现，不同种类的农作物对重金属毒害的敏感性存在较大的差异。大田作物水稻、小麦、玉米以及不同种类的蔬菜既根、茎、叶类蔬菜等对重金属的敏感性均有差异，所以《标准》中应考虑不同种类作物对重金属（污染物）耐受能力的限度，分别制定出安全临界值。

## 三、现行《标准》应增加有机类的污染物项目及调整部分重金属项目

现行《标准》自1995年颁布实施以来，我国经济高度发展，同时也是污染较为严重的时期，如工业“三废”处理不达标造成的工业污染，污水灌溉、化肥和农药的过量使用造成的农业污染，大气降尘污染和生活废弃物污染等均是造成环境污染的重要原因，而土壤是污染物的最终归宿，所以土壤中污染物的种类和污染程度达到了有史以来最严重时期。尤其是有机污染物种类增加较多，而现行《标准》中只有六六六、DDT两种有机氯农药。近年来，农业上使用的农药种类较多，此外工业“三废”也导致土壤中累积了数量不可忽视的难降解持久性有机污染物，如多环芳烃、多氯联苯等毒害较大且作用持久的污染物已经引起了人们的高度关注，应将其列入土壤环境质量标准中。

多年实践表明，铜、锌、镍3种重金属对农田土壤污染不具有普遍性，对农作物危害程度不大，且范围有限，可考虑不再列入《标准》中，或将其列入地方性《标准》中。

## 四、现行《标准》中限量值及表达方法存在的问题

1. 现行《标准》中Ⅱ类和Ⅲ类土壤的限量值界定不清

Ⅱ类土壤主要适用于农田、蔬菜地、茶园、果园、牧场等，土壤质量基本上不对植物和环境造成危害和污染。Ⅱ类土壤中有害物质对植物生长不会有不良影响，植物体的可食部分符合食品卫生要求，土壤生态不致恶化，对地面水、地下水不致造成污染。Ⅱ类土壤环境质量执行二级标准，而二级标准就是为保障农业生产、维护人体健康的土壤环境质量的限量值。

Ⅲ类土壤主要适用于林地土壤及污染物容量较大的高背景值土壤和矿区附近等地农田土壤（蔬菜地除外）。土壤质量一般不造成对农田作物和环境的危害和污染。Ⅲ类土壤环境质量执行三级标准，而三级标准就是为保障农林生产和植物正常生产的土壤环境质量的临界值。

显然，二级标准的限量值与三级标准的限量值差别较大，前者是保障农业生产，后者是保障农林生产和植物正常生长，但是Ⅱ类和Ⅲ类土壤质量都是对农田作物、植物生长和环境不造成危害和污染。对农业生产来说，Ⅱ类、Ⅲ类土壤均适用，但是，多年来，农业生产执行的是二级标准，在Ⅱ类和Ⅲ类土壤质量的范围内，能否安全生产却无法回答。事实上，在监测农田土壤环境质量时，当污染物含量超过二级标准时，即认为土壤已被污染，其实并非如此。问题的关键在于现行《标准》没有按照土壤用途分类来制定，所以就没有食用农产品产地安全质量临界值。而Ⅱ类、Ⅲ类土壤和二级、三级标准在农业安全生产对产地土壤环境质量的要求是不确定或者是混淆不清的。

2. 现行《标准》的限量值过于笼统

在现行《标准》中给出的限量值过于笼统，缺少针对性。对Ⅱ类农田土壤只按 pH 值的不同分为 3 种情况：pH＜6.5、6.5≤pH≤7.5、pH＞7.5，而农作物也粗略地按水田、旱地或农田、果园区分，如：砷、铬 2 种元素只是给出水田、旱地在不同 pH 值下的限量值，而镉、汞、铅、锌、镍诸元素即便是水田和旱地也没有加以分别，而是更为笼统地给出限量值。研究表明，同一种污染物（如重金属）对不同作物种类、不同土壤类型，其安全临界值差异很大，例如同样是种植水稻，在我国北方潮土地区和南方红壤地区，镉的安全临界值可相差几倍之多。况且，我国农田土壤类型复杂，作物种类也比较多，所以在制定农田土壤环境质量限量值时，必须考虑作物种类、土壤类型、污染物 3 个重要因素的影响，制定出具有针对性的安全临界值。

3. 现行《标准》中限量值表达方法存在局限性

现行《标准》给出了 8 种重金属和 2 种有机氯农药在土壤中的最高允许含量。这个最高允许含量，即限量值是以总量表示的，然而土壤中重金属的总量只能提供潜在的储量信息，并不能反映进入植物体内有毒重金属离子的量。因为土壤中重金属以多种形态存在，其中相当大部分闭蓄在矿物中，还有一部分以难溶化合物形态，如氢氧化物、碳酸盐或硫化物等存在，其余部分是络合物、螯合物或离子状态，被吸附在土壤胶体（如无机的黏土矿物胶体、有机胶体及无机-有机混合胶体）表面上。其中只有极少量金属离子存在于土壤溶液中，处于活泼状态，所以重金属总量无法反映作物从土壤中吸收和转移的实际过程，或者说土壤中重金属的总量与农产品中重金属含量并非一定存在良好的相关性。然

而，良好的相关性是制定限量值的科学依据，只有剂量-效应关系具有良好的相关性，才能建立理想的数学模型即直线方程，显然，根据食品卫生标准计算土壤中重金属的安全临界值，相关性越好，制定的限量值或临界值就越科学、合理、准确。根据上述分析，用“全量”表达限量值，显然不尽合理，具有局限性。

从作物吸收重金属的角度来看，用“有效态”来表示比用“全量”表示更趋于真实、合理和科学。但是，这里提到的“有效态”相对于作物吸收的重金属状态来讲仍然是一个笼统的概念，它虽然较“全量”接近了作物吸收的真实过程，然而，事实上人们必须针对各种类型的土壤，选用不同种类的提取剂，来提取重金属相对应的“有效态”，用盆栽试验的方法选择效果较好的提取剂，然后用试验特定条件下的“有效态”来表达重金属的限量值。目前，通常被采用的提取剂有：1mol/L $NH_4OAc$；0.05mol/L $CaCl_2$；0.5mol/L $Mg(NO_3)_2$；0.1mol/L HCl；0.005mol/L DTPA＋0.01mol/L $CaCl_2$＋0.1mol/L ETA等。徐亚平等[2]曾将上述各种提取剂分别应用于辽宁张士草甸棕壤、湖北大冶红壤、广西河池灰色石灰土中Pb、Cd有效态含量分别与土壤、糙米中Cd、Pb含量之间的相关性进行试验。结果显示：用0.005mol/L DTPA＋0.01mol/L $CaCl_2$＋0.1mol/L ETA提取率最好，浸提出的有效态Cd含量与土壤中Cd全量、糙米中Cd含量的线性相关系数最高可达0.9997、0.9949；有效态Pb含量与土壤中Pb含量、糙米中Pb含量的线性相关系数最高可达0.9996、0.9914。目前国际上多采用这种提取剂。李亮亮等[3]在土壤有效态重金属提取剂选择的研究中，采用的土壤类型是棕壤，作物种类是玉米，重金属为Cu、Pb、Zn、Cd，利用了5种不同的土壤重金属提取剂，研究了土壤有效态重金属含量与玉米中重金属含量的关系，结果表明：0.1mol/L、0.05mol/L EDTA-2Na，0.1mol/L $CaCl_2$，0.1mol/L HAc-NaAc，0.05mol/L DTPA提取的有效态重金属Zn、Cu与玉米籽粒中Zn、Cu的相关性较差。为了解决这个问题，模拟植物根系分泌物中影响较大的2种有机酸——柠檬酸和酒石酸，以16mol/L∶16mol/L配比，作为重金属Cu、Pb、Zn、Cd有效态提取剂，试验结果表明效果较好，是较为适宜的提取剂。总之，对于土壤中重金属提取，各种提取剂均有局限性，它是由土壤类型、作物种类和重金属性质等因素决定的。显然，一个能广泛适用于各种类型土壤、不同作物种类及各种重金属的提取剂很难找到，只有通过试验筛选的方法，确定提取剂。其中考虑的关键因素，首先是提取剂必须具有一定的提取能力，即提取量，这样才能较好地判断重金属对作物的影响；其次是作物籽粒的重金属含量与提取重金属量有良好的相关性，这是以有效态表达重金属限量值制定的依据。

上述讨论了以“全量”或“有效态”来表达土壤中重金属的限量值均有一定的局限性。如何选用表达方式，应具体情况，具体分析，当土壤中重金属总量、有效态量与作物可食部分含量均表现为显著相关时，选用“总量”或“有效态”均可；当有效态含量与总量的相关性较差，而与作物可食部分的含量相关性显著时，则应用“有效态”表示为宜。作者建议若需用“总量”表达重金属限量值，可采用0.1mol/L的HCl提取量来制定表达限量值更为适宜。它基于0.1mol/L HCl溶解不出来的重金属作物也无法吸收的原理。因此，用0.1mol/L HCl提取量制定标准值即限量值，以代替总量是现实可行的，而且在实际操作上，可省去土壤全消解的烦琐步骤。事实上，日本就是采用0.1mol/L HCl提取量制定的标准，是一种较好的切实可行的方法。

4. 现行《标准》缺少与之配套的评价标准体系

现有《标准》将土壤分为三类，Ⅰ类主要适用于国家规定的自然保护区、集中生活饮用水源地、茶园、牧场和其他保护区的土壤，土壤质量基本上保持在自然背景水平。这一类土壤中重金属含量及生长的植物中重金属含量都基本上保持自然背景水平，属于“背景级”土壤。Ⅱ类土壤主要适用于一般农田、蔬菜地、茶园、果园、牧场等，土壤质量基本上不对植物和环境造成危害和污染。这类土壤中有害物质对植物生长不会产生不良影响，植物体的可食部分符合食品卫生要求。Ⅲ类土壤主要适用于林地土壤及污染物容量较大的高背景值土壤和矿区附近等地的农田土壤。土壤质量基本上不对植物和环境造成危害和污染。Ⅲ类尽管规定值较宽，但是也要求土壤中的污染物不对植物和环境造成污染。

这三类土壤中，Ⅰ类属“背景级”土壤不必讨论，但Ⅱ、Ⅲ类土壤对植物和环境也都不造成危害和污染，应该都适用于农业生产。生长的作物、蔬菜、水果等都应该是安全可靠的。但是，土壤环境质量标准中没有规定安全的临界值，如Ⅱ类土壤主要适用于农田、蔬菜等，若在土壤环境质量监测中重金属含量超过标准中相对的数值，而又在Ⅲ类土壤的范围内，如果评价土壤环境质量，即使监测指标达到Ⅲ类土壤有关规定值，评价结果只能说明这个土壤的环境质量比Ⅱ类差或接近、达到Ⅲ类土壤，而并没有明确回答是否还可以种植农作物、蔬菜和水果，产品的可食部分是否还安全的问题。

土壤环境质量必须通过评价来决定好坏，目前我国缺少适用于农田土壤环境质量评价的标准，通常使用在前面已经讲过的选用背景值作为评价指标值，而计算出来的累积指数只能表明重金属在原来背景基础的累积程度，但它不涉及土壤的污染状况，即使分为轻度累积、中度累积、重度累积及没有累积的背景状况。这种评价结果及将土壤环境质量分级似乎与土壤环境质量标准无关。多年来，在农田土壤环境质量监测与评价工作中，均按照标准中的二级标准执行，测定数据对照Ⅱ类土壤的限量值评价农田土壤的环境质量。按照土壤环境质量标准中的规定，即使Ⅲ类土壤也不会对植物和环境造成危害。但是，在实际的检测中，有相当一部分数值大于Ⅱ类土壤的限量值而小于Ⅲ类土壤的限量值。这种中间状态的情况给界定土壤环境质量是否符合农业安全生产的要求带来困难。所以，在针对农田土壤制定标准时，应区分土壤类型、作物种类，制定出各种污染物的安全限量值并制定与之配套的土壤环境质量评价标准和农田土壤环境质量安全等级划分的技术规程。

## 第三节 农田土壤环境质量评价的主要技术方法

### 一、传统的土壤评价技术

农田土壤环境质量评价是农产品产地安全管理的一项最基础的工作，农田土壤环境质量评价对于强化产地安全管理、开展产地种植结构调整、保障农产品安全质量和维护人民群众身体健康都具有重要的指导意义。

当前，农田土壤环境质量评价常用化学评价法，此方法的主旨是将实际监测值与土壤环境质量基准值进行比较，并根据比较的结果评价土壤环境质量。1995 年以前，我国土

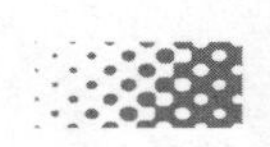

壤环境质量评价的基准值比较混乱，主要以当地的背景值为基础基准，以背景值+2倍标准差为土壤环境质量安全限值，如果污染物监测值超过了当地土壤污染物的背景值+2倍标准差水平，则可以根据一定的数学评价方法判断其质量安全水平。1995年以后，随着我国《土壤环境质量标准》(GB 15618—1995)(以下简称"《标准》")的颁布与实施，土壤环境质量评价的基准得到了较好的统一，即一般以《标准》的一级标准作为土壤环境质量的背景值，以二级标准作为土壤环境质量的安全限值，如果土壤污染物超过了这一安全限值，则一般认为土壤受到了"污染"。基于这一准则，又由于土壤环境质量监测过程中常需监测多项指标，所以，系列土壤环境质量评价归一化方法应运而生，如常用的指数法(单项污染指数法、内梅罗指数法、综合指数法、混合加权指数法等)、模糊数学法、灰色系统评价法、物元分析与可拓集合法、人工神经网络法[4]、改进的层次分析法、生态危害指数法、地质累积指数法等。这些方法的特点为以土壤环境质量标准为准绳，以数学模型为核心，将土壤污染物监测值归一为1个指标，以评价土壤环境质量的优劣。虽然各个数学模型各有特色，各有优缺点，但这些方法所围绕的总根源不变，即为《标准》。我国的《标准》取值时遵循的原则为取小不取大，其制定的目的为充分保障人体健康及生态环境安全。但正如夏家淇[5]所言，土壤环境质量评价与水环境及大气环境质量评价不同，对于水及大气污染而言，如果监测的污染物超过了相关标准，则可认为当地的水或大气环境受到了污染，而土壤则不同，由于土壤是一个开放的缓冲系统，进入这个系统的污染物对生物及对生态环境的有效性受到多种因素的影响，如土壤pH值、有机质含量、氧化还原电位、质地等。因此，土壤污染物对人体及生态系统的危害性随着土壤性质的不同而有很大的差异性，而我国《标准》则是考虑到全国总体情况而选定的值。因此，评价土壤是否受到污染，不应仅以土壤污染物是否超过了《标准》二级标准值为依据，也就是说，《标准》二级标准值仅能作为土壤是否受到污染参考值，如果土壤污染物含量超过了这一值，是否为污染还应进行其他评价，以确定土壤污染物是否对人体及生态系统产生危害。

## 二、基于GIS和地统计的评价技术

随着计算机技术和信息技术的发展，地统计学和地理信息系统逐渐被引入土壤环境质量评价的研究和工作中。地统计学又称克力格法，是研究空间变异性比较稳健的工具，可以最大限度地保留空间信息，在地理信息系统软件的支持下，可以用来揭示区域土壤各重金属元素含量的空间分布特征和规律。地统计学虽然在我国起步较晚，但近年来，GIS和GPS技术的发展为其研究土壤空间变异性提供了准确、便捷的工具，使得地统计学的应用日益广泛。如王学军[6]等应用地统计分析的克力格法对北京东郊污灌土壤表层重金属含量进行空间分析获得东郊土壤重金属污染的空间分布情况；赵永存[7]等利用克力格插值技术研究吉林公主岭土壤中砷、铬和锌含量的空间变异性及分布规律，探讨了这些主要重金属元素分布与土壤理化性质的关系。张乃明[8]等运用地统计学的方法，研究了中尺度条件下太原污灌区耕层土壤Pb、Cd的统计特征和各向异性的空间分布特征，对未测点重金属含量进行了最优估计，绘制了等直线图，从而直观地反映出污灌区土壤重金属地空间变异特征。

地理信息系统(GIS)，其基于地理位置和与该位置有关的地物属性的空间分析十分适合环境信息的获取和处理，可以对区域环境做出定量评价，同时利用GIS技术可以对评价结果进行可视化表达，直观显示区域污染情况的分布变化，因此GIS相关技术在研究土壤污染物的空间分布、分析区域土壤污染的空间动态变化规律和趋势等方面就有着不可替代的作用。20 世纪 90 年代后，随着 GIS 在我国各行业的广泛应用，逐渐有人尝试利用 GIS 及其相关技术进行土壤环境质量的分析和评价。尹君[9]以 GIS 技术为依托，结合土壤环境质量综合污染指数，对抚宁县绿色食品基地土壤环境质量进行评价，输出土壤环境质量的评价结果图和相应数据。

## 三、农产品产地安全适宜性评价技术

由于现行的《标准》中的限量值并不能作为农产品产地安全评价和禁止区划分的依据[10]。大量的产地土壤环境质量监测结果显示，按此标准评价，土壤中污染物超标，达到了污染水平，但生产出的农产品并不超标。如全国无公害基地县的环境质量评价中云南、广西、广东和四川等地区，皆属于高背景值区，土壤重金属含量要高于国家《标准》的二级标准限值，但产出的农产品并不超标，有些地区生产的农产品甚至是多年来当地出口创汇的主打产品，其产品甚至经得起欧盟、美国等发达地区和国家在食品卫生方面的严格检查。此外，我国幅员辽阔，土壤种类众多，种植作物品种差异很大，土壤类型、作物品种、土壤 pH 值、阳离子交换量以及气候条件、有机质含量等众多因素均会影响作物对土壤中污染物的吸收，一个全国性的《标准》显然远远不能满足和适应我国农产品产地安全质量评价的需要。

以土壤背景值为标准对土壤重金属污染进行评价，仅是相对于背景水平的一种比较意义上的评价，缺少环境和生态意义，并不能真正体现污染程度对于农作物的产量和安全质量造成危害的程度和水平。土壤背景值差异很大，对于土壤地质类型变化较为显著的区域来说，不同监测点的背景值也会各不相同。例如：镉在全国 41 种土类表层 20cm 中的含量平均值从风沙土的 0.044mg/kg 到石灰（岩）土的 1.115mg/kg，以土壤背景值作为评价标准，在各个实测值与背景值之间建立一一对应关系往往难以实现。对土壤重金属元素背景值及土壤重金属生物影响临界值的研究表明，不同地区、不同元素间的背景值与临界值之比并不相同，有的甚至相差极大。如在褐色土壤中，重金属 Cd 背景值与临界值之比为 12.87，而重金属 As 背景值与临界值之比仅为 2.6，当 Cd 背景值与临界值之比为 2.6 倍时，其含量为 0.287mg/kg，属于轻度污染，而 As 背景值在 2.6 倍时为21mg/kg，属于重度污染。同为背景值的 2.6 倍，其污染程度却相差很大，若考虑到多元素的综合评价，以背景值作为评价标准就更为混乱。

因此，从保障农产品安全的目的出发，就必须制定不同土壤类型和种植作物的重金属阈值，并据此开展农产品产地安全适宜性评价，全面考虑农产品产地对各种种植作物的安全性和适宜性。农产品产地的适宜性评价是针对某种作物在特定地域种植的土壤适宜程度作出的结论性评价，具有实践性、经验性、客观性及应用性的特点，是对具体作物在具体地域上能否生长做出定性、定量和定位的评价，不仅有利于充分利用自然资源，开发土地潜力，实现作物高产，而且能够在现有基础上优化作物种植的总体布局，使区域经济结构和生态环境实现可持续发展。传统的土壤适宜性评价，多数学者通常是从研究区的土壤属性影响因素中分别选取多个指标构建指标体系并进行作物适宜性评价及分区，而对影响作物种植的其他因素，如社会经济因素、农户经济行为等没有充分地加以考虑。

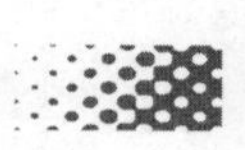

## 四、农产品产地土壤风险评价技术

随着对土壤学研究的不断深入，人们认识到土壤本身就是一个完整的生态系统，土壤中既有生产者、消费者，也有分解者，而土壤本身为这个生态系统的核心物质提供者。既然土壤是一个生态系统，其自身的发展、变化必然遵循生态系统的规律、规则。于是自然而然人们想到了采用生态系统的理论方法去评价土壤污染水平，即土壤一旦受到外界污染物的污染，其生态系统某一环节或某些环节必然受到破坏，从而影响到整个土壤生态系统的健康。如土壤受到污染后，土壤中的线虫、微生物的形态结构、数量、组成、体内污染物含量必然会受到某种程度的影响，从而可采用某项指标的变化或某一类指标的变化指示土壤受到的污染程度。周启星[11]在其著作《健康土壤学——土壤健康质量与农产品安全》一书中指出可以采用指标植物、土壤动物、土壤微生物、土壤酶活性等指标反映土壤环境质量水平。而随着这一方法相关研究的不断深入，一门全新的土壤环境评价方法——生态风险评价法逐步形成。美国是这一方法研究的先行者，美国环保局根据多年的研究成果，制定了一系列与土壤污染生态风险评价相关的导向性文件，并就不同的生态风险评价终点确定了有关重金属的生态风险基准值［相对于植物而言，As 18mg/kg，Cu 70mg/kg，Pb 120mg/kg，Cd（饮食性）32mg/kg］。这一系列研究成果促进了土壤污染评价技术的发展。而与此同时，澳大利亚、欧洲等国家和地区也进行了大量相关研究。

生态风险评价法虽然是土壤环境质量评价的一种非常重要的方法，但由于其理论复杂，评价终点选择难度大，对研究者分析问题、解决问题的能力要求较强。因此，其适用性受到一定的限制。

土壤环境质量评价按一定的质量标准和运用一定的评价方法，对某一区域土壤环境质量进行评价和预测，这种评价和预测应根据目的的不同而有相应的改变，其评价目的不外乎两个：一是评价土壤环境质量对生态系统的适宜性；二是土壤环境对农产品及人群健康的支持能力。而风险评价是达到以上两个评价目的有效的工具之一。土壤环境质量风险评价有两个分枝：一为生态风险评价（前文已有论述）、二为人体健康风险评价，分别对应于土壤环境质量评价的两个目的。虽然现在各国科研人员都提倡将两种风险评价进行有机整合，并对此进行了系列研究，如美国环保局在2003年提出了《累积性风险评价框架》。但现阶段两种风险评价模式共存的局面不会发生根本性的改变。相对于生态风险评价而言，基于人体健康的风险评价技术的研究更加趋于成熟，其评价方法相对简单，评价的结果直接针对人体健康，更能说明土壤环境质量的优劣。

土壤污染相对于人体健康的风险评价方法克服了化学评价方法的缺陷，避免了生态风险终点选择的多样性和复杂性，综合运用流行病学、人口学、环境学、统计学等多学科知识，采用多学科相关研究成果，更加科学、合理地评价土壤环境质量的现状及危害，是土壤环境质量评价的必然发展方向之一。

基于人体健康的风险评价技术兴起于20世纪70年代几个工业发达国家，尤以美国在这方面的研究独领风骚。在短短20多年中，就环境风险评价技术而言，大体上经历了3个时期：20世纪70～80年代初，风险评价处于萌芽阶段，风险评价内涵不甚明确，仅仅采取毒性鉴定的方法；80年代中期，风险评价得到很大发展，为风险评价体系建立的技术准备阶段。美国国家科学院提出的风险评价由四个部分组成，称为风险评价“四步法”，即危害鉴别、剂量-效应关系评价、暴露评价和风险表征，并对各部分都做了明确的定义。

由此，风险评价的基本框架已经形成。在此基础上，美国环保局制定和颁布了有关风险评价的一系列技术性文件、准则或指南。例如，1986年发布了《致癌风险评价》《致畸风险评价》《化学混合物健康风险评价》《发育毒物健康风险评价》《暴露评价》《超级基金场地(Superfund sites)危害评价和风险评价》等指南。1988年又发布了《内吸毒物(systemic toxicants)健康风险评价向导》和"男女繁殖性能毒物"等评价指南。1989年，美国环保局还对1986年指南进行了修改。因此，从1989年起，风险评价的科学体系基本形成，并处于不断发展和完善的阶段，此外，美国环保局不断对相关向导文件进行修订和补充，如1992年修订了《暴露评价向导》，1996年发布了《土壤筛选值技术向导》(第二版)，2005年修订了《致癌物风险评价向导》等。除了美国在人体健康风险评价方面的研究外，英国、荷兰、澳大利亚、加拿大、日本等国及世界卫生组织（WHO)、世界粮农组织（FAO）等相关国际组织都开展了相关的研究工作。如1998年英国农渔食品部对食品中镉、铅和汞的风险评价进行了研究，并给出了研究报告。英国环保署在2002年根据风险评价的结果制定了砷、镉、铅等重金属针对不同利用方式的风险阈值。WHO及FAO的食品中污染物和添加剂专家委员会（JECFA）也对土壤重金属污染对人体健康影响的风险评价进行了研究，并提出了大量有实用价值的研究报告，如1972后JECFA在第16次会议上首次给出了汞、铅和镉风险评估报告。此后，该委员会对在第33次、53次、55次、61次会议上相继给了某些重金属（汞、锡、铅、镉等）的风险评价报告。我国有关土壤污染风险评价工作起步较晚，制定的相关标准及发布的相关报告很少，而相关的研究成果也不多见。如我国在1999年颁布了《工业企业土壤污染风险评价基准》，农业部在2004年启动了984项目"农产品质量安全风险分析准则的引进与建立"，建立了农产品质量安全风险评价专家委员会。

土壤污染对人体危害的风险评价方法主要有两类：一类是以定量模型为主的风险评价方法；另一类是以不确定性模型如Monte-Carlo模型为主的风险评价方法，两种方法的应用条件、适用范围有所不同。定量模型计算简单，使用方便，输出结果基本上能代表某一监测区的平均水平，适用于监测区数据量较少、要求精度不高的情况。其缺点是计算精度不高，有可能忽略一些重要的信息，无法进行不确定性分析等。

土壤污染对人体健康影响的另一种评价方法为Monte-Carlo法，Monte-Carlo法不同于确定性数值方法，它是一种用一系列随机数来近似解决问题的方法，是通过寻找一个概率统计的相似体并用实验取样过程来获得该相似体的近似解的处理数学问题的一种手段。运用该近似方法，所获得的问题的解更接近于实验结果，而不是经典数值计算结果。Monte-Carlo方法主要适用于研究区资料较全、数据量较大且需进行高层次的环境质量分析的情况。

基于以上分析可知，土壤环境质量的评价已有多年的研究历史，方法也较多，但随着科学技术的发展，基于风险评价技术的农田环境质量评价已成为土壤环境质量评价的发展趋势之一，是农田环境质量评价与区域环境质量比较较好的解决方法。但也必须看到，我国关于这方面的研究还相当缺乏，虽然相关计算模型已较成熟，但模型参数的确定问题却因区域不同、研究对象不同而差异较大，且进行风险评价后，区域环境质量的比较问题依然没有解决。本研究基于以上问题，在大量实际监测的基础上，研究模型中各参考的确定方法，解决了风险评价后区域环境质量的比较问题。

## 参考文献

[1] 夏家淇．土壤环境质量标准详解．北京：中国环境科学出版社，1996.

[2] 徐亚平，刘凤枝，蔡彦明等．土壤中铅镉有效态提取剂的选择．农业资源与环境学报，2005，22（4）：46-48.

[3] 李亮亮，张大庚，李天来等．土壤有效态重金属提取剂选择的研究．土壤，2008，40（5）：819-823.

[4] 杜艳，常江，徐笠．土壤环境质量评价方法研究进展．土壤通报，2010（3）：749-756.

[5] 夏家淇，骆永明．我国土壤环境质量研究几个值得探讨的问题．生态与农村环境学报，2007，23（1）：1-6.

[6] 王学军，席爽．北京东郊污灌土壤重金属含量的克立格插值及重金属污染评价．中国环境科学，1997（3）：225-228.

[7] 赵永存，汪景宽，王铁宇．吉林公主岭土壤中砷、铬和锌含量的空间变异性及分布规律研究．土壤通报，2002（5）：372-376.

[8] 张乃明，李保国，胡克林．太原污灌区土壤重金属和盐分含量的空间变异特征．环境科学学报，2001，21（3）：349-353.

[9] 尹君．基于GIS绿色食品基地土壤环境质量评价方法研究．农业环境科学学报，2001，20（6）：446-448.

[10] 师荣光，刘凤枝，王跃华等．农产品产地禁产区划分中存在的问题与对策研究．农业环境科学学报，2007,26（2）：425-429.

[11] 周启星．健康土壤学——土壤健康质量与农产品安全．北京：科学出版社，2005.

# 第三章

# 新土壤环境质量标准及评价体系的研究与建立

## 第一节　土壤环境质量监测要表述的问题

土壤环境质量监测的目的就是要说清楚土壤环境质量现状以及未来发展趋势。谈到土壤环境质量，就要从土壤-植物体系谈起，因为土壤最主要的功能就是生产农产品。这里为了突出重点，也因为土壤-植物体系对某些污染物（如镉）相对于其他环境效应更敏感，简化了对土壤其他环境效应（土壤微生物、动物区系、污染土壤对地下水的影响等）的讨论。

### 一、土壤环境质量现状评价结果的表述

由于土壤环境质量状况可直接影响农产品的产量和安全质量，因此评价其环境质量状况，主要从土壤可被利用的程度，可种植作物的种类、产量及安全质量来衡量，而不是简单地从土壤中所含污染物的种类及绝对含量的角度来考虑。因此，应建立一套适合于土壤-作物体系现状的评价方法，即对土壤环境质量进行适宜性评价，并根据土壤适宜种植作物的种类，将土壤环境质量进行分等定级，由此来表述其环境质量状况。

### 二、土壤环境质量发展趋势预测与表达

对于土壤环境质量未来发展趋势以及可持续利用性，不仅要看目前的土壤环境质量状况，还要根据当下对土壤的利用状况、周边环境对其产生的综合影响以及导致的污染程度和速率来判断。因此，土壤中污染物的累积状况是不可忽视的，即要对土壤进行累积性评价，由此来判断土壤在背景水平上对污染物的累积程度、累积速率及可持续利用的年限等。

## 第二节　土壤环境质量现状评价标准研究过程

### 一、土壤环境质量标准研究工作基础和遇到的问题

#### （一）土壤环境质量状况调查工作

1. 全国耕地土壤例行监测

根据《全国基本农田保护区环境质量监测规划纲要》要求，从1999年开始，全国农

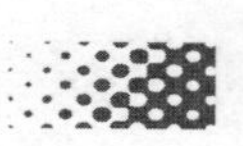

业环境监测体系有计划、有步骤地开展了全国基本农田保护区土壤环境质量例行监测工作，建立国控监测点和样点档案，按年度开展调查监测工作，追踪耕地环境质量变化趋势。全国共布设基本农田土壤监测国控点1488个，建立样点档案678份。根据长期定位追踪发现：横向比较，全国范围内的一般农田、大中城市郊区农田、污水灌区农田、工矿企业区周边农田的污染程度呈递增趋势，即一般农区＜大中城市郊区农田＜污水灌区农田＜工矿企业区周边农田；纵向比较，三类污染区域的污染状况随年份的增加均有加重趋势。监测结果基本能反映我国基本农田耕地环境质量状况和发展趋势，为我国耕地环境质量保护工作提供科学的依据。

2. 重点区域农业环境质量调查工作

多年来，在农业部（现农业农村部）科教司的领导下，农业部环境保护科研监测所（农业部环境监测总站）及全国农业环境监测体系选择重点区域（包括有代表性的农业生产区和不同类型的农业环境污染区），积极开展农用水、农田土壤、农区大气、农畜水产品污染状况调查监测工作，准确把握我国农业环境质量状况，及时向有关部门报告，为政府决策提供依据。

1978年开展了“全国污水灌区农业环境质量状况调查”。

1982年开展了“全国农业环境土壤和主要农作物背景值调查”。

1986年开展了“全国农业环境质量状况调查”。

1994年开展了“全国农、畜、水产品质量（有害物质残留）状况调查”。

1995年开展了“淮河流域农业环境污染调查”。

1996年开展了“全国第二次污水灌区农业环境质量状况调查”。

1999年启动了“全国基本农田保护区土壤环境质量例行监测”。

2000年开展了“蔬菜中重金属及农药残留检测工作”。

2001年对北京、天津、上海、深圳4个全国无公害食品试点城市和河北定州等100个国家级无公害农产品（种植业）生产示范基地县的农业环境质量进行了调查监测。

2002年对京、津、沪、渝4个直辖市和重点旅游城市桂林的蔬菜生产基地及湖北大冶、广西河池刁江、辽宁张士灌区基本农田进行了监测。

2003年对10省市优势农产品强筋小麦、高油大豆主产区农业环境质量进行了监测评价。

2004年对13省优势农产品小麦、玉米、水稻、大豆四大作物主产区农业环境质量进行了监测评价。

2008年，在前期调查的基础上，各省划出了农业环境可疑污染区（大中城市郊区、工矿企业区周边、污水灌区）农田，作为优先调查监测的区域。

2009年启动了“全国农产品产地环境质量监测工作”。

通过上述大量的调查监测工作，可初步掌握我国重点区域农业环境质量状况。我国的农业环境质量状况不容乐观，尽管一般农区耕地环境质量尚好，土壤中污染物有逐渐累积的趋势；有些大中城市郊区、工矿企业区周边的农田污染问题较为突出，需要引起有关部门足够的关注。

### （二）在产地土壤污染评价中遇到的问题

《土壤环境质量标准》（GB 15618—1995）作为技术性法律，是土壤污染评价的依据。绿色食品、无公害食品、有机食品等产地环境条件中土壤污染物限量值均是以此为依据制定的。但是在实际工作中遇到了以下问题。

1. 土壤超标，农产品不超标

全国无公害基地县产地环境质量评价中，云南、广西、广东、四川等省（自治区）的一些地区，土壤中重金属背景值含量较高，但生产的农产品并不超标，一些地方生产的农产品甚至是多年来出口创汇的主打产品，而且经得起发达国家在食品卫生方面的严格检查。然而，其产地环境质量评价却不合格，被排除在无公害生产基地之外。

2. 土壤不超标，农产品超标

我国南方的一些省份是酸性土壤区，土壤 pH 值较低，有些元素土壤容量很小，甚至低于《土壤环境质量标准》中的二级标准值（二级标准为农田利用限量值，绿色食品等土壤中的标准值就是依此制定的）。造成虽然土壤符合标准，但生产的农产品有些却超过食品卫生标准。例如：在作者项目组研究中，在湖北大冶红壤区所做的盆栽和小区实验显示，当镉的含量超过 0.23mg/kg 时，一些小白菜中镉的含量就会超过食品卫生标准。

针对上述问题和实际工作需要，项目组先后申报了科技部公益性研究项目《耕地土壤污染监测与评估技术研究》（2001DIA10022）、科技部重大标准研究项目《农产品产地污染控制与技术标准研究》（2002BA906A76）、质检公益性行业科研专项《食用农产品产地土壤质量安全等级评价方法及重金属限量标准研究》（200910201）等项目，对耕地土壤中重金属污染监测评价技术进行了较为系统的研究。

## 二、土壤环境质量评价技术研究实验过程

### （一）基本情况

1. 研究方法确定

利用盆栽与小区实验相结合的研究方法。通过 6 年（2000～2005 年）时间，对我国 5 个典型地区、5 种土壤类型（刁江流域红壤、长江中游红壤、辽东半岛棕壤、长江三角洲黄泥土、黄淮海平原潮土）中重金属 Cd、Pb 与 2 种不同种类作物（水稻、小白菜）吸收累积关系进行了深入研究。盆栽实验每种土壤设置 8 个浓度梯度、5 个平行、2 次重复，共做了 1575 个盆栽实验；在小区实验中，在 5 个研究区域内，分别选择铅镉污染程度不同的小区进行实验，共选择 51 个实验小区进行种植，土壤和植物样品一一对应采集，每种样品采集 250 个，共获取盆栽和小区实验有效数据 10000 多个。

2. 研究区域与土壤类型选择

根据多年来对农业环境的大量调查、监测工作经验，选择在我国不同气候和地理环境下，具有典型的、有代表性的土壤类型，同时考虑到在该区域可找到相应的污染区域，作为小区验证实验和大田实地调查的场地。最后，确定的研究区域与土壤类型为：黄淮海平原潮土区、辽东半岛棕壤区、长江中游红壤区、长江三角洲和刁江流域水稻土区 5 个典型区域。

3. 实验作物种类选择

根据大量样品检测结果，选择具有代表性的、对污染物相对敏感的、普遍种植的大宗作物种类。最后确定：以小青菜代表蔬菜类农产品（因为大多数菜地往往是叶菜、果菜、

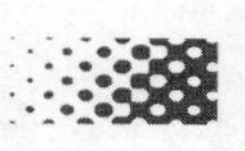

根菜混种或轮种，而小青菜又是对污染物相对敏感的作物)；以水稻代表大田作物，因为在大田作物（玉米、高粱、大豆、小麦、水稻等）中，水稻对常见污染物相对敏感，而且又在全国普遍种植。

4. 实验污染物选择

在8项重金属中，污染普遍、毒性相对较大、在作物中超标出现概率较大的污染物，最后确定为Pb和Cd。

### （二）盆栽实验和小区实验

1. 稻田土壤Cd临界值制定技术研究

实验采用盆栽实验和田间小区实验相结合的方法。在上述5种土壤类型进行实验工作。

（1）水稻盆栽方案

1）实验方法

土壤类型：广西刁江—红壤；湖北大冶—红壤；辽宁张士—棕壤；江苏苏州—黄泥土；天津东丽—潮土。

水稻品种：杂交粳稻。

种植时间：2004年3～10月。

采集样品部位：根、稻谷（糙米）、茎叶、土壤。

采集样品量：作物，每个梯度5个重复均匀取样，混合，采集糙米和茎叶各250g，根150g，洗净风干；土壤，每个梯度每个重复（每盆）用小土钻取3个点，5个重复，共15个点样充分混匀后，用四分法留足风干土0.5kg。

每种土用量：风干土1700kg。

盆数：525个。

每盆土壤用量：10kg。

植株数：每盆3穴，每穴3株。

肥料：统一施肥量，以尿素作氮肥，磷酸二氢钾作磷肥和钾肥。

污染物：Pb，Cd。

污染物添加梯度：Pb、Cd各8个梯度，每个梯度重复5次。

① 辽宁张士。棕壤土实验结果如下：

| Cd/(mg/kg) | 0 | 0.5 | 1.0 | 1.5 | 3.0 | 4.5 | 6.0 | 12.0 |
|---|---|---|---|---|---|---|---|---|
| Pb/(mg/kg) | 0 | 100 | 200 | 400 | 800 | 1000 | 1200 | 2400 |
| 对应的每盆氯化镉用量/mg | 0 | 10.155 | 20.310 | 30.465 | 60.930 | 91.395 | 121.860 | 243.720 |
| 对应的每盆乙酸铅用量/mg | 0 | 1831 | 3662 | 7324 | 14648 | 18310 | 21972 | 43944 |

② 江苏苏州黄泥土实验结果如下：

| Cd/(mg/kg) | 0 | 0.5 | 1.0 | 1.5 | 3.0 | 4.5 | 6.0 | 12.0 |
|---|---|---|---|---|---|---|---|---|
| Pb/(mg/kg) | 0 | 100 | 200 | 400 | 800 | 1000 | 1200 | 2400 |
| 对应的每盆氯化镉用量/mg | 0 | 10.155 | 20.310 | 30.465 | 60.930 | 91.395 | 121.860 | 243.720 |
| 对应的每盆乙酸铅用量/mg | 0 | 1831 | 3662 | 7324 | 14648 | 18310 | 21972 | 43944 |

③ 天津东丽潮土实验结果如下：

| Cd/(mg/kg) | 0 | 0.5 | 1.0 | 1.5 | 3.0 | 4.5 | 6.0 | 12.0 |
|---|---|---|---|---|---|---|---|---|
| Pb/(mg/kg) | 0 | 100 | 200 | 400 | 800 | 1000 | 1200 | 2400 |
| 对应的每盆氯化镉用量/mg | 0 | 10.155 | 20.310 | 30.465 | 60.930 | 91.395 | 121.860 | 243.720 |
| 对应的每盆乙酸铅用量/mg | 0 | 1831 | 3662 | 7324 | 14648 | 18310 | 21972 | 43944 |

④ 湖北大冶红壤土实验结果如下：

| Cd/(mg/kg) | 0 | 0.2 | 0.4 | 0.6 | 0.8 | 1.2 | 2.4 | 4.8 |
|---|---|---|---|---|---|---|---|---|
| Pb/(mg/kg) | 0 | 40 | 80 | 160 | 320 | 480 | 640 | 1280 |
| 对应的每盆氯化镉用量/mg | 0 | 4.062 | 8.124 | 12.186 | 16.248 | 24.372 | 48.744 | 97.488 |
| 对应的每盆乙酸铅用量/mg | 0 | 732.4 | 1464.8 | 2929.6 | 5859.2 | 8788.8 | 11718.4 | 23436.8 |

⑤ 广西刁江红壤土实验结果如下：

| Cd/(mg/kg) | 0 | 0.2 | 0.4 | 0.8 | 1.6 | 3.2 | 6.4 | 12.8 |
|---|---|---|---|---|---|---|---|---|
| Pb/(mg/kg) | 0 | 100 | 200 | 500 | 1000 | 1500 | 2000 | 3000 |
| 对应的每盆氯化镉用量/mg | 0 | 4.062 | 8.124 | 16.248 | 32.496 | 64.992 | 129.984 | 259.968 |
| 对应的每盆乙酸铅用量/mg | 0 | 1831 | 3662 | 9155 | 18310 | 27465 | 36620 | 54930 |

污染物形态：乙酸铅、氯化镉。

污染物添加方式（仅供参考）：称出每个梯度重复所需土壤总质量和添加污染物的总量，把污染物溶解于尽量少的水中，把此溶液倒入少量称出的土中，稍干后弄碎，放入称出的土中，充分混匀，称量分装入每个盆中（添加污染物时，如需加施底肥可同时加入）。

2）盆栽的几点要求

① 首先捡出盆栽用土较大的石头、砖块和植物的根茎等杂物，然后风干后过5mm筛。

② 盆装土前先加肥料拌匀，统一放置1周后再添加污染物。盆装土后，先灌水，水稻Pb和Cd处理盆要灌到淹水状态，2～4周后再插秧或播种。

③ 水稻盆栽要保持一定的水位。需补加水时，不能过猛、过多，以免溢出盆外或飞溅到其他盆里。

④ 根据作物生长期的需要及作物生长情况，进行施肥。

⑤ 注意预防病虫害和防雨。

⑥ 水稻每个梯度都要进行考种（分蘖、株高、千粒重）。

（2）水稻（Cd）盆栽实验　盆栽实验土壤采集5个地区接近各自背景值的土壤，并对其进行理化分析（见表3-1和表3-2）和镉含量分析（见表3-3）。

实验用土壤为辽宁张士的棕壤（简称“辽宁土”）；天津东丽区的潮土（简称“天津土”）；江苏苏州的黄泥土（简称“江苏土”）；湖北大冶的红壤（简称“湖北土”）；广西刁江的红壤（简称“广西土”）。

盆栽实验采用容量为15kg的塑料盆，每盆装土12kg，添加尿素作氮肥；磷酸二氢钾或磷酸氢二钾作磷钾肥。添加的毒物为镉（氯化镉 $CdCl_2 \cdot 2.5H_2O$），处理浓度见表3-4，每个处理重复3次。

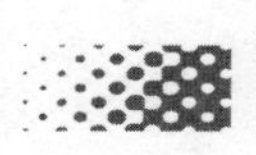

**表 3-1　盆栽土壤理化性质**

| 分析项目 | 辽宁土 | 天津土 | 江苏土 | 湖北土 | 广西土 |
| --- | --- | --- | --- | --- | --- |
| 全氮(N)/% | 0.1001 | 0.1037 | 0.0583 | 0.1482 | 0.1338 |
| 全磷($P_2O_5$)/% | 0.1368 | 0.1550 | 0.0723 | 0.1114 | 0.0597 |
| 全钾($K_2O$)/% | 2.769 | 3.356 | 1.494 | 1.412 | 1.110 |
| 速效 N/(mg/kg) | 109.5 | 52.66 | 36.14 | 59.88 | 66.08 |
| 速效 P/(mg/kg) | 43.23 | 11.09 | 30.42 | 10.01 | 2.80 |
| 速效钾/(mg/kg) | 50.0 | 200.0 | 77.5 | 47.5 | 50.0 |
| 有机质/% | 2.063 | 1.465 | 1.297 | 2.472 | 2.290 |
| 全盐/% | 0.025 | 0.099 | 0.073 | 0.044 | 0.051 |
| CEC/(cmol/kg) | 14.43 | 20.86 | 14.42 | 9.79 | 9.79 |
| pH 值 | 7.03 | 8.10 | 6.50 | 5.76 | 5.86 |

**表 3-2　盆栽土壤的颗粒组成**

| 土壤颗粒组成 | 辽宁土 | 天津土 | 江苏土 | 湖北土 | 广西土 |
| --- | --- | --- | --- | --- | --- |
| 砂粒(质量分数)/% | 38 | 12 | 8 | 10 | 14 |
| 粉粒(质量分数)/% | 32 | 44 | 56 | 54 | 48 |
| 黏粒(质量分数)/% | 30 | 44 | 36 | 36 | 38 |
| 命名 | 中壤土 | 中黏土 | 重壤土 | 重壤土 | 重壤土 |

**表 3-3　五地区盆栽土壤中 Cd 含量**　　单位：mg/kg

| 辽宁土 | 天津土 | 江苏土 | 湖北土 | 广西土 |
| --- | --- | --- | --- | --- |
| 0.200 | 0.152 | 0.097 | 0.263 | 0.128 |

**表 3-4　盆栽水稻 Cd 处理浓度**　　单位：mg/kg

| 编号 | 辽宁土 | 天津土 | 江苏土 | 湖北土 | 广西土 |
| --- | --- | --- | --- | --- | --- |
| 空白 | 0.0 | 0.0 | 0.0 | 0.0 | 0.0 |
| 1 | 0.5 | 0.5 | 0.5 | 0.2 | 0.2 |
| 2 | 1.0 | 1.0 | 1.0 | 0.4 | 0.4 |
| 3 | 1.5 | 1.5 | 1.5 | 0.6 | 0.8 |
| 4 | 3.0 | 3.0 | 3.0 | 0.8 | 1.6 |
| 5 | 4.5 | 4.5 | 4.5 | 1.2 | 3.2 |
| 6 | 6.0 | 6.0 | 6.0 | 2.4 | 6.4 |
| 7 | 12.0 | 12.0 | 12.0 | 4.8 | 12.8 |

将土壤风干拣出杂质压碎、过筛，定量称出与肥料混合装盆，1 周后添加镉化合物混匀，淹水 2 周后插秧。水稻品种为杂交粳稻，生长期为 170d，整个生长期为自来水浇灌，并且保持渍水状态。水稻生长期间根据生长情况追肥。

收获时采集水稻全样，同步采集土样，将稻谷、稻草、稻根（洗净）分别处理，并于 70℃以下烘干、脱壳、磨碎、过筛。土壤样品风干后磨碎、过筛。

① 土壤添加不同浓度 Cd 对水稻生长的影响。5 个地区原土壤 pH 值有较显著差异，

水稻收获后采集土壤样品进行分析，pH 值的差异有所减小，见表 3-5。

**表 3-5 盆栽土壤 pH 值（收水稻后）**

| 编号 | 辽宁土 | 天津土 | 江苏土 | 湖北土 | 广西土 |
|---|---|---|---|---|---|
| 空白 | 7.07 | 8.23 | 7.38 | 6.20 | 6.42 |
| 1 | 7.06 | 8.12 | 7.51 | 6.27 | 6.56 |
| 2 | 6.92 | 8.15 | 7.29 | 6.40 | 6.49 |
| 3 | 6.94 | 8.17 | 7.38 | 6.27 | 6.45 |
| 4 | 7.15 | 8.07 | 7.58 | 6.32 | 6.65 |
| 5 | 7.03 | 8.24 | 7.18 | 6.21 | 6.62 |
| 6 | 7.15 | 8.12 | 7.45 | 6.21 | 6.55 |
| 7 | 7.02 | 8.14 | 7.24 | 6.16 | 6.28 |
| 平均值 | 7.04 | 8.15 | 7.38 | 6.25 | 6.50 |

在同一类型的土壤中，不同浓度 Cd 处理对水稻的生长（株数、株高、穗长）、产量（千粒重、谷粒重）影响差异不显著，见表 3-6。

**表 3-6 Cd 对水稻生长的影响**

| 地区 | 添加 Cd /(mg/kg) | 土壤 T Cd /(mg/kg) | 株数 /株 | 株高 /cm | 穗长 /cm | 千粒重 /g | 谷粒重 /g | 实粒数 /个 | 空粒数 /个 | 空秕率 /% |
|---|---|---|---|---|---|---|---|---|---|---|
| 天津土 | 0.0 | 0.163 | 25.2 | 82.23 | 14.93 | 21.9 | 57.5 | 2550 | 344 | 11.89 |
| | 0.5 | 0.699 | 29.0 | 86.23 | 13.57 | 22.7 | 71.0 | 3022 | 500 | 14.2 |
| | 1.0 | 1.083 | 21.4 | 378.83 | 13.03 | 21.6 | 46.6 | 21.8 | 248 | 10.53 |
| | 1.5 | 1.514 | 26.8 | 84.6 | 12.6 | 21.8 | 53.0 | 2364 | 395 | 14.32 |
| | 3.0 | 3.340 | 18.8 | 86.07 | 11.9 | 21.7 | 61.4 | 2755 | 412 | 13.0 |
| | 4.5 | 4.915 | 23.0 | 85.67 | 11.33 | 22.0 | 48.8 | 2175 | 298 | 12.05 |
| | 6.0 | 4.576 | 19.8 | 80.7 | 14.23 | 22.3 | 55.7 | 2453 | 263 | 9.68 |
| | 12.0 | 15.17 | 23.4 | 82.17 | 12.53 | 22.1 | 57.8 | 2555 | 205 | 7.43 |
| 辽宁土 | 0.0 | 0.289 | 26.0 | 94.17 | 13.93 | 22.7 | 88.6 | 3780 | 1096 | 22.48 |
| | 0.5 | 0.681 | 28.2 | 92.83 | 15.8 | 24.4 | 115.2 | 4502 | 1215 | 21.25 |
| | 1.0 | 1.189 | 25.6 | 94.93 | 15.83 | 23.9 | 103.8 | 4128 | 1041 | 20.14 |
| | 1.5 | 1.500 | 24.8 | 90.65 | 15.45 | 24 | 94.9 | 3776 | 1361 | 26.49 |
| | 3.0 | 3.814 | 26.0 | 91.18 | 15.63 | 24.7 | 103.2 | 4032 | 1230 | 23.38 |
| | 4.5 | 4.968 | 26.4 | 92.98 | 14.5 | 22.5 | 89.8 | 3731 | 1099 | 22.75 |
| | 6.0 | 6.517 | 26.2 | 93.3 | 14.97 | 21.8 | 90.8 | 4017 | 1066 | 20.97 |
| | 12.0 | 12.74 | 26.8 | 94.28 | 14.7 | 22.6 | 90.0 | 3825 | 840 | 18.01 |
| 江苏土 | 0.0 | 0.099 | 19.8 | 84.79 | 12.04 | 22.0 | 50.8 | 2266 | 187 | 7.62 |
| | 0.5 | 0.530 | 20.8 | 87.0 | 12.36 | 21.5 | 55.5 | 2525 | 345 | 12.02 |
| | 1.0 | 0.820 | 16.8 | 79.10 | 13.81 | 21.7 | 32.8 | 1716 | 210 | 10.90 |

续表

| 地区 | 添加 Cd /(mg/kg) | 土壤 T Cd /(mg/kg) | 株数 /株 | 株高 /cm | 穗长 /cm | 千粒重 /g | 谷粒重 /g | 实粒数 /个 | 空粒数 /个 | 空秕率 /% |
|---|---|---|---|---|---|---|---|---|---|---|
| 江苏土 | 1.5 | 1.346 | 24.4 | 88.23 | 15.23 | 21.9 | 70.6 | 3106 | 433 | 12.24 |
| | 3.0 | 2.531 | 18.6 | 80.81 | 11.85 | 21.4 | 46.9 | 2146 | 225 | 9.49 |
| | 4.5 | 2.735 | 23.4 | 87.67 | 12.23 | 21.6 | 55.6 | 2474 | 437 | 15.01 |
| | 6.0 | 5.059 | 12.6 | 75.86 | 13.59 | 20.4 | 38.4 | 1817 | 226 | 11.06 |
| | 12.0 | 11.89 | 20.8 | 82.3 | 14.43 | 21.0 | 55.2 | 2534 | 451 | 15.11 |
| 湖北土 | 0.0 | 0.253 | 18.2 | 81.5 | 13.6 | 20.1 | 45.1 | 2140 | 227 | 9.59 |
| | 0.2 | 0.365 | 12.2 | 78.85 | 11.85 | 21.8 | 36.2 | 1615 | 265 | 14.1 |
| | 0.4 | 0.487 | 14.4 | 79.07 | 11.67 | 19.1 | 42.9 | 2117 | 611 | 22.4 |
| | 0.6 | 0.644 | 16.6 | 80.97 | 11.2 | 20.8 | 46.3 | 2316 | 352 | 13.19 |
| | 0.8 | 1.057 | 13.2 | 78.07 | 11.71 | 22.2 | 30.7 | 1253 | 1030 | 45.19 |
| | 1.2 | 1.617 | 18.8 | 83.61 | 12.86 | 21.3 | 51.5 | 2349 | 476 | 16.85 |
| | 2.4 | 2.5 | 14.8 | 82.63 | 11.60 | 20.6 | 46.9 | 2235 | 310 | 12.18 |
| | 4.8 | 5.424 | 19.8 | 89.34 | 13.66 | 22.0 | 55.9 | 2623 | 360 | 12.07 |
| 广西土 | 0.0 | 0.154 | 14.2 | 76.92 | 12.92 | 20.6 | 42.3 | 1994 | 465 | 18.91 |
| | 0.2 | 0.337 | 22.4 | 80.63 | 13.46 | 20.7 | 46.8 | 2223 | 180 | 7.49 |
| | 0.4 | 0.397 | 17.6 | 80.45 | 13.0 | 20.5 | 52.8 | 2506 | 225 | 8.24 |
| | 0.8 | 0.780 | 24.2 | 87.03 | 12.48 | 21.7 | 57.7 | 2620 | 300 | 10.27 |
| | 1.6 | 1.559 | 15.6 | 80.27 | 11.87 | 20.4 | 46.7 | 2175 | 237 | 9.83 |
| | 3.2 | 2.956 | 23.2 | 88.47 | 13.27 | 22.1 | 74.4 | 3321 | 445 | 11.82 |
| | 6.4 | 6.443 | 15.4 | 75.7 | 12.93 | 21.5 | 42.0 | 1896 | 333 | 14.94 |
| | 12.8 | 10.34 | 22.6 | 82.65 | 13.69 | 21.3 | 44.4 | 2054 | 326 | 13.7 |

注：株数指每盆平均株数。

在5种类型的土壤中，低浓度Cd处理的水稻生长和谷粒重都较比对照组好。在文献中也有这样的报道。这是由于少量的Cd能刺激水稻的生长，使水稻长势和产量都好于对照组，这就增加了Cd污染的隐蔽性和潜在危害性，所以不能单纯从作物的生长和产量来判断Cd对水稻的污染状况。

不同类型的土壤中，辽宁土水稻的生长和产量都较好。

② 土壤不同浓度镉对水稻吸收Cd的影响。5种土壤水稻吸收Cd随着土壤Cd浓度的增大而显著增加。水稻各部位对Cd的吸收浓度都是稻根＞稻草＞糙米，见表3-7～表3-11。

从盆栽水稻可看出，水稻在不同土壤上生长吸收镉的量不同，湖北土上生长的水稻吸收Cd的量较多。如土壤添加Cd浓度为6.0mg/kg时，辽宁土糙米含镉量为0.345mg/kg；天津土糙米含镉量为0.295mg/kg；江苏土糙米含镉量为0.120mg/kg；广西土糙米含镉量为0.189mg/kg；湖北土添加Cd 4.8mg/kg时，糙米含镉量已达到0.602mg/kg。

表 3-7　辽宁土不同 Cd 处理水稻吸收 Cd 的影响　　单位：mg/kg

| 编号 | 添加 Cd | 实测 T Cd | 糙米中 Cd | 稻草中 Cd | 稻根中 Cd |
|---|---|---|---|---|---|
| 空白 | 0 | 0.289 | 0.015 | 0.411 | 0.504 |
| 1 | 0.5 | 0.681 | 0.054 | 0.469 | 7.738 |
| 2 | 1.0 | 1.189 | 0.076 | 0.818 | 1.930 |
| 3 | 1.5 | 1.500 | 0.099 | 0.620 | 2.606 |
| 4 | 3.0 | 3.814 | 0.206 | 1.80 | 7.569 |
| 5 | 4.5 | 4.968 | 0.355 | 2.259 | 12.82 |
| 6 | 6.0 | 6.517 | 0.345 | 2.109 | 11.14 |
| 7 | 12.0 | 12.74 | 0.881 | 6.574 | 33.20 |

表 3-8　天津土不同 Cd 处理水稻吸收 Cd 的影响　　单位：mg/kg

| 编号 | 添加 Cd | 实测 T Cd | 糙米中 Cd | 稻草中 Cd | 稻根 Cd |
|---|---|---|---|---|---|
| 空白 | 0 | 0.163 | 0.013 | 0.121 | 0.224 |
| 1 | 0.5 | 0.699 | 0.036 | 0.298 | 0.883 |
| 2 | 1.0 | 1.083 | 0.048 | 0.420 | 1.121 |
| 3 | 1.5 | 1.514 | 0.106 | 0.918 | 3.819 |
| 4 | 3.0 | 3.340 | 0.118 | 0.957 | 3.073 |
| 5 | 4.5 | 4.915 | 0.239 | 2.221 | 2.854 |
| 6 | 6.0 | 4.915 | 0.295 | 1.625 | 5.479 |
| 7 | 12.0 | 15.17 | 0.353 | 3.473 | 10.41 |

表 3-9　江苏土不同 Cd 处理水稻吸收 Cd 的影响　　单位：mg/kg

| 编号 | 添加 Cd | 实测 T Cd | 糙米中 Cd | 稻草中 Cd | 稻根 Cd |
|---|---|---|---|---|---|
| 空白 | 0 | 0.099 | 0.007 | 0.163 | 0.154 |
| 1 | 0.5 | 0.530 | 0.022 | 0.280 | 0.732 |
| 2 | 1.0 | 0.820 | 0.037 | 0.452 | 1.249 |
| 3 | 1.5 | 1.346 | 0.045 | 0.497 | 1.582 |
| 4 | 3.0 | 2.531 | 0.125 | 1.098 | 3.208 |
| 5 | 4.5 | 2.735 | 0.140 | 1.286 | 5.630 |
| 6 | 6.0 | 5.059 | 0.120 | 1.308 | 5.572 |
| 7 | 12.0 | 11.89 | 0.234 | 1.920 | 10.30 |

表 3-10　湖北土不同 Cd 处理水稻吸收 Cd 的影响　　单位：mg/kg

| 编号 | 添加 Cd | 实测 T Cd | 糙米中 Cd | 稻草中 Cd | 稻根 Cd |
|---|---|---|---|---|---|
| 空白 | 0 | 0.253 | 0.059 | 0.788 | 1.041 |
| 1 | 0.2 | 0.365 | 0.117 | 1.114 | 2.005 |
| 2 | 0.4 | 0.487 | 0.090 | 2.048 | 2.926 |
| 3 | 0.6 | 0.644 | 0.129 | 2.260 | 2.577 |
| 4 | 0.8 | 1.057 | 0.148 | 2.123 | 4.205 |
| 5 | 1.2 | 1.617 | 0.307 | 2.349 | 4.812 |
| 6 | 2.4 | 2.512 | 0.557 | 6.165 | 9.391 |
| 7 | 4.8 | 5.424 | 0.6002 | 9.451 | 16.00 |

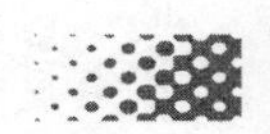

**表 3-11　广西土不同 Cd 处理对水稻吸收 Cd 的影响**　　单位：mg/kg

| 编号 | 添加 Cd | 实测 T Cd | 糙米中 Cd | 稻草中 Cd | 稻根 Cd |
|---|---|---|---|---|---|
| 空白 | 0 | 0.154 | 0.015 | 0.202 | 0.367 |
| 1 | 0.2 | 0.337 | 0.016 | 0.291 | 0.545 |
| 2 | 0.4 | 0.397 | 0.020 | 0.266 | 0.646 |
| 3 | 0.8 | 0.780 | 0.039 | 0.464 | 0.120 |
| 4 | 1.6 | 1.559 | 0.067 | 0.872 | 2.219 |
| 5 | 3.2 | 2.956 | 0.109 | 0.225 | 4.197 |
| 6 | 6.4 | 6.443 | 0.189 | 1.522 | 7.527 |
| 7 | 12.8 | 10.34 | 0.519 | 2.437 | 16.64 |

③ 土壤中 T Cd 与土壤有效态 Cd。水稻对 Cd 的吸收与土壤中 T Cd、DTPA 可提取 Cd 有极显著的相关性见表 3-12。

**表 3-12　土壤中总 Cd 与土壤中有效态 Cd**　　单位：mg/kg

| 辽宁土 | | | 天津土 | | | 江苏土 | | | 湖北土 | | | 广西土 | | |
|---|---|---|---|---|---|---|---|---|---|---|---|---|---|---|
| T Cd | 有效态 Cd | | T Cd | 有效态 Cd | | T Cd | 有效态 Cd | | T Cd | 有效态 Cd | | T Cd | 有效态 Cd | |
| | DTPA 可提取 Cd | 提取 Cd /% | | DTPA 可提取 Cd | 提取 Cd /% | | DTPA 可提取 Cd | 提取 Cd /% | | DTPA 可提取 Cd | 提取 Cd /% | | DTPA 可提取 Cd | 提取 Cd /% |
| 0.289 | 0.083 | 28.7 | 0.163 | 0.043 | 26.4 | 0.099 | 0.028 | 28.3 | 0.253 | 0.021 | 8.3 | 0.154 | 0.061 | 39.6 |
| 0.681 | 0.184 | 27.0 | 0.699 | 0.194 | 27.8 | 0.530 | 0.143 | 27.0 | 0.365 | 0.233 | 63.8 | 0.337 | 0.157 | 46.6 |
| 1.189 | 0.493 | 41.5 | 1.083 | 0.616 | 56.9 | 0.820 | 0.361 | 44.0 | 0.487 | 0.280 | 57.5 | 0.397 | 0.246 | 62.0 |
| 1.500 | 0.733 | 48.9 | 1.514 | 1.033 | 68.2 | 1.346 | 0.764 | 56.8 | 0.644 | 0.405 | 62.9 | 0.780 | 0.541 | 69.4 |
| 3.818 | 2.081 | 54.6 | 3.340 | 2.205 | 66.0 | 2.531 | 1.760 | 69.5 | 1.057 | 0.657 | 62.2 | 1.559 | 1.157 | 74.2 |
| 4.968 | 2.741 | 55.2 | 4.915 | 3.129 | 63.7 | 2.735 | 1.776 | 64.9 | 1.617 | 1.073 | 66.4 | 2.956 | 2.138 | 72.3 |
| 6.157 | 3.761 | 57.7 | 4.576 | 3.192 | 69.8 | 5.059 | 3.142 | 62.1 | 2.5 | 1.833 | 73.0 | 6.443 | 4.275 | 66.4 |
| 12.74 | 6.728 | 52.8 | 15.17 | 6.479 | 42.7 | 11.89 | 5.975 | 50.3 | 5.424 | 4.346 | 80.1 | 10.34 | 6.794 | 65.7 |

④ 水稻吸收 Cd 与土壤中 Cd 含量的相关性。5 种不同类型土壤中的 Cd 与糙米中 Cd、稻草中 Cd、稻根中 Cd 都有显著的相关性见表 3-13。

**表 3-13　水稻吸收 Cd 与土壤中 Cd 含量的相关性（*r* 值）**

| 土壤 | | 土壤有效态 Cd | 糙米中 Cd | 稻草中 Cd | 稻根中 Cd |
|---|---|---|---|---|---|
| 辽宁土 | 土壤 T Cd | 0.9981 | 0.9901 | 0.9752 | 0.9834 |
| | 土壤有效态 Cd | 1.0000 | 0.9816 | 0.9611 | 0.9726 |
| 天津土 | 土壤 T Cd | 0.9706 | 0.8585 | 0.9468 | 0.9386 |
| | 土壤有效态 Cd | 1.0000 | 0.9448 | 0.9772 | 0.9386 |
| 江苏土 | 土壤 T Cd | 0.9904 | 0.9108 | 0.8951 | 0.9513 |
| | 土壤有效态 Cd | 1.0000 | 0.9419 | 0.9393 | 0.9702 |

续表

| 土壤 | | 土壤有效态 Cd | 糙米中 Cd | 稻草中 Cd | 稻根中 Cd |
|---|---|---|---|---|---|
| 湖北土 | 土壤 T Cd | 0.9989 | 0.9106 | 0.9705 | 0.9907 |
| | 土壤有效态 Cd | 1.0000 | 0.8996 | 0.9709 | 0.9893 |
| 广西土 | 土壤 T Cd | 0.9993 | 0.9670 | 0.9449 | 0.9858 |
| | 土壤有效态 Cd | 1.0000 | 0.9638 | 0.9396 | 0.9839 |

⑤ 供试土壤中Cd的临界值。土壤T Cd、有效态Cd与糙米中Cd都有显著的相关性，依据国家标准，食品中Cd限量指标大米含镉量0.2mg/kg（GB 2762—2012）计算，以水稻为指示植物的土壤Cd的临界值见表3-14。

**表 3-14 供试土壤 Cd 的临界值**

| 土壤 | | $a$ | $b$ | $r$ | 临界值/(mg/kg) |
|---|---|---|---|---|---|
| 辽宁土 | 土壤 T Cd 与糙米中 Cd | −0.0128 | 0.0673 | 0.9901 | 3.16 |
| | 土壤有效态 Cd 与糙米中 Cd | −2.0841 | 0.1219 | 0.9816 | 1.66 |
| 天津土 | 土壤 T Cd 与糙米中 Cd | 0.0622 | 0.0226 | 0.8585 | 6.10 |
| | 土壤有效态 Cd 与糙米中 Cd | 0.0324 | 0.0561 | 0.9448 | 2.98 |
| 江苏土 | 土壤 T Cd 与糙米中 Cd | 0.0346 | 0.0181 | 0.9108 | 9.13 |
| | 土壤有效态 Cd 与糙米中 Cd | 0.0281 | 0.0362 | 0.9419 | 4.75 |
| 湖北土 | 土壤 T Cd 与糙米中 Cd | 0.0768 | 0.1127 | 0.9106 | 1.09 |
| | 土壤有效态 Cd 与糙米中 Cd | 0.1011 | 0.1354 | 0.8996 | 0.73 |
| 广西土 | 土壤 T Cd 与糙米中 Cd | $-7.59\times10^{-3}$ | 0.0451 | 0.9670 | 4.61 |
| | 土壤有效态 Cd 与糙米中 Cd | $-8.95\times10^{-3}$ | 0.068 | 0.9638 | 3.07 |

注：相关方程 $y=a+bx$。

（3）水稻（Cd）小区试验　首先各土类地区根据污灌调查土壤中Cd污染情况，筛选出Cd污染水平满足各个土类Cd浓度梯度的要求，再采土壤样品进行分析确定被选小区土壤中含镉量。

每个土类选3～5个不同程度Cd污染小区，用GPS定位。每个小区2亩。水稻品种为杂交粳稻或当地主要品种。田间种植、施肥等管理工作按照本地区水稻常规进行。

Cd小区试验因条件限制，广西刁江的红壤没能进行实验。

水稻收获时，每个小区按照梅花布点法，设5个采样点，用GPS定位中心点位。每个点采5穴水稻全样（稻谷、稻草、稻根），同时采集水稻根部穴位土壤样品。

水稻样品分别经清洗、烘干、脱粒、脱壳、粉碎、过筛处理。

土壤样品风干后磨细、过筛。

① 各小区水稻对Cd的吸收。随着土壤含镉量的增大，水稻对Cd的吸收增加。水稻各部位对Cd的吸收量为稻根＞稻草＞糙米（见表3-15）。

**表 3-15　各小区水稻含镉量**

| 地区 | 小区号 | 土壤中T Cd | 土壤有效态 Cd | | 糙米中 Cd | 稻草中 Cd | 稻根中 Cd | 土壤 pH 值 |
|---|---|---|---|---|---|---|---|---|
| | | | DTPA 可提取 Cd | 提取 Cd/% | | | | |
| 辽宁小区 $n=15$ | 1 | 0.545 | 0.061 | 11.2 | 0.078 | 0.284 | 1.52 | 5.20 |
| | 2 | 1.944 | 0.222 | 11.1 | 0.125 | 0.548 | 3.26 | 5.28 |
| | 3 | 2.778 | 0.308 | 11.4 | 0.296 | 1.368 | 4.66 | 5.64 |
| 天津小区 $n=17$ | 1 | 0.240 | 0.015 | 6.17 | 0.016 | 0.105 | 0.201 | 8.09 |
| | 2 | 0.262 | 0.030 | 11.66 | 0.016 | 0.092 | 0.257 | 7.99 |
| | 3 | 2.271 | 0.238 | 10.48 | 0.184 | 1.303 | 3.170 | 7.42 |
| 江苏小区 $n=25$ | 1 | 0.214 | 0.038 | 17.7 | 0.108 | 0.122 | 0.565 | 5.76 |
| | 2 | 0.222 | 0.034 | 15.2 | 0.133 | 0.164 | 0.616 | 5.41 |
| | 3 | 0.303 | 0.044 | 14.5 | 0.150 | 0.152 | 0.507 | 6.13 |
| | 4 | 5.197 | 1.314 | 25.3 | 0.235 | 1.729 | 7.486 | 5.95 |
| | 5 | 5.490 | 1.360 | 24.8 | 0.252 | 2.514 | 7.452 | 5.39 |
| 湖北小区 $n=18$ | 1 | 0.561 | 0.165 | 29.1 | 0.122 | 0.439 | 0.597 | 5.15 |
| | 2 | 0.486 | 0.148 | 29.5 | 0.213 | 0.911 | 2.048 | 5.35 |
| | 3 | 0.695 | 0.280 | 39.0 | 0.173 | 0.752 | 1.707 | 6.49 |
| | 4 | 6.273 | 1.987 | 31.8 | 0.210 | 1.488 | 6.014 | 5.69 |
| | 5 | 6.419 | 1.786 | 28.1 | 1.011 | 1.385 | 14.116 | 5.48 |

注：除标注以及 pH 值外，表中单位为 mg/kg。

② 各小区水稻吸收 Cd 与土壤中含镉量的相关性。水稻各部位对 Cd 的吸收与土壤中 T Cd、DTPA 可提取 Cd 都有显著的相关性，见表 3-16。依据国家标准，食品中 Cd 限量指标大米含镉量 0.2mg/kg（GB 2762—2012）计算，以水稻为指示植物的土壤 Cd 临界值，见表 3-17。

**表 3-16　各小区水稻吸收 Cd 与土壤中 Cd 含量的相关性（$r$ 值）**

| 地区 | 土壤 | 土壤有效态 Cd | 糙米中 Cd | 稻草中 Cd | 稻根中 Cd |
|---|---|---|---|---|---|
| 辽宁小区 | 土壤 T Cd | 0.9688 | 0.6831 | 0.6492 | 0.7463 |
| | 土壤有效态 Cd | 1.0000 | 0.5828 | 0.5360 | 0.6234 |
| 天津小区 | 土壤 T Cd | 0.9927 | 0.8755 | 0.8481 | 0.8872 |
| | 土壤有效态 Cd | 1.0000 | 0.8942 | 0.8688 | 0.9042 |
| 江苏小区 | 土壤 T Cd | 0.9992 | 0.9670 | 0.9752 | 0.9957 |
| | 土壤有效态 Cd | 1.0000 | 0.9639 | 0.9697 | 0.9981 |
| 湖北小区 | 土壤 T Cd | 0.9465 | 0.5296 | 0.6808 | 0.8042 |
| | 土壤有效态 Cd | 1.0000 | 0.5025 | 0.7649 | 0.7296 |

表 3-17　各小区水稻土壤 Cd 的临界值

| 地区 | 土壤 | $a$ | $b$ | $r$ | 临界值/(mg/kg) |
|---|---|---|---|---|---|
| 辽宁小区 | 土壤中 T Cd 与糙米中 Cd | 0.0243 | 0.0808 | 0.6831 | 2.17 |
| | 土壤有效态 Cd 与糙米中 Cd | 0.0458 | 0.6112 | 0.5828 | 0.25 |
| 天津小区 | 土壤中 T Cd 与糙米中 Cd | −0.0025 | 0.0804 | 0.8755 | 2.52 |
| | 土壤有效态 Cd 与糙米中 Cd | $4.36\times10^{-4}$ | 0.7635 | 0.8942 | 0.26 |
| 江苏小区 | 土壤中 T Cd 与糙米中 Cd | 0.1248 | 0.0223 | 0.9670 | 3.38 |
| | 土壤有效态 Cd 与糙米中 Cd | 0.1271 | 0.0872 | 0.9639 | 0.84 |
| 湖北小区 | 土壤中 T Cd 与糙米中 Cd | 0.1313 | 0.0730 | 0.5296 | 0.94 |
| | 土壤有效态 Cd 与糙米中 Cd | 0.1435 | 0.2284 | 0.5025 | 0.25 |

注：相关方程 $y=a+bx$。

(4) 实验结果小结　对于不同类型的土壤盆栽和小区实验，在实验 Cd 浓度范围内土壤中含镉量对水稻生长和产量影响均不显著。

水稻各部位对 Cd 的吸收在 5 类土壤盆栽和小区实验中都是稻根＞稻草＞糙米。

5 类土壤中 T Cd、有效态 Cd 与糙米中 Cd 都有极显著的相关性。

依据国家标准食品中 Cd 限量指标大米含镉量 0.2mg/kg（GB 2726—2012）计算出 5 类水稻土壤临界值，见表 3-18。

表 3-18　水稻土壤 Cd 的临界值　　单位：mg/kg

| 土壤 | 土壤 T Cd | | 土壤有效态 Cd | |
|---|---|---|---|---|
| | 盆栽 | 小区 | 盆栽 | 小区 |
| 辽宁土 | 3.16 | 2.17 | 1.66 | 0.25 |
| 天津土 | 6.10 | 2.52 | 2.98 | 0.26 |
| 江苏土 | 9.13 | 3.38 | 4.75 | 0.84 |
| 湖北土 | 1.09 | 0.94 | 0.75 | 0.25 |
| 广西土 | 4.61 | — | 3.07 | — |

2. 稻田土壤 Pb 临界值制定技术研究

(1) 试验方法　试验采用盆栽试验和田间小区实验相结合的方法，选择 5 种不同类型的土壤进行实验工作。

(2) 实验设计

1) 水稻（Pb）盆栽试验。盆栽实验土壤采集 5 个地区接近各自背景值的土壤，并对其进行理化分析（见表 3-19 和表 3-20）和 Pb 含量分析（见表 3-21）。

实验用土壤为辽宁张士的棕壤（简称“辽宁土”）；天津东丽区的潮土（简称“天津土”）；江苏苏州的黄泥土（简称“江苏土”）；湖北大冶的红壤（简称“湖北土”）；广西刁江的红壤（简称“广西土”）。

盆栽实验采用容量为 15kg 的塑料盆，每盆装土 12kg，添加尿素作氮肥，磷酸二氢钾或磷酸氢二钾作磷钾肥。添加的毒物为铅［乙酸铅 $Pb(OAC)\cdot3H_2O$］，处理浓度见表 3-22，每个处理重复 3 次。

将土壤风干拣出杂质压碎、过筛，定量称出与肥料混合装盆，1 周后与添加铅化合物

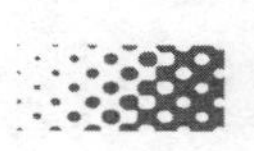

表 3-19 盆栽土壤理化性质

| 分析项目 | 天津土 | 江苏土 | 广西土 | 湖北土 | 辽宁土 |
|---|---|---|---|---|---|
| 全氮(N)/% | 0.1037 | 0.0583 | 0.1338 | 0.1482 | 0.1001 |
| 全磷($P_2O_5$)/% | 0.1550 | 0.0723 | 0.0597 | 0.1114 | 0.1368 |
| 全钾($K_2O$)/% | 3.356 | 1.494 | 1.110 | 1.412 | 2.769 |
| 速效 N/(mg/kg) | 52.66 | 36.14 | 66.08 | 59.88 | 109.5 |
| 速效 P/(mg/kg) | 11.09 | 30.42 | 2.80 | 10.01 | 43.23 |
| 速效 K/(mg/kg) | 200.0 | 77.5 | 50.0 | 47.5 | 50.0 |
| 有机质/% | 1.465 | 1.297 | 2.290 | 2.472 | 2.063 |
| 全盐/% | 0.099 | 0.073 | 0.051 | 0.044 | 0.025 |
| CEC/(cmol/kg) | 20.86 | 14.42 | 9.79 | 9.79 | 14.43 |
| pH 值 | 8.10 | 6.50 | 5.86 | 5.76 | 7.03 |

表 3-20 盆栽土壤的颗粒组成（质量分数）

| 土壤颗粒组成 | 天津土 | 江苏土 | 广西土 | 湖北土 | 辽宁土 |
|---|---|---|---|---|---|
| 砂粒/% | 12 | 8 | 14 | 10 | 38 |
| 粉粒/% | 44 | 56 | 48 | 54 | 32 |
| 黏粒/% | 44 | 36 | 38 | 36 | 30 |
| 命名 | 中黏土 | 重壤土 | 重壤土 | 重壤土 | 中壤土 |

表 3-21 五地区盆栽土壤中含铅量 单位：mg/kg

| 辽宁土 | 天津土 | 江苏土 | 湖北土 | 广西土 |
|---|---|---|---|---|
| 23.80 | 20.43 | 16.78 | 34.96 | 17.46 |

表 3-22 盆栽水稻铅处理浓度 单位：mg/kg

| 编号 | 辽宁土 | 天津土 | 江苏土 | 湖北土 | 广西土 |
|---|---|---|---|---|---|
| 空白 | 0.0 | 0.0 | 0.0 | 0.0 | 0.0 |
| 1 | 100 | 100 | 100 | 40 | 100 |
| 2 | 200 | 200 | 200 | 80 | 200 |
| 3 | 400 | 400 | 400 | 160 | 500 |
| 4 | 800 | 800 | 800 | 320 | 1000 |
| 5 | 1000 | 1000 | 1000 | 480 | 1500 |
| 6 | 1200 | 1200 | 1200 | 640 | 2000 |
| 7 | 2400 | 2400 | 2400 | 1280 | 3000 |

混匀，淹水 2 周后插秧。水稻品种为杂交粳稻，生长期为 170d，整个生长期为自来水浇灌，并且保持渍水状态。水稻生长期间根据生长情况追肥。

收获时采集水稻全样，同步采集土样，将稻谷、稻草、稻根（洗净）分别处理，并于 70℃以下烘干、脱壳、磨碎、过筛。土壤样品风干后磨碎、过筛。

① 土壤添加不同浓度铅对水稻生长的影响。5 个地区原土壤 pH 值有显著差异，水稻

收获后采集土壤进行分析，pH 值的差异有所减小，见表 3-23。

天津土、江苏土、湖北土盆栽水稻随着土壤添加 Pb 浓度增大，水稻的生长和产量有逐渐下降的趋势，见表 3-24。

辽宁土、天津土、江苏土、盆栽水稻土壤添加 Pb 2400mg/kg 时，水稻的生长和产量有逐渐下降的趋势，见表 3-24。

辽宁土盆栽水稻生长和产量比其他 4 种土都好，是最好的。

**表 3-23 盆栽土壤 pH 值（收水稻后）**

| 编号 | 辽宁土 | 天津土 | 江苏土 | 湖北土 | 广西土 |
|---|---|---|---|---|---|
| 空白 | 7.07 | 8.23 | 7.38 | 6.20 | 6.42 |
| 1 | 7.08 | 8.07 | 7.35 | 6.32 | 6.32 |
| 2 | 7.01 | 8.09 | 7.30 | 6.19 | 6.64 |
| 3 | 7.12 | 8.06 | 7.41 | 6.25 | 6.78 |
| 4 | 7.01 | 7.93 | 7.29 | 6.34 | 6.59 |
| 5 | 6.82 | 8.09 | 7.28 | 6.34 | 6.63 |
| 6 | 6.97 | 8.17 | 7.39 | 6.23 | 6.94 |
| 7 | 7.21 | 8.06 | 7.22 | 6.17 | 6.69 |
| 平均值 | 7.04 | 8.09 | 7.33 | 6.25 | 6.63 |

**表 3-24 Pb 对水稻生长的影响**

| 地区 | 添加 Pb /(mg/kg) | 土壤 T Pb /(mg/kg) | 株数 /株 | 株高 /cm | 穗长 /cm | 千粒重 /g | 谷粒重 /g | 实粒数 /个 | 空粒数 /个 | 空秕率 /% |
|---|---|---|---|---|---|---|---|---|---|---|
| 天津土 | 0 | 36.46 | 25.2 | 82.23 | 14.93 | 21.9 | 57.5 | 2550 | 344 | 11.89 |
| | 100 | 274.5 | 16.4 | 80.67 | 12.5 | 22.0 | 57.7 | 2575 | 243 | 8.6 |
| | 200 | 380.2 | 17 | 76.33 | 12.34 | 22.4 | 46.6 | 2025 | 180 | 8.16 |
| | 400 | 746.6 | 15.4 | 74.73 | 11.13 | 22.54 | 42.1 | 1862 | 174 | 8.55 |
| | 800 | 1314 | 19.2 | 83.43 | 13.43 | 22.4 | 62.4 | 2718 | 336 | 11.0 |
| | 1000 | 1774 | 20.2 | 84.2 | 15.2 | 22.4 | 62.7 | 3156 | 257 | 1.53 |
| | 1200 | 1964 | 20.2 | 78.0 | 13.2 | 21.1 | 41.1 | 1910 | 124 | 6.10 |
| | 2400 | 3359 | 19.0 | 75.97 | 11.83 | 21.8 | 56.1 | 2565 | 178 | 6.49 |
| 辽宁土 | 0 | 25.7 | 26 | 94.17 | 13.93 | 22.7 | 88.6 | 3780 | 1096 | 22.48 |
| | 100 | 495.4 | 26.6 | 95.63 | 15.57 | 25.4 | 112.1 | 4346 | 956 | 18.03 |
| | 200 | 418.8 | 26.4 | 94.6 | 14.97 | 22.9 | 119.9 | 4340 | 988 | 18.54 |
| | 400 | 764.1 | 28.8 | 96.43 | 14.73 | 24 | 112.6 | 4803 | 1167 | 19.55 |
| | 800 | 1273 | 24.2 | 97.47 | 15.8 | 24.0 | 118.0 | 4797 | 1078 | 18.35 |
| | 1000 | 1695 | 29 | 97.23 | 15.9 | 24.8 | 111.2 | 7345 | 1049 | 19.45 |
| | 1200 | 1806 | 28 | 96.42 | 16.4 | 24.0 | 119.0 | 4587 | 983 | 17.65 |
| | 2400 | 3021 | 26.4 | 90.63 | 13.97 | 23.6 | 96.6 | 3940 | 820 | 17.23 |

续表

| 地区 | 添加 Pb /(mg/kg) | 土壤 T Pb /(mg/kg) | 株数 /株 | 株高 /cm | 穗长 /cm | 千粒重 /g | 谷粒重 /g | 实粒数 /个 | 空粒数 /个 | 空秕率 /% |
|---|---|---|---|---|---|---|---|---|---|---|
| 江苏土 | 0 | 49.08 | 19.8 | 84.79 | 12.04 | 22.0 | 50.8 | 2266 | 187 | 7.62 |
| | 100 | 146.1 | 21.2 | 85.88 | 16.5 | 22.0 | 57.6 | 2553 | 310 | 10.83 |
| | 200 | 330.9 | 18 | 84.05 | 14.64 | 21.7 | 41.1 | 2368 | 126 | 5.05 |
| | 400 | 495.0 | 18.8 | 86.42 | 15.17 | 21.5 | 53.8 | 2414 | 324 | 11.83 |
| | 800 | 1059 | 16.2 | 89.2 | 13.17 | 21.8 | 73.8 | 3305 | 398 | 10.75 |
| | 1000 | 1189 | 19.6 | 89.1 | 12.47 | 21.7 | 74.1 | 4378 | 372 | 7.83 |
| | 1200 | 1387 | 20.2 | 89.32 | 16.36 | 22.4 | 58.8 | 2607 | 273 | 9.78 |
| | 2400 | 1529 | 18 | 78.41 | 9.85 | 20.6 | 33.7 | 1577 | 284 | 15.26 |
| 湖北土 | 0 | 37.87 | 18.2 | 81.52 | 13.6 | 20.1 | 45.1 | 2140 | 227 | 9.59 |
| | 40 | 91.45 | 18.4 | 84.97 | 13.4 | 20.1 | 61.6 | 2728 | 632 | 18.81 |
| | 80 | 133.9 | 19.2 | 83.37 | 12.63 | 19.0 | 52.9 | 2525 | 330 | 11.56 |
| | 160 | 479.2 | 20.6 | 89.07 | 12.62 | 22.3 | 74.2 | 3195 | 825 | 20.52 |
| | 320 | 484.8 | 18.6 | 90.1 | 13.23 | 20.0 | 70.4 | 3240 | 575 | 15.07 |
| | 480 | 691.1 | 16 | 88.67 | 14.93 | 20.1 | 54.3 | 2452 | 561 | 18.62 |
| | 640 | 811.0 | 10 | 88.38 | 14.10 | 22.6 | 60 | 2657 | 617 | 18.85 |
| | 1280 | 1545 | 14 | 86.52 | 14.17 | 23.1 | 52.7 | 2308 | 360 | 13.49 |
| 广西土 | 0 | 19.85 | 14.2 | 76.92 | 12.92 | 20.6 | 42.3 | 1994 | 465 | 18.91 |
| | 100 | 129.6 | 20.2 | 86.71 | 14.5 | 21.5 | 73.3 | 3365 | 286 | 7.83 |
| | 200 | 260.8 | 17 | 82.33 | 12.15 | 21.0 | 57.1 | 2746 | 140 | 4.85 |
| | 500 | 616.3 | 20 | 85.92 | 15.10 | 21.0 | 52.4 | 2462 | 276 | 10.08 |
| | 1000 | 1078 | 238 | 81.97 | 11.32 | 21.1 | 48.9 | 2274 | 325 | 12.5 |
| | 1500 | 1759 | 19.6 | 76.33 | 11.03 | 20.3 | 39.5 | 1890 | 199 | 9.53 |
| | 2000 | 1956 | 20.6 | 85.3 | 14.87 | 21.0 | 75.0 | 3604 | 240 | 6.24 |
| | 3000 | 3034 | 23.0 | 83.18 | 13.83 | 20.6 | 57.5 | 2713 | 271 | 9.08 |

注：株数指每盆平均株数。

② 土壤不同浓度 Pb 对水稻吸收铅的影响。在 5 种土壤中，水稻吸收 Pb 随着土壤 Pb 浓度的增大而增加。

水稻各部位对 Pb 的吸收量都是稻根＞稻草＞糙米，见表 3-25～表 3-29。

从盆栽水稻可看出，水稻在不同类型土壤上生长，即使土壤含铅量相同，水稻吸收 Pb 的量也不相同。湖北土上生长的水稻吸收 Pb 的量较多。如土壤添加 Pb 浓度为 1200mg/kg 时，湖北土糙米含铅量为 0.782mg/kg；辽宁土糙米含铅量为 0.460mg/kg；广西土糙米含铅量为 0.345mg/kg；天津土、江苏土糙米含铅量更低。

表 3-25　辽宁土不同 Pb 处理对水稻吸收 Pb 的影响　　单位：mg/kg

| 编号 | 添加 Pb | 实测 T Pb | 糙米 Pb | 稻草 Pb | 稻根 Pb |
| --- | --- | --- | --- | --- | --- |
| 空白 | 0 | 25.70 | 0.107 | 33.26 | 12.57 |
| 1 | 100 | 195.4 | 0.158 | 4.920 | 69.11 |
| 2 | 200 | 418.8 | 0.269 | 7.048 | 165.0 |
| 3 | 400 | 764.1 | 0.214 | 8.963 | 334.6 |
| 4 | 800 | 1273 | 0.401 | 10.13 | 716.6 |
| 5 | 1000 | 1695 | 0.890 | 13.18 | 376.9 |
| 6 | 1200 | 1806 | 0.460 | 37.62 | 1225 |
| 7 | 2400 | 3021 | 0.987 | 29.43 | 2796 |

表 3-26　天津土不同 Pb 处理对水稻吸收 Pb 的影响　　单位：mg/kg

| 编号 | 添加 Pb | 实测 T Pb | 糙米 Pb | 稻草 Pb | 稻根 Pb |
| --- | --- | --- | --- | --- | --- |
| 空白 | 0 | 36.46 | 0.208 | 5.168 | 6.252 |
| 1 | 100 | 274.5 | 0.106 | 32.39 | 50.09 |
| 2 | 200 | 380.2 | 0.370 | 27.63 | 184.0 |
| 3 | 400 | 746.6 | 0.225 | 15.71 | 163.4 |
| 4 | 800 | 1314 | 0.260 | 15.98 | 336.5 |
| 5 | 1000 | 1774 | 0.183 | 9.347 | 290.2 |
| 6 | 1200 | 1964 | 0.228 | 11.19 | 63.125 |
| 7 | 2400 | 3359 | 0.742 | 27.82 | 834.2 |

表 3-27　江苏土不同 Pb 处理对水稻吸收 Pb 的影响　　单位：mg/kg

| 编号 | 添加 Pb | 实测 T Pb | 糙米 Pb | 稻草 Pb | 稻根 Pb |
| --- | --- | --- | --- | --- | --- |
| 空白 | 0 | 49.08 | 0.148 | 4.977 | 8.754 |
| 1 | 100 | 146.1 | 0.143 | 5.306 | 63.38 |
| 2 | 200 | 330.9 | 0.194 | 14.86 | 64.19 |
| 3 | 400 | 495.0 | 0.177 | 5.755 | 98.69 |
| 4 | 800 | 1059 | 0.262 | 15.61 | 274.9 |
| 5 | 1000 | 1189 | 0.245 | 15.42 | 330.7 |
| 6 | 1200 | 1387 | 0.186 | 20.75 | 311.8 |
| 7 | 2400 | 1529 | 0.309 | 38.32 | 1115 |

**表 3-28 湖北土不同 Pb 处理对水稻吸收 Pb 的影响** 单位：mg/kg

| 编号 | 添加 Pb | 实测 T Pb | 糙米 Pb | 稻草 Pb | 稻根 Pb |
|---|---|---|---|---|---|
| 空白 | 0 | 37.87 | 0.181 | 3.442 | 16.66 |
| 1 | 40 | 91.45 | 0.180 | 20.17 | 31.09 |
| 2 | 80 | 133.9 | 0.170 | 13.62 | 56.75 |
| 3 | 160 | 479.2 | 0.152 | 6.933 | 102.1 |
| 4 | 320 | 484.8 | 0.317 | 16.52 | 184.1 |
| 5 | 480 | 691.1 | 0.297 | 24.02 | 162.1 |
| 6 | 640 | 811.0 | 0.378 | 30.50 | 382.5 |
| 7 | 1280 | 1545 | 0.782 | 66.48 | 594.7 |

**表 3-29 广西土不同 Pb 处理对水稻吸收 Pb 的影响** 单位：mg/kg

| 编号 | 添加 Pb | 实测 T Pb | 糙米 Pb | 稻草 Pb | 稻根 Pb |
|---|---|---|---|---|---|
| 空白 | 0 | 19.85 | 0.184 | 3.318 | 17.32 |
| 1 | 100 | 129.6 | 0.236 | 3.537 | 209.4 |
| 2 | 200 | 260.8 | 0.143 | 44.25 | 177.2 |
| 3 | 500 | 616.3 | 0.187 | 17.60 | 396.3 |
| 4 | 1000 | 1078 | 0.230 | 24.76 | 526.7 |
| 5 | 1500 | 1759 | 0.345 | 59.75 | 1160 |
| 6 | 2000 | 1956 | 0.144 | 35.50 | 1886 |
| 7 | 3000 | 3034 | 0.537 | 75.49 | 2657 |

③ 土壤中 T Pb 与土壤有效态 Pb。水稻对 Pb 的吸收与土壤中 T Pb、DTPA 可提取 Pb 有显著的相关性，见表 3-30。

**表 3-30 土壤中 T Pb 与土壤中有效态 Pb** 单位：mg/kg

| 辽宁土 | | | 天津土 | | | 江苏土 | | | 湖北土 | | | 广西土 | | |
|---|---|---|---|---|---|---|---|---|---|---|---|---|---|---|
| T Pb | 有效态 Pb | | T Pb | 有效态 Pb | | T Pb | 有效态 Pb | | T Pb | 有效态 Pb | | T Pb | 有效态 Pb | |
| | DTPA 可提取 Pb | 提取 Pb /% | | DTPA 可提取 Pb | 提取 Pb /% | | DTPA 可提取 Pb | 提取 Pb /% | | DTPA 可提取 Pb | 提取 Pb /% | | DTPA 可提取 Pb | 提取 Pb /% |
| 25.70 | 5.97 | 23.2 | 36.46 | 6.355 | 17.4 | 49.08 | 6.61 | 13.5 | 37.87 | 14.59 | 38.5 | 19.85 | 6.45 | 32.5 |
| 195.4 | 42.15 | 21.6 | 274.5 | 34.99 | 12.7 | 146.1 | 85.24 | 58.3 | 91.45 | 39.39 | 43.1 | 129.6 | 57.22 | 44.2 |
| 418.8 | 142.6 | 34.0 | 380.2 | 49.12 | 12.9 | 330.9 | 150.8 | 45.6 | 133.9 | 63.08 | 47.1 | 260.8 | 1429 | 54.8 |
| 764.1 | 237.0 | 31.0 | 746.6 | 171.2 | 22.9 | 495.0 | 308.0 | 62.2 | 479.2 | 275.4 | 57.5 | 616.3 | 379.1 | 61.5 |
| 1273 | 470.9 | 37.0 | 1314 | 499.4 | 38.0 | 1059 | 524.7 | 49.5 | 484.8 | 263.8 | 54.4 | 1078 | 809.3 | 75.1 |
| 1695 | 858.9 | 50.7 | 1774 | 488.9 | 27.6 | 1189 | 833.6 | 70.1 | 691.1 | 338.0 | 48.9 | 1759 | 1358 | 77.2 |
| 1806 | 815.9 | 45.2 | 1964 | 659.8 | 33.6 | 1387 | 981.5 | 70.8 | 811.0 | 535.5 | 66.0 | 1956 | 1677 | 85.7 |
| 3021 | 1614 | 53.4 | 3359 | 1497 | 44.6 | 1529 | 1114 | 72.9 | 1545 | 1052 | 68.1 | 3034 | 2439 | 80.4 |

④ 水稻吸收 Pb 与土壤中含铅量的相关性。5 种不同类型土壤中的 Pb 与糙米中 Pb、

稻草中 Pb、稻根中 Pb 都有显著的相关性，见表 3-31。

**表 3-31　水稻吸收铅与土壤中含铅量的相关性（$r$ 值）**

| 土壤 | | 土壤有效态 Pb | 糙米中 Pb | 稻草中 Pb | 稻根中 Pb |
|---|---|---|---|---|---|
| 辽宁土 | 土壤 T Pb | 0.9901 | 0.9095 | 0.8119 | 0.9142 |
| | 土壤有效态 Pb | 1.0000 | 0.9321 | 0.787 | 0.9206 |
| 天津土 | 土壤 T Pb | 0.9791 | 0.7123 | 0.8158 | 0.9690 |
| | 土壤有效态 Pb | 1.0000 | 0.8032 | 0.8418 | 0.8791 |
| 江苏土 | 土壤 T Pb | 0.9832 | 0.8047 | 0.8273 | 0.7821 |
| | 土壤有效态 Pb | 1.0000 | 0.7523 | 0.8413 | 0.8136 |
| 湖北土 | 土壤 T Pb | 0.9922 | 0.9346 | 0.9041 | 0.9622 |
| | 土壤有效态 Pb | 1.0000 | 0.9524 | 0.9217 | 0.9799 |
| 广西土 | 土壤 T Pb | 0.9978 | 0.7405 | 0.8308 | 0.9746 |
| | 土壤有效态 Pb | 1.0000 | 0.7148 | 0.8131 | 0.9824 |

⑤ 供试土壤中 Pb 的临界值。土壤 T Pb、有效态 Pb 与糙米中 Pb 都有显著的相关性，依据国家标准，食品中铅限量指标大米含铅量 0.2mg/kg（GB 2762—2012）计算，以水稻为指示植物土壤 Pb 的临界值见表 3-32。

**表 3-32　供试土壤 Pb 的临界值**

| 土壤 | | $a$ | $b$ | $r$ | 临界值/(mg/kg) |
|---|---|---|---|---|---|
| 辽宁土 | 土壤 T Pb 与糙米中 Pb | 0.0905 | $3.0\times10^{-4}$ | 0.9095 | 365 |
| | 土壤有效态 Pb 与糙米中 Pb | 0.1407 | $5.64\times10^{-5}$ | 0.9321 | 105 |
| 天津土 | 土壤 T Pb 与糙米中 Pb | 0.1350 | $1.3\times10^{-4}$ | 0.7123 | 515.5 |
| | 土壤有效态 Pb 与糙米中 Pb | 0.1553 | $3.27\times10^{-4}$ | 0.8032 | 141.0 |
| 江苏土 | 土壤 T Pb 与糙米中 Pb | 0.1458 | $8.1\times10^{-5}$ | 0.8047 | 673.8 |
| | 土壤有效态 Pb 与糙米中 Pb | 0.1568 | $1.02\times10^{-4}$ | 0.7523 | 422.4 |
| 湖北土 | 土壤 T Pb 与糙米中 Pb | 0.0973 | $3.93\times10^{-4}$ | 0.9346 | 261.5 |
| | 土壤有效态 Pb 与糙米中 Pb | 0.12011 | $5.8\times10^{-4}$ | 0.9524 | 137.9 |
| 广西土 | 土壤 T Pb 与糙米中 Pb | 0.1488 | $9.2\times10^{-4}$ | 0.7405 | 555.6 |
| | 土壤有效态 Pb 与糙米中 Pb | 0.1592 | $1.1\times10^{-5}$ | 0.7148 | 382.6 |

注：相关方程 $y=a+bx$。

2）水稻（Pb）小区试验。首先各土壤地区根据污灌调查土壤中 Pb 污染情况，筛选出 Pb 污染水平满足各个土类 Pb 浓度梯度的要求，再分析土壤样品确定被选小区土壤中含铅量。

每个土类最好选 3～5 个不同程度 Pb 污染小区，用 GPS 定位。每个小区 2 亩。水稻品种为杂交粳稻或当地主要品种。田间种植、施肥等管理工作按照本地区水稻常规进行。

Pb 小区试验因条件限制，只选择了天津东丽区的潮土和广西刁江的红壤。水稻收获时，每个小区按照梅花布点法，设 5 个采样点，用 GPS 定位中心点位。每个点采 5 穴水稻全样（稻谷、稻草、稻根），同时采集水稻根部穴位土壤样品。

水稻样品分别经清洗、烘干、脱粒、脱壳、粉碎、过筛处理。

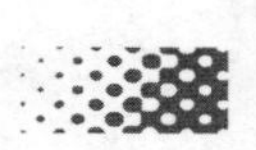

土壤样品风干后磨细、过筛。

① 各小区水稻对 Pb 的吸收。小区水稻生长情况与周边大田水稻无明显异常。

随着土壤含铅量的增大，水稻对 Pb 的吸收增加。水稻各部位对 Pb 的吸收量为稻根＞稻草＞糙米，见表 3-33。

**表 3-33　各小区水稻含铅量**　　单位：mg/kg

| 地区 | 小区号 | 土壤中 T Pb | 土壤有效态 Pb | | 糙米中 Pb | 稻草中 Pb | 稻根中 Pb | 土壤 pH 值 |
|---|---|---|---|---|---|---|---|---|
| | | | DTPA 可提取 Pb | 提取 Pb/% | | | | |
| 天津小区 $n=17$ | 1 | 27.63 | 9.50 | 34.4 | 0.083 | 2.217 | 3.780 | 8.09 |
| | 2 | 35.40 | 10.57 | 30.0 | 0.102 | 2.888 | 4.713 | 7.99 |
| | 3 | 51.54 | 19.56 | 38.0 | 0.170 | 3.403 | 8.532 | 7.54 |
| 广西小区 $n=20$ | 1 | 68.40 | 14.56 | 21.3 | 0.105 | 0.228 | 17.26 | 6.17 |
| | 2 | 520.6 | 21.8 | 23.4 | 0.128 | 0.220 | 156.8 | 5.86 |
| | 3 | 874.2 | 129.8 | 14.9 | 0.297 | 0.337 | 227.4 | 6.50 |
| | 4 | 1634 | 276.6 | 17.2 | 0.302 | 0.497 | 352.4 | 6.69 |

② 各小区水稻吸收 Pb 与土壤中含铅量的相关性。水稻各部位对 Pb 的吸收与土壤中 T Pb、DTPA 可提取 Pb 有显著的相关性，见表 3-34。依据国家标准，食品中 Pb 限量指标大米含铅量 0.2mg/kg（GB 2762—2012）计算，以水稻为指示植物的土壤 Pb 临界值见表 3-35。

**表 3-34　各小区水稻吸收 Pb 与土壤中 Pb 含量的相关性（*r* 值）**

| 地区 | 土壤 | 土壤有效态 Pb | 糙米中 Pb | 稻草中 Pb | 稻根中 Pb |
|---|---|---|---|---|---|
| 天津小区 | 土壤 T Pb | 0.9401 | 0.6914 | 0.6673 | 0.6447 |
| | 土壤有效态 Pb | 0.1000 | 0.7917 | 0.6496 | 0.8487 |
| 广西小区 | 土壤 T Pb | 0.9815 | 0.8681 | 0.9526 | 0.9863 |
| | 土壤有效态 Pb | 0.1000 | 0.7679 | 0.8958 | 0.9751 |

**表 3-35　各小区水稻土壤 Pb 的临界值**

| 地区 | 土壤 | *a* | *b* | *r* | 临界值/(mg/kg) |
|---|---|---|---|---|---|
| 天津小区 | 土壤中 T Pb 与糙米中 Pb | −0.0098 | 0.0033 | 0.6914 | 62.7 |
| | 土壤有效态 Pb 与糙米中 Pb | 0.0025 | 0.0073 | 0.7917 | 22.6 |
| 广西小区 | 土壤中 T Pb 与糙米中 Pb | 0.1002 | $1.39\times10^{-4}$ | 0.8681 | 716.9 |
| | 土壤有效态 Pb 与糙米中 Pb | 0.1053 | $7.57\times10^{-4}$ | 0.7679 | 125.1 |

（3）实验结果小结　Pb 对水稻的生长和产量有一定的影响，但影响的程度不显著。

在不同土壤中，盆栽和小区实验都表明水稻各部位对 Pb 的吸收都是稻根＞稻草＞糙米。

在同一个土壤中水稻吸收 Pb 随土壤含铅量增加而增大，并且水稻各部位对 Pb 的吸收与土壤中 T Pb、DTPA 可提取 Pb 有显著的相关性。

临界值的确定，依据国家标准食品中铅限量指标大米含铅量 0.2mg/kg（GB 2726—

2012）计算出5类水稻土壤Pb临界值见表3-36。

**表3-36　水稻土壤Pb的临界值**　　单位：mg/kg

| 土壤 | 土壤T Pb | | 土壤有效态Pb | |
|---|---|---|---|---|
| | 盆栽 | 小区 | 盆栽 | 小区 |
| 辽宁土 | 365 | — | 105 | — |
| 天津土 | 515 | 62.7 | 141 | 22.6 |
| 江苏土 | 674 | — | 422 | — |
| 湖北土 | 261 | — | 138 | — |
| 广西土 | 556 | 717 | 383 | 125 |

3. 菜田土壤Cd临界值制定技术研究

实验采用盆栽试验和田间小区实验相结合的方法。选择5种不同类型的土壤进行实验工作。

（1）青菜盆栽方案

1）实验方法

土壤类型：广西刁江—红壤土；湖北大冶—红壤土；辽宁张士—棕壤土；江苏苏州—黄泥土；天津东丽—潮土。

青菜品种：当地大宗品种。

生长期：50d左右。

种植时间：2004年。

收货时间：2004年。

采集样品部位：茎叶、土壤。

采集样品量：每个梯度3个重复的样品去除干叶、烂叶外，全部采集洗净风干；每个梯度3个重复的土壤混匀后用四分法采集风干土0.5kg。

污染物：Pb，Cd。

每种土壤用量：风干土100kg。

盆数：360个。

每盆土壤用量：1.2kg左右。

植株数：定苗后每盆8～10株。

肥料：统一施肥量，以尿素作氮肥，磷酸二氢钾作磷肥和钾肥。

污染物添加梯度：重金属8个梯度，每个梯度重复3次。

① 辽宁张士棕壤土实验结果如下：

| Cd/(mg/kg) | 0 | 0.2 | 0.4 | 0.6 | 0.8 | 1.6 | 3.2 | 6.4 |
|---|---|---|---|---|---|---|---|---|
| Pb/(mg/kg) | 0 | 100 | 200 | 400 | 600 | 800 | 1000 | 2000 |
| 对应的每盆氯化镉用量/mg | 0 | 0.487 | 0.974 | 1.462 | 1.949 | 3.898 | 7.795 | 15.590 |
| 对应的每盆乙酸铅用量/mg | 0 | 219.7 | 439.4 | 878.8 | 1318.2 | 1757.6 | 2197 | 4394 |

② 江苏苏州黄泥土实验结果如下：

| Cd/(mg/kg) | 0 | 0.2 | 0.4 | 0.6 | 0.8 | 1.6 | 3.2 | 6.4 |
|---|---|---|---|---|---|---|---|---|
| Pb/(mg/kg) | 0 | 100 | 200 | 400 | 600 | 800 | 1000 | 2000 |
| 对应的每盆氯化镉用量/mg | 0 | 0.487 | 0.974 | 1.462 | 1.949 | 3.898 | 7.795 | 15.590 |
| 对应的每盆乙酸铅用量/mg | 0 | 219.7 | 439.4 | 878.8 | 1318.2 | 1757.6 | 2197 | 4394 |

③ 天津东丽潮土实验结果如下：

| Cd/(mg/kg) | 0 | 0.2 | 0.4 | 0.6 | 0.8 | 1.6 | 3.2 | 6.4 |
|---|---|---|---|---|---|---|---|---|
| Pb/(mg/kg) | 0 | 100 | 200 | 400 | 600 | 800 | 1000 | 2000 |
| 对应的每盆氯化镉用量/mg | 0 | 0.487 | 0.974 | 1.462 | 1.949 | 3.898 | 7.795 | 15.590 |
| 对应的每盆乙酸沿用量/mg | 0 | 219.7 | 439.4 | 878.8 | 1318.2 | 1757.6 | 2197 | 4394 |

④ 湖北大冶红壤土实验结果如下：

| Cd/(mg/kg) | 0 | 0.1 | 0.2 | 0.3 | 0.4 | 0.8 | 1.2 | 2.4 |
|---|---|---|---|---|---|---|---|---|
| Pb/(mg/kg) | 0 | 20 | 40 | 60 | 80 | 100 | 200 | 400 |
| 对应的每盆氯化镉用量/mg | 0 | 0.244 | 0.487 | 0.731 | 0.974 | 1.948 | 2.922 | 5.844 |
| 对应的每盆乙酸铅用量/mg | 0 | 43.94 | 87.88 | 131.82 | 175.76 | 219.7 | 439.4 | 878.8 |

⑤ 广西刁江红壤土实验结果如下：

| Cd/(mg/kg) | 0 | 0.1 | 0.2 | 0.3 | 0.4 | 0.8 | 1.2 | 2.4 |
|---|---|---|---|---|---|---|---|---|
| Pb/(mg/kg) | 0 | 25 | 50 | 100 | 150 | 200 | 400 | 800 |
| 对应的每盆氯化镉用量/mg | 0 | 0.244 | 0.487 | 0.731 | 0.974 | 1.948 | 2.922 | 5.844 |
| 对应的每盆乙酸铅用量/mg | 0 | 54.9 | 109.9 | 219.7 | 329.6 | 439.4 | 878.8 | 1757.6 |

污染物形态：乙酸铅、氯化镉。

污染物添加方式（仅供参考）：称出每个梯度几个重复所需土壤总量和添加污染物的总量，把污染物溶解于尽量少的水中，把此溶液倒入少量称出的土中，稍干后弄碎，放入称出的土中，充分混匀，称量分装入每个盆中（添加污染物时，如需加施底肥可同时加入）。

2）盆栽的几点要求

① 首先拣出盆栽用土较大的石头、砖块和植物的根茎等杂物，然后风干过 5mm 筛。

② 盆装土后，先灌水，Pb 和 Cd 处理盆要灌到淹水状态，2～4 周后再插秧或播种。

③ 补加水时，不能过猛、过多，以免溢出盆外或飞溅到其他盆里。

④ 根据作物生长期的需要及作物生长情况进行施肥。

⑤ 注意预防病虫害和防雨。

⑥ 收获时要称量每个梯度的生物量。

⑦ 实验过程中要注意人身安全。

（2）青菜（Cd）盆栽试验　盆栽实验土壤来自辽宁张士棕壤土（简称“辽宁土”）；天津东丽潮土（简称“天津土”）；江苏苏州黄泥土（简称“江苏土”）；湖北大冶红壤土

（简称“湖北土”）；广西刁江红壤土（简称“广西土”）。采集5个地区接近各自背景值的土壤，并对其进行理化分析（见表3-37、表3-38）和镉含量分析（见表3-39）。

盆栽实验采用容量为1.5kg的塑料盆，每盆装土1.2kg。添加尿素作氮肥，磷酸二氢钾作磷钾肥。添加物质为氯化镉（$CdCl_2 \cdot 2.5H_2O$），处理浓度见表3-40，每个处理重复3次。

**表3-37　盆栽土壤理化性质**

| 分析项目 | 辽宁土 | 天津土 | 江苏土 | 湖北土 | 广西土 |
| --- | --- | --- | --- | --- | --- |
| 全氮(N)/% | 0.1001 | 0.1037 | 0.0583 | 0.1482 | 0.1338 |
| 全磷($P_2O_5$)/% | 0.1368 | 0.1550 | 0.0723 | 0.1114 | 0.0597 |
| 全钾($K_2O$)/% | 2.769 | 3.356 | 1.494 | 1.412 | 1.110 |
| 速效N/(mg/kg) | 109.5 | 52.66 | 36.14 | 59.88 | 66.08 |
| 速效P/(mg/kg) | 43.23 | 11.09 | 30.42 | 10.01 | 2.80 |
| 速效K/(mg/kg) | 50.0 | 200.0 | 77.5 | 47.5 | 50.0 |
| 有机质/% | 2.063 | 1.465 | 1.297 | 2.472 | 2.290 |
| 全盐/% | 0.025 | 0.099 | 0.073 | 0.044 | 0.051 |
| CEC/(cmol/kg) | 14.43 | 20.86 | 14.42 | 9.79 | 9.79 |
| pH值 | 7.03 | 8.10 | 6.50 | 5.76 | 5.86 |

**表3-38　盆栽土壤的颗粒组成（质量分数）**

| 土壤颗粒组成 | 辽宁土 | 天津土 | 江苏土 | 湖北土 | 广西土 |
| --- | --- | --- | --- | --- | --- |
| 砂粒/% | 38 | 12 | 8 | 10 | 14 |
| 粉粒/% | 32 | 44 | 56 | 54 | 48 |
| 黏粒/% | 30 | 44 | 36 | 36 | 38 |
| 命名 | 中壤土 | 中黏土 | 重壤土 | 重壤土 | 重壤土 |

**表3-39　五地区盆栽土壤中含镉量**　　单位：mg/kg

| 辽宁土 | 天津土 | 江苏土 | 湖北土 | 广西土 |
| --- | --- | --- | --- | --- |
| 0.200 | 0.152 | 0.097 | 0.263 | 0.128 |

**表3-40　盆栽青菜Cd处理浓度**　　单位：mg/kg

| 编号 | 辽宁土 | 天津土 | 江苏土 | 湖北土 | 广西土 |
| --- | --- | --- | --- | --- | --- |
| 空白 | 0.0 | 0.0 | 0.0 | 0.0 | 0.0 |
| 1 | 0.2 | 0.2 | 0.2 | 0.1 | 0.1 |
| 2 | 0.4 | 0.4 | 0.4 | 0.2 | 0.2 |
| 3 | 0.6 | 0.6 | 0.6 | 0.3 | 0.3 |
| 4 | 0.8 | 0.8 | 0.8 | 0.4 | 0.4 |
| 5 | 1.6 | 1.6 | 1.6 | 0.8 | 0.8 |
| 6 | 3.2 | 3.2 | 3.2 | 1.2 | 1.2 |
| 7 | 6.4 | 6.4 | 6.4 | 2.4 | 2.4 |

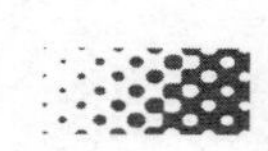

将土壤风干拣出杂质压碎，过筛。定量称出与肥料混匀，装盆、湿润土壤，1周后与镉化合物混匀，2周后播种青菜。青菜品种为春绿一号。生长期为45d左右，整个生长期间为自来水浇灌。

收获时采集青菜鲜样，并称其质量。同步采集土壤样品。将青菜鲜样于70℃以下烘干，磨碎、过筛。土壤样品风干后磨碎、过筛。

① 土壤添加不同浓度Cd对青菜生长的影响。pH值对青菜生长、产量影响不显著。收获青菜后对土壤pH值进行测定。天津土、江苏土、湖北土、广西土pH值变化不大，只有辽宁土pH值降低，见表3-41。

**表3-41　盆栽青菜土壤pH值**

| 编号 | 辽宁土 | 天津土 | 江苏土 | 湖北土 | 广西土 |
|---|---|---|---|---|---|
| 空白 | 5.83 | 8.26 | 6.79 | 5.20 | 5.29 |
| 1 | 5.87 | 8.22 | 6.73 | 5.45 | 5.44 |
| 2 | 5.84 | 8.02 | 6.79 | 5.24 | 5.90 |
| 3 | 5.76 | 8.15 | 6.66 | 5.33 | 5.90 |
| 4 | 5.70 | 8.15 | 6.85 | 5.01 | 5.33 |
| 5 | 5.78 | 8.14 | 6.56 | 5.37 | 5.74 |
| 6 | 5.82 | 8.26 | 6.36 | 5.23 | 5.70 |
| 7 | 5.82 | 8.01 | 6.57 | 5.34 | 5.76 |
| 平均值 | 5.80 | 8.15 | 6.66 | 5.27 | 5.63 |

5种类型土壤中不同浓度Cd对青菜生长和产量有一定影响，辽宁土、天津土、湖北土从产量来看较好，江苏土Cd高浓度产量较差，广西土Cd低浓度（空白，0.1mg/kg）和高浓度（2.4mg/kg）长势、产量都较差，见表3-42。

**表3-42　Cd对青菜生长的影响**

| 地区 | 土壤添加Cd /(mg/kg) | 土壤T Cd /(mg/kg) | 青菜鲜样重 /g | 青菜干样重 /g |
|---|---|---|---|---|
| 辽宁土 | 0 | 0.151 | 339 | 19.2 |
| | 0.2 | 0.302 | 346 | 19.6 |
| | 0.4 | 0.449 | 404 | 22.9 |
| | 0.6 | 0.607 | 330 | 18.7 |
| | 0.8 | 0.789 | 304 | 17.2 |
| | 1.6 | 1.406 | 321 | 18.2 |
| | 3.2 | 2.408 | 351 | 19.9 |
| | 6.4 | 4.946 | 393 | 22.3 |
| 天津土 | 0 | 0.277 | 239 | 13.6 |
| | 0.2 | 0.281 | 373 | 21.2 |
| | 0.4 | 0.640 | 254 | 14.4 |
| | 0.6 | 0.772 | 270 | 15.3 |
| | 0.8 | 0.927 | 332 | 18.8 |

续表

| 地区 | 土壤添加 Cd /(mg/kg) | 土壤 T Cd /(mg/kg) | 青菜鲜样重 /g | 青菜干样重 /g |
| --- | --- | --- | --- | --- |
| 天津土 | 1.6 | 1.703 | 382 | 21.7 |
| | 3.2 | 2.968 | 402 | 22.8 |
| | 6.4 | 5.920 | 356 | 20.2 |
| 江苏土 | 0 | 0.128 | 460 | 26.1 |
| | 0.2 | 0.299 | 368 | 20.9 |
| | 0.4 | 0.480 | 358 | 20.3 |
| | 0.6 | 0.633 | 367 | 20.8 |
| | 0.8 | 0.846 | 451 | 25.6 |
| | 1.6 | 1.644 | 370 | 21.0 |
| | 3.2 | 2.650 | 26 | 1.5 |
| | 6.4 | 5.685 | 311 | 17.6 |
| 湖北土 | 0 | 0.267 | 251 | 14.2 |
| | 0.1 | 0.330 | 382 | 21.7 |
| | 0.2 | 0.375 | 325 | 18.4 |
| | 0.3 | 0.556 | 297 | 15.8 |
| | 0.4 | 0.474 | 312 | 17.7 |
| | 0.8 | 0.936 | 416 | 23.6 |
| | 1.2 | 1.257 | 305 | 17.3 |
| | 2.4 | 2.336 | 326 | 18.5 |
| 广西土 | 0 | 0.134 | 81 | 4.6 |
| | 0.1 | 0.210 | 184 | 10.5 |
| | 0.2 | 0.299 | 372 | 21.1 |
| | 0.3 | 0.382 | 316 | 17.9 |
| | 0.4 | 0.453 | 204 | 11.6 |
| | 0.8 | 0.808 | 304 | 17.2 |
| | 1.2 | 1.114 | 300 | 17.0 |
| | 2.4 | 1.129 | 89 | 5.1 |

② 土壤添加不同浓度 Cd 对青菜吸收 Cd 的影响。在 5 种土壤中青菜吸收 Cd 都是随着土壤 Cd 浓度的增大而显著增加，并呈极显著的相关性，见表 3-43。在 5 种土壤上生长的青菜对 Cd 的吸收是：广西土＞湖北土＞辽宁土＞江苏土＞天津土。这与土壤 pH 值由低到高的排序相反，土壤 pH 值越高，青菜从土壤中吸收的 Cd 量越少。青菜对 Cd 非常敏感，土壤添加 Cd 0.1mg/kg（弱酸性土壤）或 0.2mg/kg（中性或弱碱性土壤）时，青菜吸收 Cd 的量就显著增加，可是这并不影响青菜的生长和产量。

③ 土壤中 T Cd 与土壤中有效态 Cd。青菜对 Cd 的吸收与土壤中 T Cd 及 DTPA 可提取有效态 Cd 有极显著的相关性，见表 3-44。

表 3-43 土壤不同浓度 Cd 与青菜吸收的 Cd 单位：mg/kg

| 编号 | 添加Cd | 辽宁土 | | | 天津土 | | | 江苏土 | | | | 湖北土 | | | 广西土 | | |
|---|---|---|---|---|---|---|---|---|---|---|---|---|---|---|---|---|---|
| | | 实测T Cd | 青菜 Cd | | 实测T Cd | 青菜 Cd | | 实测T Cd | 青菜 Cd | | 添加Cd | 实测T Cd | 青菜 Cd | | 实测T Cd | 青菜 Cd | |
| | | | 干样 | 鲜样 | | 干样 | 鲜样 | | 干样 | 鲜样 | | | 干样 | 鲜样 | | 干样 | 鲜样 |
| 空白 | 0 | 0.151 | 0.715 | 0.041 | 0.277 | 0.584 | 0.033 | 0.128 | 0.513 | 0.029 | 0.0 | 0.267 | 1.624 | 0.092 | 0.134 | 1.524 | 0.087 |
| 1 | 0.2 | 0.302 | 1.392 | 0.079 | 0.281 | 0.831 | 0.047 | 0.299 | 1.163 | 0.066 | 0.1 | 0.330 | 1.918 | 0.109 | 0.210 | 2.103 | 0.119 |
| 2 | 0.4 | 0.449 | 2.810 | 0.160 | 0.640 | 0.953 | 0.054 | 0.480 | 1.842 | 0.105 | 0.2 | 0.357 | 2.110 | 0.120 | 0.299 | 2.595 | 0.149 |
| 3 | 0.6 | 0.607 | 3.250 | 0.185 | 0.772 | 1.545 | 0.088 | 0.633 | 2.981 | 0.169 | 0.3 | 0.556 | 3.240 | 0.184 | 0.382 | 2.716 | 0.154 |
| 4 | 0.8 | 0.789 | 3.853 | 0.219 | 0.927 | 1.978 | 0.112 | 0.846 | 3.354 | 0.191 | 0.4 | 0.474 | 3.736 | 0.212 | 0.453 | 4.692 | 0.267 |
| 5 | 1.6 | 1.406 | 6.855 | 0.389 | 1.703 | 2.901 | 0.165 | 1.644 | 7.236 | 0.411 | 0.8 | 0.936 | 5.530 | 0.314 | 0.808 | 4.836 | 0.275 |
| 6 | 3.2 | 2.408 | 12.80 | 0.727 | 2.968 | 4.122 | 0.234 | 2.650 | 6.753 | 0.384 | 1.2 | 1.257 | 11.92 | 0.677 | 1.114 | 9.059 | 0.515 |
| 7 | 6.4 | 4.946 | 29.81 | 1.693 | 5.920 | 8.641 | 0.491 | 5.685 | 24.92 | 1.415 | 2.4 | 2.336 | 18.42 | 1.046 | 1.129 | 27.76 | 1.577 |

表 3-44 土壤中 T Cd 与土壤有效态 Cd 单位：mg/kg

| 编号 | 辽宁土 | | | 天津土 | | | 江苏土 | | | 湖北土 | | | 广西土 | | |
|---|---|---|---|---|---|---|---|---|---|---|---|---|---|---|---|
| | T Cd | 有效态 Cd | | T Cd | 有效态 Cd | | T Cd | 有效态 Cd | | T Cd | 有效态 Cd | | T Cd | 有效态 Cd | |
| | | DTPA可提取Cd | 提取Cd/% | | DTPA可提取Cd | 提取Cd/% | | DTPA可提取Cd | 提取Cd/% | | DTPA可提取Cd | 提取Cd/% | | DTPA可提取Cd | 提取Cd/% |
| 空白 | 0.151 | 0.043 | 28.5 | 0.277 | 0.041 | 14.8 | 0.128 | 0.027 | 21.1 | 0.267 | 0.036 | 13.5 | 0.134 | 0.013 | 9.7 |
| 1 | 0.302 | 0.083 | 27.5 | 0.281 | 0.142 | 50.5 | 0.299 | 0.056 | 18.7 | 0.330 | 0.042 | 12.7 | 0.210 | 0.061 | 29.0 |
| 2 | 0.449 | 0.119 | 26.5 | 0.640 | 0.225 | 35.2 | 0.480 | 0.081 | 16.9 | 0.357 | 0.109 | 30.5 | 0.299 | 0.070 | 23.4 |
| 3 | 0.607 | 0.236 | 38.9 | 0.772 | 0.251 | 32.5 | 0.633 | 0.198 | 31.3 | 0.556 | 0.253 | 45.5 | 0.382 | 0.140 | 36.6 |
| 4 | 0.789 | 0.376 | 47.7 | 0.927 | 0.357 | 38.5 | 0.846 | 0.334 | 39.5 | 0.474 | 0.188 | 39.7 | 0.453 | 0.231 | 51.0 |
| 5 | 1.406 | 1.018 | 72.4 | 1.703 | 1.083 | 63.6 | 1.644 | 0.941 | 57.2 | 0.936 | 0.505 | 54.0 | 0.808 | 0.527 | 65.2 |
| 6 | 2.408 | 1.552 | 64.5 | 2.968 | 2.106 | 71.0 | 2.650 | 2.212 | 83.5 | 1.257 | 0.811 | 64.5 | 1.114 | 0.904 | 81.1 |
| 7 | 4.946 | 3.929 | 79.4 | 5.920 | 4.749 | 80.2 | 5.685 | 4.351 | 76.5 | 2.336 | 1.617 | 69.2 | 1.129 | 0.921 | 81.6 |

④ 青菜吸收 Cd 与土壤中含镉量的相关性。不同类型土壤中 T Cd、有效态 Cd 与青菜中 Cd 都有极显著的相关性，见表 3-45。

表 3-45 青菜吸收 Cd 与土壤中 Cd 含量的相关性（*r* 值）

| 土壤 | | 土壤有效态 Cd | 青菜中 Cd |
|---|---|---|---|
| 辽宁土 | 土壤 T Cd | 0.9965 | 0.9973 |
| | 土壤有效态 Cd | 1.0000 | 0.9967 |
| 天津土 | 土壤 T Cd | 0.9974 | 0.9959 |
| | 土壤有效态 Cd | 1.0000 | 0.9926 |

续表

| 土壤 | | 土壤有效态 Cd | 青菜中 Cd |
|---|---|---|---|
| 江苏土 | 土壤 T Cd | 0.9949 | 0.9782 |
| | 土壤有效态 Cd | 1.0000 | 0.9575 |
| 湖北土 | 土壤 T Cd | 0.9992 | 0.9842 |
| | 土壤有效态 Cd | 1.0000 | 0.9881 |
| 广西土 | 土壤 T Cd | 0.9899 | 0.9539 |
| | 土壤有效态 Cd | 1.0000 | 0.9662 |

⑤ 供试土壤中 Cd 的临界值。供试土壤总 Cd、有效态 Cd 与青菜中 Cd 都有极显著的相关性。由此依据国家标准食品中 Cd 限量指标，叶菜含镉量 0.2mg/kg（GB 2762—2012）计算，以青菜为指示植物的土壤临界值见表 3-46。

**表 3-46 青菜土壤 Cd 的临界值**

| 土壤 | | $a$ | $b$ | $r$ | 临界值/(mg/kg) |
|---|---|---|---|---|---|
| 辽宁土 | 土壤 T Cd 与青菜中 Cd | −0.03497 | 0.3412 | 0.9973 | 0.69 |
| | 土壤有效态 Cd 与青菜中 Cd | 0.0552 | 0.4148 | 0.9967 | 0.35 |
| 天津土 | 土壤 T Cd 与青菜中 Cd | 0.0243 | 0.0786 | 0.9959 | 2.28 |
| | 土壤有效态 Cd 与青菜中 Cd | 0.0487 | 0.0932 | 0.9926 | 1.62 |
| 江苏土 | 土壤 T Cd 与青菜中 Cd | −0.0213 | 0.2378 | 0.9782 | 0.93 |
| | 土壤有效态 Cd 与青菜中 Cd | 0.0559 | 0.2832 | 0.9575 | 0.51 |
| 湖北土 | 土壤 T Cd 与青菜中 Cd | −0.0454 | 0.4786 | 0.9842 | 0.51 |
| | 土壤有效态 Cd 与青菜中 Cd | 0.0671 | 0.6226 | 0.9881 | 0.21 |
| 广西土 | 土壤 T Cd 与青菜中 Cd | 0.0306 | 0.3977 | 0.9539 | 0.43 |
| | 土壤有效态 Cd 与青菜中 Cd | 0.1025 | 0.4360 | 0.9662 | 0.22 |

注：相关方程 $y=a+bx$。

（3）青菜（Cd）小区实验　依据土壤被 Cd 污染的情况筛选出 Cd 污染水平能满足各个土类浓度梯度的要求，再收集土壤样品进行分析，确定小区土壤中含镉量。

每个土类选 5 个不同程度 Cd 污染小区，用 GPS 定位（在实际操作中，有的土类未能筛选出 5 个不同梯度的小区）。每个小区面积为 2 亩，青菜品种为当地的主要品种。小区实验的农事操作和田间管理工作按照本地区青菜管理常规进行。

青菜生长期为 45d 左右，收获时每个小区按照梅花布点法，布设 5 个采集点，用 GPS 定位中心点位，每个点采青菜样品 1～2kg，同时采集青菜根部土壤样品。

青菜样品去掉干叶和黄叶，洗净后风干或于 70℃以下烘干后粉碎、过筛。

土壤样品风干后磨碎、过筛。

① 各小区青菜对 Cd 的吸收。随着土壤中含镉量的增加，青菜对 Cd 的吸收增大，见表 3-47。

② 各小区青菜吸收 Cd 与土壤中含镉量的相关性。青菜对 Cd 吸收与土壤中 T Cd、可提取 Cd 有显著的相关性，见表 3-48。

**表 3-47 各小区青菜 Cd 含量** 单位：mg/kg

| 地区 | 小区号 | 土壤中 T Cd | 土壤有效态 Cd | | 青菜中 Cd | | 土壤 pH 值 |
|---|---|---|---|---|---|---|---|
| | | | DTPA 可提取 Cd | 提取 Cd/% | 干样 | 鲜样 | |
| 辽宁小区 $n=25$ | 1 | 0.524 | 0.087 | 16.5 | 1.274 | 0.072 | 5.84 |
| | 2 | 0.741 | 0.122 | 16.7 | 4.820 | 0.274 | 5.41 |
| | 3 | 1.270 | 0.196 | 15.1 | 3.60 | 0.205 | 5.50 |
| | 4 | 2.594 | 0.327 | 12.7 | 5.66 | 0.322 | 5.62 |
| | 5 | 1.90 | 0.211 | 10.7 | 7.36 | 0.418 | 4.91 |
| 天津小区 $n=20$ | 1 | 0.250 | 0.014 | 5.74 | 0.351 | 0.0198 | 7.96 |
| | 2 | 0.493 | 0.063 | 12.84 | 0.364 | 0.021 | 7.74 |
| | 3 | 2.085 | 0.468 | 23.1 | 1.984 | 0.113 | 7.53 |
| | 4 | 4.102 | 1.181 | 29.0 | 2.716 | 0.154 | 7.79 |
| 江苏小区 $n=25$ | 1 | 0.133 | 0.031 | 23.8 | 1.144 | 0.065 | 5.70 |
| | 2 | 0.133 | 0.029 | 22.2 | 0.836 | 0.047 | 5.40 |
| | 3 | 0.181 | 0.019 | 10.7 | 1.950 | 0.111 | 6.00 |
| | 4 | 4.962 | 1.513 | 30.7 | 25.699 | 1.460 | 5.87 |
| | 5 | 5.704 | 1.505 | 26.6 | 32.077 | 1.822 | 5.25 |
| 湖北小区 $n=25$ | 1 | 0.180 | 0.106 | 61.1 | 0.773 | 0.042 | 5.15 |
| | 2 | 0.327 | 0.213 | 65.4 | 1.317 | 0.078 | 5.22 |
| | 3 | 0.778 | 0.238 | 31.9 | 1.418 | 0.081 | 5.69 |
| | 4 | 0.705 | 0.274 | 39.0 | 3.927 | 0.223 | 6.49 |
| | 5 | 2.096 | 0.583 | 28.1 | 10.802 | 0.614 | 5.48 |

**表 3-48 小区青菜土壤 Cd 的临界值** 单位：mg/kg

| 地区 | 土壤 | 土壤有效态 Cd | 青菜中 Cd |
|---|---|---|---|
| 辽宁小区 | 土壤 T Cd | 0.8989 | 0.6772 |
| | 土壤有效态 Cd | 1.0000 | 0.6534 |
| 天津小区 | 土壤 T Cd | 0.9876 | 0.9657 |
| | 土壤有效态 Cd | 1.0000 | 0.9755 |
| 江苏小区 | 土壤 T Cd | 0.9879 | 0.9775 |
| | 土壤有效态 Cd | 1.0000 | 0.9640 |
| 湖北小区 | 土壤 T Cd | 0.9412 | 0.9315 |
| | 土壤有效态 Cd | 1.0000 | 0.9479 |

依据国家标准食品中 Cd 限量指标叶菜含镉量 0.2mg/g（GB 2762—2012）计算，以青菜为指示植物的土壤 Cd 临界值见表 3-49。

（4）实验结果小结 不同类型的土壤盆栽和小区实验都表明土壤中含镉量对青菜生长和产量有一定的影响，土壤不同影响有差异。

青菜对 Cd 的吸收与土壤的 pH 值相关，土壤 pH 值越小（偏酸性），青菜从土壤中吸

表 3-49　小区青菜土壤 Cd 的临界值

| 地区 | 土壤 | $a$ | $b$ | $r$ | 临界值/(mg/kg) |
|---|---|---|---|---|---|
| 辽宁小区 | 土壤中 T Cd 与青菜中 Cd | 0.0965 | 0.1149 | 0.6772 | 0.90 |
| | 土壤有效态 Cd 与青菜中 Cd | 0.0967 | 0.8562 | 0.6534 | 0.12 |
| 天津小区 | 土壤中 T Cd 与青菜中 Cd | 0.0116 | 0.0360 | 0.9657 | 5.23 |
| | 土壤有效态 Cd 与青菜中 Cd | 0.0222 | 0.1177 | 0.9755 | 1.51 |
| 江苏小区 | 土壤中 T Cd 与青菜中 Cd | 0.0294 | 0.3021 | 0.9775 | 0.56 |
| | 土壤有效态 Cd 与青菜中 Cd | 0.0480 | 1.0539 | 0.9640 | 0.14 |
| 湖北小区 | 土壤中 T Cd 与青菜中 Cd | −0.0315 | 0.2926 | 0.9315 | 0.79 |
| | 土壤有效态 Cd 与青菜中 Cd | −0.1428 | 1.2398 | 0.9479 | 0.28 |

注：相关方程 $y=a+bx$。

收的 Cd 越多。

在 5 类土壤中 T Cd、有效态 Cd 与青菜中 Cd 都有极显著的相关性。

依据国家标准食品中 Cd 限量指标叶菜含镉量 0.2mg/kg（GB 2726—2012），计算出 5 类青菜土壤 Cd 临界值，见表 3-50。

表 3-50　青菜土壤 Cd 的临界值　　单位：mg/kg

| 土壤 | 土壤 T Cd | | 土壤有效态 Cd | |
|---|---|---|---|---|
| | 盆栽 | 小区 | 盆栽 | 小区 |
| 辽宁土 | 0.69 | 0.90 | 0.35 | 0.12 |
| 天津土 | 2.28 | 5.23 | 1.62 | 1.51 |
| 江苏土 | 0.93 | 0.56 | 0.51 | 0.14 |
| 湖北土 | 0.51 | 0.79 | 0.21 | 0.28 |
| 广西土 | 0.43 | — | 0.22 | — |

4. 菜田土壤 Pb 临界值制定技术研究

(1) 试验方法　实验采用盆栽实验与田间小区实验相结合的方法，选择 5 种不同类别的土壤进行实验工作。

(2) 青菜（Pb）盆栽试验　盆栽实验土壤来自辽宁张士棕壤土（简称“辽宁土”）；天津东丽潮土（简称“天津土”）；江苏苏州黄泥土（简称“江苏土”）；湖北大冶红壤土（简称“湖北土”）；广西刁江红壤土（简称“广西土”）。采集 5 个地区接近各自背景值的土壤，并对其进行理化分析（见表 3-51、表 3-52）和含铅量分析（见表 3-53）。

盆栽实验采用容量为 1.5kg 的塑料盆，每盆装土 1.2kg。添加尿素作氮肥，磷酸二氢钾作磷钾肥。添加物质为氯化铅 [$Pb(OAc)_2 \cdot 3H_2O$]，处理浓度见表 3-54，每个处理重复 3 次。

将土壤风干后拣出杂质压碎，过筛。定量称出与肥料混匀，装盆、湿润土壤，1 周后与铅化合物混匀，2 周后播种小青菜。青菜品种为春绿一号。生长期为 45d 左右，整个生长期间为自来水浇灌。

收获时采集青菜鲜样，并称其质量。同步采集土壤样品。将青菜鲜样子 70℃ 以下烘干，磨碎、过筛。土壤样品风干后磨碎、过筛。

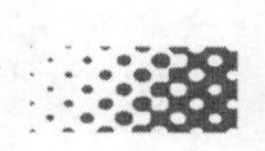

表 3-51 盆栽土壤理化性质

| 分析项目 | 辽宁土 | 天津土 | 江苏土 | 湖北土 | 广西土 |
|---|---|---|---|---|---|
| 全氮(N)/% | 0.1001 | 0.1037 | 0.0583 | 0.1482 | 0.1338 |
| 全磷($P_2O_5$)/% | 0.1368 | 0.1550 | 0.0723 | 0.1114 | 0.0597 |
| 全钾($K_2O$)/% | 2.769 | 3.356 | 1.494 | 1.412 | 1.110 |
| 速效 N/(mg/kg) | 109.5 | 52.66 | 36.14 | 59.88 | 66.08 |
| 速效 P/(mg/kg) | 43.23 | 11.09 | 30.42 | 10.01 | 2.80 |
| 速效 K/(mg/kg) | 50.0 | 200.0 | 77.5 | 47.5 | 50.0 |
| 有机质/% | 2.063 | 1.465 | 1.297 | 2.472 | 2.290 |
| 全盐/% | 0.025 | 0.099 | 0.073 | 0.044 | 0.051 |
| CEC/(cmol/kg) | 14.43 | 20.86 | 14.42 | 9.79 | 9.79 |
| pH 值 | 7.03 | 8.10 | 6.50 | 5.76 | 5.86 |

表 3-52 盆栽土壤的颗粒组成（质量分数）

| 土壤颗粒组成 | 辽宁土 | 天津土 | 江苏土 | 湖北土 | 广西土 |
|---|---|---|---|---|---|
| 砂粒/% | 38 | 12 | 8 | 10 | 14 |
| 粉粒/% | 32 | 44 | 56 | 54 | 48 |
| 黏粒/% | 30 | 44 | 36 | 36 | 38 |
| 命名 | 中壤土 | 中黏土 | 重壤土 | 重壤土 | 重壤土 |

表 3-53 五地区盆栽土壤中含铅量 单位：mg/kg

| 辽宁土 | 天津土 | 江苏土 | 湖北土 | 广西土 |
|---|---|---|---|---|
| 23.80 | 20.43 | 16.78 | 34.96 | 17.46 |

表 3-54 盆栽青菜 Pb 处理浓度 单位：mg/kg

| 编号 | 辽宁土 | 天津土 | 江苏土 | 湖北土 | 广西土 |
|---|---|---|---|---|---|
| 空白 | 0.0 | 0.0 | 0.0 | 0.0 | 0.0 |
| 1 | 100 | 100 | 100 | 20 | 25 |
| 2 | 200 | 200 | 200 | 40 | 50 |
| 3 | 400 | 400 | 400 | 60 | 100 |
| 4 | 600 | 600 | 600 | 80 | 150 |
| 5 | 800 | 800 | 800 | 100 | 200 |
| 6 | 1000 | 1000 | 1000 | 200 | 400 |
| 7 | 2000 | 2000 | 2000 | 400 | 800 |

① 土壤添加不同浓度 Pb 对青菜生长的影响。从盆栽看来，pH 值对青菜生长和产量影响不显著，青菜收获后，采土壤对土壤 pH 值进行测定，天津土、江苏土、湖北土、广西土 pH 值变化不大，只有辽宁土 pH 值降低，见表 3-55。

辽宁土、天津土、江苏土、湖北土，土壤中添加不同浓度 Pb 对青菜生长和产量有一定影响，但影响不显著。

表 3-55 盆栽青菜土壤 pH 值

| 编号 | 辽宁土 | 天津土 | 江苏土 | 湖北土 | 广西土 |
|---|---|---|---|---|---|
| 空白 | 5.98 | 7.92 | 6.41 | 5.07 | 5.16 |
| 1 | 6.02 | 8.10 | 6.52 | 5.23 | 5.30 |
| 2 | 5.58 | 7.92 | 6.28 | 5.14 | 5.33 |
| 3 | 5.70 | 7.92 | 6.60 | 5.02 | 5.38 |
| 4 | 5.97 | 7.97 | 6.33 | 5.12 | 5.38 |
| 5 | 6.00 | 7.99 | 6.20 | 5.15 | 5.61 |
| 6 | 5.73 | 8.20 | 6.34 | 5.32 | 5.67 |
| 7 | 6.05 | 8.02 | 6.66 | 5.21 | 5.63 |
| 平均值 | 5.92 | 8.00 | 6.42 | 5.16 | 5.43 |

广西土添加 Pb 从低至高，所有浓度青菜生长和产量都很差，见表 3-56。

表 3-56 Pb 对青菜生长的影响

| 地区 | 土壤添加 Pb /(mg/kg) | 土壤 T Pb /(mg/kg) | 青菜鲜样重 /g | 青菜干样重 /g |
|---|---|---|---|---|
| 天津土 | 0 | 33.96 | 280 | 15.9 |
| | 100 | 170.1 | 384 | 21.8 |
| | 200 | 242.0 | 245 | 13.9 |
| | 400 | 642.1 | 305 | 17.3 |
| | 600 | 831.2 | 277 | 15.7 |
| | 800 | 1030 | 290 | 16.5 |
| | 1000 | 1338 | 315 | 17.9 |
| | 2000 | 2426 | 230 | 13.1 |
| 辽宁土 | 0 | 24.55 | 365 | 20.7 |
| | 100 | 196.6 | 296 | 16.8 |
| | 200 | 358.3 | 300 | 17.0 |
| | 400 | 646.1 | 270 | 15.3 |
| | 600 | 991.5 | 270 | 15.3 |
| | 800 | 1238 | 350 | 19.9 |
| | 1000 | 1407 | 245 | 13.9 |
| | 2000 | 2834 | 290 | 16.5 |
| 江苏土 | 0 | 26.05 | 365 | 20.7 |
| | 100 | 237.4 | 380 | 21.6 |
| | 200 | 401.4 | 360 | 20.4 |
| | 400 | 808.1 | 355 | 20.2 |
| | 600 | 1155 | 350 | 19.9 |
| | 800 | 1408 | 305 | 17.3 |
| | 1000 | 1745 | 310 | 17.6 |
| | 2000 | 3361 | 360 | 20.4 |

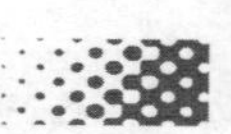

续表

| 地区 | 土壤添加 Pb /(mg/kg) | 土壤 T Pb /(mg/kg) | 青菜鲜样重 /g | 青菜干样重 /g |
|---|---|---|---|---|
| 广西土 | 0 | 28.33 | 125 | 7.1 |
| | 25 | 74.38 | 76 | 4.3 |
| | 50 | 111.7 | 20 | 1.1 |
| | 100 | 210.2 | 161 | 9.1 |
| | 150 | 282.4 | 127 | 7.2 |
| | 200 | 357.2 | 174 | 9.9 |
| | 400 | 711.0 | 165 | 9.4 |
| | 800 | 1195 | 115 | 6.5 |
| 湖北土 | 0 | 51.89 | 345 | 19.6 |
| | 20 | 91.92 | 355 | 20.2 |
| | 40 | 123.6 | 305 | 17.3 |
| | 60 | 166.6 | 285 | 16.2 |
| | 80 | 197.8 | 305 | 17.3 |
| | 100 | 228.8 | 315 | 17.9 |
| | 200 | 351.4 | 327 | 18.6 |
| | 400 | 631.7 | 290 | 16.5 |

② 土壤添加不同浓度 Pb 对青菜吸收 Pb 的影响。在 5 种土壤中青菜吸收 Pb 都是随着土壤 Pb 浓度的增大而显著增加，并呈极显著的相关性，见表 3-57 和表 3-58。

5 种不同类型土壤添加同一浓度 Pb，青菜吸收 Pb 的量不相同。如添加 Pb 400mg/kg，辽宁土青菜含铅量为 0.352mg/kg，天津土青菜含铅量为 0.230mg/kg，江苏土青菜含铅量为 0.534mg/kg，湖北土青菜含铅量为 0.543mg/kg，广西土青菜含铅量为 1.380mg/kg。其顺序是：广西土＞湖北土＞江苏土＞辽宁土＞天津土。

**表 3-57　土壤不同浓度 Pb 与青菜吸收的 Pb（一）**　　　单位：mg/kg

| 编号 | 添加 Pb | 辽宁土 | | | 天津土 | | | 江苏土 | | |
|---|---|---|---|---|---|---|---|---|---|---|
| | | 实测 | 青菜中 Pb | | 实测 | 青菜中 Pb | | 实测 | 青菜中 Pb | |
| | | T Pb | 干样 | 鲜样 | T Pb | 干样 | 鲜样 | T Pb | 干样 | 鲜样 |
| 空白 | 0 | 24.55 | 2.480 | 0.141 | 34.0 | 2.486 | 0.141 | 26.05 | 3.263 | 0.185 |
| 1 | 100 | 196.6 | 4.953 | 0.281 | 170.1 | 4.543 | 0.258 | 237.4 | 4.824 | 0.274 |
| 2 | 200 | 358.3 | 4.759 | 0.27 | 242.0 | 3.723 | 0.211 | 401.4 | 6.304 | 0.358 |
| 3 | 400 | 646.1 | 6.199 | 0.352 | 642.1 | 4.050 | 0.230 | 808.1 | 9.394 | 0.534 |
| 4 | 600 | 991.5 | 7.409 | 0.421 | 831.2 | 7.224 | 0.411 | 1155 | 17.63 | 1.002 |
| 5 | 800 | 1238 | 10.68 | 0.607 | 1030 | 6.479 | 0.368 | 1408 | 13.93 | 0.792 |
| 6 | 1000 | 1407 | 14.702 | 0.835 | 1338 | 6.217 | 0.353 | 1745 | 19.02 | 1.081 |
| 7 | 2000 | 2834 | 15.032 | 0.854 | 2426 | 7.013 | 0.399 | 3361 | 36.12 | 2.052 |

表 3-58　土壤不同浓度 Pb 与青菜吸收的 Pb（二）　　单位：mg/kg

| 编号 | 湖北土 | | | | 广西土 | | | |
|---|---|---|---|---|---|---|---|---|
| | 添加 | 实测 | 青菜中 Pb | | 添加 | 实测 | 青菜中 Pb | |
| | Pb | T Pb | 干样 | 鲜样 | Pb | T Pb | 干样 | 鲜样 |
| 空白 | 0 | 51.89 | 2.851 | 0.162 | 0 | 28.33 | 2.047 | 0.116 |
| 1 | 20 | 91.92 | 2.993 | 0.170 | 20 | 74.38 | 4.600 | 0.261 |
| 2 | 40 | 123.6 | 3.452 | 0.196 | 50 | 111.7 | 6.495 | 0.369 |
| 3 | 60 | 166.6 | 3.835 | 0.218 | 100 | 210.2 | 6.258 | 0.354 |
| 4 | 80 | 197.8 | 4.910 | 0.279 | 150 | 282.4 | 7.628 | 0.433 |
| 5 | 100 | 228.8 | 4.568 | 0.259 | 200 | 357.2 | 7.951 | 0.452 |
| 6 | 200 | 351.4 | 7.819 | 0.444 | 400 | 711.0 | 17.16 | 0.975 |
| 7 | 400 | 631.7 | 9.555 | 0.543 | 800 | 1195 | 24.30 | 1.380 |

③ 土壤中 T Pb 与土壤中有效态 Pb。土壤中 T Pb 与土壤中有效态 Pb 的相关性见表 3-59。

表 3-59　土壤中 T Pb 与土壤有效态 Pb　　单位：mg/kg

| 编号 | 辽宁土 | | | 天津土 | | | 江苏土 | | | 湖北土 | | | 广西土 | | |
|---|---|---|---|---|---|---|---|---|---|---|---|---|---|---|---|
| | T Pb | 有效态 Pb | | T Pb | 有效态 Pb | | T Pb | 有效态 Pb | | T Pb | 有效态 Pb | | T Pb | 有效态 Pb | |
| | | DTPA 可提取 Pb | 提取 Pb /% | | DTPA 可提取 Pb | 提取 Pb /% | | DTPA 可提取 Pb | 提取 Pb /% | | DTPA 可提取 Pb | 提取 Pb /% | | DTPA 可提取 Pb | 提取 Pb /% |
| 空白 | 24.55 | 3.33 | 13.6 | 34.0 | 14.45 | 42.6 | 26.05 | 4.17 | 16.0 | 51.89 | 9.735 | 18.8 | 28.33 | 4.09 | 14.4 |
| 1 | 196.6 | 70.05 | 35.6 | 170.1 | 65.59 | 38.6 | 237.4 | 84.1 | 35.4 | 91.92 | 31.75 | 34.5 | 74.38 | 24.41 | 32.8 |
| 2 | 358.3 | 129.7 | 36.2 | 242.0 | 108.2 | 44.7 | 401.4 | 156.8 | 39.1 | 123.6 | 47.12 | 38.1 | 111.7 | 44.74 | 40.1 |
| 3 | 641.1 | 324.1 | 50.2 | 642.1 | 345.4 | 53.8 | 808.1 | 397.5 | 49.2 | 166.6 | 66.28 | 39.8 | 210.2 | 82.08 | 39.0 |
| 4 | 991.5 | 514.6 | 51.9 | 831.2 | 498.2 | 59.9 | 1155 | 536.7 | 46.5 | 197.8 | 77.37 | 39.1 | 282.4 | 110.6 | 39.2 |
| 5 | 1238 | 639.5 | 51.7 | 1030 | 534.3 | 51.9 | 1408 | 632.9 | 45.0 | 228.8 | 89.51 | 37.4 | 357.2 | 158.8 | 44.5 |
| 6 | 1407 | 711.6 | 50.6 | 1338 | 725.9 | 54.3 | 1745 | 776.8 | 44.0 | 351.4 | 142.2 | 40.5 | 711.0 | 369.4 | 52.0 |
| 7 | 2834 | 1570 | 55.4 | 2426 | 1654 | 68.2 | 3361 | 1802 | 53.6 | 631.7 | 366.4 | 58.0 | 1195 | 657.9 | 55.1 |

④ 青菜吸收 Pb 与土壤中含铅量的相关性。土壤中 T Pb、有效态 Pb 与青菜中 Pb 都有显著的相关性，随着土壤 Pb 浓度的增大，青菜吸收的 Pb 量增加。

在弱酸性和中性的土壤中，如辽宁土、江苏土、湖北土、广西土青菜吸收的 Pb 与土壤中含铅量呈极显著的相关性，天津土呈弱碱性，其相关性就稍差一些，见表 3-60。

⑤ 供试土壤中 Pb 的临界值。供试土壤中 Pb、DTPA 可提取 Pb 与青菜中 Pb 都有显著的相关性。由此依据国家标准食品中 Pb 限量指标，叶菜含铅量 0.3mg/kg（GB 2726—2012）计算，以青菜为指示植物的土壤临界值见表 3-61。

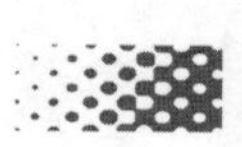

表 3-60 青菜吸收 Pb 与土壤中 Pb 含量的相关性

| 土壤 | | 土壤有效态 Pb | 青菜中 Pb |
|---|---|---|---|
| 辽宁土 | 土壤 T Pb | 0.9989 | 0.9051 |
| | 土壤有效态 Pb | 1.0000 | 0.8897 |
| 天津土 | 土壤 T Pb | 0.9919 | 0.7673 |
| | 土壤有效态 Pb | 1.0000 | 0.7259 |
| 江苏土 | 土壤 T Pb | 0.9950 | 0.9862 |
| | 土壤有效态 Pb | 1.0000 | 0.9855 |
| 湖北土 | 土壤 T Pb | 0.9876 | 0.9699 |
| | 土壤有效态 Pb | 1.0000 | 0.9294 |
| 广西土 | 土壤 T Pb | 0.9981 | 0.9886 |
| | 土壤有效态 Pb | 1.0000 | 0.9885 |

表 3-61 青菜土壤 Pb 的临界值

| 土壤 | | $a$ | $b$ | $r$ | 临界值/(mg/kg) |
|---|---|---|---|---|---|
| 辽宁土 | 土壤 T Pb 与青菜中 Pb | 0.2127 | $2.68\times10^{-4}$ | 0.9051 | 326.0 |
| | 土壤有效态 Pb 与青菜中 Pb | 0.2387 | $4.68\times10^{-4}$ | 0.8897 | 131.2 |
| 天津土 | 土壤 T Pb 与青菜中 Pb | 0.2146 | $9.71\times10^{-5}$ | 0.7673 | 876 |
| | 土壤有效态 Pb 与青菜中 Pb | 0.2295 | $1.35\times10^{-4}$ | 0.7259 | 520 |
| 江苏土 | 土壤 T Pb 与青菜中 Pb | 0.1447 | $5.60\times10^{-4}$ | 0.9862 | 277.2 |
| | 土壤有效态 Pb 与青菜中 Pb | 0.2113 | $1.04\times10^{-3}$ | 0.9855 | 84.9 |
| 湖北土 | 土壤 T Pb 与青菜中 Pb | 0.1184 | $7.18\times10^{-4}$ | 0.9699 | 252.9 |
| | 土壤有效态 Pb 与青菜中 Pb | 0.1665 | $1.13\times10^{-3}$ | 0.9294 | 118.1 |
| 广西土 | 土壤 T Pb 与青菜中 Pb | 0.1537 | 0.0011 | 0.9886 | 139.7 |
| | 土壤有效态 Pb 与青菜中 Pb | 0.2066 | 0.0019 | 0.9885 | 50.5 |

注：相关方程 $y=a+bx$。

(3) 青菜（Pb）小区试验　首先选出不同类型的土壤，根据土壤被 Pb 污染的情况，筛选出 Pb 污染水平能满足各个土类 Pb 浓度梯度的要求。再采集土壤样品进行分析，确定小区土壤中含铅量。

每个土类选 5 个不同程度 Pb 污染小区（在实际操作中，有的土类未能选出 5 个不同梯度的小区），用 GPS 定位，每个小区面积为 2 亩，青菜品种为当地的主要品种，小区试验的农事操作和田间管理工作按照本地区青菜管理常规进行。

青菜生长期为 45d 左右，收获时每个小区按照梅花布点法，布设 5 个采集点，用 GPS 定位中心点位，每个点采青菜样品 1～2kg，同时采集青菜根部土壤样品。

青菜样品去掉干叶和黄叶，洗净风干后或于 70℃以下烘干后，粉碎过筛装瓶。

土壤样品风干后磨碎过筛装袋或瓶。

Pb 小区试验因条件限制，仅选了天津东丽的潮土和广西刁江的红壤土。

① 各小区青菜对 Pb 的吸收。随着土壤中含铅量的增大，各小区青菜 Pb 含量见表 3-62。

**表 3-62 各小区青菜 Pb 含量** 单位：mg/kg

| 地区 | 小区号 | 土壤中 T Pb | 土壤有效态 Pb | | 青菜中 Pb | | 土壤 pH 值 |
|---|---|---|---|---|---|---|---|
| | | | DTPA 可提取 Pb | 提取 Pb/% | 干样 | 鲜样 | |
| 天津小区 $n=18$ | 1 | 27.84 | 2.94 | 10.7 | 2.012 | 0.114 | 7.96 |
| | 2 | 57.05 | 8.095 | 14.4 | 3.762 | 0.214 | 7.74 |
| | 3 | 89.53 | 18.8 | 21.2 | 5.735 | 0.326 | 7.53 |
| | 4 | 154.2 | 29.21 | 19.6 | 5.596 | 0.318 | 7.79 |
| 广西小区 $n=25$ | 1 | 18.46 | 6.86 | 37.1 | 4.66 | 0.265 | 5.31 |
| | 2 | 45.84 | 7.34 | 16.2 | 5.912 | 0.336 | 5.74 |
| | 3 | 126.8 | 37.06 | 29.3 | 6.242 | 0.354 | 4.49 |
| | 4 | 205.0 | 43.46 | 21.5 | 6.250 | 0.355 | 6.90 |
| | 5 | 596.2 | 201.8 | 33.9 | 11.238 | 0.638 | 5.02 |

土壤的酸碱性（pH）影响青菜对 Pb 的吸收。在含铅量相同的土壤中，青菜从弱酸性土壤中吸收的 Pb 比从弱碱性土壤中吸收的 Pb 要多一些。

② 各小区青菜吸收 Pb 与土壤中含铅量的相关性。青菜对 Pb 的吸收与土壤中 T Pb、DTPA 可提取 Pb 有显著的相关性，见表 3-63。

**表 3-63 各小区青菜吸收 Pb 与土壤中 Pb 含量的相关性（*r* 值）**

| 地区 | 土壤 | 土壤有效态 Pb | 青菜中 Pb |
|---|---|---|---|
| 天津小区 | 土壤中 T Pb | 0.9639 | 0.8080 |
| | 土壤有效态 Pb | 1.0000 | 0.8602 |
| 广西小区 | 土壤中 T Pb | 0.9888 | 0.8795 |
| | 土壤有效态 Pb | 1.0000 | 0.8960 |

依据国家标准，食品中 Pb 限量指标为叶菜含铅量为 0.3mg/kg（GB 2762—2012）计算，以青菜为指示植物的土壤 Pb 临界值见表 3-64。

**表 3-64 各小区青菜土壤 Pb 的临界值**

| 地区 | 土壤 | *a* | *b* | *r* | 临界值/(mg/kg) |
|---|---|---|---|---|---|
| 天津小区 | 土壤中 T Pb 与青菜中 Pb | 0.1115 | 0.0015 | 0.8080 | 124 |
| | 土壤有效态 Pb 与青菜中 Pb | 0.1273 | 0.00740 | 0.8602 | 23.2 |
| 广西小区 | 土壤中 T Pb 与青菜中 Pb | 0.2701 | $6.02\times10^{-4}$ | 0.8795 | 50 |
| | 土壤有效态 Pb 与青菜中 Pb | 0.2848 | 0.0018 | 0.8960 | 9 |

注：相关方程 $y=a+bx$。

（4）实验结果小结 土壤中不同浓度的 Pb 对青菜的生长和产量影响不显著。青菜对 Pb 的吸收与土壤中的 pH 值相关，土壤 pH 值越小（弱酸性），青菜从土壤中吸收的 Pb 越多。土壤中 T Pb、有效态 Pb 与青菜中 Pb 都有极显著的相关性。临界值的确定依据国家标准食品中 Pb 限量指标叶菜含铅量 0.3mg/kg（GB 2762—2012）计算出 5 类青菜土壤临界值，见表 3-65。

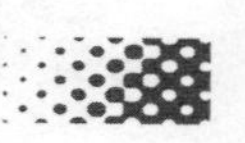

表 3-65 青菜土壤 Pb 的临界值　　单位：mg/kg

| 土壤 | 土壤 T Pb | | 土壤有效态 Pb | |
|---|---|---|---|---|
| | 盆栽 | 小区 | 盆栽 | 小区 |
| 辽宁土 | 326 | — | 131 | — |
| 天津土 | 876 | 124 | 520 | 23 |
| 江苏土 | 277 | — | 85 | — |
| 湖北土 | 253 | — | 118 | — |
| 广西土 | 139 | 50 | 50 | 9 |

## （三）临界值确定

水稻、青菜从土壤中吸收 T Cd、T Pb、DTPA 可提取的有效态 Cd、Pb 的量都随土壤中 Cd、Pb 含量的增加而增大。并且有显著的相关性。

依据国家标准食品中 Cd、Pb 限量指标（GB 2726—2012）可计算出五类土壤临界值。

大米：含镉量 0.2mg/kg　　叶菜：含镉量 0.2mg/kg

　　　含铅量 0.2mg/kg　　　　　含铅量 0.3mg/kg

1. 水稻土壤临界值确定

见表 3-66。

表 3-66 水稻土壤临界值　　单位：mg/kg

| 土类 | Cd | | | | Pb | | | |
|---|---|---|---|---|---|---|---|---|
| | 土壤中 T Cd | | 土壤中有效态 Cd | | 土壤中 T Pb | | 土壤中有效态 Pb | |
| | 盆栽 | 小区 | 盆栽 | 小区 | 盆栽 | 小区 | 盆栽 | 小区 |
| 辽宁土 | 3.16 | 2.17 | 1.66 | 0.25 | 365 | — | 105 | — |
| 天津土 | 6.10 | 2.52 | 2.98 | 0.26 | 515 | 62.7 | 141 | 22.6 |
| 江苏土 | 9.13 | 3.38 | 4.75 | 0.84 | 674 | — | 422 | — |
| 湖北土 | 1.09 | 0.94 | 0.75 | 0.25 | 261 | — | 138 | — |
| 广西土 | 4.61 | — | 3.07 | | 556 | 717 | 383 | 125 |

2. 青菜土壤临界值确定

见表 3-67。

表 3-67 青菜土壤临界值　　单位：mg/kg

| 土类 | Cd | | | | Pb | | | |
|---|---|---|---|---|---|---|---|---|
| | 土壤中 T Cd | | 土壤中有效态 Cd | | 土壤中 T Pb | | 土壤中有效态 Pb | |
| | 盆栽 | 小区 | 盆栽 | 小区 | 盆栽 | 小区 | 盆栽 | 小区 |
| 辽宁土 | 0.69 | 0.90 | 0.35 | 0.12 | 326 | — | 131 | — |
| 天津土 | 2.28 | 5.23 | 1.62 | 1.51 | 876 | 124 | 520 | 23 |
| 江苏土 | 0.93 | 0.56 | 0.51 | 0.14 | 277 | — | 85 | — |
| 湖北土 | 0.51 | 0.79 | 0.21 | 0.28 | 253 | — | 118 | — |
| 广西土 | 0.43 | — | 0.22 | — | 139 | 50 | 50 | 9 |

### 三、土壤环境质量现状评价方法的确立

通过盆栽实验和小区验证，得出了我国5种土壤类型、2种作物种类、2种污染元素的临界值。由此可见，不同土壤类型、不同作物种类、不同污染元素的临界值之间会有很大差异。因此，为科学、合理地对耕地土壤环境质量进行评价，达到既不浪费宝贵的耕地资源，同时又不生产超标的农产品的目的，就要对土壤环境质量进行适宜性评价，即以与待测项目相同土壤类型、相同作物种类的污染物临界值作为评价依据，来判断农产品产地土壤对种植作物的适宜性，改变以往土壤环境质量评价中不论土壤类型、不分作物种类、全国用一个统一的数值进行评价的方法。

适宜性评价采用单项污染指数法，因为在农产品中只要有一项污染物超标即为超标农产品，就不可以食用。因此，要采取一票否决制。

作为适宜性评价依据的土壤中重金属临界值，其影响因素很多，不仅土壤类型、土壤pH值、阳离子交换量、有机质含量、温度、湿度等会影响临界值，同时又因不同的作物种类对污染物的敏感程度不同，其临界值也不相同。因此，应制定《土壤重金属有效态临界值制定技术规范》，各地应根据各自的地域特点、土壤理化性质、种植习惯、污染特征等，选择重点污染区域的典型污染物制定出临界值，以满足实际工作的需要，而不是针对所有土壤类型、作物种类、污染物质一一制定临界值。

也可根据当地污染情况，采用加密布点的方法进行调查和监测，以农产品可食部分超标或因污染减产情况为基准，判断种植作物与产地土壤环境质量的适宜程度。

在此基础上，根据土壤适宜种植作物的种类，可以将农产品产地土壤环境质量划分成不同的等级。

Ⅰ级地：土壤环境质量良好，适宜种植任何种类的农产品，包括对污染很敏感的种类。

Ⅱ级地：只适宜种植具有一定抗性的农产品，而不适宜种植敏感作物。

Ⅲ级地：只适宜种植具有较强抗性的农产品。

Ⅳ级地：污染较为严重，只适宜种植非食用农产品。

为便于在实际中应用，可根据当地实际种植情况、污染特征等，各等级地针对不同污染物种类选择出代表作物作为指示植物。例如：针对污染物Cd，一级地可以小青菜为指示植物；二级地可以水稻为指示植物等。

## 第三节 土壤环境质量发展趋势预测技术研究

土壤作为各种污染物的最终受体，环境中的大部分污染物通过各种途径（如大气降尘、污水灌溉、工业固体废弃物堆放、农业投入品施用等）最后都会落到土壤中。土壤中的各种污染物，有些是可以降解的，而有些则是很难降解或不可以降解的。例如：重金属和难降解有机污染物，土壤一经污染就很难逆转，要想进行修复要花费比预防多出百倍甚至千倍的代价。因此，正确地判断目前土壤中各种污染物的累积状况、累积速率，预测其与待种植作物临界值间的距离（即土壤环境容量空间）以及可有效利用年限，由此制定出

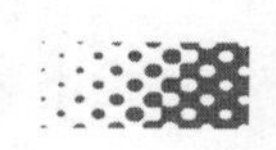

有效保护耕地，防止进一步污染的相应防范措施，对我国宝贵的耕地资源的合理利用与保护至关重要。

## 一、我国的土壤环境背景值

我国在20世纪70年代末80年代初进行了大规模的背景值调查，编辑出版了全国按照不同土壤类型、不同行政区划统计的63种元素的土壤背景值，为全国土壤环境质量评价奠定了基础。

在众多的土壤元素背景值中，与农产品密切相关的主要是8种重金属：铜、锌、铅、镉、镍、砷（视为重金属）、铬、汞。这8种重金属在不同区域、不同土壤类型中含量有着很大差异，这与成土母质等因素有关。

讨论背景值最根本的目的就是要弄清楚背景值与种植各种作物临界值之间的关系。

在矿山附近的高背景区，某些元素背景值会超过某些敏感食用农产品的土壤临界值；而在北方碱性土壤地区，一些元素的背景值与临界值之间的差异是很大的，也就是说土壤有着很大的环境容量。

因此，土壤元素背景值只是评价土壤环境质量的基础数据，代表其所在土壤类型中的各元素的基础含量。随着时间的推移，土壤不同的利用方式、周边环境污染状况的不同，土壤中各元素的累积状况不同，其各元素含量与背景值之间会有很大差异。一些典型的污染区，例如矿区周围，由于采矿、选矿、冶炼、加工等一系列工序都会向环境中排放污染物，最终落到土壤中，使土壤中污染元素增加。久而久之，会使其含量超过临界值，导致农产品中污染物超标或减产，影响其使用功能。

## 二、土壤中重金属累积性评价

由于土壤中的重金属是不可降解的，因此其污染也就是不可逆的。同时，其污染过程往往还是隐蔽的，不易被察觉的，这是因为在造成危害前不会显现出来。这就给土壤环境的保护增加了难度，同时也带来了更大的风险。因此，人们更应该关注土壤中重金属的累积问题，珍惜土壤中现有的环境容量，准确把握土壤污染特征和规律，防患于未然。

土壤中的重金属最初来源于成土母质等因素。但随着时间的推移，点源、面源的污染通过各种途径进入土壤，导致土壤中重金属逐渐累积起来。因此，有必要用累积性评价的方法对土壤的累积程度、累积速率进行计算。

## 三、土壤中重金属累积趋势及风险预警

### 1. 土壤重金属累积趋势

通过土壤的背景含量、现状含量可计算出土壤中重金属累积量，再结合土壤累积时间，就可计算出累积速率。由此，可清楚地知道土壤环境质量的发展趋势。再针对不同作物种类土壤中重金属临界值，计算出土壤容量空间，从而估算和预测出在目前环境条件下的累积速率及土壤剩余的可利用年限。

### 2. 土壤重金属累积风险预警

在那些土壤中重金属背景含量或现状含量较高，土壤容量较小，也就是说土壤重金属

临界值与土壤重金属含量值比较接近，且周边污染源比较复杂的区域风险较大。当污染状况逐年累加，污染程度接近土壤容量临界值时，就应发出风险预警，引起有关部门重视，采取相应措施，防患于未然。

## 第四节 新土壤环境质量评价体系的建立

### 一、土壤环境质量现状评价

由于土壤环境质量状况主要从土壤可被利用的程度，可种植作物的种类、产量及安全质量方面来考虑，而不是从土壤中所含污染物的种类及绝对量来衡量，因此，提出土壤环境质量适宜性评价方法，并根据适宜种植作物的种类，将土壤环境质量进行分等定级。

#### （一）农作物对产地土壤环境质量适宜性评价

1. 适宜性评价的概念

用拟种植农作物土壤中重金属有效态测定值与同一种类型土壤环境质量适宜性评价指标值比较，反映产地土壤环境质量对种植作物的适宜程度。

2. 农作物对产地土壤环境质量适宜性评价指标值的确定

农作物对产地土壤适宜性评价指标值，是用同一种土壤类型（$k$）、同一作物种类（$j$）、同一污染物（$i$）有效态安全临界值作为适宜性评价指标值。土壤中重金属有效态安全临界值的确定按照《耕地土壤有效态重金属安全临界值制定技术规范》执行。

$k$——土壤类型，土壤分类见附件 1 附录 A；

$j$——作物种类，农作物分类见附件 1 附录 B；

$i$——重金属为 Cu、Zn、Pb、Cd、Ni、As、Cr、Hg 等。

注：若在同一种植单元中，种植两种或两种以上作物，则以对土壤中重金属相对敏感的作物种类作为该评价单元的代表作物，确定适宜性评价的指标值。

3. 农作物对产地土壤环境质量适宜性评价方法

农作物对产地土壤环境质量适宜性评价采用单项污染指数法。

土壤适宜性评价指数计算公式为：

$$P_{ijk\text{适宜}}=C_{i\text{有效}}/S_{ijk\text{有效}} \tag{3-1}$$

式中 $P_{ijk\text{适宜}}$——土壤中重金属 $i$、土壤类型 $k$、农作物种类 $j$ 时的适宜性评价指数；

$C_{i\text{有效}}$——土壤中重金属 $i$ 有效态的实测值，mg/kg；

$S_{ijk\text{有效}}$——土壤中重金属 $i$、土壤类型 $k$、农作物种类 $j$ 时适宜性评价指标值。

4. 农产品安全质量评价方法

（1）农产品安全性评价指数计算方法　农产品安全性评价方法采用单项污染指数法。

农产品单项污染指数计算公式：

$$P_{i\text{安全}}=C_{i\text{农产品}}/S_{i\text{农产品}} \tag{3-2}$$

式中 $P_{i\text{安全}}$——农产品中重金属 $i$ 的安全性评价指数；

$C_{i\text{农产品}}$——农产品中重金属 $i$ 的实测值，mg/kg；

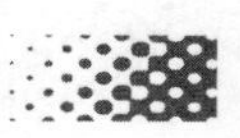

$S_{i农产品}$——农产品中重金属 $i$ 的农产品卫生标准值，mg/kg。

农产品卫生标准值按《食品中污染物限量》（GB 2762—2012）执行。

当 $P_{i安全} \leqslant 1.0$ 时，农产品是安全的；$P_{i安全} > 1.0$ 时，农产品受到污染，超过农产品卫生标准。

（2）农产品超标率计算方法　农产品超标率计算公式为：

$$C(\%)=\frac{n}{m}\times 100\% \tag{3-3}$$

式中　$C$——农产品样本超标率，%；

$n$——农产品超标样本数；

$m$——农产品监测样本总数。

（3）农产品减产率计算方法　农产品减产率计算公式为：

$$\gamma(\%)=\frac{\sigma-\beta}{\sigma}\times 100\% \tag{3-4}$$

式中　$\gamma$——农产品减产率，%；

$\beta$——评价区农产品单产，千克/亩；

$\sigma$——对照区农产品单产，千克/亩。

5. 农作物对产地土壤环境质量适宜性判定

根据种植的某种农作物（$j$）对土壤类型（$k$）中的重金属（$i$）的适宜性评价指数（$P_{ijk适宜}$），以及土壤中重金属对农产品产量和安全质量构成的威胁程度，做出适宜性判定，并根据判定结果，将农产品产地分为适宜区、限制区和禁产区（见表 3-68）。

**表 3-68　农作物对产地土壤环境质量适宜性判定**

| 划定区域 | $P_{ijk适宜}$ | 农产品超标（或因污染减产）率/% | 适宜程度 |
|---|---|---|---|
| 适宜区 | $P_{ijk适宜} \leqslant 1.0$ | 0 | 土壤中重金属 $i$ 含量低于 $j$ 类农作物的临界值，且 $j$ 类农产品中 $i$ 重金属未有超标或减产现象，适宜种植 $j$ 类农产品 |
| 限制区 | $1.0 < P_{ijk适宜} \leqslant 1.5$ | 0～10 | 土壤中重金属 $i$ 测定值有超过 $j$ 类农作物临界值现象，有少量 $j$ 类农产品中重金属 $i$ 有超标现象或略有减产，但尚未对农产品产量和安全质量造成明显威胁 |
| 禁产区 | $P_{ijk适宜} > 1.5$ | >10 | 土壤中重金属 $i$ 测定值有明显超过 $j$ 类农作物临界值的现象，且部分 $j$ 类农产品中 $i$ 重金属超过农产品卫生标准或有较明显的减产，土壤中 $i$ 重金属已经对农产品产量或安全质量构成明显威胁 |

注：1. 当适宜性评价指数评定结果与农产品超标（或因污染减产）率划定区域不一时，以划定区域等级低的为准。

2. 多种重金属同时存在时，以 $P_{ijk适宜}$ 最大值为准来划定区域。

## （二）农产品产地土壤环境质量分等定级

为了便于对土壤环境质量现状评价结果的表述和在实际应用中的管理，根据农产品产地土壤环境质量对不同种类农作物的适宜情况，将农产品产地土壤环境质量划分成（Ⅰ～Ⅳ）4个等级，见表3-69。

表3-69　农产品产地土壤环境质量等级划分标准

| 产地等级 | 土壤适宜指数及农产品减产或超标情况 | 适用情况 |
| --- | --- | --- |
| Ⅰ | 土壤中重金属对各类农作物适宜指数均小于1，且未有因污染减产或超标现象 | 耕地土壤环境质量良好，适宜种植各类农作物 |
| Ⅱ | 土壤中某些重金属已对某类敏感农作物造成威胁，使其适宜指数大于1，或有明显的因污染减产或超标现象；而对一些具有一定耐性的农作物，适宜指数仍小于1，且尚没有因污染造成减产或超标现象 | 该产地已不适宜种植对环境条件敏感的农作物，但尚可种植具有一般耐性的农作物 |
| Ⅲ | 土壤某些重金属已使具有一定耐性的农作物适宜指数大于1，或有明显的因重金属等减产或超标现象；而对一些耐性较强的农作物，适宜指数仍小于1，且没有因污染明显减产或超标现象 | 该产地已不适宜种植具有一般耐性的农作物（如水稻等粮食作物），但尚可种植具有较强耐性的作物（如果树或一些高标农作物） |
| Ⅳ | 土壤中某些重金属已使各类食用农产品适宜指数均大于1，或有明显的因污染减产或超标现象 | 该产地已不适宜种植食用农产品，但可种植非食用农产品（如棉花、苎麻等） |

## 二、土壤环境质量发展趋势预测

### （一）农田土壤重金属累积性评价

1. 累积性评价概念

用土壤重金属全量测定值与累积性评价指标值相比较，以反映农田土壤重金属累积状况。

2. 累积性评价指标值

用当地同一种类土壤背景值或对照点测定值作为农田土壤重金属累积性评价指标值。

3. 土壤背景值及对照点

土壤背景值参见《中国土壤元素背景值》，对照点的选择及样品采集、测定等按照《农田土壤环境质量监测技术规范》（NY/T 395—2012）执行。

4. 农田土壤重金属累积性评价方法

农田土壤重金属累积评价方法采用单项累积指数法与综合累积指数法相结合的方法。

（1）单项累积指数　计算公式为：

$$P_{i全量}=C_i/S_i \tag{3-5}$$

式中　$P_{i全量}$——耕地土壤中重金属 $i$ 的单项累积指数；

$C_i$——耕地土壤中重金属 $i$ 的实测浓度，mg/kg；

$S_i$——耕地土壤中重金属 $i$ 的累积性评价指标值，mg/kg。

（2）综合累积指数　综合累积指数是在单项累积评价的基础上，运用内梅罗法求得，计算公式为：

$$P_{综合}=[(P_{i全量max}^2+P_{i全量ave}^2)/2]^{\frac{1}{2}} \tag{3-6}$$

式中　$P_{综合}$——土壤重金属综合累积指数；

$P_{i全量max}$——土壤重金属中单项累积指数最大值；

$P_{i全量ave}$——土壤重金属中各单项累积指数的平均值。

5. 农田土壤重金属累积性等级划分

比较单一重金属累积程度用单项累积指数法；比较多种重金属综合累积程度用综合累积指数法。

单项累积指数等级划分按表3-70规定进行。

**表3-70　农田土壤重金属单项累积指数等级划分标准**

| 划定等级 | $P_{i全量}$ | 累积水平 |
|---|---|---|
| 1 | $P_{i全量} \leqslant 1.0$ | 未累积，仍在背景水平 |
| 2 | $1.0 < P_{i全量} \leqslant 2.0$ | 轻度累积，土壤中某种重金属已出现累积现象 |
| 3 | $2.0 < P_{i全量} \leqslant 3.0$ | 中度累积，土壤中某种重金属已有一定程度的累积 |
| 4 | $P_{i全量} > 3.0$ | 重度累积，土壤中某种重金属严重累积 |

综合累积指数等级划分按表3-71规定进行。

**表3-71　农田土壤重金属综合累积指数等级划分标准**

| 划定等级 | $P_{综合}$ | 累积水平 |
|---|---|---|
| 1 | $P_{综合} \leqslant 0.7$ | 未累积，被评价的多种重金属均在背景水平 |
| 2 | $0.7 < P_{综合} \leqslant 1.4$ | 轻度累积，土壤中一种或几种重金属已超过背景值，出现累积现象 |
| 3 | $1.4 < P_{综合} \leqslant 2.1$ | 中度累积，土壤中一种或几种重金属已明显超过背景值，土壤已有一定程度的累积 |
| 4 | $P_{综合} > 2.1$ | 重度累积，土壤中一种或几种重金属已远远超过背景值，土壤重金属累积程度严重 |

注：当综合累积指数与单项累积指数划定等级不一致时，以划定等级低的为准。

## （二）土壤环境质量发展趋势预测

1. 累积速率

某污染物的累积量除以累积年限为累积速率。

不同的区域类型具有不同的污染特点，其污染来源、污染物种类、污染途径、污染强度等都不相同，因此累积速率也就不同。求累积速率需要在区域划分的基础上进行。通常将区域划分成4种类型：大中城市郊区农田（在大中城市周边，城乡结合部的农田）、工矿企业区周边农田（在连片的工矿企业区周边，有明显污染来源的区域）、污水灌区农田（直接或间接使用污水灌溉的农田）和一般农区（没有明显污染来源的一般区域）。

在上述4类区域选择典型地块，分别布设一定数量的定点监测点位，按照一定的频率（每年一次或两年一次）进行监测，对监测结果进行统计计算，即可得出各类区域的累积速率。

2. 可利用年限预测

土壤对污染物具有一定的容量，不同种类的农作物具有不同的临界值，当土壤中污染物的含量超过该临界值时就会对农作物的产量和安全质量产生影响。

$$可利用年限=\frac{临界值-实测值}{累积速率} \tag{3-7}$$

# 附件1 耕地土壤重金属污染评价技术规程（报批稿）（GB/T ××××—××××）

（××××—××—××发布，××××—××—××实施）

## 1 范围

本标准规定了耕地土壤重金属累积性评价方法及累积性等级划分；农作物对产地土壤环境质量适宜性评价方法及农产品产地土壤环境质量等级划分。

本标准适用于耕地土壤重金属累积性评价和累积性等级划分；农产品产地土壤环境质量适宜性评价及农产品产地土壤环境质量等级划分。

## 2 规范性引用文件

下列文件中的条款通过本标准的引用而成为本标准的条款。凡是注日期的引用文件，其随后所有的修改单（不包括勘误的内容）或修订版均不适用于本标准，然而，鼓励根据本标准达成协议的各方研究使用这些文件的最新版本。凡是不注日期的引用文件，其最新版本适用于本标准。

GB 2762—2012 食品中污染物限量

GB/T ××××耕地土壤重金属有效态安全临界值制定技术规范（报批稿）

NY/T 395 农田土壤环境质量监测技术规范

## 3 耕地土壤重金属污染评价

3.1 耕地土壤重金属累积性评价

3.1.1 用土壤重金属全量测定值与累积性评价指标值相比较，以反映耕地土壤重金属累积状况。

3.1.2 用当地同一种类土壤背景值或对照点测定值作为耕地土壤重金属累积性评价指标值。

3.1.3 土壤背景值参见《中国土壤元素背景值》，对照点的选择及样品采集、测定等按照NY/T 395执行。

3.1.4 耕地土壤重金属累积性评价方法

耕地土壤重金属累积性评价方法采用单项累积指数法与综合累积指数法相结合的方法。

3.1.4.1 单项累积指数计算公式为：

$$P_{i全量}=C_i/S_i \tag{1}$$

式中 $P_{i全量}$——耕地土壤中重金属 $i$ 的单项累积指数；

$C_i$——耕地土壤中重金属 $i$ 的实测浓度，mg/kg；

$S_i$——耕地土壤中重金属 $i$ 的累积性评价指标值，mg/kg。

3.1.4.2　综合累积指数是在单项累积评价的基础上，运用内梅罗法求得，计算公式为：

$$P_{综合}=\sqrt{\frac{P_{i全量max}^2+P_{i全量ave}^2}{2}} \tag{2}$$

式中　$P_{综合}$——土壤重金属综合累积指数；

$P_{i全量max}$——土壤重金属中单项累积指数最大值；

$P_{i全量ave}$——土壤重金属中各单项累积指数的平均值。

3.1.5　耕地土壤重金属累积性等级划分

比较单一重金属累积程度，用单项累积指数法；比较多种重金属综合累积程度，用综合累积指数法。

单项累积指数等级划分按表1规定进行。

**表1　耕地土壤重金属单项累积指数等级划分标准**

| 划定等级 | $P_{i全量}$ | 累积水平 |
|---|---|---|
| 1 | $P_{i全量}\leqslant1.0$ | 未累积，仍在背景水平 |
| 2 | $1.0<P_{i全量}\leqslant2.0$ | 轻度累积，土壤中某种重金属已出现累积现象 |
| 3 | $2.0<P_{i全量}\leqslant3.0$ | 中度累积，土壤中某种重金属已有一定程度的累积 |
| 4 | $P_{i全量}>3.0$ | 重度累积，土壤中某种重金属严重累积 |

综合累积指数等级划分按表2规定进行。

**表2　耕地土壤重金属综合累积指数等级划分标准**

| 划定等级 | $P_{综合}$ | 累积水平 |
|---|---|---|
| 1 | $P_{综合}\leqslant0.7$ | 未累积，被评价的多种重金属均在背景水平 |
| 2 | $0.7<P_{综合}\leqslant1.4$ | 轻度累积，土壤中一种或几种重金属已超过背景值，出现累积现象 |
| 3 | $1.4<P_{综合}\leqslant2.1$ | 中度累积，土壤中一种或几种重金属已明显超过背景值，土壤已有一定程度的累积 |
| 4 | $P_{综合}>2.1$ | 重度累积，土壤中一种或几种重金属已远远超过背景值，土壤重金属累积程度严重 |

注：当综合累积指数与单项累积指数划定等级不一致时，以划定等级低的为准。

3.2　农作物对产地土壤环境质量适宜性评价

3.2.1　用拟种植农作物土壤中重金属有效态测定值与同一种类型土壤环境质量适宜性评价指标值比较，反映产地土壤环境质量对种植作物的适宜程度。

3.2.2　农作物对产地土壤环境质量适宜性评价指标值的确定

农作物对产地土壤适宜性评价指标值，是用同一种土壤类型（$k$）、同一作物种类（$j$）、同一污染物（$i$）有效态安全临界值作为适宜性评价指标值。土壤中重金属有效态安全临界值的确定，按照《菜田土壤有效态镉的安全临界值制定技术规范》《菜田土壤有效态铅的安全临界值制定技术规范》《稻田土壤有效态镉的安全临界值制定技术规范》《稻田土壤有效态铅的安全临界值制定技术规范》执行。

$k$——土壤类型，土壤分类见附录A。

$j$——作物种类，农作物分类见附录B。

$i$——重金属为Cu、Zn、Pb、Cd、Ni、As、Cr、Hg等。

注：若在同一种植单元中，种植两种或两种以上作物，则以对土壤中重金属相对敏感的作物种类作为该评价单元的代表作物，确定适宜性评价的指标值。

3.2.3 农作物对产地土壤环境质量适宜性评价方法

农作物对产地土壤环境质量适宜性评价采用单项污染指数法。

土壤适宜性评价指数计算公式为：

$$P_{ijk\text{适宜}}=C_{i\text{有效}}/S_{ijk\text{有效}} \tag{3}$$

式中 $P_{ijk\text{适宜}}$——土壤中重金属$i$、土壤类型$k$、农作物种类$j$时的适宜性评价指数；

$C_{i\text{有效}}$——土壤中重金属$i$有效态的实测值，mg/kg；

$S_{ijk\text{有效}}$——土壤中重金属$i$、土壤类型$k$、农作物种类$j$时适宜性评价指标值。

3.2.4 农产品安全质量评价方法

3.2.4.1 农产品安全性评价指数计算方法

农产品安全性评价方法采用单项污染指数法。

农产品单项污染指数计算公式：

$$P_{i\text{安全}}=C_{i\text{农产品}}/S_{i\text{农产品}} \tag{4}$$

式中 $P_{i\text{安全}}$——农产品中重金属$i$的安全性评价指数；

$C_{i\text{农产品}}$——农产品中重金属$i$的实测值，mg/kg；

$S_{i\text{农产品}}$——农产品中重金属$i$的农产品卫生标准值，mg/kg。

农产品卫生标准值按GB 2762—2012执行。

当$P_{i\text{安全}}\leqslant 1.0$时；农产品是安全的；当$P_{i\text{安全}}>1.0$时，农产品受到污染，超过农产品卫生标准。

3.2.4.2 农产品超标率计算方法

农产品超标率计算公式为：

$$C(\%)=\frac{n}{m}\times 100\% \tag{5}$$

式中 $C$——农产品样本超标率，%；

$n$——农产品超标样本数；

$m$——农产品监测样本总数。

3.2.4.3 农产品减产率计算方法

农产品减产率计算公式为：

$$\gamma(\%)=\frac{\sigma-\beta}{\sigma}\times 100\% \tag{6}$$

式中 $\gamma$——农产品减产率，%；

$\beta$——评价区农产品单产，kg/亩；

$\sigma$——对照区农产品单产，kg/亩。

3.2.5 农作物对产地土壤环境质量适宜性判定

根据种植的某种农作物（$j$）对土壤类型（$k$）中的重金属（$i$）的适宜性评价指数

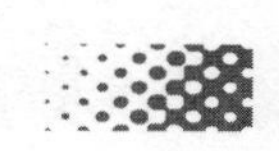

（$P_{ijk适宜}$），以及土壤中重金属对农产品产量和安全质量构成的威胁程度，做出适宜性判定。并根据判定结果，将农产品产地分为适宜区和不适宜区，见表3。

**表3　农作物对产地土壤环境质量适宜性判定**

| 划定区域 | $P_{ijk适宜}$ | 农产品超标（或因污染减产）率/% | 适宜程度 |
|---|---|---|---|
| 适宜区 | $P_{ijk适宜} \leqslant 1.0$ | 0 | 土壤中重金属 $i$ 含量低于 $j$ 类农作物的临界值，且 $j$ 类农产品中 $i$ 重金属未有超标或减产现象，适宜种植 $j$ 类农产品 |
| 不适宜区 | $P_{ijk适宜} > 1.0$ | >10 | 土壤中重金属 $i$ 测定值有明显超过 $j$ 类农作物临界值的现象，且部分 $j$ 类农产品中 $i$ 重金属超过农产品卫生标准或有较明显的减产，土壤中 $i$ 重金属已经对农产品产量或安全质量构成明显威胁 |

注：1. 当适宜性评价指数评定结果与农产品超标（或因污染减产）率划定等级不一时，以划定等级低的为准。
2. 多种重金属同时存在时，以 $P_{ijk适宜}$ 最大值为准来划定区域。

3.3　农产品产地土壤环境质量等级划分标准

根据农产品产地土壤环境质量对不同种类农作物的适宜情况，将农产品产地土壤环境质量划分成四个等级（Ⅰ～Ⅳ），见表4。

**表4　农产品产地土壤环境质量等级划分标准**

| 产地等级 | 土壤适宜指数及农产品减产或超标情况 | 适用情况 |
|---|---|---|
| Ⅰ | 土壤中重金属对各类农作物适宜指数均小于1，且未有因污染减产或超标现象 | 耕地土壤环境质量良好，适宜种植各类农作物 |
| Ⅱ | 土壤中某些重金属已对某类敏感农作物造成威胁，使其适宜指数大于1，或有明显的因污染减产或超标现象；而对一些具有一定耐性的农作物，适宜指数仍小于1，且尚没有因污染造成减产或超标现象 | 该产地已不适宜种植对环境条件敏感的农作物，但尚可种植具有一般耐性的农作物 |
| Ⅲ | 土壤某些重金属已使具有一定耐性的农作物适宜指数大于1，或有明显的因重金属等减产或超标现象；而对一些耐性较强的农作物，适宜指数仍小于1，且没有因污染明显减产或超标现象 | 该产地已不适宜种植具有一般耐性的农作物，但尚可种植具有较强耐性的作物 |
| Ⅳ | 土壤中某些重金属已使各类食用农产品适宜指数均大于1，或有明显的因污染减产或超标现象 | 该产地已不适宜种植食用农产品，但可种植非食用农产品 |

# 附录A
# （资料性附录）
# 中国土壤分类

中国土壤分类采用六级分类制，即土纲、土类、亚类、土属、土种和变种。前三级为高级分类单元，以土类为主；后三级为基层分类单元，以土种为主。土类是指在一定的生物气候条件、水文条件或耕作制度下形成的土壤类型。将成土过程有共性的土壤类型归成的类称为土纲。全国40多个土类归纳为10个土纲。

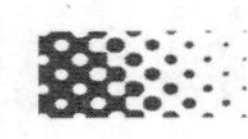



**中国土壤分类表**

| 土纲 | 土类 | 亚类 |
| --- | --- | --- |
| 铁铝土 | 砖红壤 | 砖红壤、暗色砖红壤、黄色砖红壤 |
| | 赤红壤 | 赤红壤、暗色赤红壤、黄色赤红壤、赤红壤性土 |
| | 红壤 | 红壤、暗红壤、黄红壤、褐红壤、红壤性土 |
| | 黄壤 | 黄壤、表潜黄壤、灰化黄壤、黄壤性土 |
| 淋溶土 | 黄棕壤 | 黄棕壤、黏盘黄棕壤 |
| | 棕壤 | 棕壤、白浆化棕、潮棕壤、棕壤性土 |
| | 暗棕壤 | 暗棕壤、草甸暗棕壤、潜育暗棕壤、白浆化暗棕壤 |
| | 灰黑土 | 淡灰黑土、暗灰黑土 |
| | 漂灰土 | 漂灰土、腐殖质淀积漂灰土、棕色针叶林土、棕色暗针叶林土 |
| 半淋溶土 | 燥红土 | |
| | 褐土 | 褐土、淋溶褐土、石灰性褐土、潮褐土、褐土性土 |
| | 蝼土 | |
| | 灰褐土 | 淋溶灰褐土、石灰性灰褐土 |
| 钙层土 | 黑垆土 | 黑垆土、黏化黑垆土、轻质黑垆土、黑麻垆土 |
| | 黑钙土 | 黑钙土、淋溶黑钙土、草甸黑钙土、表灰性黑钙土 |
| | 栗钙土 | 栗钙土、暗栗钙土、淡栗钙土、草甸栗钙土 |
| | 棕钙土 | 棕钙土、淡棕钙土、草甸棕钙土、松砂质原始棕钙土 |
| | 灰钙土 | 灰钙土、草甸灰钙土、灌溉灰钙土 |
| 石膏盐层土 | 灰漠土 | 灰漠土、龟裂灰漠土、盐化灰漠土、碱化灰漠土 |
| | 灰棕漠土 | 灰棕漠土、石膏灰棕漠土、碱化灰棕漠土 |
| | 棕漠土 | 棕漠土、石膏棕漠土、石膏盐棕漠土、龟裂棕漠土 |
| 半水成土 | 黑土 | 黑土、草甸黑土、白浆化黑土、表潜黑土 |
| | 白浆土 | 白浆土、草甸白浆土、潜育白浆土 |
| | 潮土 | 黄潮土、盐化潮土、碱化潮土、褐土化潮土、湿潮土、灰潮土 |
| | 砂姜黑土 | 砂姜黑土、盐化砂姜黑土、碱化砂姜黑土 |
| | 灌淤土 | |
| | 绿洲土 | 绿洲灰土、绿洲白土、绿洲潮土 |
| | 草甸土 | 草甸土、暗草甸土、灰草甸土、林灌草甸土、盐化草甸土、碱化草甸土 |
| 水成土 | 沼泽土 | 草甸沼泽土、腐殖质沼泽土、泥炭腐殖质沼泽土、泥炭沼泽土、泥炭土 |
| | 水稻土 | 淹育性(氧化型)水稻土、潴育性(氧化还原型)水稻土、潜育性(还原型)水稻土、漂洗型水稻土、沼泽型水稻土、盐渍型水稻土 |
| 盐碱土 | 盐土 | 草甸盐土、滨海盐土、沼泽盐土、洪积盐土、残积盐土、碱化盐土 |
| | 碱土 | 草甸碱土、草原碱土、龟裂碱土 |
| 岩成土 | 紫色土 | |
| | 石灰土 | 黑色石灰土、棕色石灰土、黄色石灰土、红色石灰土 |
| | 磷质石灰土 | 磷质石灰土、硬盘磷质石灰土、潜育磷质石灰土、盐渍磷质石灰土 |
| | 黄绵土 | |
| | 风沙土 | |
| | 火山灰土 | |

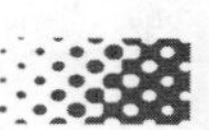

续表

| 土纲 | 土类 | 亚类 |
|---|---|---|
| 高山土 | 山地草甸土 | |
| | 亚高山草甸土 | 亚高山草甸土、亚高山灌丛草甸土 |
| | 高山草甸土 | |
| | 亚高山草原土 | 亚高山草原土、亚高山草甸草原土 |
| | 高山草原土 | 高山草原土、高山草甸草原土 |
| | 亚高山漠土 | |
| | 高山漠土 | |
| | 高山寒冻土 | |

# 附录 B
# （资料性附录）
# 大宗农作物分类

大宗农作物分类表

| 农作物分类 | | 作物名称 |
|---|---|---|
| 粮食作物 | 谷类作物 | 小麦 |
| | | 黑麦 |
| | | 燕麦 |
| | | 玉米 |
| | | 水稻 |
| | | 谷子 |
| | | 黍子 |
| | | 高粱 |
| | | 荞麦 |
| | 豆类作物 | 大豆 |
| | | 蚕豆 |
| | | 豌豆 |
| | | 绿豆 |
| | 薯类作物 | 马铃薯 |
| | | 甘薯 |
| | | 芋头 |

续表

| 农作物分类 | | 作物名称 |
|---|---|---|
| 蔬菜作物 | 果菜类作物 | 番茄 |
| | | 茄子 |
| | | 辣椒 |
| | | 豇豆 |
| | | 甜椒 |
| | | 黄瓜 |
| | | 南瓜 |
| | | 西葫芦 |
| | | 冬瓜 |
| | | 丝瓜 |
| | 叶菜类作物 | 白菜 |
| | | 油菜 |
| | | 甘蓝 |
| | | 菠菜 |
| | | 韭菜 |
| | | 苋菜 |
| | | 芹菜 |
| | | 茼蒿 |
| 果菜类作物 | 根茎作物 | 莴苣 |
| | | 萝卜 |
| | | 胡萝卜 |
| | | 洋葱 |
| | | 竹笋 |
| | | 花椰菜 |
| 瓜果作物 | 瓜类 | 西瓜 |
| | | 甜瓜 |
| | 水果类 | 葡萄 |
| | | 草莓 |
| | | 苹果 |
| | | 梨 |
| | | 桃 |
| | | 杏 |
| | | 柑橘 |
| | | 金橘 |
| | | 香蕉 |
| | 干果类 | 核桃 |
| | | 栗 |

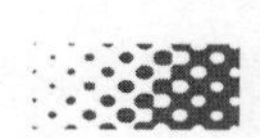

续表

| 农作物分类 | | 作物名称 |
|---|---|---|
| 经济作物 | 油料作物 | 芝麻 |
| | | 花生 |
| | | 油菜籽 |
| | | 向日葵 |
| | 糖料作物 | 甜菜 |
| | | 甘蔗 |
| | 纤维作物 | 棉花 |
| | | 红麻 |
| | | 苎麻 |
| | | 亚麻 |
| | | 黄麻 |
| | 嗜好作物 | 烟草 |
| | | 茶 |
| | | 咖啡 |
| | | 可可 |
| 饲料与绿肥作物 | | 苜蓿 |
| | | 三叶草 |
| | | 草木樨 |
| | | 紫云英 |
| | | 柽麻 |
| | | 田菁 |
| | | 紫穗槐 |
| | | 黑麦草 |

附加说明：

本标准由中华人民共和国农业部提出并归口。

本标准起草单位：农业部环境保护科研监测所。

本标准起草人：刘凤枝、李玉浸、曹仁林、师荣光、徐亚平、战新华、蔡彦明、刘铭、郑向群、王跃华、姚秀蓉、赵玉杰、刘传娟。

# 附件2　耕地土壤重金属有效态安全临界值制定技术规范（报批稿）（GB/T ××××—××××）

（××××—××—××发布，××××—××—××实施）

## 1　范围

本标准规定了菜田、稻田土壤中重金属镉、铅的有效态安全临界值制定的实验方法。其中包括实验设计、样品采集、分析测试、安全临界值制定、实验报告的编制等技术内容。

本标准适用于土壤中重金属镉、铅有效态安全临界值的制定。

## 2　规范性引用文件

下列文件中的条款通过本标准的引用而成为本标准的条款。凡是注日期的引用文件，其随后所有的修改单（不包括勘误的内容）或修订版均不适用于本标准，然而，鼓励根据本标准达成协议的各方研究使用这些文件的最新版本。凡是不注日期的引用文件，其最新版本适用于本标准。

GB/T 5009.15　食品中镉的测定

GB/T 5009.12　食品中铅的测定

GB/T 17134　土壤质量　总砷的测定　二乙基二硫代氨基甲酸银分光光度法

GB/T 17135　土壤质量　总砷的测定　硼氢化钾-硝酸银分光光度法

GB/T 17136　土壤质量　总汞的测定　冷原子吸收分光光度法

GB/T 17137　土壤质量　总铬的测定　火焰原子吸收分光光度法

GB/T 17138　土壤质量　铜锌的测定　火焰原子吸收分光光度法

GB/T 17139　土壤质量　镍的测定　火焰原子吸收分光光度法

GB/T 17141　土壤质量　铅、镉的测定　石墨炉原子吸收分光光度法

GB/T ××××　土壤质量有效态铅和镉的测定　原子吸收法

LY/T 1229　森林土壤水解性氮的测定

NY/T 53　土壤全氮测定法　半微量凯氏法

NY/T 85　土壤有机质测定法

NY/T 88　土壤全磷测定法

NY/T 148　石灰性土壤有效磷测定法

NY/T 299　土壤全钾测定法

NY/T 395　农田土壤环境质量监测技术规范

NY/T 398　农、畜、水产品污染监测技术规范

NY/T 889　土壤速效钾和缓效钾含量的测定

NY/T 1121.2　土壤检测　第 2 部分：土壤 pH 的测定

NY/T 1121.3　土壤检测　第 3 部分：土壤机械组成的测定

NY/T 1121.5　土壤检测　第 5 部分：石灰性土壤阴离子交换量的测定

NY/T 1121.16　土壤水溶性盐总量的测定

## 3　实验原理

本标准中安全临界值的制定，采用盆栽实验与田间小区实验相结合的方法，通过盆栽实验初步得到菜田和稻田土壤中重金属镉、铅有效态安全临界值，经小区实验验证后形成最终有效态镉和铅的安全临界值。

## 4　实验设计

### 4.1　实验土壤

#### 4.1.1　土壤类型选择

应选择当地蔬菜或水稻种植主要土壤类型进行实验工作。采集接近背景值的实验土壤，用于盆栽实验。

#### 4.1.2　土壤理化分析

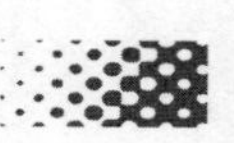

4.1.2.1　pH 值

按 NY/T 1121.2 执行。

4.1.2.2　阳离子交换量

按 NY/T 1121.5 执行。

4.1.2.3　有机质

按 NY/T 85 执行。

4.1.2.4　全氮

按 NY/T 53 执行。

4.1.2.5　水解氮

按 NY/T 1229 执行。

4.1.2.6　全磷

按 NY/T 88 执行。

4.1.2.7　速效磷

按 NY/T 148 执行。

4.1.2.8　全钾

按 NY/T 299 执行。

4.1.2.9　速效钾

按 NY/T 889 执行。

4.1.2.10　全盐量

按 NY/T 1121.16 执行。

4.1.2.11　机械组成

按 NY/T 1121.3 执行。

4.1.2.12　锌

按 GB/T 17138 执行。

4.1.2.13　铜

按 GB/T 17138 执行。

4.1.2.14　铅

按 GB/T 17141 执行。

4.1.2.15　镉

按 GB/T 17141 执行。

4.1.2.16　镍

按 GB/T 17139 执行。

4.1.2.17　铬

按 GB/T 17137 执行。

4.1.2.18　汞

按 GB/T 17136 执行。

4.1.2.19　砷

按 GB/T 17134 或 GB/T 17135 执行。

4.2　实验作物

4.2.1　蔬菜种类选择原则

在当地主要种植的蔬菜种类中，选择对重金属镉或铅吸收相对敏感的作物为实验对象，选择小白菜为宜。

4.2.2 水稻品种的选择原则

在当地主要种植的水稻品种中，选择对重金属镉或铅吸收相对敏感的水稻品种为实验对象。

4.3 盆栽实验

4.3.1 盆栽容器

蔬菜试验采用容量为1.5kg的塑料盆进行，每盆装土1.2kg。

水稻试验采用容量为15kg的塑料盆进行，每盆装土12kg。

4.3.2 底肥的添加

统一施肥量，以尿素作氮肥，磷酸二氢钾或磷酸氢二钾作磷钾肥。根据当地土壤肥力状况，适当添加底肥。

4.3.3 实验浓度梯度

盆栽实验设计8个浓度梯度。结合土壤类型，在资料查询和总结历年来调查与监测工作的基础上，本着将安全临界值设计在浓度梯度中间的原则，确定浓度梯度。每个实验浓度梯度设3个平行。

4.3.4 重金属的添加

4.3.4.1 镉的添加

镉的添加形态为：氯化镉（$CdCl_2 \cdot 2.5H_2O$），添加浓度以镉计。称出每个梯度3个平行所需土壤总量和氯化镉的总量，将氯化镉溶解于适量水中，再将此溶液倒入待用土中，充分混匀，称量分装入每个盆中（添加氯化镉时，底肥同时加入）。

4.3.4.2 铅的添加

铅的添加形态为：醋酸铅［$Pb(CH_3COO)_2 \cdot 3H_2O$］，添加浓度以铅计。称出每个梯度3个平行所需土壤总量和醋酸铅的总量，将醋酸铅溶解于适量的水中，再将此溶液倒入待用土中，充分混匀，称量分装入每个盆中（如需加底肥，可提前一周加入）。

4.3.5 实施与管理

（1）盆栽用土壤需挑拣出石头、砖块和植物的根茎等杂物，然后风干、粉碎、过5mm筛。

（2）土壤装盆后，种植小白菜的，先灌水至淹水状态，添加镉的土壤在28d后播种，添加铅的土壤在60d后播种。

（3）土壤装盆后，种植水稻的，先灌水至淹水状态，添加镉的土壤在淹水28d后插秧，添加铅的在淹水60d后插秧。

（4）盆栽蔬菜种植时间应根据当地蔬菜的种植情况确定，小白菜生长期一般为40d。同时根据蔬菜的生长需要，及时统一追肥。

（5）盆栽水稻整个生长期间以自来水浇灌，且保持渍水状态（补加水时，不能过猛、过多，以免溢出盆外或飞溅到其他盆里），收获前自然落干。

（6）盆栽水稻种植时间应根据水稻在当地种植情况确定。同时视作物生长情况的需要，及时追肥（尿素和$KH_2PO_4$）。

（7）注意预防病虫害。

（8）蔬菜生长期间应及时浇水，保证蔬菜正常生长，防止雨淋。

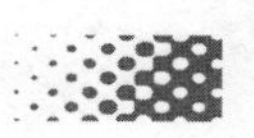

(9) 水稻生长期间应注意预防病虫害、鼠害等。

4.4 小区实验

4.4.1 小区选择

根据盆栽实验的土壤类型和其相应作物所对应污染物的安全临界值，分别选择高于、低于及尽量接近临界值的3个实验小区，用来验证临界值的科学性。详细记录各个小区的位置，并用GPS定位。

不应在实验小区土壤中添加污染物，应选择在已经污染了的区域进行小区试验。

4.4.2 施肥要求

蔬菜按照常规蔬菜种植施肥要求进行。

水稻按照常规水稻种植施肥要求进行。

4.4.3 田间种植与管理要求

按照常规蔬菜或水稻种植管理的要求，对实验小区进行统一管理。种植时间及生长期与盆栽实验一致。

**5 样品的采集与分析**

5.1 样品的采集与制备

5.1.1 土壤样品的采集与制备

盆栽实验：每个梯度每盆土壤混匀后用四分法采集0.5kg，自然风干后粉碎过0.85mm筛。

田间小区实验：采集作物根部的土壤，每个小区按照梅花布点法，设5个采样点，用GPS定位中心点位。土壤用四分法留足0.5kg，自然风干后粉碎过0.85mm筛。

其余部分参照NY/T 395执行。

5.1.2 蔬菜样品的采集与制备

盆栽实验：每个梯度每盆的样品去除干叶、烂叶外，可食部分全部采集，用蒸馏水洗净，105℃杀青30min，65～75℃烘干，粉碎后过0.42mm筛。

田间小区实验：蔬菜样品应与土壤样品同步采集，采鲜样2kg，去掉干叶、烂叶，可食部分用蒸馏水洗净，105℃杀青30min，65～75℃烘干，粉碎后过0.42mm筛。

其余部分参照NY/T 398执行。

5.1.3 水稻样品的采集与制备

盆栽实验：每个梯度每盆的根、茎叶、稻谷全部采集，分别处理。根、茎叶和稻谷于105℃杀青30min，在70℃左右烘干，粉碎；水稻每个梯度每盆要进行拷种（分蘖、株数、株高、穗长、千粒重、谷粒重、实粒数、空粒数、空秕率等）。

田间小区实验：水稻样品应与土壤样品同步采集，将根、茎叶和稻谷分别处理，根、茎叶和稻谷于105℃杀青30min，在70℃左右烘干，粉碎。

茎叶：取水稻茎叶中段30cm左右，留够0.5kg（过0.42mm筛）。

籽粒：每株水稻都保留，混匀后脱粒，脱壳，粉碎过0.25mm筛。留足0.5kg（其余部分备用）。

根：先用自来水洗净后（不能有残存的土壤），再用蒸馏水冲洗2次，留足0.2kg（过0.42mm筛）。

其余部分参照NY/T 398执行。

5.2 样品的分析

5.2.1　分析方法的选择与确定

5.2.1.1　土壤有效态镉

按 GB/T ××××执行。

5.2.1.2　土壤有效态铅

按 GB/T ××××执行。

5.2.1.3　蔬菜中镉和铅

按 GB/T 5009.15 执行。

5.2.1.4　水稻根、茎叶、籽实中的镉和铅

按 GB/T 5009.12 和 GB/T 5009.15 执行。

5.2.2　实验质量控制的步骤与要求

按 NY/T 395 和 NY/T 398 执行。

**6　记录及其要求**

6.1　文字记录

6.1.1　具体描述背景土的采样地点与分析结果，填写表格见附录 A 中表 A.1。

6.1.2　具体描述每个小区的具体位置及镉或铅平均含量值、采样点位置，记录小区面积、田间实验所用的蔬菜或水稻品种、田间种植与管理情况、种植与收获时间等，填写表格见附录 A 中表 A.2。

6.1.3　记录盆栽与田间小区实验气候条件、温湿度状况；每次浇水、施肥和使用农药的时间、用量；蔬菜或水稻的病虫害的情况及所采取的措施；样品收获时，记录蔬菜或水稻的生物量，做到与蔬菜或水稻生长相关的各个环节均有记录，填写表格见附录 A 中表 A.3。

6.1.4　记录土壤有效态镉或铅与蔬菜或水稻样品中镉或铅含量的分析方法与分析结果。

6.2　照片

6.2.1　蔬菜

在蔬菜生长期内要拍照三次，记录好每张照片对应的浓度以及照片对应蔬菜的生长期。具体为：第一次，蔬菜播种出苗后 1 周内；第二次，蔬菜生长到 25～30d；第三次，蔬菜收获前。

盆栽实验与田间小区实验一致。同时，为比较各个浓度下蔬菜的生长情况与区别，盆栽实验还需分别在 3 个生长期，将不同浓度的盆栽一字排开拍照，并做好记录。

6.2.2　水稻

在水稻生育期内对不同浓度都要拍照，记录好每张照片相对应的浓度以及照片对应的水稻的生长阶段。具体为：第一阶段，在水稻苗期；第二阶段，在水稻生长期；第三阶段，在水稻收获期。

盆栽实验与田间小区实验一致。同时，为比较各个浓度下水稻的生长情况与区别，盆栽实验还需分别在 3 个生长期，将不同浓度的盆栽一字排开拍照，并做好记录。

**7　安全临界值的制定**

7.1　由盆栽试验获取土壤有效态镉或铅安全临界值

(1) 以土壤有效态镉或铅含量为横坐标，以作物可食用部分镉或铅的含量为纵坐标，做散点图。

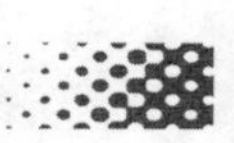

（2）分析散点图中数据趋势，确定要选用的模型。

（3）构建回归方程，进行显著性检验，确认回归方程的合理性。

（4）根据我国食品卫生标准蔬菜或稻米中镉或铅的限量标准，采用回归方程计算该类土壤有效态镉或铅的安全临界值。

7.2 利用田间小区实验验证安全临界值

盆栽实验确定的土壤安全临界值应低于小区实验的结果，当土壤中有效态镉或铅在安全临界值之下，蔬菜或稻谷样品中的镉或铅含量不应超过食品卫生标准。

7.3 安全临界值的表达

安全临界值应标明实验土壤类型的理化性质，包括 pH 值、阳离子交换量、有机质含量，还应标明氮、磷、钾等肥力状况，以及实验的温度、湿度、当年降雨量等。

7.4 安全临界值的适用期限

临界值一般 5 年修订一次。但如果遇到特殊情况，例如国家食品卫生标准修订或种植主要作物品种改变，土壤中重金属有效态安全临界值应及时修订。

**8 报告编制**

主要包括以下几个方面：

（1）基本情况；

（2）实验方案的设计及各浓度梯度的确定；

（3）田间小区的选择与确定；

（4）盆栽实验与田间小区实验的种植、管理情况等；

（5）土壤、蔬菜样品的采集与分析；

（6）实验的质量控制；

（7）结果分析与安全临界值的制定；

（8）附录各类记录、照片等。

# 附录 A
# （规范性附录）
# 实验记录原始表

**表 A.1 ________省背景土壤情况表**

<table>
<tr><td rowspan="2">采样地点</td><td colspan="3">省　市　县　镇(乡)　村　组</td></tr>
<tr><td colspan="3">经度　　　纬度<br>海拔高度</td></tr>
<tr><td>土壤类型</td><td></td><td>采样人</td><td></td></tr>
<tr><td>采样时间</td><td></td><td></td><td></td></tr>
<tr><td colspan="4">有关检测数据</td></tr>
<tr><td>pH 值</td><td></td><td>机械组成</td><td></td></tr>
<tr><td>阳离子交换量/(cmol/kg)</td><td></td><td>锌/(ms/kg)</td><td></td></tr>
</table>

续表

| 有关检测数据 | | | |
|---|---|---|---|
| 有机质/% | | 铜/(mg/kg) | |
| 全氮/% | | 铅/(mg/kg) | |
| 水解氮/(mg/kg) | | 镉/(mg/kg) | |
| 全磷($P_2O_5$)/% | | 镍/(mg/kg) | |
| 速效磷/(mg/kg) | | 铬/(mg/kg) | |
| 全钾($K_2O$)/% | | 砷/(mg/kg) | |
| 速效钾/(mg/kg) | | 汞/(mg/kg) | |
| 全盐量/% | | | |

**表 A.2 ______省小区情况调查表**

| 小区镉或铅浓度/(mg/kg) | | | |
|---|---|---|---|
| 小区地点 | 省 市 县 镇(乡) 村 (户名) | | |
| | 给出小区中心点经纬度坐标,并绘制小区位置图 | | |
| 小区面积(亩) | | 土壤类型 | |
| 作物品种 | | 污染类型 | |
| 种植时间 | | 收获时间 | |
| 小区采样点位情况 | | | |
| 点位 1 | 经度: | 纬度: | |
| 点位 2 | 经度: | 纬度: | |
| 点位 3 | 经度: | 纬度: | |
| 点位 4 | 经度: | 纬度: | |
| 点位 5 | 经度: | 纬度: | |
| 采样点位示意图: | | | |

**表 A.3 盆栽作物生长状况记录表**

| | | | | |
|---|---|---|---|---|
| 小区情况 | 温度/湿度 | | 光照 | |
| | 灌水记录 | | 施肥记录 | |
| | 病虫害情况 | | 生长期 | |
| | 农药施用记录 | | 生物量 | |
| | 株高 | | 可食部分生物量 | |
| 盆栽作物生长状况 | 温度/湿度 | | 光照 | |
| | 浇水记录 | | 施肥记录 | |
| | 病虫害情况 | | 生长期 | |
| | 农药施用记录 | | 生物量 | |
| | 株高 | | 可食部分生物量 | |

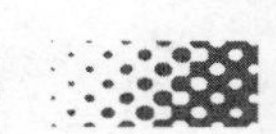

附加说明：

本标准的附录 A 为规范性附录。

本标准由中华人民共和国农业部提出并归口。

本标准起草单位：农业部环境保护科研监测所。

本标准起草人：李玉浸、刘凤枝、蔡彦明、徐亚平、刘铭、郑向群、师荣光、战新华、王跃华、万晓红、高明和、杨天锦、贾兰英、项雅玲、杨艳芳。

# 第四章

# 土壤（重金属）环境质量监测技术

## 第一节　土壤环境质量监测程序

土壤环境质量监测依下列程序进行。

1. 土壤环境质量监测前期调查
2. 土壤环境质量监测单元的划分
3. 土壤环境质量监测点位的布设
4. 土壤环境质量监测样品的采集、运输、保存
5. 土壤环境质量监测样品的检测
6. 土壤环境质量监测全程质量控制
7. 土壤环境质量监测结果统计、汇总
8. 土壤环境质量监测结果报告
9. 土壤环境质量监测结果数据库建立

## 第二节　土壤环境质量监测前期调查

采样前现场调查与资料收集内容如下。

① 区域自然环境特征：水文、气象、地形地貌、植被、自然灾害等。

② 农业生产土地利用状况：农作物种类、布局、面积、产量、耕作制度等。

③ 区域土壤地力状况：成土母质、土壤类型、层次特点、质地、pH 值、阳离子交换量、盐基饱和度、土壤肥力等。

④ 土壤环境污染状况：工业污染源种类及分布、主要污染物种类及排放途径、排放量、农灌水污染状况、大气污染状况、农业固体废弃物投入、农业化学物质使用情况、土壤污染状况、农产品污染状况等。

⑤ 土壤生态环境状况：水土流失现状、土壤侵蚀类型、分布面积、侵蚀模数、沼泽化、潜育化、盐渍化、酸化等。

⑥ 土壤环境背景资料：区域土壤元素背景值、农业土壤元素背景值、农产品中污染元素背景值。

⑦ 其他相关资料和图件：土地利用总体规划、农业资源调查规划、行政规划图、土壤类型图、土壤环境质量图、交通图、地质图、水系图等。

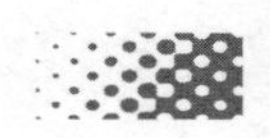

收集、占有资料越丰富、越全面，对方案的设计工作越有利，对获得比较科学、全面、优化的设计大有好处。现场调查和资料收集是整个采样工作极为重要的基础。

## 第三节　土壤环境质量监测点位布设

### 一、监测单元的划分

农田土壤监测单元按土壤接纳污染物的途径划分为基本单元，结合参考土壤类型、农作物种类、耕作制度、商品粮生产基地、保护区类别、行政区划等要素，由当地农业环境监测部门根据实际情况进行划定。同一单元的差别应尽可能缩小。

1. 大气污染型土壤监测单元

土壤中的污染物主要来源于大气污染沉降物。

2. 灌溉水污染型土壤监测单元

土壤中的污染物主要来源于农灌用水。

3. 固体废弃物堆污染型土壤监测单元

土壤中的污染物主要来源于集中堆放的固体废弃物。

4. 农用固体废弃物污染型土壤监测单元

土壤中的污染物主要来源于农用固体废弃物。

5. 农用化学物质污染型土壤监测单元

土壤中的污染物主要来源于农药、化肥、农膜、生长素等农用化学物质。

6. 综合污染型土壤监测单元

土壤中的污染物主要来源于上述两种或两种以上途径。

### 二、监测点位的布设

#### （一）布点原则与方法[1]

1. 区域土壤背景点布点原则与方法

① 以获取区域土壤背景值为目的的布点，坚持“哪里不污染，在哪里布点”的原则。实际工作中，一般在调查区域内或附近，找寻没有受到人为污染或相对未受污染，而成土母质、土壤类型及农作历史等一致的区域布点。

② 布点方法在满足上述条件的前提下，尽量将监测点位布设在成土母质或土壤类型所代表区域的中部位置。

2. 农田土壤环境质量监测布点原则与方法

1）农田土壤环境质量监测主要指土壤环境质量现状监测，如禁产区划分监测、污染事故调查监测、无公害农产品基地监测等。布点原则应坚持“哪里有污染，在哪里布点”的原则，即将监测点位布设在已经证实受到污染的或怀疑受到了污染的地方。

2）布点方法根据污染类型特征确定。

① 大气污染型土壤监测点。以大气污染源为中心，采用放射状布点法。布点密度由中心起由密渐稀，在同一密度圈内均匀布点。此外，在大气污染源主导风下风方向应适当延长监测距离和增加布点数量。

② 灌溉水污染型土壤监测点。在纳污灌溉水体两侧，按水流方向采用带状布点法。布点密度自灌溉水体纳污口起由密渐稀，各引灌段相对均匀。

③ 固体废弃物堆污染型土壤监测点。地表固体废弃物堆可结合地表径流和当地常年主导风向，采用放射布点法和带状布点法，地下填埋废物堆根据填埋位置可采用多种形式的布点法。

④ 农田固体废弃物污染型土壤监测点。在施用种类、施用量、施用时间等基本一致的情况下采用均匀布点法。

⑤ 农用化学物质污染型土壤监测点。采用均匀布点法。

⑥ 综合污染型土壤监测点。以主要污染物排放途径为主，综合采用放射布点法、带状布点法及均匀布点法。

3）农田土壤环境质量监测对照点的布设原则与方法。在污染事故调查等监测时，需要布设对照点，用以考察监测区域的污染程度。选择与监测区域土壤类型、耕作制度等相同而且相对未受污染的区域采集对照点，或在监测区域内采集不同深度的剖面样品作为对照点。

3. 农田土壤长期定点定位监测布点原则与方法

① 农田土壤长期定点定位监测，一般为国家或地方制定中长期政策所进行的监测。布点应当在农业环境区划的基础上进行，以客观、真实反映各级区划单元环境质量整体状况变化和污染特征为原则。

② 布点方法在反映污染特征的前提下，在各级区划单元（如污水灌区、工矿企业周边区、大中城市郊区、一般农区等）内部，可采用均匀布点法。

③ 国家和省级长期定点定位监测点的设置、变更、撤销应当通过专家论证，并建立档案。

### （二）布点数量

1. 基本原则

土壤监测的布点数量要根据调查目的、调查精度和调查区域环境状况等因素确定。一般原则是：a. 以最少点数达到目的为最好；b. 精度越高布点数量越多，反之越少；c. 区域环境条件越复杂布点数量越多，反之越少；d. 污染越严重布点数量越多，反之越少；e. 无论何种情况，每个监测单元最少应设 3 个点。

2. 点代表面积[1]

根据不同的调查目的，每个点的代表面积可按以下情况掌握，如有特殊情况可做适当调整。

① 农田土壤背景值调查：每个点代表面积 200～1000$hm^2$。

② 农产品产地污染普查：污染区每个点代表面积 10～300$hm^2$，一般农区每个点代表面积 150～800$hm^2$。

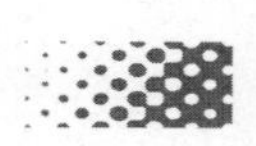

③ 农产品产地安全质量划分：污染区每个点代表面积 5～100hm$^2$，一般农区每个点代表面积 150～800hm$^2$。

④ 禁产区确认：每个点代表面积 10～100hm$^2$。

⑤ 污染事故调查监测：每个点代表面积 1～50hm$^2$。

3. 布点数量[1]

布点数量根据不同调查目的，每个点的代表面积来确定。

① 农田土壤背景值调查、农产品产地污染普查、农产品产地安全质量划分以及污染事故调查监测等，根据上述布点原则和点代表面积，以及监测单元的具体情况，确定布点数量。如情况复杂需要提高监测精度，可适当增加布点数量。

② 农田土壤长期定点定位监测，根据监测区域类型不同，确定监测点的数量。工矿企业周边农产品生产区监测，每个区 5～12 个点；污水灌溉区农产品生产区监测，每个区 10～12 个点；大中城市郊区农产品生产区监测，每个区 10～15 个点；重要农产品生产区监测，每个区 5～15 个点。

## 第四节　土壤环境质量监测样品的采集、编号、运输、制备及保存

### 一、样品采集

#### （一）采样准备

1. 采样物质准备

采样物质准备包括采样工具、器材、文具及安全防护用品等。

① 工具类：铁铲、铁镐、土铲、土钻、土刀、木片及竹片等。

② 器材类：GPS 定位仪、罗盘、高度计、卷尺、标尺、容重圈、铝盒、样品袋、标本盒等。

③ 文具类：样品标签、记录表格、文具夹、铅笔、钢笔等用品。

④ 安全防护用品：工作服、雨具、防滑登山鞋、安全帽、常用药品等。

2. 组织准备

组织具有一定野外调查经验、熟悉土壤采样技术规程、工作负责的专业人员组成采样组。采样组一定要有环境土壤工作者参加，最好是专业配套齐全。采样前要经过统一的培训，全面了解采样技术方案，并做适当分工。

3. 技术准备

为了使采样工作能顺利完成，采样前应做好以下技术方面的准备。

（1）样点位置图

（2）样点分布一览表　内容包括编号、位置、土类、母岩母质等。

（3）各种图件　内容包括交通图、土壤图、大比例尺的地形图（标有居民点、村庄等标记）。

（4）采样记录、土壤标签等　一般要求“一点一表二签”。在现场采样时，有许多资

料是必须及时记录、标记的，例如土类、母岩母质、土壤剖面发育情况、土壤性状、样点的位置（经纬度）、海拔高度、地表侵蚀程度、取样深度、农用物质使用、照片编号等，都应根据任务的具体需要有详细的记载，以便以后查对。这些野外资料是研究成果的重要组成部分，非常珍贵。因为露天作业要求快速、准备、规范、标准，采样记录和标签一定要在采样前统一准备，防止现场应付。

（5）采样计划　应根据任务总体设计的要求和进度，将工作区内全部样点分成若干片或若干个循环，每一片有多少样点、用多少时间完成进行统一安排，既可以根据现有的人力按时完成采样任务，又可以避免漏采、重采样品。

### （二）现场采样

采集土壤环境样品，是土壤环境调查设计思想和布点原则、布点方案付诸实施的技术性工作。采样工作质量直接影响到样品的准确性、代表性和可比性。采样工作不仅要付出艰苦的体力劳动，要跋山涉水、剖土挖坑，而且还要有高度的敬业精神、良好的技术素质和丰富的野外作业经验，必须付出艰苦努力。采样过程一般要经过现场勘察、野外定点、确定采样地块、样品采集、记录拍照、检查等步骤。

1. 现场勘察，野外定点，确定采样地块

土壤采样点虽然预先已在地形图（或工作图）上确定了，但当采样人员进入采样现场之后，往往发现点位图上确定的样点并非与实际情况一致，还要根据当时的环境、地形、植被、母岩母质、侵蚀类型与程度、人类活动的干扰等实际情况，做适当修正。野外定点应遵循以下原则。

① 样点应选择在有利于该土壤类型特征发育的环境，如地形平坦、自然状态良好，各种因素都相对稳定。

② 采样点应距离铁路或主要公路 300m 以上。

③ 不能在住宅周围、路旁、沟渠、粪堆、废物堆、坟堆等人为干扰明显而缺乏代表性的地点设采样点。

④ 不能在坡脚、洼地等具有从属景观特征的地方设采样点。

⑤ 不能在刚施用农药、化肥等农用物质的地块设置采样点。

⑥ 若发现布点图上标明的母岩母质、土壤类型等规定的因素与实际不相符合，应改变采样点或标注清楚而并入其他采样单元。

2. 样品采集、记录拍照、检查

（1）土壤剖面样品采集

① 土壤剖面点位不得选在土类和母质交错分布的边缘地带或剖面受破坏的地方，应选择剖面发育比较完整、层次比较清楚的地块。

② 土壤剖面规格为宽 1m、长 2m，深度视土壤情况而定，一般为 1.5～2.0m，久耕地取样至 1m；新垦地取样至 2m；果林地取样至 1.5～2.0m；盐碱地地下水位较高，取样至地下水位层；山地土层薄，取样至母岩风化层（见图 4-1）。

③ 用剖刀将观察面修整好，自上至下削去 5cm 厚、10cm 宽的新鲜剖面。逐层采集中部位置土壤。分层土壤混合均匀，各取 1kg 样品，分层装袋记卡。

④ 采样注意事项：挖掘土壤剖面要使观察面向阳，表土与底土分放土坑两侧，取样

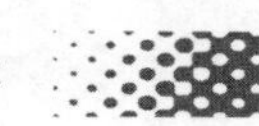

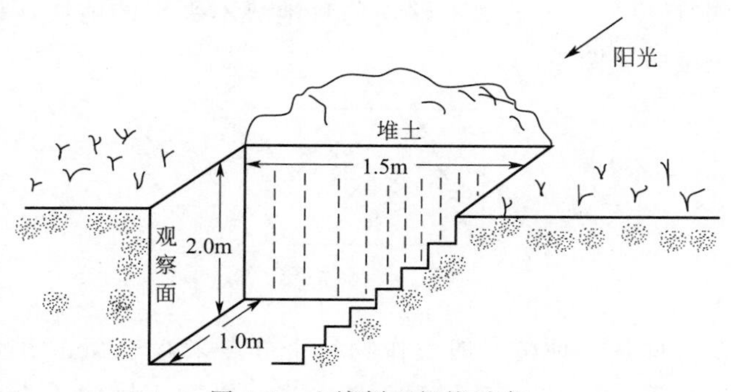

图 4-1　土壤剖面规格示意

后按原层回填。

（2）整段标本的采集　采样前先准备好标准的土壤标本盒（一般为 100cm×25cm×8cm）。采集时先用刀、铲将剖面整理成一突出的土桩，大小与标本盒一致，然后将盒套在土柱上，再将土柱切下，加以修正，装好盒盖，注明号码、土壤名称、采样地点等，以备装运。

（3）混合样的采集

1）每个土壤单元至少由 3 个采样点组成，每个采样点的样品为多点等量的混合样。

2）采集方法

① 对角线法：适用于污水灌溉的农田土壤，由田块进水口向出水口引一条对角线，至少分五等分，以等分点为采样分点，土壤差异性可再等分，增加分点数（见图 4-2）。

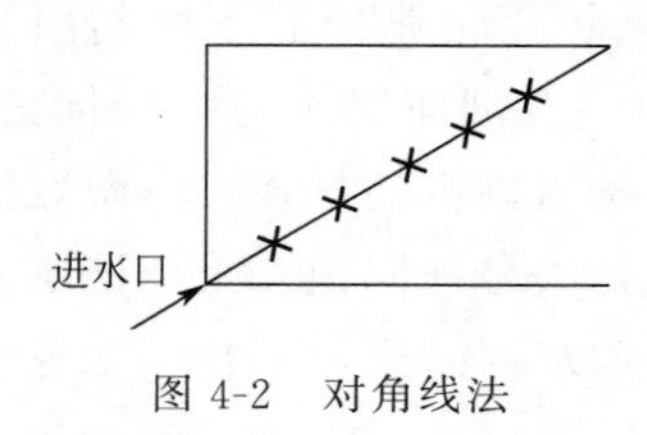

图 4-2　对角线法

② 梅花点法：适用于面积较小，地势平坦，土壤物质和受污染程度均匀地块，设分点 5 个左右（见图 4-3）。

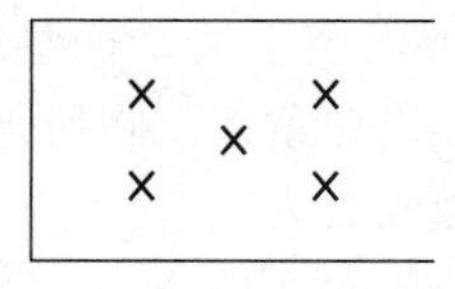
图 4-3　梅花点法

③ 棋盘式法：适宜中等面积、地势平坦、土壤不够均匀的地块，设分点 10 个左右；但受污泥、垃圾等固体废弃物污染的土壤，分点应在 20 个以上（见图 4-4）。

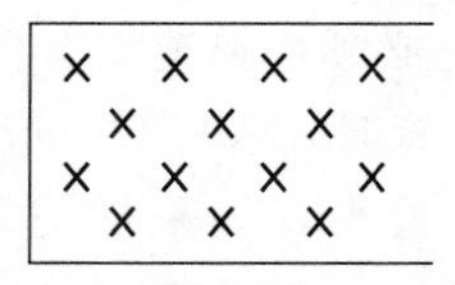
图 4-4　棋盘式法

④ 蛇形法：适宜面积较大、土壤不够均匀且地势不平坦的地块，设分点 15 个左右，多用于农业污染型土壤（见图 4-5）。

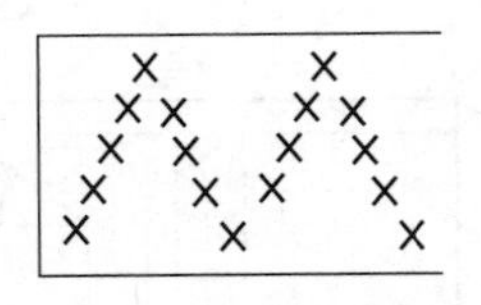

图 4-5　蛇形法

（4）采样深度及采样量　种植一般农作物每个分点采 0～20cm 耕作层土壤，种植果林类农作物每个分点处采 0～60cm 耕作层土壤；当污染在土壤中垂直分布时，按土壤发生层次采土壤剖面样。各分点混匀后按四分法取 1kg，多余部分弃去。

（5）采样时间及频率

① 一般土壤样品在农作物成熟或收获后与农作物同步采集。

② 污染事故监测时，应在收到事故报告后立即组织采样。

③ 科研性监测时，可在不同生育期采样或视研究目的而定。

④ 采样频率根据工作需要确定。

（6）采样现场记录及拍照

① 采样同时，专人填写土壤标签、采样记录、样品登记表，并汇总存档。

② 填写人员根据明显地物点的距离和方位，将采样点标记在野外实际使用的地图上，并与记录卡和标签的编号统一。

③ 对于重点研究的或特征性状比较典型的土壤剖面和采样点，还应拍摄彩色照片。拍照时，应用标记明显的标尺和注有剖面层次的字母标记，放置在土壤剖面观察面的一侧，使拍摄的效果更好。同时对样点周围的景观亦应做好拍照，作为研究资料保存，必要时还可制作成幻灯片。所有的照片编号一同记入采样记录。

④ 采样记录应在现场由采样人、记录人、校对人三级签字，确认无误后方可撤离现场。

（7）采样工作检查　每个土壤剖面样品采好后，要由专人逐项检查、核对。对记录、样品数、比样标本、拍照等项内容逐一检查，如发现缺项、漏项，应及时补充，失当之处应当修正。一切检查核实后，将堆土回填土坑。这些工作全部完成后，应在“工作点位图”及“样品分布表”中标注清楚，以免重采。将所采样品装入样品箱。离开现场前，应对工具、器材做全面检查，防止遗漏或丢失。

（8）注意事项

① 测定重金属的样品，尽量用竹铲、竹片采取样品。

② 各分点样品应等量采集，混合后按四分法留取 1kg。

③ 所采土壤样品除特殊要求外，装入塑料袋内，外套布袋，填写土壤标签一式两份，一份放入袋内，一份贴在袋外，标签必须用铅笔填写。

④ 用 GPS 定位仪确定采样点位置时，采样人员应持定位仪于样点相对中间位置。

⑤ 采样结束应在现场逐项逐个检查，如采样记录表、样品登记表、样袋标签、土壤样品、采样点位图标记等有缺项、漏项和错误处，应及时补齐和修正后方可撤离现场。

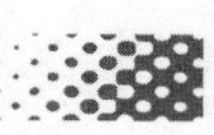

## 二、样品编号

1）农田土壤样品编号由类别代号、顺序号组成。

① 类别代号：用环境要素关键字中文拼音的大写字母表示，即“T”表示土壤。

② 顺序号用阿拉伯数字表示不同地点采集的样品，样品编号从T001号开始，一个顺序号为一个采集点的样品。

2）对照点和背景点的样品，在编号后加“CK”。

3）样品登记的编号、样品运转的编号均与采集样品的编号一致，以防混淆。

## 三、样品运输

① 样品装运前必须逐件与样品登记表、样品标签和采样记录进行核对，核对无误后分类装箱。

② 样品在运输中严防样品的损失、混淆或沾污，并派专人押运，按时送至实验室。接收者与送样者在样品登记表上签字，样品记录由双方各存一份备查。

## 四、样品制备

野外采集回来的土壤样品经过登记编号后，一般要经过风干、磨细、过筛、混合、分装、制成待分析样品，满足各种分析的要求。制样过程中必须遵循的原则是：要保持样品原有的化学组成，样品不能被污染，不能把编号搞混搞错。在加工场地、加工工具、操作方法和管理制度等方面都应有严格的规定和要求，确保样品质量。

1. 制样工作场地

土壤样品加工应分别在风干室、粗磨室、细磨室三处进行，不可集中于一处，要努力避免加工时的交叉污染。制样间要求向阳（但要严防阳光直射土样）、通风、整洁、无扬尘、无易挥发化学物质。

2. 制样工具与容器

① 晾干用白色搪瓷盘或木盘。

② 磨样用玛瑙研磨机、玛瑙研钵、白色瓷研钵、木滚、木棒、木槌、有机玻璃棒、有机玻璃板、硬质木板、无色聚乙烯薄膜等。

③ 过筛用尼龙筛，规格20～100目。

④ 分装用具塞磨口玻璃瓶、具塞无色聚乙烯塑料瓶，无色聚乙烯塑料袋或特制牛皮纸袋，规格视量而定。

3. 制样程序

① 土壤接交：采样组填写送样单一式三份，交样品管理人员、加工人员各一份，采样组自存一份。三方人员核对无误后签字，应尽快安排加工人员对样品进行加工。

② 湿样晾干：在晾干室将湿样放置在晾样盘中，摊成2cm厚的薄层，并间断地压碎，翻拌，拣出碎石、沙砾及植物残体等杂质。

③ 样品粗磨：在样品粗磨室将风干样品倒在有机玻璃板上，用木槌、木滚、木棒再次压碎，拣出杂质并用四分法取压碎样，全部过20目尼龙筛。过筛后的样品全部置于无

色聚乙烯薄膜或牛皮纸上，充分混合直至均匀。经过粗磨后的样品用四分法分成两份，一份交样品库存放；另一份作样品的细磨用。粗磨样可直接用于土壤 pH 值、土壤代换量、土样速测营养含量、元素有效性含量分析。

④ 样品细磨：用于细磨的样品用四分法进行第二次缩分成两份，一份留备用；另一份研磨至全部过 60 目或 100 目尼龙筛，过 60 目（孔径 0.25mm）土样，用于农药或土壤有机质、土壤全氮量等分析；过 100 目筛（孔径 0.149mm）土样，用于土壤元素全量分析。

⑤ 样品分装：经研磨混匀后的样品，分装于样品袋或样品瓶。填写土壤标签一式两份，袋内或瓶内放一份，外贴一份。

土壤样品制备程序见图 4-6。

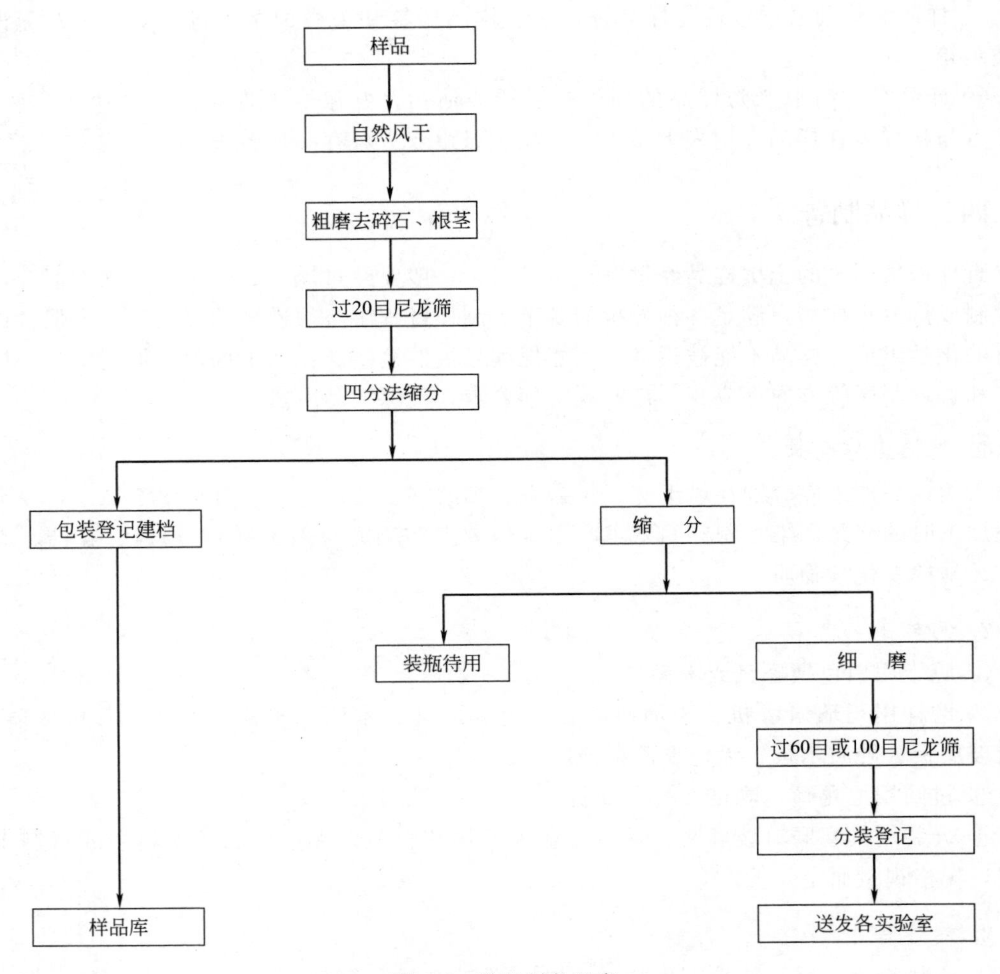


图 4-6　样品制备程序

4. 制样注意事项

① 制样中，采样时的土壤标签与土壤样品始终放在一起，严禁混错。

② 每个样品经风干、磨碎、分装后送到实验室的整个过程中，使用的工具与盛样容器的编号始终一致。

## 五、样品保存

① 风干土壤样品按不同编号、不同粒径分类存放于样品库，保存半年至一年，或分析任务全部结束，检查无误后，如无需保留可弃去。

② 新鲜土样用于挥发性、半挥发性有机污染物（酚、氰等）或可萃取有机物分析，新鲜土样选用玻璃瓶置于冰箱，小于4℃，保存半个月。

③ 土壤样品库经常保持干燥、通风、无阳光直射、无污染；要定期检查样品，防止霉变、鼠害及土壤标签脱落等。

④ 农田土壤定点监测的样品应长期保存。标准样品或对照样品也应长期妥善保存，必要时对样品的稳定性或变化情况做专门的实验研究。

# 第五节　土壤环境质量监测样品检测

## 一、土壤环境质量监测项目

1. 监测项目确定的原则

① 根据当地环境污染状况（如农区大气、农灌水、农业投入品等），选择在土壤中累积较多、影响范围广、毒性较强且难降解的污染物。

② 根据农作物对污染的敏感程度，优先选择对农作物安全质量影响较大的污染物，如重金属、农药、除草剂等。

2. 监测项目的种类

① 重金属类：砷（类金属，此处作为重金属）、汞、铬、镉、铅、镍、铜、锌。

② 农药类：六六六、滴滴涕、有机磷农药。

③ 除草剂类：多环芳烃、磺酰脲类除草剂。

④ 常量元素：钾、钠、钙、镁、硅、铝、钛、锰、铁等。

⑤ 稀土元素。

⑥ 无机化合物：磷、硫、氮、铵态氮、硝态氮、亚硝态氮、氟化物、氯化物、硫酸根、碳酸根、碳酸氢根、氰化物、硼等。

⑦ 其他：pH值、有机质、矿物油、可溶性盐分、阳离子交换量等。

## 二、土壤环境质量监测分析方法

1. 分析方法选择的原则

① 优先选择国家标准、行业标准的分析方法。

② 其次选择由权威部门规定或推荐的分析方法。

③ 根据各地实际情况，自选等效分析方法。但应做比对实验，其检出限、准确度、精密度不低于相应的通用方法要求水平或待测物准确定量的要求。

2. 分析方法

（1）砷

①《土壤质量　总砷的测定　二乙基二硫代氨基甲酸银分光光度法》（GB/T 17134—1997）

②《土壤质量　总砷的测定　硼氢化钾-硝酸银分光光度法》（GB/T 17135—1997）

③《土壤质量　总汞、总砷、总铅的测定　原子荧光光谱法　第2部分：土壤中砷的测定》（GB/T 22105.2—2008）

（2）汞

①《土壤质量　总汞的测定　冷原子吸收分光光度法》（GB/T 17136—1997）

②《土壤质量　总汞、总砷、总铅的测定　原子荧光光谱法　第1部分：土壤中汞的测定》（GB/T 22105.1—2008）

（3）铬

《土壤　总铬的测定　火焰原子吸收分光光度法》（HJ 491—2009）

（4）镉

①《土壤质量　铅、铬的测定　KI-MIBK萃取火焰原子吸收分光光度法》（GB/T 17140—1997）

②《土壤质量　铅、铬的测定　石墨炉原子吸收分光光度法》（GB/T 17141—1997）

（5）铅

①《土壤质量　铅、镉的测定　KI-MIBK萃取火焰原子吸收分光光度法》（GB/T 17140—1997）

②《土壤质量　铅、镉的测定　石墨炉原子吸收分光光度法》（GB/T 17141—1997）

（6）镍

《土壤质量　镍的测定　火焰原子吸收分光光度法》（GB/T 17139—1997）

（7）铜

《土壤质量　铜、锌的测定火焰原子吸收分光光度法》（GB/T 17138—1997）

（8）锌

《土壤质量　铜、锌的测定　火焰原子吸收分光光度法》（GB/T 17138—1997）

（9）《土壤质量　有效态铅和镉的测定　原子吸收法》（GB/T 23739—2009）

（10）铅、铬、砷、镉、铜、锌、镍的测定　电感耦合等离子体质谱法（标准待公布）

（11）《土壤质量　氟化物的测定　离子选择电极法》（GB/T 22104—2008）

（12）《土壤中六六六和滴滴涕测定　气相色谱法》（GB/T 14550—2003）

（13）《水质多环芳烃的测定　液液萃取和固相萃取高效液相色谱法》（HJ 478—2009）

（14）《水、土中有机磷农药测定的气相色谱法》（GB/T 14552—2003）

（15）《土壤中9种磺酰脲类除草剂残留量的测定　液相色谱-质谱法》（NY/T 1616—2008）

（16）《土壤水分测定法》（NY/T 52—1987）

（17）《土壤全氮测定法（半微量开氏法）》（NY/T 53—1987）

（18）《土壤有机质测定法》（NY/T 85—1988）

（19）《土壤全磷测定法》（NH/T 88—1988）

（20）《土壤有效态锌、锰、铁、铜含量的测定　二乙三胺五乙酸（DTPA）浸提法》（NY/T 890—2004）

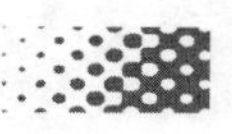

（21）《土壤检测　第2部分：土壤pH的测定》（NY/T 1121.2—2006）

（22）《土壤检测　第5部分：石灰性土壤阳离子交换量的测定》（NY/T 1121.5—2006）

（23）《土壤检测　第6部分：土壤有机质测定》（NY/T 1121.6—2006）

（24）《土壤检测　第7部分：酸性土壤有效磷的测定》（NY/T 1121.7—2014）

（25）《土壤检测　第12部分：土壤总铬的测定》（NY/T 1121.12—2006）

（26）《土壤检测　第13部分：土壤交换性钙和镁的测定》（NY/T 1121.13—2006）

（27）《土壤检测　第16部分：土壤水溶性盐总量的测定》（NY/T 1121.16—2006）

（28）《土壤检测　第17部分：土壤氯离子含量的测定》（NY/T 1121.17—2006）

（29）《土壤检测　第18部分：土壤硫酸根离子含量的测定》（NY/T 1121.18—2006）

（30）《固体废物氟化物的测定　离子选择性电极法》（GB/T 15555.11—1995）

（31）《土壤有效硼测定方法》（NY/T 149—1990）

（32）土壤中全钾（包括钠）的测定　原子吸收法

（33）土壤中速效态钾的测定　原子吸收法

（34）土壤中速效态钾的测定　四苯硼钠比浊法

（35）土壤中钙的测定　EDTA络合滴定法

（36）土壤中全钙（包括镁）的测定　原子吸收法

（37）土壤中铝的测定　氟化物取代-EDTA滴定法

（38）土壤中钛的测定

① 二安替比林甲烷比色法

② 变色酸光度法

（39）土壤中硅的测定　重量法

（40）土壤中稀土元素氧化物总量的测定　对马尿酸偶氮氯膦光度法

（41）土壤中稀土元素分量的测定　电感耦合等离子体质谱法（ICP-MS）

（42）土壤中氰化物的测定　异烟酸-吡唑啉酮分光光度法

（43）土壤中铵态氮的测定　钠氏比色法

（44）土壤中硝态氮及亚硝态氮的测定　还原蒸馏法、镀铜镉还原-重氮化偶合比色法

（45）土壤水解性氮的测定　碱解扩散法

（46）土壤中碳酸根、重碳酸根的测定

（47）土壤中硒的测定　氢化物发生-原子荧光光谱法

（48）土壤中锡的测定　氢化物发生-原子荧光光谱法

（49）土壤中铋的测定　氢化物发生-原子荧光光谱法

（50）土壤中锑的测定　氢化物发生-原子荧光光谱法

（51）土壤中钡的测定　火焰原子吸收分光光度法

（52）土壤中铍的测定　铍试剂Ⅲ光度法

（53）土壤中铊的测定　石墨炉原子吸收分光光度法

（54）土壤中锶的测定　火焰原子吸收分光光度法

## 第六节　土壤环境质量监测全程质量控制

土壤环境质量监测全程质量控制应该包括采样的质量保证与控制、样品运输保证、样品制备的质量保证、实验室分析过程的质量保证与控制及数理统计与结果表达等。

### 一、采样的质量保证

1. 合理划分监测单元

农田土壤监测单元按土壤接纳污染物的途径划分基本单元，结合现场勘察和收集的有关资料，参考土壤类型、农作物种类、肥力等级、耕作制度、商品粮生产基地、保护区类别、行政区划等要素，由当地农业环境监测部门根据实际情况划定。同一单元的差别应尽可能缩小。这是保证样品具有代表性的基本条件之一。

2. 合理监测点位布设

根据布点的原则与方法可以分为下述几种情况分别对待。

① 区域土壤背景点布点原则与方法。

② 根据土壤污染类型布点的方法。

③ 长期定点定位监测的布点原则与方法。

3. 合理的布点数量

① 基本原则。

② 点代表面积。

③ 布点数量。

以上关于监测点位布设内容是保证土壤样品具有代表性的基本条件。

合理划分监测单元，合理布设监测点位，使采集的土壤样品的均匀性和代表性得到尽量的保证。这样可以最大限度地降低采样过程所带来的随机误差，提高了采样的精密度。

4. 正确的采样方法

根据《农田土壤环境质量监测技术规范》（NY/T 395—2012）中样品采集相关规定做好采样准备、混合样品采集方法、采样深度及采样量、采样时间及频率、采样现场记录、采样注意事项等各项工作。这样就可以通过正确的采样方法最大限度地降低由采样带来的固定偏差，提高了采样的准确度。

### 二、采样的质量控制

1. 平行样品的采集

在监测农田土壤环境质量时，检测结果所产生的误差往往是由多种因素造成的。样品采集过程是保证质量的重要环节，采样的质量控制与实验室分析过程的质量控制不同，后者可以做到在分析过程的各个环节的人为控制，而前者做不到。目前，采样的质量控制的唯一方法是在同一采样点采样时，同时采集平行样品，按密码方式交付实验室进行分析，以达到采样的质量控制。这样的控制方法只能判断采样、制样、分析测定等全程的精密

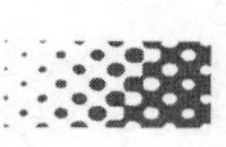

度，而无法确定采样误差的大小，更无法分清误差的主要来源是采样过程产生的，还是其他过程造成的。土壤样品的数量，一般情况下较多，少则几百，多则几千，如果全部取平行样测定，工作量过大，费用过高。采取以样品数量的10%采集平行样品较为切实可行。

2. 重复采样

当样品测试结果出现异常值时，应做如下质量控制。

① 首先检查实验室检测质量，对实验的准确度、精密度进行检查，证实实验室工作质量可靠后，进行前一步工作检查，若有疑问则需重新检测。

② 检查样品制备工作质量，对样品的整个制备过程进行详细检查，看是否会发生污染，证实工作的可靠性后可再行前一步检查，若有疑问则需重新进行样品制备。

③ 查看该采样点以前的监测记录，若此次结果与该样点以前的数据相吻合，则可确认此次检测结果的可靠性，否则需重新采样监测。

④ 用GPS定位仪现场标记，按照原方法再次进行采样，检测结果与前次结果进行对比，若结果吻合，则证实超标点位的测试结果可靠性。

## 三、样品运输与制备的质量保证

1. 样品运输的质量保证

① 样品在运输过程中，要保证样品袋不破损、不丢失。

② 样品在运输过程中，要防止污染。

2. 样品制备的质量保证

土样制备要严格按《农田土壤环境质量监测技术规范》（NY/T 395—2012）的规定执行。这里特别提醒注意的内容如下。

① 湿样晾干室一定要整洁、通风，不能存放任何酸、碱类物质及其他化学试剂和各种杂物。湿样要自然风干，严禁暴晒，防止各类酸、碱气体及灰尘的污染。

② 用于重金属分析的样品，不要接触金属器具以免样品受到污染，用于有机污染物分析的样品，则应防止使用塑料器具。

③ 制备好的样品要妥善储存，样品瓶内置外贴标签各一张，标签写明编号、采样地点、土壤名称、采样深度、样品粒度、采样日期、采样人、制样日期和制样人等项目。

④ 样品存放在样品库内，避免高温、潮湿、日晒和酸、碱气体及灰尘的污染。在全部测试工作结束，分析数据核实无误后样品一般还要保存3～6个月，以备查询。少数有价值需要长期保存的样品，需保存在广口瓶中，用蜡封好瓶口，条件许可情况下应低温保存，以备使用。

## 四、实验室分析质量控制与保证[2]

### （一）实验室内部质量控制与保证

1. 分析质量控制与保证的基础实验

（1）全程序空白值测定　全程序空白值是用某一方法测定某物质时，除样品中不含待测物质外，整个分析过程的全部因素引起的测量信值或相应浓度值。全程序空白响应值计算公式见式（4-1）。

$$X_{\mathrm{L}}=\overline{X}_i+KS \tag{4-1}$$

式中　$X_{\mathrm{L}}$——全程序空白响应值；

$\overline{X}_i$——测定 $n$ 次空白溶液的平均值（$n \geqslant 20$）；

$S$——$n$ 次空白值的标准偏差，计算公式见式（4-2）；

$K$——根据一定置信度确定的系数，一般为 3。

$$S=\sqrt{\frac{\sum_{i=1}^{n}(X_i-\overline{X})^2}{m(n-1)}} \tag{4-2}$$

式中　$n$——每天测定平行样个数；

$m$——测量天数。

$X_i$——$n$ 次测定中等 $i$ 个测定值；

$\overline{X}$——多次测定值的均值。

（2）检出限的测定　检出限是指对某一特定的分析方法在给定的置信水平内可以从样品中检出待测物质的最小浓度或最小量。一般将 3 倍空白值的标准偏差（测定次数，$n \geqslant 20$）相对应的质量或浓度称为检出限。

① 吸收法和荧光法（包括分子吸收法、原子吸收法、荧光法等）检出限计算公式见式(4-3)：

$$L=\frac{X_{\mathrm{L}}-\overline{X}_i}{b}=\frac{KS}{b} \tag{4-3}$$

式中　$L$——检出限；

$b$——标准曲线斜率。

其余符号意义同前。

② 色谱法（包括气相色谱、高效液相色谱）。色谱法以最小检出量或最小检出浓度表示。最小检出量系指检测仪器恰能产生一般为 3 倍噪声的响应信号时，所需进入色谱柱的物质最小量；最小检出浓度是指最小检出量与进样量（体积）之比。

检出限计算公式见式(4-4)：

$$\text{检出限}=\frac{\text{最低响应值}}{b}=\frac{s}{b} \tag{4-4}$$

式中　$b$——标准曲线回归方程中的斜率，响应值/μg 或响应值/ng；

$s$——为仪器噪声的 3 倍，即仪器能辨认的最小的物质信号。

③ 离子选择电极法。以校准曲线的直线部分外延的延长线与通过空白电位平行于浓度轴的直线相交时，其交点所对应的浓度值。

测得的空白值计算出 $L$ 值不应大于分析方法规定的检出限，如大于方法规定值，必须找出原因降低空白值，重新测定计算直至合格。

2. 校准曲线的绘制、检查与使用

（1）校准曲线的绘制　按分析方法步骤，设置 6 个以上标准系列浓度点，各浓度点的测量信号值减去零浓度点的测量信号值，经回归方程计算后绘制校准曲线。校准曲线的相关系数接近或达到 0.999（根据测定成分浓度，使用的方法等确定）。

（2）校准曲线的检查　当校准曲线的相关系数 $r<0.990$，应对校准曲线各点测定值

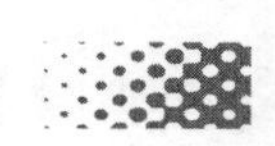

进行检验，或重新测定，当 $r$ 接近或达到 0.999 时即符合要求。

（3）校准曲线的使用　校准曲线不合格不能使用；使用时不得随意超出标准系列浓度范围；不便长期使用。

3. 精密度控制

（1）测定率　凡可以进行双样分析的项目，每批样品每个项目分析时均必须做10%～15%平行样品，5 个以下样品，应增加到 50%以上。

（2）测定方式　由分析者自行编入的明码平行样；或由质控员在采样现场或实验室编入密码平行样。二者等效，不必重复。

（3）合格要求　平行双样测定结果的误差在允许误差范围之内者合格。允许误差范围见表 4-1。对未列出允许误差的方法，当样品的均匀和稳定性较好时，参考表 4-2 的规定。当平行双样测定全部不合格时，重新进行平行双样的测定；平行双样测定合格率<95%时，除对不合格者重新测定时，再增加 10%～20%的测定率，如此累进，直至总合格率≥95%。

**表 4-1　土壤监测平行双样测定值的精密度和准确度允许误差**

| 监测项目 | 样品含量范围/(mg/kg) | 精密度 | | 准确度 | | | 适用的分析方法 |
|---|---|---|---|---|---|---|---|
| | | 室内相对偏差/% | 室间相对偏差/% | 加标回收率/% | 室内相对偏差/% | 室间相对偏差/% | |
| 镉 | <0.1<br>0.1～0.4<br>>0.4 | ±30<br>±20<br>±10 | ±40<br>±30<br>±20 | 75～110<br>85～110<br>95～105 | ±30<br>±20<br>±10 | ±40<br>±30<br>±20 | 石墨炉原子吸收光谱法、电感耦合等离子体质谱法(ICP-MS) |
| 汞 | <0.1<br>0.1～0.4<br>>0.4 | ±20<br>±15<br>±10 | ±30<br>±20<br>±15 | 75～110<br>85～110<br>95～105 | ±20<br>±15<br>±10 | ±30<br>±20<br>±15 | 冷原子吸收法、氢化物发生-原子荧光光谱法、ICP-MS法 |
| 砷 | <10<br>10～20<br>20～100<br>>100 | ±15<br>±10<br>±5<br>±5 | ±20<br>±15<br>±10<br>±10 | 85～105<br>90～105<br>90～105 | ±15<br>±10<br>±5 | ±20<br>±15<br>±10 | 氢化物发生-原子荧光光谱法、分光光度法、ICP-MS 法 |
| 铜 | <20<br>20～30<br>>30 | ±10<br>±10<br>±10 | ±15<br>±15<br>±15 | 85～105<br>90～105<br>95～105 | ±10<br>±10<br>±10 | ±15<br>±15<br>±15 | 火焰原子吸收光谱法、ICP-MS法、电感耦合等离子体原子发射光谱法(ICP-AES) |
| 铅 | <20<br>20～40<br>>40 | ±20<br>±10<br>±5 | ±30<br>±20<br>±15 | 80～110<br>85～110<br>90～105 | ±20<br>±10<br>±5 | ±30<br>±20<br>±15 | 原子吸收光谱法(火焰或石墨炉法)、ICP-MS 法、ICP-AES 法 |
| 铬 | <50<br>50～90<br>>90 | ±15<br>±10<br>±5 | ±20<br>±15<br>±10 | 85～110<br>85～110<br>95～105 | ±15<br>±10<br>±5 | ±20<br>±15<br>±10 | 原子吸收光谱法 |
| 锌 | <50<br>50～90<br>>90 | ±10<br>±10<br>±5 | ±15<br>±15<br>±10 | 85～110<br>85～110<br>95～105 | ±10<br>±10<br>±5 | ±15<br>±15<br>±10 | 火焰原子吸收光谱法、ICP-MS 法、ICP-AES 法 |
| 镍 | <20<br>20～40<br>>40 | ±15<br>±10<br>±5 | ±20<br>±15<br>±10 | 80～110<br>85～110<br>90～105 | ±15<br>±10<br>±5 | ±20<br>±15<br>±10 | 火焰原子吸收光谱法、ICP-MS 法、ICP-AES 法 |

表 4-2　土壤监测平行双样最大允许相对偏差

| 元素含量范围 /(mg/kg) | 最大允许相对偏差 /% | 元素含量范围 /(mg/kg) | 最大允许相对偏差 /% |
|---|---|---|---|
| >100 | ±5 | 0.1～1.0 | ±25 |
| 10～100 | ±10 | <0.1 | ±30 |
| 1.0～10 | ±20 | | |

4. 准确度控制

（1）使用标准物质和质控样品　例行分析中，每批测定样品中加入质控平行双样，在测定精密度合格的前提下，质控样的测定值必须落在质控样保证值（在 95%的置信水平）范围之内，否则本批测定结果无效，需重新分析测定。

（2）加标回收率的测定　当测定项目无标准物质或质控样品时，可用加标回收实验来检查测量的准确度。

① 加标率：在一批试样中，随机抽取 10%～20%的试样进行加标回收测定。样品数不足 10 个时，适当增加加标比率。每批同类试样中，加标试样至少 1 个。

② 加标量：加标量视被测组分含量而定，含量高的加入被测组分含量的 0.5～1.0 倍，含量低的加 2～3 倍，但加标后被测组分的总量不得超出方法的测定上限。加标浓度宜高，体积应小，不应超过原试样体积的 1%。

③ 合格要求：加标回收率应在加标回收率允许范围之内。加标回收率误差允许范围见表 4-1、表 4-2。当加标回收合格率小于 70%时，对不合格者重新进行回收率的测定，并另增加 10%～20%的试样做加标回收率测定，直至总合格率大于等于 70%。

5. 使用质控图作质量控制

农业环境样品，特别是土壤样品属于同种类的样品，在测定大批量样品时，使用质控图进行质量控制，可以直观地描绘数据质量的变化情况，能及时发现分析过程的变化趋势，测量过程是否有明显的系统偏差，并能指出偏差的方向，也是在例行分析中取舍数据的最好的标准和依据。

（1）质控图的绘制和使用　用于分析的质控图有均值控制图、均值-极差控制图、准确度控制图、多样控制图等，但是目前经常使用的是均值控制图，均值-极差控制图和准确度控制图。

1）均值控制图

① 质控图组成。分析质量控制图是以 $\overline{x}\pm 3S$ 为控制界限，$x\pm 2S$ 为警告界限，$\overline{x}\pm S$ 为辅助线，$\overline{x}$ 为中心线，测定值落在 $\overline{x}\pm 3S$ 范围内，其置信概率为 99.73%，落在 $\overline{x}\pm 2S$ 范围内的概率为 95.45%，落在 $\overline{x}\pm S$ 范围内的概率为 68.26%。质量控制图的基本组成如图 4-7 所示。

② 质控图要求

Ⅰ. 根据质量控制样品积累数据，总数不少于 20 个，计算平均值 $\overline{x}$ 和标准偏差 $S$，绘制上述的质控图。然后将控制样的原始数据依照测定的顺序点在图的相应位置上。如果超出控制限，应剔除，要保证落在控制限内的数据≥20 个，如数据不够，应补充新的数据，重新计算各参数并绘图，再标上各数据。

Ⅱ. 落在 $\overline{x}\pm S$ 范围内的点数应占总点数的 68%，如果落在此范围内的点数<50%，

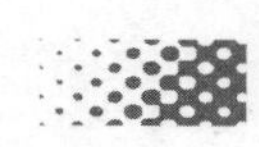

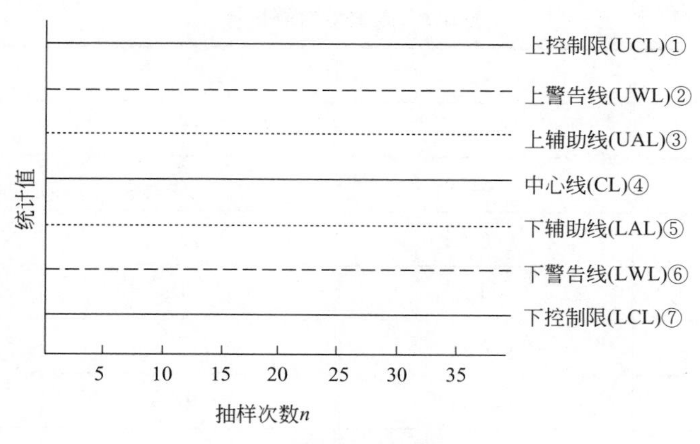


图 4-7　质量控制图的基本组成

则由于分布不合适，此图不可靠。

Ⅲ. 连续 7 个点位于中心线的同一侧，表示数据失控，此图不适用。如果出现上述情况之一，需要查明原因，加以纠正，重新测定质控样品，重新计算参数，重新绘图，直至分布合适为止。

③ 质控图使用。在例行分析时，每批样品中都带 2 个平行质控样，将 2 个质控样的测定平均值点在质控图上，按下列规定检验分析过程是否处于控制状态。

Ⅰ. 如果该点位于中心线附近、上下警告线之间的区域内，则本次测定过程正常，处于控制状态，此批样品的测量结果可靠。

Ⅱ. 如果该点超出上下警告线，但仍在上、下控制限之间，则提示分析质量变劣，有“失控”的倾向，数据虽然还可以接受，但应进行检查，采取相应的校正措施。

Ⅲ. 如果该点落在上、下控制限之外的区域，则表示测量过程失去控制，应立即检查原因，予以纠正，并重新测定该批全部样品。

Ⅳ. 如遇有 7 点连续上升或下降，表示有失去控制的倾向，应立即查明原因，加以纠正。

Ⅴ. 如遇有相邻 6 点位于中心线一侧，或相邻 4 点中有 3 点超越一侧辅助线，或相邻 10 点中有 8 点位于中心线一侧，虽然分析过程仍处于“控制状态”，数据仍然可以接受，但是已经说明过程有失去控制的可能，应查明原因，采取措施纠正。

④ 应用实例。

Ⅰ. 空白试验控制图：用氢化物发生-原子荧光光谱法测量土壤中砷的含量，每次测量带空白样 2 个，经不同天数 10 次测量收集数据 20 个，数据见表 4-3。

计算：$\overline{x}=0.010$，标准偏差 $S=0.003$；上控制限 $UCL=\overline{x}+3S=0.019$；上警告线 $UWL=\overline{x}+2S=0.016$；上辅助线 $UAL=\overline{x}+S=0.013$；中心线 $CL=\overline{x}=0.010$。控制图见图 4-8。

Ⅱ. 土壤中 8 种重金属元素的质控图。在《农业环境背景值研究》中，使用土壤的第二参考样品绘制的 8 种重金属均值控制见图 4-9。

2）均值-极差控制图（$\overline{x}$-$R$ 图）

均值-极差控制图实际上是由均值控制图（$x$ 图）和极差控制图（$R$ 图）组成的，即用 $\overline{x}$ 和平行样品的极差 $R$ 以及有关常数来绘制的。它可以同时观察均值和极差的变化情

表 4-3 测得空白测量值 单位：mg/L

| 序号 | $x$ | 序号 | $x$ |
|---|---|---|---|
| 1 | 0.010 | 11 | 0.012 |
| 2 | 0.015 | 12 | 0.014 |
| 3 | 0.006 | 13 | 0.016 |
| 4 | 0.011 | 14 | 0.015 |
| 5 | 0.006 | 15 | 0.005 |
| 6 | 0.006 | 16 | 0.010 |
| 7 | 0.010 | 17 | 0.005 |
| 8 | 0.010 | 18 | 0.012 |
| 9 | 0.015 | 19 | 0.012 |
| 10 | 0.014 | 20 | 0.005 |

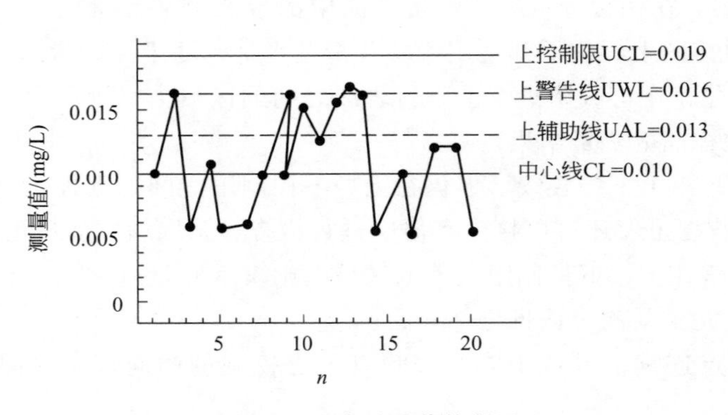


图 4-8 空白试验值控制图

况和趋势，以达到观察批间分析结果变化情况（均值图）和批内分析结果差异大小（极差图）。为了建立 $\bar{x}$-$R$ 控制图，需要积累 20 对以上平行质控样的测量数据，这些数据应该是日常积累起来的。求出每对的平均值 $\bar{x}$ 和极差 $R$，然后再求出总的平均值 $\bar{\bar{x}}$ 和平均值极差 $\bar{R}$。

质控图组成如下。

① 均值控制图部分包括：中心线 $CL=\bar{\bar{x}}$；上、下控制限 UCL（LCL）$=\bar{\bar{x}}\pm A_2\bar{R}$；上、下警告线 UWL（LWL）$=\bar{x}\pm\frac{2}{3}A_2\bar{R}$；上、下辅助线 UAL（LAL）$=\bar{\bar{x}}\pm\frac{1}{3}A_2\bar{R}$。

② 极差控制图部分包括：中心线 $CL=\bar{R}$；上控制限 $UCL=D_4\bar{R}$；下控制限 $LCL=D_3\bar{R}$（为 0）；上警告线 $UWL=\bar{R}+\frac{2}{3}=(D_4\bar{R}-R)$。

上式中，$A_2$、$D_3$、$D_4$ 可从表 4-4 查到，或将系数值直接代入式中绘制 $\bar{x}$-$R$ 控制图（见图 4-10）。

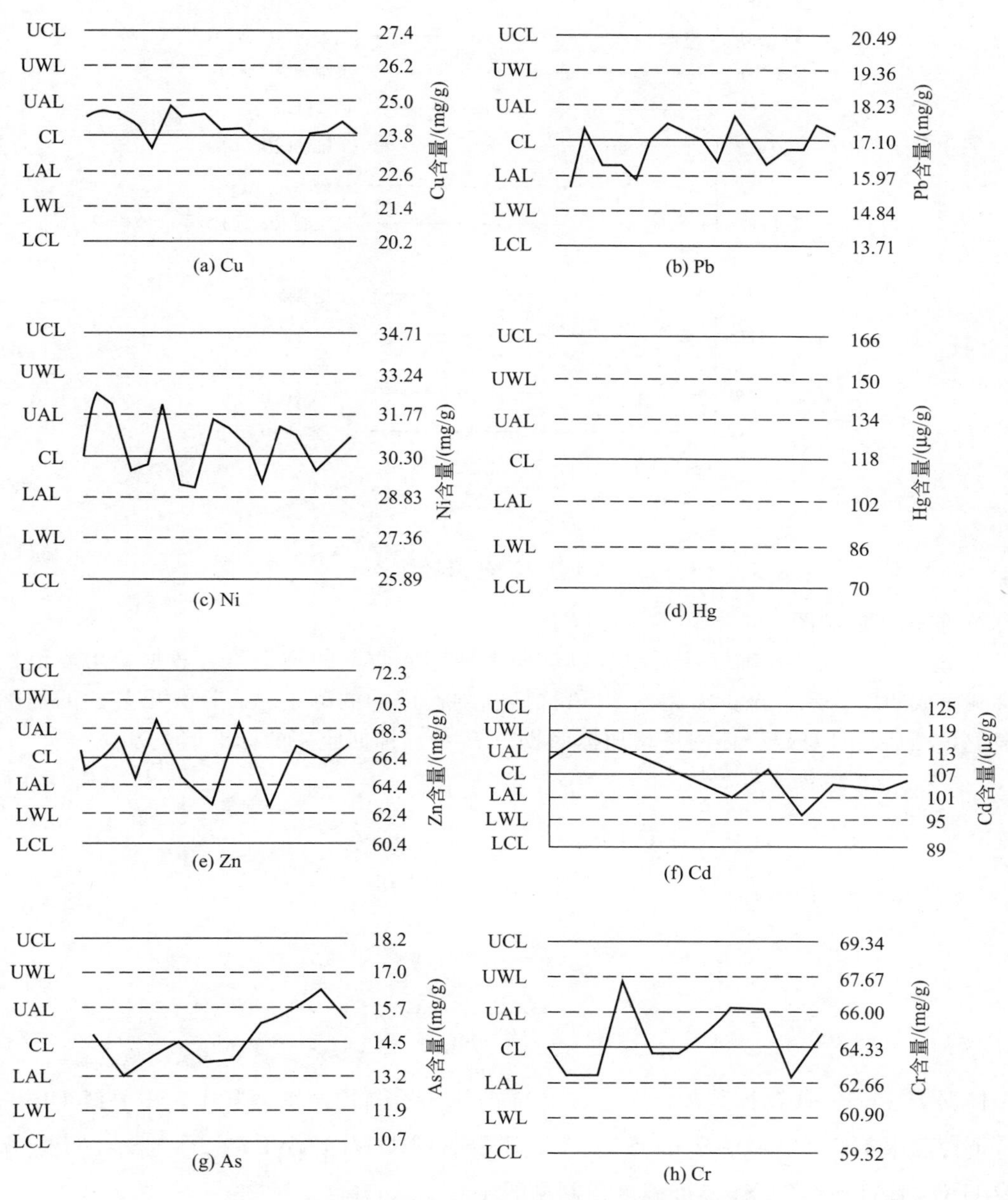


图 4-9　土壤第二参考样品分析 8 种重金属均值控制图

**表 4-4　计算控制限的系数**

| 每组观测值个数 $n$ | 因子 $A_2$ | 因子 $D_3$ | 因子 $D_4$ |
| --- | --- | --- | --- |
| 2 | 1.88 | 0 | 3.27 |
| 3 | 1.02 | 0 | 2.58 |
| 4 | 0.73 | 0 | 2.28 |
| 5 | 0.58 | 0 | 2.12 |

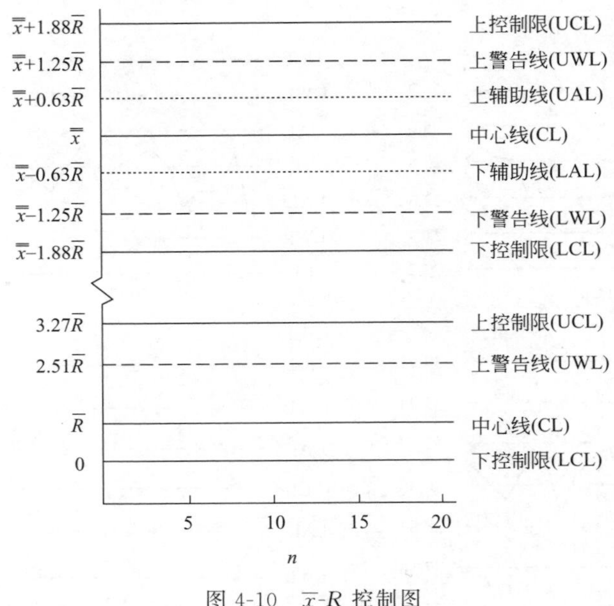


图 4-10　$\bar{x}$-$R$ 控制图

3）准确度控制图

① 组成和绘制。准确度控制图是以试样中加标回收率的测定值为数据，用均值控制图绘制而成的。为此，至少需完成 20 份试样和加标试样的测定，先计算出各次的加标回收率 $P$，然后再计算出全体的平均加标回收率 $\overline{P}$ 和加标回收率的标准偏差 $S_P$。

$$\overline{P}=\sum P_i/n \tag{4-5}$$

$$P_i(\%)=\frac{C_2-C_1}{D}\times 100\% \tag{4-6}$$

式中　$C_2$——加标后测量值；

$C_1$——试样测量值；

$D$——加标量。

$$S_P=\sqrt{\frac{\sum P^2-(\sum P)^2/n}{n-1}} \tag{4-7}$$

根据 $\overline{P}$ 和 $S_P$ 计算控制限、警告线和辅助线，绘制控制图。其中，中心线 CL$=\overline{P}$；上、下控制限 UCL(LCL)$=\overline{P}\pm 3S_P$；上、下警告线 UWL(LWL)$=\overline{P}\pm 2S_P$；上、下辅助线 UAL(LAL)$=\overline{P}\pm S_P$。准确度控制见图 4-11。

② 对加标量的规定：加标量应尽量与样品中相应的待测组分含量相等或相近；加标量不得大于样品中相应的待测组合含量的 3 倍；加标后的测定值不得超过校准曲线的测定上限。

（2）实验室应建立的质控图档案　农业环境分析实验室在日常的例行分析中，遇到样品量最大的是土壤样品，而土壤样品是属于同种类的样品，很适合用质控图的方法控制分析过程的质量。实验室应建立起土壤中 8 种重金属的质量控制图。

① 不同分析方法各自建立质控图。目前，土壤中 8 种重金属的测定方法通常采用原子吸收法、氢化物发生-原子荧光光谱法或电感耦合等离子体质谱法，对所测定的元素分别建立质控图。

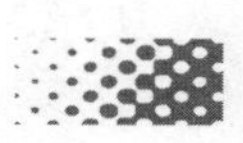

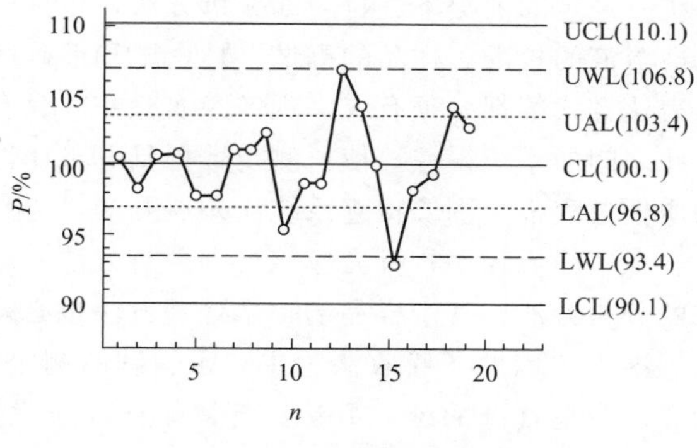


图 4-11　准确度控制

② 建立空白质控图。可以随时发现实验用水、试剂的纯度问题，对痕量分析尤为重要。

③ 质控图的调整。在质控图的使用过程中，应积累更多的合格数据，合格数据越多，控制图的可靠性就越大。如以每增加 20 个数据为一个单元，逐次计算新的平均值（$\overline{\overline{x}}$）来调整中心线的位置，以不断提高其准确度。逐次计算新的控制限来调整上、下控制限的位置，从而不断提高其灵敏度，直至中心线和控制限的位置基本稳定为止。

④ 建立质控图技术档案。通过计量认证的实验室，应逐步建立起质控图技术档案，质控人员可以借此执行质量控制。

### （二）实验室间质量控制与保证

1. 目的

（1）建立统一的质量控制体系　在农业环境监测体系的范围内，应建立起国内省级的统一质控体系，成立以农业部环境监测总站为核心及部分省级监测站参加的专家技术组，负责统一的质控工作。这一体系可以称为一级质控体系。各省监测总站可以建立本省系统的二级质控体系。

（2）建立协作项目的质控体系　参与协作项目的实验室，应建立质控体系的专家技术组，负责质控工作，内容包括人员培训、统一方法、仪器校准、现场盲样考核、数据处理规则、精密度和准确度的要求及样品的互检与抽查等。

（3）建立上级管理机构对下属实验室性能评价和人员技术评定的质控体系。

2. 质控程序

（1）建立工作机构　通常由上级单位的实验室或专门组织的专家技术组负责主持工作。

（2）制定质控方案　根据目的，制定质控方案，提出明确要求。

（3）实验室按质控方案完成各项考核，按规定要求上交考核报表。

（4）专家技术组对实验室的数据质量进行评价。

（5）通知参加单位技术考核结果。

3. 质量控制方法

实验室间的质量控制是在各实验室内部质控基础上进行的，其目的只有一个，就是减少各实验室的系统误差，使所得数据具有可比性，提高实验室的监测水平。为此，实验室间质控在许多方面应在统一规定的前提下进行，如分析方法，包括样品的处理方法、仪器设备的种类和性能、标准溶液的校准、样品的测试、精密度和准确度的要求范围、数据的统计处理方法、结果的表达方式等都必须有统一规定。实验室间只有在诸多统一规定的基础上才能减少或消除彼此之间的系统误差，使所测定数据具有可比性和可靠性。为了达到这一目的，实验室间的质控过程都是围绕检查系统误差展开的。

（1）统一分析方法　在实施质控中，首先应该统一分析方法。应从国家标准方法或行业标准方法中选定统一的分析方法，其中样品的化学处理方法也必须统一。目前，农业环境样品中重金属测定的标准方法以原子吸收法为主，汞、砷的测定以氢化物发生-原子荧光光谱法为主，这两种方法应是首选的统一方法。等离子体原子发射光谱法（ICP-AES）和等离子体质谱法（ICP-MS）在国外已经列入环境法规的标准方法中，在我国农业环境监测实验室仍处于引进阶段，还未形成标准方法。当工作中需要用标准方法以外的其他方法时，必须将该方法与相应的标准方法进行比较实验，比较实验的方法可参考相关方法进行，确定无显著性差异后方可作为“统一”分析方法使用。

（2）仪器性能、指标的考核　统一分析方法确定之后，应对各实验室使用的同种类仪器的性能指标进行考核，以确保仪器均处于正常的合格状态。仪器的性能指标的考核内容应是检出限、精密度和准确度。考核的方法以质控中心组统一准备的标准溶液，建立各待测元素的校准曲线，考察斜率、相关性和空白值，并对浓度居中的标准参考点进行 20 次测量，计算平均值（$\overline{x}$）和单次测量的标准偏差（$S$）。以上各项测定结果应达到仪器的检出限、精密度和准确度指标要求，以保证各实验室间同类仪器性能指标的一致性，也是实验室间质控的前提条件。

（3）统一样品的考核　统一样品的考核应该在统一方法和仪器性能指标考核合格的基础上进行综合水平考核。统一样品最好使用国家标准样品并且进行现场考核。这项考核包括样品的处理过程、实验室用水和试剂的纯度、标准系列的配制、校准曲线的建立、操作人员的熟练程度、数据的处理、结果的表达方式、报告的格式等一系列的内容检查，最后以测量结果的准确度、平行样品的精密度、空白值的大小以及平行空白的相对偏差来判断该实验室的考核结果是否符合要求。准确度的判断依据为：测量结果落在标样推荐值范围内为合格。平行样的精密度以相对偏差来表示，因为待测元素的含量范围不同，所以要求的相对偏差也不一样，土壤样品中镉、汞的含量很低，在 ng/g 数量级允许相对偏差＜25%，其他含量在 mg/g 数量级以上的元素，要求允许相对偏差应＜15%。对于空白平行双样，其相对偏差应＜50%，其数值越小越好。

（4）第二参考样品的互检　将国家标准样品视为第一参考样品，协作的各实验室可能有各自的参考样品，这里称为第二参考样品。将第二参考样品作为实验室间的互检样品，互检样品暂以样品制备单位所提供的数值为基础，测量结果可以考虑将精密度的要求适当放宽些，一般 20%（镉和汞为 30%）为可接受数据。

（5）系统误差的检查　系统误差的检查是实验室间质控的重要内容，实验室间的误差主要是系统误差。为检查实验室间是否存在系统误差，它的大小和方向以及对分析结果的可比性是否有显著影响，可不定期地对各有关的实验室进行“误差检查”，如发现问题则应及时采取必要的校正措施。下面介绍判断实验室间是否存在系统误差的方法。

① 双样图法。这种方法是将两个浓度不相同，但较接近的试样（约±5%）同时发给各实验室，分别对其做单次测定，并于规定日期上报分析结果 $x$ 和 $y$；分别计算各实验室

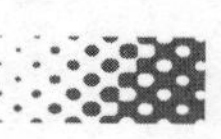

测定结果 $x$、$y$ 的平均值 $\overline{x}$、$\overline{y}$。以方格坐标图的横坐标和纵坐标分别代表适当范围的 $\overline{x}$ 和 $\overline{y}$ 值，画出 $\overline{x}$ 值垂直线的 $\overline{y}$ 值的水平线。将各实验室的测定结果（$x$，$y$）标在双样图中，如图 4-12所示。

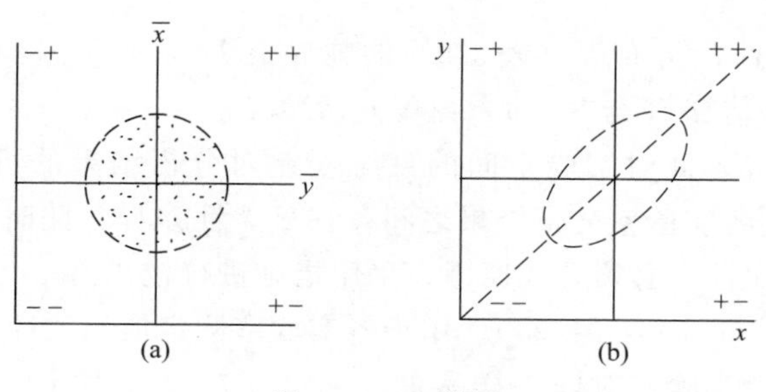


图 4-12　双样图

如果各实验室不存在系统误差，如图 4-12(a) 所示，代表各实验室的测定点应随机分布在四个象限中，大体分布在代表两个均值的以直线交点为圆心的圆形图范围内。如果各实验室存在系统误差，则各实验室的测定数据可能会双双偏高或偏低，数据点将主要分布在＋＋和－－两个象限中，如图 4-12(b) 所示，形成一个与纵轴约为 45°角倾斜的椭圆形分布。根据椭圆形的长轴与短轴之差及其位置，可估计实验室间系统误差的大小和正负方向，还可以根据数据点的分散情况来估计各实验室间的精密度和准确度。

利用双样图法的实验数据进行统计处理后，可更为准确地判断实验室间是否存在系统误差。

标准偏差分析：先将多对数据 $x_i$、$y_i$ 分别做如下计算。

| 和值 | 差值 |
|---|---|
| $x_1+y_1=T_1$ | $\lvert x_1-y_1\rvert=D_1$ |
| $x_2+y_2=T_2$ | $\lvert x_2-y_2\rvert=D_2$ |
| … | … |
| $x_n+y_n=T_n$ | $\lvert x_n-y_n\rvert=D_n$ |

用和值（$T$）计算各实验室数据的标准偏差：

$$S=\sqrt{\frac{\sum T_i^2-\frac{(\sum T_i)^2}{n}}{2(n-1)}} \tag{4-8}$$

式（4-8）中分母乘以 2 的原因是数据 $T$ 包括两个样品的测定结果（$x$，$y$），因而应包含有 2 倍的误差。用差值（$D$）计算出随机标准偏差：

$$S_r=\sqrt{\frac{\sum D_i^2-\frac{(\sum D_i)^2}{n}}{2(n-1)}} \tag{4-9}$$

由于差值 $D$ 是两个类似样品测量结果相减，消除了系统误差，所以 $S_r$ 是随机误差。

比较 $S$ 和 $S_r$：若 $S=S_r$，表示总的标准偏差等于随机误差，而没有系统误差；若 $S>S_r$，表明有系统误差存在。但是这个系统误差的程度高低需要进一步进行方差分析。

方差分析：当标准偏差分析结果 $S>S_r$ 时，可用 $F$ 统计量检验。

$$F=\frac{S^2}{S_r^2} \tag{4-10}$$

用计算的 $F$ 值与查 $F$ 分布表（表 4-5）的临界值 $F_{0.05(f_1,f_2)}$ 比较（0.05 是给定的显著性水平，$f_1$、$f_2$ 是估算 $S$ 与 $S_r$ 的自由度）：$F<F_{0.05(f_1,f_2)}$，表明各实验室分析结果之间不存在显著性差异，此时实验室间的系统误差对分析结果的可比性无显著性影响；$F>F_{0.05(f_1,f_2)}$，表明各实验室分析结果之间存在显著性差异，此时实验室间的系统误差将显著影响结果的可比性，必须寻找原因，采用措施进行校正。

② 最大方差检验（Cochran 检验）。用于各实验室测定值一致性检验，设有 $L$ 个实验室参加协作实验，每个实验室对同一样品重复测量 $n$ 次，分别计算出各实验室的方差为 $S_1^2$，$S_2^2$，$S_3^2$，…，$S_L^2$，用式（4-11）进行统计检验：

$$C_{L\cdot n}=\frac{S_{max}^2}{\sum_{i=1}^{L}S_i^2} \tag{4-11}$$

式中　$S_{max}^2$——$L$ 个实验室中方差最大的；

$\sum_{i=1}^{L}S_i^2$——$L$ 个实验室方差之和。

如果 $n=2$，可以用两个结果差值的平方 $R^2$ 代替 $S^2$，则式（4-11）可写成：

$$C_{L,2}=\frac{R_{max}^2}{\sum_{i=1}^{L}R_i^2} \tag{4-12}$$

然后根据 $L$、$n$ 及显著性水平（$\alpha$）从 Cochran 最大方差检验临界值表（表 4-6）中查出临界值 $C_{L,n}$（$\alpha$），用计算值与临界值比较，判断 $S_{max}^2$ 是否为离群值。判断的标准如下：若 $C_{L,n}$（计算值）$>C_{L,n}$（0.01 的临界值），则被检验的 $S_{max}^2$ 为异常值，所代表的一组数据为离群值，可以剔除；若 $C_{L,n}$（计算值）$<C_{L,n}$（0.01 的临界值），则被检验的 $S_{max}^2$ 为正常值，所代表的一组数据为正常值；若计算值在两者之间，$C_{L,n}$（0.05）$<C_{L,n}$（计算值）$<C_{L,n}$（0.01），被检验的 $S_{max}^2$ 为偏离值，所代表的某个实验室测量的一组数据为偏离值，但还不是显著性差异，一般不予以剔除。除非只确定显著性差异为 5% 时，那么只要计算的统计是 $C_{L,n}>C_{L,n}$（0.05），即为具有显著性差异，应将被检验的 $S^2$ 所代表的实验室剔除。

③ $F$ 检验法。$F$ 检验法也属于方差检验法的一种，它是用于检验在一组方差中最大方差和最小方差的异常值的方法。具体方法如下：将各实验室的方差值由小至大顺序排列 $S_{min}^2$，$S_2^2$，…，$S_{max}^2$，用 $S_{max}^2$ 和 $S_{min}^2$ 计算统计值 $F$：

$$F_{计算}=\frac{S_{max}^2}{S_{min}^2} \tag{4-13}$$

将 $F_{计算}$ 与查表 4-5 的 $F_{临界值}$ 比较，如显著性水平为 0.05，若 $F_{计算}<F_{(0.05,f)}$，那么两者之间不存在显著性差异，则处于两者之间的方差也无显著性差异；若 $F_{计算}>F_{临界值(0.05,f)}$，则两者之间存在显著性差异，应继续。

表 4-5(a) $F$ 分布表（$\alpha=0.01$）

| $f_2$ | $f_1$ | | | | | | | | | | | | | | |
|---|---|---|---|---|---|---|---|---|---|---|---|---|---|---|---|
| | 1 | 2 | 3 | 4 | 5 | 6 | 7 | 8 | 9 | 10 | 12 | 15 | 20 | 60 | ∞ |
| 1 | 4052 | 4999.5 | 5403 | 5625 | 5764 | 5859 | 5928 | 59.82 | 6022 | 6056 | 6106 | 6157 | 6209 | 6313 | 6366 |
| 2 | 98.50 | 99.00 | 99.17 | 99.25 | 99.30 | 99.33 | 99.36 | 99.37 | 99.39 | 99.40 | 99.42 | 99.43 | 99.45 | 99.48 | 99.50 |
| 3 | 34.12 | 30.82 | 29.46 | 28.71 | 28.24 | 27.91 | 27.67 | 27.49 | 27.35 | 27.23 | 27.05 | 26.87 | 26.69 | 26.32 | 26.13 |
| 4 | 21.20 | 18.00 | 16.69 | 15.98 | 15.52 | 15.21 | 14.98 | 14.80 | 14.66 | 14.55 | 14.37 | 14.20 | 14.02 | 13.65 | 13.46 |
| 5 | 16.26 | 13.27 | 12.06 | 11.39 | 10.97 | 10.67 | 10.46 | 10.29 | 10.16 | 10.05 | 9.89 | 9.72 | 9.55 | 9.20 | 9.02 |
| 6 | 13.75 | 10.92 | 9.78 | 9.15 | 8.75 | 8.47 | 8.26 | 8.10 | 7.98 | 7.87 | 7.72 | 7.56 | 7.40 | 7.06 | 6.88 |
| 7 | 12.25 | 9.55 | 8.45 | 7.85 | 7.46 | 7.19 | 6.99 | 6.84 | 6.72 | 6.62 | 6.47 | 6.31 | 6.16 | 5.82 | 5.65 |
| 8 | 11.26 | 8.65 | 7.59 | 7.01 | 6.63 | 6.37 | 6.18 | 6.03 | 5.91 | 5.81 | 5.67 | 5.52 | 5.36 | 5.03 | 4.86 |
| 9 | 10.56 | 8.02 | 6.99 | 6.42 | 6.06 | 5.80 | 5.61 | 5.47 | 5.35 | 5.26 | 5.11 | 5.96 | 4.81 | 4.48 | 4.31 |
| 10 | 10.04 | 7.56 | 6.55 | 5.99 | 5.64 | 5.39 | 5.20 | 5.06 | 4.94 | 4.85 | 4.71 | 4.56 | 4.41 | 4.03 | 3.91 |
| 11 | 9.65 | 7.21 | 6.22 | 5.67 | 5.32 | 5.07 | 4.89 | 4.74 | 4.63 | 4.54 | 4.40 | 4.25 | 4.10 | 3.78 | 3.60 |
| 12 | 9.33 | 6.93 | 5.95 | 5.41 | 5.06 | 4.82 | 4.64 | 4.50 | 4.39 | 4.30 | 4.16 | 4.01 | 3.86 | 3.54 | 3.36 |
| 13 | 9.07 | 6.70 | 5.74 | 5.21 | 4.86 | 4.62 | 4.44 | 4.30 | 4.19 | 4.10 | 3.96 | 3.82 | 3.66 | 3.34 | 3.17 |
| 14 | 8.86 | 6.51 | 5.56 | 5.04 | 4.69 | 4.46 | 4.28 | 4.14 | 4.03 | 3.94 | 3.80 | 3.66 | 3.51 | 3.19 | 3.00 |
| 15 | 8.68 | 6.36 | 5.42 | 4.89 | 4.56 | 4.32 | 4.14 | 4.00 | 3.89 | 3.80 | 3.67 | 3.52 | 3.37 | 3.05 | 2.87 |
| 16 | 8.53 | 6.23 | 5.29 | 4.77 | 4.44 | 4.20 | 4.03 | 3.89 | 3.78 | 3.69 | 3.55 | 3.41 | 3.26 | 2.93 | 2.75 |
| 17 | 8.40 | 6.11 | 5.18 | 4.67 | 4.34 | 4.10 | 3.93 | 3.79 | 3.68 | 3.59 | 3.46 | 3.31 | 3.10 | 2.83 | 2.65 |
| 18 | 8.29 | 6.01 | 5.09 | 4.58 | 4.25 | 4.01 | 3.84 | 3.71 | 3.60 | 3.51 | 3.37 | 3.23 | 3.08 | 2.75 | 2.57 |
| 19 | 8.18 | 5.93 | 5.01 | 4.50 | 4.17 | 3.94 | 3.77 | 3.63 | 3.52 | 3.43 | 3.30 | 3.15 | 3.00 | 2.67 | 2.49 |
| 20 | 8.10 | 5.85 | 4.94 | 4.43 | 4.10 | 3.87 | 3.70 | 3.56 | 3.46 | 3.37 | 3.23 | 3.09 | 2.94 | 2.61 | 2.42 |
| 21 | 8.02 | 5.78 | 4.87 | 4.37 | 4.04 | 3.81 | 3.64 | 3.51 | 3.40 | 3.31 | 3.17 | 3.03 | 2.88 | 2.55 | 2.36 |
| 22 | 7.95 | 5.72 | 4.82 | 4.31 | 3.99 | 3.76 | 3.59 | 3.45 | 3.35 | 3.26 | 3.12 | 2.98 | 2.83 | 2.50 | 2.31 |
| 23 | 7.88 | 5.66 | 4.76 | 4.26 | 3.94 | 3.71 | 3.54 | 3.41 | 3.30 | 3.21 | 3.07 | 2.93 | 2.78 | 2.45 | 2.26 |
| 24 | 7.82 | 5.61 | 4.72 | 4.22 | 3.90 | 3.67 | 3.50 | 3.36 | 3.26 | 3.17 | 3.03 | 2.89 | 2.74 | 2.40 | 2.21 |
| 25 | 7.77 | 5.57 | 4.68 | 4.18 | 3.85 | 3.63 | 3.46 | 3.32 | 3.22 | 3.13 | 2.99 | 2.85 | 2.70 | 2.36 | 2.17 |
| 30 | 7.56 | 5.39 | 4.51 | 4.02 | 3.70 | 3.47 | 3.30 | 3.17 | 3.07 | 2.98 | 2.84 | 2.70 | 2.55 | 2.21 | 2.01 |
| 40 | 7.31 | 5.18 | 4.31 | 3.83 | 3.51 | 3.29 | 3.12 | 2.99 | 2.89 | 2.80 | 2.66 | 2.52 | 2.37 | 2.02 | 1.80 |
| 60 | 7.08 | 4.98 | 4.13 | 3.65 | 3.34 | 3.12 | 2.95 | 2.82 | 2.72 | 2.63 | 2.50 | 2.35 | 2.20 | 1.84 | 1.60 |
| 120 | 6.85 | 4.79 | 3.95 | 3.48 | 3.17 | 2.96 | 2.79 | 2.66 | 2.56 | 2.47 | 2.34 | 2.19 | 2.03 | 1.66 | 1.38 |
| ∞ | 6.63 | 4.61 | 3.78 | 3.32 | 3.02 | 2.80 | 2.64 | 2.51 | 2.41 | 2.32 | 2.18 | 2.04 | 1.88 | 1.47 | 1.00 |

**表 4-5**(b)　***F*** **分布表**（$\alpha=0.05$）

| $f_2$ | $f_1$ | | | | | | | | | | | | | | | | | |
|---|---|---|---|---|---|---|---|---|---|---|---|---|---|---|---|---|---|---|
| | 1 | 2 | 3 | 4 | 5 | 6 | 7 | 8 | 9 | 10 | 12 | 15 | 20 | 24 | 30 | 40 | 60 | ∞ |
| 1 | 161.4 | 199.5 | 215.7 | 224.6 | 230.2 | 234.0 | 236.8 | 238.9 | 240.5 | 241.9 | 243.9 | 245.9 | 248.0 | 249.1 | 250.1 | 251.1 | 252.2 | 254.3 |
| 2 | 18.51 | 19.00 | 19.16 | 19.25 | 19.30 | 19.33 | 19.35 | 19.37 | 19.38 | 19.40 | 19.41 | 19.43 | 19.45 | 19.45 | 19.46 | 19.47 | 19.48 | 19.50 |
| 3 | 10.13 | 9.55 | 9.28 | 9.12 | 9.01 | 8.94 | 8.89 | 8.85 | 8.81 | 8.79 | 8.74 | 8.70 | 8.66 | 8.64 | 8.62 | 8.59 | 8.57 | 8.53 |
| 4 | 7.71 | 6.94 | 6.59 | 6.39 | 6.26 | 6.16 | 6.09 | 6.04 | 6.00 | 5.96 | 5.91 | 5.86 | 5.80 | 5.77 | 5.75 | 5.72 | 5.69 | 5.63 |
| 5 | 6.61 | 5.79 | 5.41 | 5.19 | 5.05 | 4.95 | 4.88 | 4.82 | 4.77 | 4.74 | 4.68 | 4.62 | 4.56 | 4.53 | 4.50 | 4.46 | 4.43 | 4.36 |
| 6 | 5.99 | 5.14 | 4.76 | 4.53 | 4.39 | 4.28 | 4.21 | 4.15 | 4.10 | 4.06 | 4.00 | 3.94 | 3.87 | 3.84 | 3.81 | 3.77 | 3.74 | 3.67 |
| 7 | 5.59 | 4.74 | 4.35 | 4.12 | 3.97 | 3.87 | 3.79 | 3.73 | 3.68 | 3.64 | 3.57 | 3.51 | 3.44 | 3.41 | 3.38 | 3.34 | 3.30 | 3.23 |
| 8 | 5.32 | 4.40 | 4.07 | 3.84 | 3.69 | 3.58 | 3.50 | 3.44 | 3.39 | 3.35 | 3.28 | 3.22 | 3.15 | 3.12 | 3.08 | 3.04 | 3.01 | 2.93 |
| 9 | 5.12 | 4.26 | 3.80 | 3.63 | 3.48 | 3.37 | 3.29 | 3.23 | 3.18 | 3.14 | 3.07 | 3.01 | 2.94 | 2.90 | 2.86 | 2.83 | 2.79 | 2.71 |
| 10 | 4.96 | 4.10 | 3.71 | 3.48 | 3.33 | 3.22 | 3.14 | 3.07 | 3.02 | 2.98 | 2.91 | 2.85 | 2.77 | 2.74 | 2.70 | 2.66 | 2.62 | 2.54 |
| 11 | 4.84 | 3.98 | 3.59 | 3.36 | 3.20 | 3.09 | 3.01 | 2.95 | 2.90 | 2.85 | 2.79 | 2.72 | 2.65 | 2.61 | 2.57 | 2.53 | 2.49 | 2.40 |
| 12 | 4.75 | 3.89 | 3.49 | 3.26 | 3.11 | 3.00 | 2.91 | 2.85 | 2.80 | 2.75 | 2.69 | 2.62 | 2.54 | 2.51 | 2.47 | 2.43 | 2.38 | 2.30 |
| 13 | 4.67 | 3.81 | 3.41 | 3.18 | 3.03 | 2.92 | 2.83 | 2.77 | 2.71 | 2.67 | 2.60 | 2.53 | 2.46 | 2.42 | 2.38 | 2.34 | 2.30 | 2.21 |
| 14 | 4.60 | 3.74 | 3.34 | 3.11 | 2.96 | 2.85 | 2.76 | 2.70 | 2.65 | 2.60 | 2.53 | 2.46 | 2.39 | 2.35 | 2.31 | 2.27 | 2.22 | 2.13 |
| 15 | 4.54 | 3.68 | 3.29 | 3.06 | 2.90 | 2.79 | 2.71 | 2.64 | 2.59 | 2.54 | 2.48 | 2.40 | 2.33 | 2.29 | 2.25 | 2.20 | 2.16 | 2.07 |
| 16 | 4.49 | 3.63 | 3.24 | 3.01 | 2.85 | 2.74 | 2.66 | 2.59 | 2.54 | 2.49 | 2.42 | 2.35 | 2.28 | 2.24 | 2.19 | 2.15 | 2.11 | 2.01 |
| 17 | 4.45 | 3.59 | 3.20 | 2.96 | 2.81 | 2.70 | 2.61 | 2.55 | 2.49 | 2.45 | 2.38 | 2.31 | 2.23 | 2.19 | 2.15 | 2.10 | 2.06 | 1.96 |
| 18 | 4.41 | 3.55 | 3.16 | 2.93 | 2.77 | 2.66 | 2.58 | 2.51 | 2.46 | 2.41 | 2.34 | 2.27 | 2.19 | 2.15 | 2.11 | 2.06 | 2.02 | 1.92 |
| 19 | 4.38 | 3.52 | 3.13 | 2.90 | 2.74 | 2.63 | 2.54 | 2.48 | 2.42 | 2.38 | 2.31 | 2.23 | 2.16 | 2.11 | 2.07 | 2.03 | 1.98 | 1.88 |
| 20 | 4.35 | 3.49 | 3.10 | 2.87 | 2.71 | 2.60 | 2.51 | 2.45 | 2.39 | 2.35 | 2.28 | 2.20 | 2.12 | 2.08 | 2.04 | 1.99 | 1.95 | 1.84 |
| 21 | 4.32 | 3.47 | 3.07 | 2.84 | 2.68 | 2.57 | 2.49 | 2.42 | 2.37 | 2.32 | 2.25 | 2.18 | 2.10 | 2.05 | 2.01 | 1.96 | 1.92 | 1.81 |
| 22 | 4.30 | 3.44 | 3.05 | 2.82 | 2.66 | 2.55 | 2.46 | 2.40 | 2.34 | 2.30 | 2.23 | 2.15 | 2.07 | 2.03 | 1.98 | 1.94 | 1.89 | 1.78 |
| 23 | 4.82 | 3.42 | 3.03 | 2.80 | 2.64 | 2.53 | 2.44 | 2.37 | 2.32 | 2.27 | 2.20 | 2.13 | 2.05 | 2.01 | 1.96 | 1.91 | 1.86 | 1.76 |
| 24 | 4.26 | 3.40 | 3.01 | 2.78 | 2.62 | 2.51 | 2.42 | 2.36 | 2.30 | 2.25 | 2.18 | 2.11 | 2.03 | 1.98 | 1.94 | 1.89 | 1.84 | 1.73 |
| 25 | 4.24 | 3.39 | 2.99 | 2.76 | 2.60 | 2.49 | 2.40 | 2.34 | 2.28 | 2.24 | 2.16 | 2.09 | 2.01 | 1.96 | 1.92 | 1.87 | 1.82 | 1.71 |
| 26 | 4.23 | 3.37 | 2.98 | 2.74 | 2.59 | 2.47 | 2.39 | 2.32 | 2.27 | 2.22 | 2.15 | 2.07 | 1.99 | 1.95 | 1.90 | 1.85 | 1.80 | 1.69 |
| 27 | 4.21 | 3.35 | 2.96 | 2.73 | 2.57 | 2.46 | 2.37 | 2.31 | 2.25 | 2.20 | 2.13 | 2.06 | 1.97 | 1.93 | 1.88 | 1.84 | 1.79 | 1.67 |
| 28 | 4.20 | 3.34 | 2.95 | 2.71 | 2.56 | 2.45 | 2.36 | 2.29 | 2.24 | 2.19 | 2.12 | 2.04 | 1.96 | 1.91 | 1.87 | 1.82 | 1.77 | 1.65 |
| 29 | 4.18 | 3.33 | 2.93 | 2.70 | 2.55 | 2.43 | 2.35 | 2.28 | 2.22 | 2.18 | 2.10 | 2.03 | 1.94 | 1.90 | 1.85 | 1.81 | 1.75 | 1.64 |
| 30 | 4.17 | 3.32 | 2.92 | 2.60 | 2.53 | 2.42 | 2.33 | 2.27 | 2.21 | 2.16 | 2.09 | 2.01 | 1.93 | 1.89 | 1.84 | 1.79 | 1.74 | 1.62 |
| 40 | 4.08 | 3.23 | 2.84 | 2.61 | 2.45 | 2.34 | 2.25 | 2.18 | 2.12 | 2.08 | 2.00 | 1.92 | 1.84 | 1.79 | 1.74 | 1.69 | 1.64 | 1.51 |
| 60 | 4.00 | 3.15 | 2.76 | 2.53 | 2.37 | 2.25 | 2.17 | 2.10 | 2.04 | 1.99 | 1.92 | 1.84 | 1.75 | 1.70 | 1.65 | 1.59 | 1.53 | 1.39 |
| ∞ | 3.84 | 3.00 | 2.60 | 2.37 | 2.21 | 2.10 | 2.01 | 1.94 | 1.88 | 1.83 | 1.75 | 1.67 | 1.57 | 1.52 | 1.46 | 1.39 | 1.32 | 1.00 |

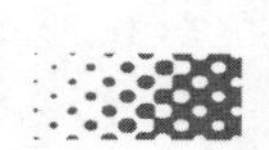

表 4-6 Cochran 最大方差检验的临界值

| $\rho$ | $n=2$ | | $n=3$ | | $n=4$ | | $n=5$ | | $n=6$ | |
|---|---|---|---|---|---|---|---|---|---|---|
| | 1% | 5% | 1% | 5% | 1% | 5% | 1% | 5% | 1% | 5% |
| 2 | — | — | 0.995 | 0.975 | 0.979 | 0.939 | 0.959 | 0.906 | 0.937 | 0.877 |
| 3 | 0.993 | 0.967 | 0.945 | 0.871 | 0.883 | 0.798 | 0.834 | 0.746 | 0.793 | 0.707 |
| 4 | 0.968 | 0.906 | 0.864 | 0.768 | 0.781 | 0.684 | 0.721 | 0.629 | 0.676 | 0.590 |
| 5 | 0.928 | 0.841 | 0.788 | 0.684 | 0.696 | 0.598 | 0.633 | 0.544 | 0.588 | 0.506 |
| 6 | 0.883 | 0.781 | 0.722 | 0.616 | 0.626 | 0.532 | 0.564 | 0.480 | 0.520 | 0.445 |
| 7 | 0.838 | 0.727 | 0.664 | 0.561 | 0.568 | 0.480 | 0.508 | 0.431 | 0.466 | 0.397 |
| 8 | 0.794 | 0.680 | 0.615 | 0.516 | 0.521 | 0.438 | 0.463 | 0.391 | 0.423 | 0.300 |
| 9 | 0.754 | 0.638 | 0.573 | 0.478 | 0.481 | 0.403 | 0.425 | 0.358 | 0.387 | 0.329 |
| 10 | 0.718 | 0.602 | 0.536 | 0.445 | 0.447 | 0.373 | 0.393 | 0.331 | 0.357 | 0.303 |
| 11 | 0.684 | 0.570 | 0.504 | 0.417 | 0.418 | 0.348 | 0.366 | 0.308 | 0.332 | 0.281 |
| 12 | 0.653 | 0.541 | 0.475 | 0.392 | 0.392 | 0.326 | 0.343 | 0.288 | 0.310 | 0.262 |
| 13 | 0.624 | 0.515 | 0.450 | 0.371 | 0.369 | 0.307 | 0.322 | 0.271 | 0.291 | 0.246 |
| 14 | 0.599 | 0.492 | 0.427 | 0.352 | 0.349 | 0.291 | 0.304 | 0.255 | 0.274 | 0.232 |
| 15 | 0.575 | 0.471 | 0.407 | 0.335 | 0.332 | 0.276 | 0.288 | 0.242 | 0.259 | 0.220 |
| 16 | 0.553 | 0.452 | 0.388 | 0.319 | 0.316 | 0.262 | 0.274 | 0.230 | 0.246 | 0.208 |
| 17 | 0.532 | 0.434 | 0.372 | 0.305 | 0.301 | 0.250 | 0.261 | 0.219 | 0.234 | 0.198 |
| 18 | 0.514 | 0.418 | 0.356 | 0.293 | 0.288 | 0.240 | 0.249 | 0.209 | 0.223 | 0.189 |
| 19 | 0.496 | 0.403 | 0.343 | 0.281 | 0.276 | 0.230 | 0.238 | 0.200 | 0.214 | 0.181 |
| 20 | 0.480 | 0.389 | 0.330 | 0.270 | 0.265 | 0.220 | 0.229 | 0.192 | 0.205 | 0.174 |
| 21 | 0.465 | 0.377 | 0.318 | 0.261 | 0.255 | 0.212 | 0.220 | 0.185 | 0.197 | 0.167 |
| 22 | 0.450 | 0.365 | 0.307 | 0.252 | 0.246 | 0.204 | 0.212 | 0.178 | 0.189 | 0.160 |
| 23 | 0.437 | 0.354 | 0.297 | 0.243 | 0.238 | 0.197 | 0.204 | 0.172 | 0.182 | 0.155 |
| 24 | 0.425 | 0.343 | 0.297 | 0.235 | 0.230 | 0.191 | 0.197 | 0.166 | 0.176 | 0.149 |
| 25 | 0.413 | 0.334 | 0.278 | 0.228 | 0.222 | 0.185 | 0.190 | 0.160 | 0.170 | 0.144 |

④ 平均值检验法。各实验室的方差检验可能不存在显著性差异，但只凭这一点还不能保证各实验室的平均值之间的一致性。因为系统误差将会导致平均值显著偏高或偏低，所以各实验室数据经过方差检验后还要进行平均值的一致性检验。具体检验方法参照 $t$ 检验法和实验室间离群数据检验 Grubbs 检验法。实验室间离群值的检验是在实验室内数据的离群值检验基础上进行的，若某一个实验室的测量数据被判定是离群

的，则剔除的是一组数据而不是个别的数据，因此必须谨慎进行，往往结合平均值法和方差法同时判断。

### （三）协作项目质控程序——六步质控法

2003年，农业部组织的由农业部环境监测总站牵头的10省优势农产品（小麦和大豆）环境调查课题中执行的六步质控法的质控程序取得了良好效果。从课题起动（7月中旬）组织培训开始至实验室测量全部结束完成报告（8月下旬）仅用了不到一个半月的时间就顺利、圆满地完成了这个课题。这其中的一个重要原因是组织者设计了一个比较具有合理性、严密性、跟踪性和可操作性的六步质控法。

1. 统一技术培训

要求参加课题的所有省站技术负责人必须参加培训工作，要有教材，做到人手一份。培训包括以下内容。

（1）统一采样方法　统一使用卫星自动定位仪（GDP），规定采样布点方法，每省站至少采500个样点以上。土样自然风干、粉碎、研磨过100目，将全部样品按统一规定方法编号后，送至农业部环境监测总站。

（2）统一分析方法　测量项目有标准方法的，首选“国家标准”，然后选“行业标准”，无标准的选择公认、成熟可行的方法，并进行现场的实验操作培训。

（3）统一样品处理方法。

（4）统一数据处理方法。

（5）统一报告格式。

2. 现场考核

现场考核包括仪器指标、性能考核；人员操作考核；盲样考核；实验报告格式及内容考核。

3. 全部样品加平行密码质控样跟踪控制

农业部环境监测总站将10个省送到的5000个样品，按10%的加样率，加入平行密码质控样，并重新给各省样品编号后返回各省站，开始实验室的测量工作。

4. 中期数据汇总检查

各省站将测定的$\frac{1}{3}$样品数据整理报告后按规定时间送报至总站；总站质控组负责审核各站数据中质控样的准确度和精密度，若合格，立即通知省站继续完成余下的$\frac{2}{3}$样品测定工作；若发现不合格的数据，及时与省站沟通，指明偏差的性质，是系统误差（偏高或是偏低），还是精密度问题，并协助寻找原因，立即纠正。不合格样品重新测定，再次审核合格后继续测定后面的样品。

5. 样品的抽查与互检

目的是检查实验间是否存在系统误差：由总站对各省站样品进行随机抽查检验；总站有针对性地抽取小批量的试样，组织有关省站实验室间的互检。

6. 全部数据汇总、整理、统计、检验、评价、形成最终报告

# 第七节　土壤环境质量监测数理统计

## 一、实验室分析结果数据处理

### （一）几个基本统计量

（1）平均值（算术）　计算公式见式（4-14）：

$$\overline{X}=\frac{\sum_{i=1}^{n}X_i}{n} \tag{4-14}$$

式中　$\overline{X}$——$n$ 次重复测定结果的算术平均值；

$n$——重复测定次数；

$X_i$——$n$ 次测定中第 $i$ 个测定值。

（2）中位值　计算公式见式（4-15）、式（4-16）：

$$中位值=\frac{第\frac{n}{2}个数的值+第\left(\frac{n}{2}+1\right)个数的值}{2}(n\ 为偶数时) \tag{4-15}$$

$$中位值=第\frac{n+1}{2}个数的值(n\ 为奇数时) \tag{4-16}$$

（3）范围偏差（$R$）　也称极差，计算公式见式（4-17）：

$$R=最大数值-最小数值 \tag{4-17}$$

（4）平均偏差（$\overline{d}$）　计算公式见式（4-18）：

$$\overline{d}=\frac{\sum_{i=1}^{n}|X_i-\overline{X}|}{n}$$

$$d=\frac{1}{n}\sum_{i=1}^{n}|X_i-\overline{X}| \tag{4-18}$$

式中　$X_i$——某一测量值；

$\overline{X}$——多次测量值的均值。

（5）相对平均偏差　计算公式见式（4-19）：

$$相对平均偏差(\%)=\frac{\overline{d}}{\overline{X}}\times100 \tag{4-19}$$

（6）标准偏差

① 实验室内平行性精密度，此时标准偏差 $S$ 计算公式见式（4-20）：

$$S=\sqrt{\frac{\sum_{i=1}^{n}(X_i-\overline{X})^2}{n-1}} \tag{4-20}$$

式中　$S$——实验室内标准偏差（平行精密度）；

$X_i$——第 $i$ 个样品的测定值；

$\overline{X}$——$n$ 个样品测定结果的平均值。

② 实验室内的重复性精密度或多次测量的精密度，此时标准偏差 $S_r$ 计算公式见式(4-21)：

$$S_r=\sqrt{\frac{\sum_{j=1}^{m}\sum_{i=1}^{n}(X_{ij}-\overline{X})^2}{m(n-1)}} \quad 或 \quad S_r=\sqrt{\frac{\sum_{l=1}^{m}S_1^2}{m}} \tag{4-21}$$

式中 $S_r$——实验室内重复性标准偏差（重复性精密度）；

$m$——重复测量次数；

$X_{ij}$——第 $j$ 次重复测第 $i$ 个样品的测量值；

其余符号意义同前。

③ 各实验室平均值的标准偏差，用 $S_{\overline{X}_j}$ 表示，计算公式见式（4-22）：

$$S_{\overline{X}_j}=\sqrt{\frac{\sum_{j=1}^{p}(\overline{X}_j-\overline{X})^2}{p-1}} \tag{4-22}$$

式中 $S_{\overline{X}_j}$——实验室间平均值的标准偏差；

$\overline{X}_j$——第 $j$ 个实验室的平均值；

$\overline{X}$——所有实验室测量结果的总平均值；

$p$——实验室个数。

④ 实验室间的重现性精密度，标准偏差用 $S_R$ 表示，计算公式见式（4-23）：

$$S_R=\sqrt{S_{\overline{X}_i}^2+S_r^2\cdot\frac{n-1}{n}} \tag{4-23}$$

式中 $S_R$——实验室间重复性精密度；

$S_{\overline{X}_i}^2$——实验室间平均值标准偏差的平方；

$S_r^2$——实验室内重复性标准偏差的平方。

根据监测对精密度的要求选择相应的计算公式。

（7）相对标准偏差 RSD 计算公式见式（4-24）：

$$RSD(\%)=\frac{S}{X}\times100 \tag{4-24}$$

（8）误差 计算公式见式（4-25）：

$$误差=测定值-真值 \tag{4-25}$$

（9）相对误差 计算公式见式（4-26）：

$$相对误差(\%)=\frac{测定值-真值}{真值}\times100 \tag{4-26}$$

（10）方差（$S^2$） 计算公式见式（4-27）：

$$S^2=\frac{\sum_{i=1}^{n}(X_i-\overline{X})^2}{n-1} \tag{4-27}$$

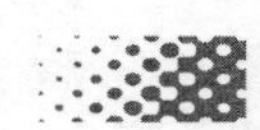

### （二）数理统计基础

1. 有关名词解释

（1）总体和个体

① 总体：又称母体，是指研究对象的全体或某项测定对象的全体。如测定某样品的全体测定值，就是一个总体。

② 个体：全体中的一个单位，称个体。测定某样品的全体测定中的每个测定，就是一个个体。

（2）样本和样本容量

① 样本：总体的一部分称为样本，是指从总体中随机抽取出有限个个体的集合。

② 样本容量：是样本所含个体的数目。

（3）统计量　样本的函数称为统计量。如常用的样本 $\overline{X}$、方差 $S^2$、标准偏差；相对标准偏差、极差等。

2. 正态分布

在分析测试中，测量值和测定误差都是随机变量，它遵从一定的概率分布。若有 $n$ 个测定值 $x_1$，$x_2$，…，$x_n$，当 $n$ 足够大时，这几个测定值通常表现为正态分布，其分布曲线可以用正态概率密度函数来表示。

$$f(x)=\frac{1}{\sigma\sqrt{2\pi}}\mathrm{e}^{-(x-\mu)^2/2\sigma^2} \tag{4-28}$$

或表示为：

$$f(x)=\frac{1}{\sigma\sqrt{2\pi}}\exp\left[-\frac{(x-\mu)^2}{2\sigma^2}\right] \tag{4-29}$$

式中　$x$——该分布中随机抽取的样本值；

$\mu$——正态分布的总体均值，即期望值；

$\sigma$——正态分布的总体标准偏差。

测量中随机误差的分布与测量值的分布一样，也遵从正态分布函数。

正态分布可以用两个参数来描述，就是算术平均值 $\overline{x}$ 和标准偏差 $\sigma$，平均值定出了分布的中心，标准偏差表示了数据的分布情况，所以若知道了某一正态分布的均值 $\overline{x}$ 和标准偏差 $\sigma$，这一正态分布就可以完全确定。正态分布曲线见图 4-13。

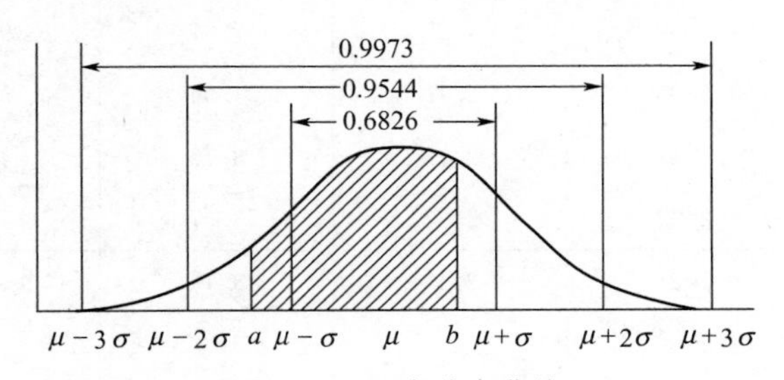


图 4-13　正态分布曲线

经计算得到：在正态分布中，样本分布 68.26%在 $\overline{x}\pm\sigma$ 的范围内，95.44%在 $\overline{x}\pm2\sigma$ 的范围内，99.73%在 $\overline{x}\pm3\sigma$ 的范围内。

3．$t$ 分布

在分析测试中，通常测量次数 $n$ 比较少，可能只有 3～5 次，属于小样本的测试，$t$ 分布就是小样本测试数值和随机误差的分布规律。它是与正态分布相似的一种统计分布。$t$ 是一个统计量，定义为：

$$t=\frac{\overline{x}-\mu}{S_{\overline{x}}}=\frac{\overline{x}-\mu}{S_x/\sqrt{n}} \tag{4-30}$$

$$S_{\overline{x}}=\frac{S_x}{\sqrt{n}} \tag{4-31}$$

式中　$\overline{x}$——样本平均值；

　　$\mu$——样本真值；

　　$S_{\overline{x}}$——样平均值的标准偏差；

　　$S_x$——单次测量值的标准偏差。

$t$ 分布的概率密度函数 $f(t)$ 曲线见图 4-14。$t$ 分布可以用 $t$ 和 $f$（自由度）来描述，$t$ 分布临界值见表 4-7。

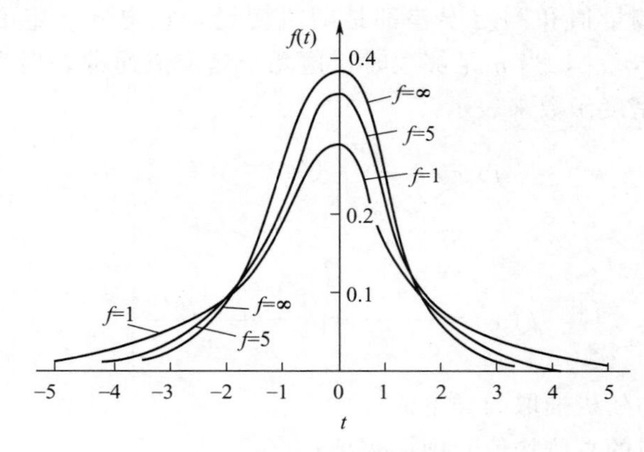


图 4-14　$t$ 分布曲线

**表 4-7　$t$ 分布临界值表（双侧）**

| $f$ | $\alpha$ | | | | |
|---|---|---|---|---|---|
| | 0.10 | 0.05 | 0.02 | 0.01 | 0.001 |
| 1 | 6.31 | 12.71 | 31.82 | 63.66 | 636.62 |
| 2 | 2.92 | 4.30 | 6.97 | 9.93 | 31.60 |
| 3 | 2.35 | 3.18 | 4.54 | 5.84 | 12.94 |
| 4 | 2.13 | 2.78 | 3.75 | 4.80 | 8.61 |
| 5 | 2.02 | 2.57 | 3.37 | 4.03 | 6.86 |
| 6 | 1.94 | 2.45 | 3.14 | 3.71 | 5.96 |
| 7 | 1.90 | 2.37 | 3.30 | 3.50 | 5.41 |
| 8 | 1.86 | 2.31 | 2.90 | 3.36 | 5.04 |
| 9 | 1.83 | 2.26 | 2.82 | 3.25 | 4.78 |
| 10 | 1.81 | 2.23 | 2.76 | 3.17 | 4.59 |

续表

| $f$ | $\alpha$ | | | | |
|---|---|---|---|---|---|
| | 0.10 | 0.05 | 0.02 | 0.01 | 0.001 |
| 11 | 1.80 | 2.20 | 2.72 | 3.11 | 4.44 |
| 12 | 2.78 | 2.18 | 2.68 | 3.06 | 4.32 |
| 13 | 1.77 | 2.16 | 2.85 | 3.01 | 4.22 |
| 14 | 1.78 | 2.15 | 2.82 | 2.98 | 4.14 |
| 15 | 1.75 | 2.13 | 2.80 | 2.95 | 4.07 |
| 16 | 1.75 | 2.12 | 2.58 | 2.92 | 4.02 |
| 17 | 1.74 | 2.11 | 2.57 | 2.90 | 3.97 |
| 18 | 1.73 | 2.10 | 2.55 | 2.88 | 3.92 |
| 19 | 1.73 | 2.09 | 2.54 | 2.86 | 3.88 |
| 20 | 1.73 | 2.09 | 2.53 | 2.85 | 3.85 |
| 21 | 1.72 | 2.08 | 2.52 | 2.83 | 3.82 |
| 22 | 1.72 | 2.07 | 2.51 | 2.82 | 3.79 |
| 23 | 1.71 | 2.07 | 2.50 | 2.81 | 3.77 |
| 24 | 1.71 | 2.06 | 2.49 | 2.80 | 3.75 |
| 25 | 1.71 | 2.06 | 2.48 | 2.79 | 3.73 |
| 26 | 1.71 | 2.06 | 2.48 | 2.78 | 3.71 |
| 27 | 1.70 | 2.05 | 2.47 | 2.77 | 3.69 |
| 28 | 1.70 | 2.05 | 2.47 | 2.76 | 3.67 |
| 29 | 1.70 | 2.04 | 2.46 | 2.77 | 3.66 |
| 30 | 1.70 | 2.04 | 2.46 | 2.75 | 3.65 |
| 40 | 1.68 | 2.02 | 2.42 | 2.70 | 3.55 |
| 60 | 1.67 | 2.00 | 2.39 | 2.66 | 3.46 |
| 120 | 1.66 | 1.98 | 2.36 | 2.62 | 3.37 |
| ∞ | 1.64 | 1.96 | 2.33 | 2.58 | 3.29 |

$t$ 分布曲线形状与正态分布相似，随着 $f$ 增大，$t$ 分布曲线接近正态分布曲线，与 $f\to\infty$ 时，二者是严格一致的。所以小样本的数据统计处理可以按正态分布进行。由式（4-30）可以得到式（4-32），它表示了总体平均值 $\overline{x}$ 的置信区间：

$$\overline{x}-t\frac{S_x}{\sqrt{n}}\leqslant\mu\leqslant\overline{x}+t\frac{S_x}{\sqrt{n}} \tag{4-32}$$

$t$ 值取决于约定显著水平 $\alpha$（置信度为 $1-\alpha$）和样本的容量 $n$。$t_\alpha\cdot f$ 临界值可由表 4-7 查得。

4. $F$ 分布

两个独立的随机样本分别来自两个独立的总体，如第一个样本（$x_1$，$x_2$，…，$x_n$）为总体 $N(\mu_1, \sigma_1^2)$ 的一个随机样本，而第二个样本（$x_1$，$x_2$，…，$x_n$）为总体 $N(\mu_2, \sigma_2^2)$ 的一个随机样本。它们的方差分别为 $S_1^2$ 和 $S_2^2$，则统计量 $F$ 为

$$F=\frac{S_1^2}{S_2^2} \tag{4-33}$$

$f(F)$ 分析概率密度数曲线是不对称的，它取决于 $F$ 值和在计算两个样本方差 $S_1^2$ 和 $S_2^2$ 时的自由度 $f_1$ 和 $f_2$。

$F$ 分布是检验两个或两个以上均数差别的显著性方法。$F$ 检验即是方差检验，两个均数间差异可以用 $t$ 检验，也可以用 $F$ 检验，但检验两个以上均数差别是否具有显著性

的只能用 $F$ 检验。利用 $F$ 分布表查出相应的概率，用 $F_{(0.05, f_1, f_2)}$ 和 $F_{(0.01, f_1, f_2)}$ 值为显著性界限。$F$ 分布见表 4-5。

### （三）数据统计检验

1. 离群数据的检验

在实验中，一定条件下重复测定所得的一组数据具有一定的分散性，这种分散性反映了随机误差的大小，但是可以认为这一组数据是来自同一正态的总体。当然，也无法排除实验中由于各种因素的改变而产生系统误差的可能，后者显然不来源于前者的同一总体，结果产生了离群数据，或称为异常值。为了进行离群数据的检查，首先要确定判断离群值的准则，然后再选择合适的统计检验方法。

（1）判断离群值的准则　确定一个合理的显著性水平或概率水平为 1%或 5%。

① 如果统计量的计算值≤5%的临界值，被检验的数据称为统计上不显著，不属于离群数据，应该保留。

② 如果统计量的计算值>5%的临界值，而同时又≤1%临界值，被检验数据称为偏离值；对偏离值，除非产生原因很清楚，一般不予以剔除。

③ 如果统计量的计算值>1%的临界值，被检验数据称为离群值，应剔除。

以上 1%和 5%均为显著性水平。

（2）检验离群值的方法　离群值的检验方法较多，如拉依达（Pauta）方法、肖维勒（Chauvent）方法、偏度峰度法、格拉布斯（Grubbs）法、狄克逊（Dixon）法、$t$ 检验法和 Cochran 法等。这里介绍 3 个常用的、被公认为是较好的方法，即 Grubbs 法、Dixon 法和 $t$ 检验法。

① Grubbs 法。Grubbs 采用的统计量为：

$$G=\frac{|x_d-\overline{x}|}{s} \tag{4-34}$$

式中　$x_d$——可能的离群值，一般为同一组数据中的最大值（$X_{max}$）或最小值（$X_{min}$）；

$\overline{x}$——所有被检数据的平均值；

$s$——包括可疑值在内的数据标准偏差。

根据样本容量 $n$ 值及确定的显著性水平 $\alpha$（一般取 0.01 或 0.05），查 Grubbs 检验临界值表（表 4-8），得到临界值 $G_{(\alpha,n)}$，比较计算值 $G$ 与表中查得的 $G_{(\alpha,n)}$，进行判断。若 $G \geqslant G_{(\alpha,n)}$，则 $x_d$ 为异常值舍去；若 $G < G_{(\alpha,n)}$，则 $x_d$ 不是异常值，应保留。

表 4-8　Grubbs 检验临界值表

| $n$ | $\alpha$ | | $n$ | $\alpha$ | | $n$ | $\alpha$ | |
|---|---|---|---|---|---|---|---|---|
| | 0.01 | 0.05 | | 0.01 | 0.05 | | 0.01 | 0.05 |
| 3 | 1.15 | 1.15 | 12 | 2.55 | 2.29 | 21 | 2.91 | 2.58 |
| 4 | 1.49 | 1.46 | 13 | 2.61 | 2.33 | 22 | 2.94 | 2.60 |
| 5 | 1.75 | 1.67 | 14 | 2.66 | 2.37 | 23 | 2.96 | 2.62 |
| 6 | 1.94 | 1.82 | 15 | 2.70 | 2.41 | 24 | 2.99 | 2.64 |
| 7 | 2.10 | 1.94 | 16 | 2.74 | 2.44 | 25 | 3.01 | 2.66 |
| 8 | 2.22 | 2.03 | 17 | 2.78 | 2.47 | 30 | 3.10 | 2.74 |
| 9 | 2.32 | 2.11 | 18 | 2.82 | 2.50 | 35 | 3.18 | 2.81 |
| 10 | 2.41 | 2.18 | 19 | 2.85 | 2.53 | 40 | 3.24 | 2.87 |
| 11 | 2.48 | 2.24 | 20 | 2.88 | 2.56 | 50 | 3.34 | 2.96 |

② Dixon 法。Dixon 法是应用极差比方法，经过简化而可得到严密的结果。为了提高判断效率，不同的测定次数应用不同的极差比。

具体步骤如下。

第一步：将样本值在 $n$ 次测量中按数值的大小顺序排列为 $x_1 \leqslant x_2 \leqslant \cdots \leqslant x_n$，设 $x_1$ 或 $x_n$ 可能是离群值。

第二步：计算离群值与最邻近数据的差值，除以全组数据的极差，其商为 $D$ 值。按式（4-35）计算 $D$ 值：

$$D=\frac{x_2-x_1}{x_n-x_1} \quad 或 \quad D=\frac{x_n-x_{n-1}}{x_n-x_1} \tag{4-35}$$

第三步：比较计算的 $D$ 值与 $D_{临界值}$，若计算的 $D$ 值 $\geqslant D_{临界值}$，则表明 $x_1$ 或 $x_n$ 是离群值，应弃去；反之，就保留此数据。临界值可以查 Dixon 检验法临界值表（见表 4-9）。

**表 4-9 Dixon 检验法临界值表**

| $n$ | 统计量 | $\alpha$ | | | |
|---|---|---|---|---|---|
| | | 0.10 | 0.05 | 0.01 | 0.005 |
| 3 | $D_{10}=\frac{x_n-x_{n-1}}{x_n-x_1}$ 或 $D_{10}=\frac{x_2-x_1}{x_n-x_1}$ | 0.886 | 0.941 | 0.988 | 0.994 |
| 4 | | 0.679 | 0.765 | 0.889 | 0.926 |
| 5 | | 0.557 | 0.642 | 0.780 | 0.821 |
| 6 | | 0.482 | 0.560 | 0.698 | 0.740 |
| 7 | | 0.434 | 0.507 | 0.637 | 0.680 |
| 8 | $D_{11}=\frac{x_n-x_{n-1}}{x_n-x_2}$ 或 $D_{11}=\frac{x_2-x_1}{x_{n-1}-x_1}$ | 0.479 | 0.554 | 0.683 | 0.725 |
| 9 | | 0.441 | 0.512 | 0.635 | 0.677 |
| 10 | | 0.409 | 0.477 | 0.597 | 0.639 |
| 11 | $D_{21}=\frac{x_n-x_{n-2}}{x_n-x_2}$ 或 $D_{21}=\frac{x_3-x_1}{x_{n-1}-x_1}$ | 0.517 | 0.576 | 0.679 | 0.713 |
| 12 | | 0.490 | 0.546 | 0.642 | 0.675 |
| 13 | | 0.467 | 0.521 | 0.615 | 0.649 |
| 14 | $D_{22}=\frac{x_n-x_{n-2}}{x_n-x_3}$ 或 $D_{22}=\frac{x_3-x_1}{x_{n-2}-x_1}$ | 0.492 | 0.546 | 0.641 | 0.674 |
| 15 | | 0.472 | 0.525 | 0.616 | 0.647 |
| 16 | | 0.454 | 0.507 | 0.595 | 0.624 |
| 17 | | 0.438 | 0.490 | 0.577 | 0.605 |
| 18 | | 0.424 | 0.475 | 0.561 | 0.589 |
| 19 | | 0.412 | 0.462 | 0.547 | 0.575 |
| 20 | | 0.401 | 0.450 | 0.535 | 0.562 |
| 21 | | 0.391 | 0.440 | 0.524 | 0.551 |
| 22 | | 0.382 | 0.430 | 0.514 | 0.541 |
| 23 | | 0.374 | 0.421 | 0.505 | 0.532 |
| 24 | | 0.367 | 0.413 | 0.497 | 0.524 |
| 25 | | 0.360 | 0.406 | 0.489 | 0.516 |
| 26 | | 0.354 | 0.399 | 0.486 | 0.508 |
| 27 | | 0.348 | 0.393 | 0.475 | 0.501 |
| 28 | | 0.342 | 0.387 | 0.469 | 0.495 |
| 29 | | 0.337 | 0.381 | 0.463 | 0.489 |
| 30 | | 0.332 | 0.376 | 0.457 | 0.483 |

不同的测定次数应用不同的极差比，其计算 $D$ 值公式如下：

当 $3 \leqslant n \leqslant 7$ 时，

$$D=\frac{x_n-x_{n-1}}{x_n-x_1}\quad \text{怀疑最大值}$$

$$D=\frac{x_2-x_1}{x_n-x_1}\quad \text{怀疑最小值}$$

当 $8\leqslant n\leqslant 10$ 时，

$$D=\frac{x_n-x_{n-1}}{x_n-x_2}\quad \text{怀疑最大值}$$

$$D=\frac{x_2-x_1}{x_{n-1}-x_1}\quad \text{怀疑最小值}$$

当 $11\leqslant n\leqslant 13$ 时，

$$D=\frac{x_n-x_{n-2}}{x_n-x_2}\quad \text{怀疑最大值}$$

$$D=\frac{x_3-x_1}{x_{n-1}-x_3}\quad \text{怀疑最小值}$$

当 $14\leqslant n\leqslant 25$ 时，

$$D=\frac{x_n-x_{n-2}}{x_n-x_3}\quad \text{怀疑最大值}$$

$$D=\frac{x_3-x_1}{x_{n-2}-x_1}\quad \text{怀疑最小值}$$

③ $t$ 检验法。$t$ 检验法采用的统计量 $t$ 为：

$$t=\frac{|x_d-\overline{x}|}{S} \tag{4-36}$$

式中　$x_d$——怀疑的离群值；

$\overline{x}$——不包括离群值在内的（$n-1$）测定值的平均值；

$S$——不包括离群值的测定值的标准偏差。

检验步骤：第一步是将怀疑是离群值的数据代入式（4-36）中，计算 $t$ 值；

第二步是确定显著性水平 $\alpha$ 与测定次数 $n$，查 $t$ 检验的临界值 $T_{\alpha,n}$ 表（表 4-10）；

第三步为判断，若 $t_{计算值}\geqslant t_{临界值}$，则将 $x_d$ 作为异常值弃去；若 $t_{计算值}<t_{临界值}$，则 $x_d$ 应保留。

**表 4-10　$t$ 检验的临界值表 $T_{\alpha,n}$**

| $n$ | $\alpha$ | | $n$ | $\alpha$ | | $n$ | $\alpha$ | |
|---|---|---|---|---|---|---|---|---|
| | 0.01 | 0.05 | | 0.01 | 0.05 | | 0.01 | 0.05 |
| 4 | 11.46 | 4.97 | 13 | 3.23 | 2.29 | 22 | 2.91 | 2.14 |
| 5 | 6.53 | 3.56 | 14 | 3.17 | 2.26 | 23 | 2.90 | 2.13 |
| 6 | 5.04 | 3.04 | 15 | 3.12 | 2.24 | 24 | 2.88 | 2.12 |
| 7 | 4.36 | 2.78 | 16 | 3.08 | 2.22 | 25 | 2.86 | 2.11 |
| 8 | 3.96 | 2.62 | 17 | 3.04 | 2.20 | 26 | 2.85 | 2.10 |
| 9 | 3.71 | 2.51 | 18 | 3.01 | 2.18 | 27 | 2.84 | 2.10 |
| 10 | 3.54 | 2.43 | 19 | 2.98 | 2.17 | 28 | 2.83 | 2.09 |
| 11 | 3.41 | 2.37 | 20 | 2.95 | 2.16 | 29 | 2.82 | 2.09 |
| 12 | 3.31 | 2.33 | 21 | 2.93 | 2.15 | 30 | 2.81 | 2.08 |

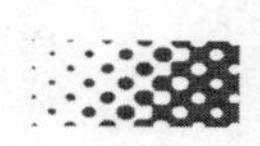

上述介绍的 Grubbs 法、Dixon 法和 $t$ 检验法是比较严格的统计方法，在要求较精密的实验中，可以选用其中两种方法加以判别，以便合理地剔除异常值而保留正确值。剔除的异常值应是少量的和个别的测量值，否则应从实验上寻找原因。以上 3 种方法既可以作为实验室内平均值的异常值检验，又可以作为各实验室间的平均值的异常值检验。

（3）检验离群值（异常值）注意事项

① 在检验异常值之前，首先核查测量数据，若有的数据明显是由于某种过失，如溶样时样品溅出、污染原因造成异常或测定时由于仪器不正常引起的异常，事先应将其舍去，再进行统计检验。

② 因为检验异常值的统计方法均适用于来自正态分布总体的样本，所以必须首先检查确定总体是正态分布时才能使用，在分析实验中，一般情况下所测量的数据及随机误差属于正态分布的，若样本来自对数正态分布总体，应先将数据取对数，然后用对数样本进行检验。

③ 以上 3 种检验法中，Grubbs 法、$t$ 检验法大小样本都适用，Dixon 法仅适用于容量不大于 25 的样本。

④ 在用统计检验法剔除异常值时，应注意异常值可能不止一个，应逐个判断，逐个剔除。判断从最大值开始，若是异常值，剔除后再次判断最大值，直到所判断的不是异常值为止。

⑤ 经判断确定异常后，通常的做法是不要轻易地舍去，首先应检验实验过程是否存在问题，为稳妥起见，分析人员应对其重新测量，必要时从称样开始严格地进行每一步实验，复查这个数据。若结果与前面相同，仍为异常，则排除实验因素，进一步考核采样及运输过程是否有污染的因素，必要时重新采样，再次测量，以做最后的判断。

（4）实验室间的离群值检验　不同的实验室对同一个试样测定，得到不同的平均值，通过统计检验的方法来判断实验室间是否存在离群值，当然，这个离群值就不是个别数据的离群，而是一组数据的离群。判断方法如下。

① 第一步：将 $m$ 个实验室对同一试样测定得到 $m$ 个平均值将其按大小顺序排列

$$\overline{x}_1<\overline{x}_2<\cdots<\overline{x}_m$$

② 第二步：对最小平均值 $\overline{x}_1$ 和最大平均值 $\overline{x}_m$ 怀疑是否离群进行检验，按式（4-37）计算统计量

$$T_1=\frac{\overline{\overline{x}}-\overline{x}_1}{S_{\overline{x}}}\quad 或\quad T_m=\frac{\overline{x}_m-\overline{\overline{x}}}{S_{\overline{x}}} \tag{4-37}$$

式中　$\overline{x}_1$、$\overline{x}_m$——第 1 个实验室和第 $m$ 个实验室测量数据的平均值；

$\overline{\overline{x}}$——$m$ 个实验室的总平均值；

$S_{\overline{x}}$——$m$ 个实验室间平均值的标准差。

若测量次效相同，均为 $n$ 次，实验室间单次测定的标准偏差为

$$\overline{S}=\sqrt{\frac{1}{m(n-1)}\sum_{i=1}^{m}\sum_{j=1}^{m}(x_{ij}-\overline{x}_i)^2} \tag{4-38}$$

若测定次数不相同（$n_1\neq n_2\neq\cdots\neq n_m$），则

$$\overline{S}=\sqrt{\frac{\sum_{i=1}^{m}(n_i-1)S_i^2}{\sum_{i=1}^{m}n_i-m}} \tag{4-39}$$

式中 $S_i$——第 $i$ 个实验室单次测量的标准偏差。

实验室间平均值测定的标准偏差为

$$S_{\overline{x}}=\frac{\overline{S}}{\sqrt{m}} \tag{4-40}$$

③ 第三步：判断，比较由式（4-37）计算的统计量 $T$ 值和从表 4-11 中查得的相应显著水平 $\alpha$ 和 $m$ 下的临界值，若 $T_1>T_{\alpha,m}$ 或 $T_m>T_{\alpha,m}$，则 $\overline{x}_1$ 或 $\overline{x}_m$ 与其他实验室平均值之间有显著差异，应剔除第 1 个实验室或第 $m$ 个实验室的一组数据；反之，则应保留。

**表 4-11 实验室间离群值检验临界值表**

| $f$ | 被检验的测定值的数目 $m$ | | | | | | | | | 被检验的测定值的数目 $m$ | | | | | | | | |
|---|---|---|---|---|---|---|---|---|---|---|---|---|---|---|---|---|---|---|
| | $\alpha=0.01$ | | | | | | | | | $\alpha=0.05$ | | | | | | | | |
| | 3 | 4 | 5 | 6 | 7 | 8 | 9 | 10 | 12 | 3 | 4 | 5 | 6 | 7 | 8 | 9 | 10 | 12 |
| 10 | 2.78 | 3.10 | 3.32 | 3.48 | 3.62 | 3.73 | 3.82 | 3.90 | 4.04 | 2.01 | 2.27 | 2.46 | 2.60 | 2.72 | 2.81 | 2.89 | 2.96 | 3.08 |
| 11 | 2.72 | 3.02 | 3.24 | 3.39 | 3.52 | 3.63 | 3.72 | 3.79 | 3.93 | 1.98 | 2.24 | 2.42 | 2.56 | 2.67 | 2.76 | 2.84 | 2.91 | 3.03 |
| 12 | 2.67 | 2.96 | 3.17 | 3.32 | 3.45 | 3.55 | 3.64 | 3.71 | 3.84 | 1.96 | 2.21 | 2.39 | 2.52 | 2.63 | 2.72 | 2.80 | 2.87 | 2.98 |
| 13 | 2.63 | 2.92 | 3.12 | 3.27 | 3.38 | 3.48 | 3.57 | 3.64 | 3.76 | 1.94 | 2.19 | 2.36 | 2.50 | 2.60 | 2.69 | 2.76 | 2.83 | 2.94 |
| 14 | 2.60 | 2.88 | 3.07 | 3.22 | 3.33 | 3.43 | 3.51 | 3.58 | 3.70 | 1.93 | 2.17 | 2.34 | 2.47 | 2.57 | 2.66 | 2.74 | 2.80 | 2.91 |
| 15 | 2.57 | 2.84 | 3.03 | 3.17 | 3.29 | 3.38 | 3.46 | 3.53 | 3.65 | 1.91 | 2.15 | 2.32 | 2.45 | 2.55 | 2.64 | 2.71 | 2.77 | 2.88 |
| 16 | 2.54 | 2.81 | 3.00 | 3.14 | 3.25 | 3.34 | 3.42 | 3.49 | 3.60 | 1.90 | 2.14 | 2.31 | 2.43 | 2.53 | 2.62 | 2.69 | 2.75 | 2.86 |
| 17 | 2.52 | 2.79 | 2.97 | 3.11 | 3.22 | 3.31 | 3.38 | 3.45 | 3.56 | 1.89 | 2.13 | 2.29 | 2.42 | 2.52 | 2.60 | 2.67 | 2.73 | 2.84 |
| 18 | 2.50 | 2.77 | 2.95 | 3.08 | 3.19 | 3.28 | 3.35 | 3.42 | 3.53 | 1.88 | 2.11 | 2.28 | 2.40 | 2.50 | 2.58 | 2.65 | 2.71 | 2.82 |
| 19 | 2.49 | 2.75 | 2.93 | 3.06 | 3.16 | 3.25 | 3.33 | 3.39 | 3.50 | 1.87 | 2.11 | 2.27 | 2.39 | 2.49 | 2.57 | 2.64 | 2.70 | 2.80 |
| 20 | 2.47 | 2.73 | 2.91 | 3.04 | 3.14 | 3.23 | 3.30 | 3.37 | 3.47 | 1.87 | 2.10 | 2.26 | 2.38 | 2.47 | 2.56 | 2.63 | 2.68 | 2.78 |
| 24 | 2.42 | 2.68 | 2.84 | 2.97 | 3.07 | 3.16 | 3.23 | 3.29 | 3.38 | 1.84 | 2.07 | 2.23 | 2.34 | 2.44 | 2.52 | 2.58 | 2.64 | 2.74 |
| 30 | 2.38 | 2.62 | 2.79 | 2.91 | 3.01 | 3.08 | 3.15 | 3.21 | 3.30 | 1.82 | 2.04 | 2.20 | 2.31 | 2.40 | 2.48 | 2.54 | 2.60 | 2.69 |
| 40 | 2.34 | 2.57 | 2.73 | 2.85 | 2.94 | 3.02 | 3.08 | 3.13 | 3.22 | 1.80 | 2.02 | 2.17 | 2.28 | 2.37 | 2.44 | 2.50 | 2.56 | 2.65 |
| 60 | 2.29 | 2.52 | 2.68 | 2.79 | 2.88 | 2.95 | 3.01 | 3.06 | 3.15 | 1.78 | 1.99 | 2.14 | 2.25 | 2.33 | 2.41 | 2.47 | 2.52 | 2.61 |
| 120 | 2.25 | 2.48 | 2.62 | 2.73 | 2.82 | 2.89 | 2.95 | 3.00 | 3.08 | 1.76 | 1.96 | 2.11 | 2.22 | 2.30 | 2.37 | 2.43 | 2.48 | 2.57 |
| ∞ | 2.22 | 2.43 | 2.57 | 2.68 | 2.76 | 2.83 | 2.88 | 2.93 | 3.01 | 1.74 | 1.94 | 2.08 | 2.18 | 2.27 | 2.33 | 2.39 | 2.44 | 2.52 |

2. $t$ 检验法

在分析实验中，一般只进行少数的几次测定，是小样本实验，适用于小样本的统计方法。$t$ 分布规律是小样本的统计规律，当大样本为正态总体时小样本的 $t$ 分布也属于正态分布，可以计算样本数据的平均值 $\overline{x}$ 和样本的标准偏差 $S$，使用统计量 $t$ 来进行平均值是否存在显著差异的检验。$t$ 检验可以判断在有限次的测定中，两种方法、两个实验室或两个分析人员测定值是否存在显著性差异。通过计算统计量 $t$ 值，与相应的 $t_{\alpha,f}$ 临界值比较，即可做出判断。

为了检验一个新的分析方法是否存在系统误差，可以用已知含量的标准样品进行对照

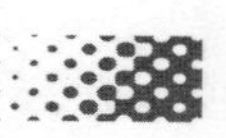

分析，也可以应用国家规定的标准方法或应用经典的公认的测定方法进行对照实验。如果两者之间存在统计上的差异，就说明新方法有系统误差；否则，说明新方法的误差属于偶然误差，或称随机误差，新方法可靠。在实际工作中，如果测定数据精度高，两个平均值相差又比较大，这种情况容易判断。若有时两组数据本身不是很精密，但两个平均值又相差不大，这种情况借助经验是不易判断的，借助于统计量 $t$ 即可以解决。

（1）已知标准值的 $t$ 检验　如果已知标准值，或者由其他方法可以得到一个“真值”的结果，去检验一个新方法的平均值，这实际上是用标准试样法检验样本的平均值。标准样品的值视为真值（$\mu$），用新方法测定标样 $n$ 次，从样本值计算平均值（$\overline{x}$）和标准偏差（$S$），用 $t$ 统计量式（4-30）来检验样本 $\overline{x}$ 和标样真值（$\mu$）是否存在统计学上的差异。

$t$ 检验步骤如下：a. 根据样本值，计算平均值 $\overline{x}$ 和标准偏差 $S$；b. 根据式（4-30）计算统计量 $t$ 值；c. 根据给定的显著性水平 $\alpha$ 和测定次数 $n$，查表 4-7，得到 $t_{\alpha,f}$ 临界值；d. 比较计算的 $t$ 值与 $t_{\alpha,f}$ 临界值的大小；e. $|t|>t_{\alpha,f}$ 为有显著性差异；$|t|<t_{\alpha,f}$ 为无显著性差异。

给定的显著性水平 $\alpha$ 值为 0.05 和 0.01 两个界限，作为 $t$ 检验的两个显著性界限值，在统计中经常使用。

**【例 4-1】**　用某种方法测定分析纯氯化钠中氯的百分含量。10 次测定结果为：60.64，60.63，60.67，60.66，60.70；60.71，60.75，60.70，60.61，60.70；并且已知“真值”为 60.66%，问这种方法是否可靠？

**解：** 根据样本计算 $\overline{x}=60.68\%$，标准偏差 $S=0.044$，代入 $t$ 公式中，则 $t=(60.68-60.66)\cdot\dfrac{\sqrt{10}}{0.044}=1.43$。

查 $t$ 分布表（表 4-7），当显著性水平 $\alpha$ 为 0.05、自由度 $f=10-1=9$ 时，查得 $t_{0.05,9}=2.26$，由于 $t_{计算值}=1.43$，$t_{临界值}=2.36$，$1.43<2.26$，判断出样本的平均值 $\overline{x}$ 与“真值”含量之间没有显著性差异，故认为这种测定方法可靠。

（2）两个平均值之间的 $t$ 检验　判断两种方法、两个实验室或两个分析人员测定值是否存在显著性差异，使用的统计量为

$$t=\frac{\overline{x}_1-\overline{x}_2}{S_p}\sqrt{\frac{n_1n_2}{n_1+n_2}} \tag{4-41}$$

$$S_p=\sqrt{\frac{\sum\limits_{i=1}^{n_1}(x_{1i}-\overline{x}_1)^2+\sum\limits_{i=1}^{n_2}(x_{2i}-\overline{x}_2)^2}{n_1+n_2-2}} \tag{4-42}$$

式中　$S_p$——两个样本的组合偏差或合并标准差；

$\overline{x}_1$、$\overline{x}_2$——两个样本的各自平均值；

$x_{1i}$、$x_{2i}$——每组数据的个别值；

$n_1$、$n_2$——每组的测量次数。

自由度 $f=n_1+n_2-2$。

也可用式（4-43）计算 $t$。

$$t=\frac{\overline{x}_1-\overline{x}_2}{\sqrt{\overline{S}^2\left(\dfrac{1}{n_1}+\dfrac{1}{n_2}\right)}} \tag{4-43}$$

$$\overline{s}^2=\frac{(n_1-1)S_1^2+(n_2-1)S_2^2}{n_1+n_2-2} \tag{4-44}$$

式中 $\overline{s}^2$——合并样本的方差；

$S_1^2$、$S_2^2$——两个样本的方差。

**【例 4-2】** 在一次实验中，用等离子体-质谱法（ICP-MS）和火焰原子吸收法（FAAS），测定同一个土壤样品的锌含量（μg/g），两组数据如下。

FAAS 法：93.08，91.36，91.60，91.79，92.80，91.03，91.91

ICP-MS 法：93.95，93.42，92.20，92.46，92.73，94.31，92.94，93.66，92.05

试用 $t$ 检验法确定 ICP-MS 法是否存在系统误差。

**解：**

$$\overline{x}_1=93.08,\qquad \overline{x}_2=92.08$$

$$S_p=0.80$$

$$t=\frac{\overline{x}_1-\overline{x}_2}{S_p}\sqrt{\frac{n_1n_2}{n_1+n_2}}=\frac{93.08-92.08}{0.80}\sqrt{\frac{9\times7}{9+7}}=2.48$$

$$f=(n_1+n_2-2)=14$$

查表 4-7，当显著性水平 $\alpha$ 为 0.05、$f$ 为 14 时，$t$ 临界值 $t_{0.05,14}=2.15$，判断出 $t_{计算值}>t_{临界值}$ [$t_{计算值}=2.48$，$t_{0.05,14}=2.15$]，所以两种方法之间有显著性差异，即 ICP-MS 法在这次测定中有系统误差。

（3）具有多个试样的 $t$ 检验　有时通过分析成分稍有变化的几个不同试样，与某种公认的方法相对照来试验一个新方法，或者比较两个实验室采用相同方法对 $n$ 个试样的测量结果，常采用配对比较的方法，配对的特点就是数据要成对，配对试验 $t$ 检验法所用的统计量是

$$t=\frac{\overline{D}}{S_d}\sqrt{n} \tag{4-45}$$

$$S_d=\sqrt{\frac{\sum_{i=1}^{n}(D_i-\overline{D})^2}{n-1}} \tag{4-46}$$

式中 $\overline{D}$——所有数据配对差的平均值；

$S_d$——配对测定之差的标准偏差；

$D_i$——两个实验室（或两种方法）对每个试样测量结果的配对差（考虑正、负值）。

**【例 4-3】** 利用氢化物发生-原子荧光光谱法测定土壤中砷的含量，比较两个实验室的测定结果是否有显著性差异（见表 4-12）。

**表 4-12　配对数据**

| 土壤样品编号 | 实验室 A | 实验室 B | $D_i$(配对差) | $(D_i-\overline{D})$ | $(D_i-\overline{D})^2$ |
|---|---|---|---|---|---|
| 1 | 14.6 | 13.8 | 0.8 | −0.15 | 0.02 |
| 2 | 12.1 | 12.5 | −0.4 | −1.35 | 1.82 |
| 3 | 13.4 | 11.6 | 1.8 | 0.85 | 0.72 |
| 4 | 14.0 | 12.0 | 2.0 | 1.05 | 1.10 |
| 5 | 11.5 | 10.8 | 0.7 | −0.25 | 0.06 |
| 6 | 14.4 | 13.6 | 0.8 | −0.15 | 0.02 |

 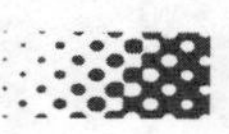

**解：**

$$\sum_{i=1}^{6}(D_i-\overline{D})^2=3.74 \qquad \overline{D}=0.95$$

$$S_d=\sqrt{\frac{3.74}{5}}=0.865$$

$$t=\frac{0.95}{0.865}\sqrt{6}=2.69$$

查表 4-7，当显著性水平 $\alpha$ 为 0.05、$f=n-1=5$ 时，$t_{0.05,5}=2.57$；判断 $t_{计算值}>t_{临界值}$（$t_{计算值}=2.69$，$t_{临界值}=2.57$），所以可以判断两个实验室的测量结果存在着显著性差异。

（4）$t$ 检验注意事项　$t$ 检验主要是以小样本的资料为基础，即在测定次数 $n$ 较小的情况下使用，其前提是总体为正态分布，而且被比较各组的方差相同。在实际应用上是有偏差的，但两样本的方差不能相差太大，如果 $S_1^2$ 和 $S_2^2$ 相差较大，则需要先检验两组的方差的差别是否有显著性，如差别有显著性，需将 $t$ 检验校正为 $t'$，来代替 $t$ 检验。

两样本方差的差别是否有显著性，可用 $F$ 检验：

$$F=\frac{S_{大}^2}{S_{小}^2} \tag{4-47}$$

式中　$S_{小}^2$、$S_{大}^2$——两样本中较小方差和较大方差。

计算 $F$ 值，查 $F$ 分布表，确定显著性水平 $\alpha$ 两样本的自由度（$n_1-1$，$n_2-1$）时的 $F_{临界值}$，比较 $F_{计算值}$ 与 $F_{临界值}$ 的大小，若 $F_{计算值}\leqslant F_{临界值}$，两方差间无显著性差异时，则 $t$ 检验可以使用；若 $F_{计算值}>F_{临界值}$，两方差有显著性差异时，不能使用 $t$ 检验，而用 $t'$ 检验。$t'$ 统计量为：

$$t'=\frac{|\overline{x}_1-\overline{x}_2|}{\sqrt{S_{\overline{x}_1}^2+S_{\overline{x}_2}^2}} \tag{4-48}$$

式中　$S_{\overline{x}_1}^2+S_{\overline{x}_2}^2$——两样本均数标准误方差。

用式（4-49）、式（4-50）计算近似的显著临界值：

$$t'_{0.05}=\frac{S_{\overline{x}_1}^2\cdot t_{0.05}(n'_1)+S_{\overline{x}_2}^2\cdot t_{0.05}(n'_2)}{S_{\overline{x}_1}^2+S_{\overline{x}_2}^2} \tag{4-49}$$

$$t'_{0.01}=\frac{S_{\overline{x}_1}^2\cdot t_{0.01}(n'_1)+S_{\overline{x}_2}^2\cdot t_{0.01}(n'_2)}{S_{\overline{x}_1}^2+S_{\overline{x}_2}^2} \tag{4-50}$$

然后将计算的 $t$ 值与 $t'_{0.05}$ 或 $t'_{0.01}$ 比较后进行判断。

3. $F$ 检验法

方差检验中，两个总体方差的检验即 $F$ 检验，它的统计量见式（4-51）：

$$F_{(f_1,f_2)}=\frac{S_1^2}{S_2^2} \tag{4-51}$$

式中　$S_1^2$、$S_2^2$——两个样本的方差，通常数值大的作分子，数值小的作分母；

$f_1$、$f_2$——自由度，其中 $f_1=n_1-1$、$f_2=n_2-1$。

$F$ 检验用来检验两个或两个以上均数之间是否存在显著性差异，即系统误差。

$F$ 检验步骤如下。

① 由样本值 $x_1$，$x_2$，…，$x_n$；$y_1$，$y_2$，…，$y_n$ 计算 $F$ 值：

$$F=\frac{S_1^2}{S_2^2}=\frac{\sum_{i=1}^{n_1}(x_i-\overline{x}_1)^2(n_2-1)}{\sum_{i=1}^{n_2}(x_i-\overline{y})^2(n_1-1)}[i=1,2,\cdots,n_1(\text{或 } n_2)] \tag{4-52}$$

② 在给定的显著性水平 $\alpha$ 和自由度 $f_1$、$f_2$ 下查 $F$ 分布表得到 $F$ 的临界值 $F_{(\alpha,f_1,f_2)}$。

③ 比较计算的 $F$ 值和查表的临界值 $F_{(\alpha,f_1,f_2)}$ 的大小。若 $F_{计算值} \geqslant F_{临界值}$，表示两个总体有显著性差异；若 $F_{计算值} < F_{临界值}$，则无显著性差异。

以上是两个总体的方差检验，也就是两个均数间的显著性检验，可以用 $t$ 检验，也可以用 $F$ 检验。当检验两个以上均数差别的显著性时，不能用 $t$ 检验，只能用方差检验。

对于多个方差的检验，可用 $F$ 检验法，检验一组方差中最大方差（$S^2_{max}$）和最小方差（$S^2_{min}$）。如果两者不存在显著性差异，则处于两者之间的方差也无显著性差异，因此，可以认为整组方差来源于同一个总体。如果 $S^2_{max}$ 和 $S^2_{min}$ 之间有显著性差异，则需要继续两两比较。

## 二、分析结果的表示和评价

1. 分析结果的单位和有效数字

（1）分析结果的单位　土壤和固体废弃物中重金属分析结果的含量以微克/克（μg/g）表示。高含量成分（>1000μg/g）的分析结果以百分含量（%）表示。

目前，农业环境要求测量的 8 种重金属的分析结果的有效位数，除含量属于痕量的汞、镉 2 种元素的有效数字保留 2 位外，其余 6 种元素的分析结果均保留 3 位有效数字。

（2）有效数字　测量结果的记录、运算和报告必须用有效数字。

① 数值修约规则：按 GB/T 8170—2008 进行数值修约。

② 进舍规则：按照“六入四舍五留双”原则取舍。

③ 不得连续修约。

④ 记录数据时只保留 1 位可疑数字。

（3）有效数字的表示

① 称量时有效数字的表示。根据使用天平的最小分度值来表示有效数字：分度值为 0.1mg（万分之一）时，有效数字可以记录到小数点后第 4 位；分度值为 1mg（千分之一）时，有效数字可以记录到小数点后第 3 位；分度值为 10mg（百分之一）时，有效数字可以记录到小数点后第 2 位；分度值为 100mg（十分之一）时，有效数字可以记录到小数点后第 1 位。

② 准确量取液体时，有效数字可以记录到小数点后第 2 位。

③ 表示测量结果的精密度一般只取 1 位有效数字，最多取 2 位有效数字。

2. 分析结果的几种表示方法

（1）空白值结果的表示　空白值的结果以两个平行空白值的平均值表示（$\overline{X}_b$），两个空白值的测量精密度以相对偏差来表示。

（2）平行样品测量结果的表示　平行样品或平行质控样品测量结果以平行样品的平均值表示（$\overline{X}$），测量的精密度以相对偏差来表示，质控样品的准确度以相对误差表示。

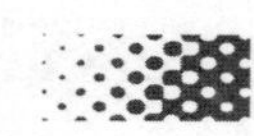

（3）有限次测量结果的表示　对同一样品进行有限次的测量，结果以平均值（$\overline{X}$）来表示：

$$\overline{X}=\sum_{i=1}^{n}(x_i)/n \tag{4-53}$$

单次测量的精密度以标准偏差（$S$）或相对标准偏差 $S$（%）或 RSD（%）或变异系数来表示。测量的准确度以 $\overline{X}\pm S$ 或 $\overline{X}\pm 2S$ 表示。

（4）用置信区间表示测量结果　用 $\mu=\overline{X}\pm\beta$ 表示测定结果的精密度和准确度，$\beta$ 是置信范围，$\mu$ 为样品真值含量，$\overline{X}$ 是测量的平均值。$\beta$ 值由式（4-54）决定：

$$\beta=\frac{S}{\sqrt{n}}t \tag{4-54}$$

式中　$S$——测量的标准偏差；

$n$——测量次数。

一般以置信度为 95%、自由度为 $n-1$，由 $t$ 分布表查得 $t$ 值，代入式中计算置信范围 $\beta$ 值。求得的 $\beta$ 值的含意为：在没有系统误差的条件下，在有限次测定中，虽然不能测得试样中被测元素的真实含量 $\mu$ 值，但是有 95%的把握说其真实含量 $\mu$ 在 $\overline{X}\pm\beta$ 范围内。

用置信范围表示测量精密度，既能反映精密度又能反映测量结果的可靠程度，因此，它是评价分析方法和测量结果的最佳方式。

**【例 4-4】**　用原子吸收法测量土壤中铜的含量，5 次测量的平均结果为 17.7μg/g，计算$S=0.40$、自由度为 4、置信度为 95%时，查得 $t=2.78$。测量结果如何？

**解：** 置信范围为　　$\beta=\frac{0.40}{\sqrt{5}}\times 2.78=0.50$

测量结果表示为　　$\mu=17.7\mu g/g\pm 0.50\mu g/g$

3. 分析结果的评价

分析结果的评价往往离不开分析方法的评价，一般对一个分析方法的评价从检测限、准确度和精密度三个方面进行更为合理，它既考虑了方法的原理因素，又考虑了实验过程的因素，好的分析方法应该是检出限低、准确度好、精密度高。实验结果是与分析方法分不开的，但有时好的分析方法未必都能得到好的实验结果，所以在使用某一分析法确定的情况下，对实验结果显然存在着评价问题。评价实验结果主要以准确度和精密度为准则。准确度好、精密高的结果是好的结果；而精密度高、准确度差或准确度尚可、精密度差的结果肯定存在问题，对评价实验结果的准确度和精密度应该有一个统一认识和具体评价时的操作规则。

（1）准确度评价

① 采用质控样品的测量结果来评价准确度是最简便、易行的方法，也是目前普遍采用的方法，质控样的测量数据落在参考值范围内是准确的结果，否则结果不准确。

② 加标准回收的方法评价准确度是在某些类型的样品测量时，在缺少质控样的情况下的可行方法。但对回收率的确定仍没有一个严格定量标准，只能给出一个合理的范围。当待测元素含量在几微克每克至几十微克每克范围内，加标回收率应在 90%～110%范围内；当待测元素含量小于 1μg/g 在零点几微克每克范围时，加标回收率应在 85%～115%范围内；更低含量时，其范围为 80%～120%。

（2）精密度评价　精密度是评价结果的离散程度的指标，平行样品的精密度以相对偏差来表示，有限次测量的精密度以标准偏差（$S$）来表示。精密度评价与以下几方面因素有关：a. 结果的精密度与样品中待测组分的含量有关；b. 精密度随实验条件的改变而改变；c. 表示精密度的标准偏差与测量次数有关。

实验结果的统计量标准偏差（$S$）越小，结果的精密度越高。但是，表明精密度的统计量（$S$）或 RSD（%）是否存在一个定量判断值以区分结果的精密度是否符合要求，到目前为止，没有完全解决。

通过统计学计算在检出限附近，取置信因子 $K=3$ 时，测量的 RSD（%）理论上是 33%；取置信因子 $K=2$，RSD 为 50%。实验表明当测量浓度是检出限浓度 10 倍时（$C=10C_L$），RSD≈10%；当 $C=100C_L$ 时，RSD≈5%；当 $C=1000C_L$ 时，RSD≈1%，这样的规律仍是实验上的规律，或者是经验性的。

但是，在分析化学中，精密度函数在系统误差的研究上可以通过统计量的计算给出定量的判断，如一组数据中可疑值的剔除；两组数据中平均值间的显著性差异判断；多组数据中，平均值间的显著性差异的判断及方差检查等。

## 第八节　土壤环境质量监测结果资料整编和数据库建立

### 一、资料整编

1. 监测的目的和意义及监测背景

2. 资料的收集及监测区域的描述

包括监测区的自然环境（地形地貌、气候、土壤、地质、水文等），自然资源条件（光热资源、水资源、生物资源等），基础设施条件，土地利用方式，土地利用总体规划，污染源分布及污染物排放情况，人文社会条件等。

3. 布点采样方法的选择及解释

4. 样品保存运输

5. 监测项目及分析测试方法

6. 监测结果统计及评价

7. 结果分析及环境质量评价

8. 产地安全质量评价图及评价表

（1）图件的分类　可分为点位分布图、点位环境质量评价图、监测区单元素环境质量评价图及多元素综合环境质量评价图及环境质量趋势分析图等，具体图件名称及图件数量可视监测任务及监测点位多少而定。

（2）图件必须注明编制方法及评价标准。

（3）图件基础要素　包括居民地、河流及水库、等高线、公路及铁路、区域内污染源、监测区界线、国界、省界及县界、比例尺、指北针等。各种要素在图上标注的详细程

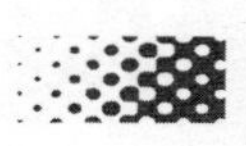

度视图件比例尺大小而定。一般的基础图件比例尺越大，则标注的要素应越详细。省级的土壤环境质量调查基础底图比例尺应不小于1∶250000，县级土壤环境质量调查基础底图比例尺应不小于1∶50000。

（4）如监测点位较少或监测区面积较小，可只制作点位环境质量评价图。

## 二、数据库建立

将各监测区域的取样点位、监测任务来源、相关污染源、污染历史、代表面积、监测数据、评价结果等导入数据库存档。

## 参考文献

[1] 刘凤枝，马锦秋．土壤监测分析实用手册．北京：化学工业出版社，2010.
[2] 刘凤枝，李玉浸．土壤监测分析技术．北京：化学工业出版社，2015.

# 第五章

# 农田土壤环境质量监测结果的评价

## 第一节　农田土壤环境质量普查结果的评价

### 一、普查的定义

对全国农田土壤中有害物质（这里主要指重金属）含量进行全面调查，称为农田土壤环境质量普查。

### 二、普查的目的

普查的目的就是要准确地知道全国农田土壤中重金属的含量，并在此基础上对全国农田土壤环境质量分等定级，其中包括依据重金属的累积状况的分等定级和作物对重金属的适宜程度分等定级。普查为农业安全生产的最终目的提供了可靠的科学依据。

### 三、普查的监测

普查的监测要严格执行《农田土壤环境质量监测技术规范》（NY/T 395—2012）的各项要求，除此之外，由于普查的自身特点与一般农田土壤监测不同，它包括全国农田土壤的面积，所以必须有一个统一的普查监测的实施方案，包括点位布设、采样、运输、样品加工、样品前处理、测试手段和分析方法、试验用水、标准溶液、质控样品、空白要求、准确度和精密度要求、数据处理、报告格式等，必须做到全部统一，并且要制定质量控制方案，保证全程质量控制。以下是普查监测应特别注意的几个要点。

#### （一）点位布设

1．点位面积要代表全国农田面积

全国普查所布设的点位代表的面积必须包括全国农田的面积，点位布设不留死角。

2．统一规定点位面积

每个点位所代表的面积可根据不同的情况而定，如一般农区点位面积可大一些，建议一个点位可代表2000亩，或者2000亩需设一个点位，而在大中城市郊区、工矿企业周边或污水灌溉区，每个点位代表的面积可根据情况适当减小，可以1000亩布设一个点位或500亩布设一个点位，在已经知道较为严重的污染地区，其点位布设应该加密，可考虑100亩布设一个点位。当然点位布设密度既要考虑普查的总体要求，又要考虑各地区的具

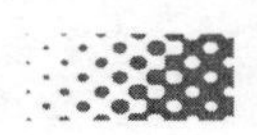

体情况，同时还要根据经费的投入情况而定。

3. 定位要求

统一要求普查监测的点位用GPS定位，并准确标出定位轨迹。

## （二）采样培训

1. 建立专门采样队伍

采样属野外作业，难以进行现场的监督和管理，虽然采样操作简单，技术含量不高，但是由于采样点分散，采样人员长途奔波，劳动强度较大，极为辛苦。采样是监测质量的第一道关口，采样的质量是后续工作质量的基本前提和保障，所以必须建立专门的采样队伍，要求人员的责任心要强，综合素质要高，操作技术要熟练。

2. 技术培训

各省农业环境监测站，按照全国普查监测技术实施方案中有关采样的统一要求，组织现场的技术培训，要做到采样操作规范、登记格式统一、监督到位等各项要求。

## （三）质量控制

1. 建立质量控制体系

由于普查监测是一个系统工程，牵涉到全国各省、市、自治区、直辖市、计划单列市的农业环境监测站和近百个实验室及全国县、乡级地方主管农业的政府部门等庞大的队伍参加这项工程。所以建立一个强有力的质量控制体系才是保证工程质量的关键。

质控体系由三级组成，即实验室为第一级，省农业环境监测站为第二级，由专家组成的全国普查质控组为第三级。其中第一级质控由各实验室的实验人员和技术监督人员负责本实验室的室内质量控制。第二级质控是由各省农业环境监测站负责对本省管理范围内参加项目的实验室的质量监督和控制，包括对设备性能、人员技术的考核、盲样考核、报告审核，以及本地区内实验室间的质量控制，包括样品的比对分析、室间分析误差统计等的考核。第三级质控是农业部组织专家组成的一个专门质控评价小组，它的任务是对各省、实验室的监测质量进行抽查，及时发现问题并给予指导解决。上述三级质控体系构成一个质控网，并以第二级质控为主，是质控体系的中心，要充分发挥主要作用，要对实验室实验技术人员、管理人员组织质量控制有关内容的培训和考核工作，并定期检查实验室的工作质量情况，不定期地抽查，并定期向第三级质控组织汇报有关情况和及时反映有关问题。

2. 室内质控

（1）实验人员的质控　实验人员应对实验用水、试剂分批进行质量检查，并建立详细记录；对仪器设备定期进行性能检查并建立记录；建立每个监测项目的质控图；保存实验的原始记录，包括空白、标样、平行样及测试样品的原始数据等。

（2）检查人员的质控　检查人员要对本室的实验人员进行跟踪质控，如加密码样质控，并随时检查每项原始记录，发现问题及时与实验人员沟通解决。

3. 室间质控

省农业环境监测站负责本省参加项目的实验室间的质量控制，室间控制方案由各省自行制定。室间质控应注意以下几点。

① 室间差存在系统误差应及时查找原因予以解决。

② 室间样品互控的保证结果的可比性。

4. 省间质控

由普查监测技术领导小组负责省间质量控制，重点应考虑以下方面。

① 随机抽查省间实验室，作样品的互检。

② 省间毗邻布点样品比对分析。

## 四、评价方法的选择

### （一）累积性评价

对于未受到重金属污染或只受到轻微污染，不至于对农产品产量和安全质量造成威胁的大部分农田土壤，考虑重金属的含量相对于本地区的土壤背景值不同程度的累积状况，应该选择用累积性评价方法来评价农田土壤的环境质量，并依据累积程度分等定级。

### （二）适宜性评价

对于已经受到重金属污染或对种植的农产品产量或安全质量构成威胁的农田土壤，应该选择适宜性评价方法来评价农田土壤的环境质量，并依作物对重金属的适宜程度分等定级。

## 五、评价方法与结果表达[1]

### （一）农田土壤重金属累积性评价方法

农田土壤重金属累积性评价方法采用单项累积指数法与综合累积指数法相结合的方法。具体内容见第三章农田土壤重金属累积性评价。

### （二）农作物对产地土壤环境质量适宜性评价方法

农作物对产地土壤环境质量适宜性评价采用单项污染指数法。计算公式见第三章式(3-1)。

1. 适宜性评价需要同步采集土壤和作物样品

农作物对产地土壤环境质量适宜性评价方法中涉及土壤环境质量和作物品质两个因素，对于已受到重金属污染或累积程度严重的农田土壤，在评价其环境质量时，除了对土壤中重金属监测外，对农作物中重金属也需要同时监测。

2. 适宜性评价需要的基础数据和监测数据

(1) 基础数据　适宜性评价指数计算公式中的 $S_{ijk有效}$，是土壤中重金属 $i$、土壤类型 $k$、农作物种类 $j$ 时，适宜性评价指标值亦是安全临界值。安全临界值的制定按照《耕地土壤重金属有效态安全临界值制定技术规范》执行。

(2) 普查监测数据　农田土壤样品中重金属含量实测值 (mg/kg)，有效态实测值(mg/kg)，农作物样品中重金属全量的实测值 (mg/kg)。

3. 评价指数的计算

适宜性评价要求土壤和农作物样品同步采集，其中，土壤样品的监测结果要做土壤适宜性评价指数的计算，而农作物样品的监测结果要做农产品安全性评价指数的计算。

（1）土壤适宜性评价指数计算　按式（3-1），将普查时每个点位的土壤样品测定值 $C_{i有效}$ 和评价指标值 $S_{ijk有效}$ 代入公式，计算得出土壤适宜性评价指数 $P_{ijk适宜}$。

（2）农产品安全性评价指数的计算　农产品单项污染指数计算公式及判断见第三章式(3-2) 及相关内容。

4. 农作物对产地土壤环境质量适宜性评价结果表达

（1）以土壤适宜性评价指数划分农田等级　见第三章表 3-69。

（2）农产品超标率计算方法　见第三章式（3-3）。

（3）农产品减产率计算方法　见第三章式（3-4）。

（4）产地不适宜面积计算公式

$$S_{不适宜}=S_{点位}n \tag{5-1}$$

式中　$S_{不适宜}$——农产品产地不适宜面积，亩；

$S_{点位}$——适宜性评价范围内，每个点位所代表的产地面积，亩；

$n$——农产品超标（$P_{i安全}>1.0$）样本数。

# 第二节　农田土壤环境质量定点监测结果的评价

## 一、定点监测的定义

固定点位的监测称为定点监测，是根据不同的污染类型、污染程度和实际需要而设置的。一般是指在工矿企业周边农产品生产区、污水灌溉区农产品生产区、大中城市郊区农产品生产区和重要农产品生产区 4 种类型的区域内选择一定的地点布设点位，并按照一定的频率采集样品进行监测。定点监测的点位必须具有代表性、长期性和准确性。

## 二、定点监测的目的

定点监测就是要达到观察随着时间的推移和人为活动的影响重金属在农田土壤中的累积状况及发展趋势的目的，为加强农田管理、保障安全生产提供重要的信息和科学的依据。

## 三、定点监测的要点

### （一）点位布设

1. 代表性

定点监测的点位布设要具有代表性，在工矿企业周边、污水灌溉区、大中城市郊区和重要农产品生产区 4 个区域内，因其周边的污染源不同、污染途径不同、污染物种类不同，以及污染程度等也不相当，所以均要布设长期的固定监测点位。根据监测区域类型不同，确定监测点的数量。

2. 长期性

定点监测的点位确定之后，在现场要树立显著的并长久保留的标志。

3. 点位的准确性

定点监测的点位必须用GPS定位，并标注定位轨迹。

### （二）点位布设范围

定点监测所包括的范围可分为两种：一种是省级的农田土壤定点监测；另一种是全国范围内定点监测。

1. 省级定点监测

近年来，我国有的省份已基本上建立起了比较完整的定点监测体系，已经做到了定期监测，并且建立了较完整的数据库。这为建立全国定点监测体系提供了宝贵经验，也为尚未开展定点监测的省份提供了参考。由于各省的特点不同，有的是工业大省，有的是农业大省，有的省区矿区较多，有的省区污水灌溉集中，情况差别较大，所以定点监测的点位布设所考虑的重点区域和点位数量差异也必然很大。应根据当地的具体情况而定，无法做统一规定。但要以能够反映本省土壤环境质量变化趋势为最终目的。

2. 全国定点监测

全国定点监测原则上应该在省级定点监测的基础上建立全国定点监测的网络体系。定位的布局应从全局考虑，点位的设置应根据各省的特点，在省内已经确定的点位中选取数量适当的点位作为全国的点位布设。

### （三）定点监测周期

建议省级定点监测每年进行一次，全国定点监测每3年进行一次。监测结果要绘制成农田土壤定点监测重金属累积趋势图。

### （四）建立风险预警体系

1. 风险级别的划分

（1）无风险区　定点监测结果表明产地土壤中重金属属于无累积或轻度累积可划分为无风险区。

（2）风险区　定点监测结果表明产地土壤中重金属属于中度累积可划入风险区。

（3）高风险区　定点监测结果表明产地土壤中重金属属于重度累积可划入高风险区。

2. 建立预警体系

各省定点监测点位的技术资料应包括定点的点位、监测结果、累积状况、风险程度的相关资料并应及时上报农业部主管部门备案。农业部主管部门应建立一个包括全国各省定点监测风险的趋势图，其级别以无风险区、风险区、高风险区三级标注。

## 四、评价方法的选择

由于定点监测的目的是为了观察农产品生产区重金属的累积状况及发展趋势，因此在定点监测中点位测定的重金属含量值与同类土壤背景值（或区域土壤背景值）的比值来表

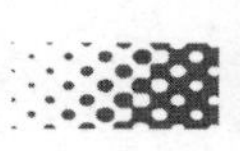

示累积的程度，所以应该选择累积性评价。

### 五、评价方法与结果表达

1. 农田土壤定点监测结果评价方法

（1）单项累积指数法　参照第三章附件1中3.1执行。

（2）综合累积指数法　参照第三章附件1中3.1执行。

2. 农田土壤定点监测评价结果表达[1]

① 单项累积指数法划分农田土壤中重金属累积程度和风险级别见表5-1。

**表5-1　农田土壤定点监测单项累积指数等级划分**

| 划定等级 | $P_{i全量}$（累积指数） | 累积水平 | 风险级别 |
|---|---|---|---|
| 1 | $P_{i全量} \leqslant 1.0$ | 未累积，仍在背景水平 | 无风险区 |
| 2 | $1.0 < P_{i全量} \leqslant 2.0$ | 轻度累积，土壤中某种重金属已出现累积现象 | 无风险区 |
| 3 | $2.0 < P_{i全量} \leqslant 3.0$ | 中度累积，土壤中某种重金属已有一定程度的累积 | 风险区 |
| 4 | $P_{i全量} > 3.0$ | 重度累积，土壤中某种重金属严重累积 | 高风险区 |

② 综合累积指数法划分农田土壤中重金属累积程度和风险级别见表5-2。

**表5-2　农田土壤定点监测综合累积指数等级划分**

| 划定等级 | $P_{综合}$（累积指数） | 累积水平 | 风险级别 |
|---|---|---|---|
| 1 | $P_{综合} \leqslant 0.7$ | 未累积，被评价的多种重金属均在背景水平 | 无风险区 |
| 2 | $0.7 < P_{综合} \leqslant 1.4$ | 轻度累积，土壤中一种或几种重金属已超过背景值，出现累积现象 | 无风险区 |
| 3 | $1.4 < P_{综合} \leqslant 2.1$ | 中度累积，土壤中一种或几种重金属已明显超过背景值，土壤已有一定程度的累积 | 风险区 |
| 4 | $P_{综合} > 2.1$ | 重度累积，土壤中一种或几种重金属已远远超过背景值，土壤重金属累积程度严重 | 高风险区 |

注：当综合累积指数与单项累积指数划定等级不一致时，以划定等级低的为准。

## 第三节　农田土壤污染事故监测结果评价

### 一、污染事故的定义

农田土壤污染指人类活动产生的有害、有毒物质进入土壤，积累到一定程度，恶化了土壤原有的理化性状，使土壤生产潜力减弱、农产品产量下降或质量恶化，并对人类健康造成危害的过程。按污染源不同，可分为工业污染、交通运输污染、农业污染和生活污染四类。

污染事故一般是指突发事件致使农田土壤严重污染，农作物已无法正常生长，大量减产，甚至颗粒不收。农田污染事故大多发生在用工业有毒污水直接灌溉的农田，污染了土壤和农产品。工业排放废气中的粉尘、二氧化硫、一氧化碳、氟化物等，也可造成对附近农田和作物污染。采矿或工业废弃物、农用化学物质等进入农田也可产生污染。

## 二、污染事故监测的目的

污染事故中农田土壤环境质量和农产品的品质均受到影响，而环境质量恶化的程度和农产品是否可以安全食用则必须通过对农田土壤和农产品同步采样、监测评价等过程才能做出科学、严谨的判断，为下一步公平、公正处理污染事故提供可靠的依据。

## 三、污染事故监测的要点

1. 追踪污染源

首先应该对事故现场周围的工矿企业进行调查，包括调查生产原料、产品、工艺、“三废”及排放处理情况，这样就可以基本知道从工矿企业排放出废水、废气和固体废弃物中有害物质的种类和基本数量；其次是对农田土壤和农产品同步采样进行初步监测以确定重点污染物；第三步由第二步所确定的重点污染物来追踪污染源；最后一步是对已追踪的污染源所排放废水、废气和固体废弃物进行分析，最终核实。

2. 确定污染物

经初步采样已基本确定污染物后，应该进行第二次采样、监测复核以最终确定污染物。

3. 布点、采样

（1）布点密度　污染事故的布点密度要比普查的布点密度高，布点密度视具体情况而定，参照《农田土壤环境质量监测技术规范》（NY/T 395—2012）执行。

（2）采样　土壤和作物同步采样。

4. 监测

① 监测方法必须采用国标或行标。

② 全部样品必须100%平行测定。

③ 质量控制参照《农田土壤环境质量监测技术规范》（NY/T 395—2012）执行。

5. 划定污染范围

由污染事故调查组根据现场调查和实际监测结果划定污染范围。

6. 计算受害面积、减产率和超标率

根据对土壤等环境要素及农产品的监测结果，可计算出受害面积、减产率和超标率，从而为污染事故的损失估算提供依据。

## 四、评价方法的选择

污染事故监测结果应该采用累积性评价和适宜性评价两种方法进行评价。

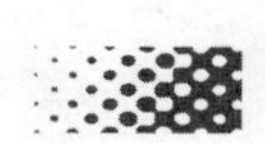

### 五、评价方法与结果表达

#### （一）农田土壤污染事故监测结果评价方法

1. 累积性评价方法（以对照点为参比值，进行累积指数计算）

（1）单项累积指数法（参照第三章附件1中3.1执行）

（2）综合累积指数法（参照第三章附件1中3.1执行）

2. 适宜性评价方法（参照第三章附件1中3.1执行）

#### （二）农田土壤污染事故评价结果表达

1. 累积性评价结果表达

由此可计算出农田土壤中污染物的累积程度和潜在危害（见表5-3）。

表5-3　累积性评价结果

| 累积评价方法 | 累积指数 | 累积水平 | 占农田面积比率/% |
|---|---|---|---|
| 单项累积指数法 | $2.0<P_{i全量}\leqslant 3.0$ | 中度 | |
| | $P_{i全量}>3.0$ | 重度 | |
| 综合累积指数法 | $1.4<P_{综合}\leqslant 2.1$ | 中度 | |
| | $P_{综合}>2.1$ | 重度 | |

2. 适宜性评价结果表达

适宜性评价结果见表5-4。

表5-4　适宜性评价结果

| 产地土壤对原种植作物适宜程度 | 适宜指数 | 减产率 | 超标率 | 占农田面积比率/% |
|---|---|---|---|---|
| 适宜 | $P<1$ | | | |
| 不适宜 | $P>1$ | | | |

由此可以计算出农田土壤对原种植作物的适宜程度及对农产品产量和安全质量产生的影响。

## 第四节　农田污染土壤修复结果的评价

### 一、农田污染土壤修复的定义

采用物理、化学或生物等技术对已被污染的农田土壤进行治理，使其恢复正常功能以达到农业安全生产的技术措施称为农田污染土壤修复。

### 二、农田污染土壤修复的目的

有毒、有害物质进入农田土壤，并不表示土壤即受污染，只有当土壤中收容的各类污染物过多，有毒、有害物质累积到一定程度，恶化了土壤原有的理化性质，土壤的自净能力严重下降，使土壤生产能力减退，导致农作物减产，且产品质量下降或恶化，农产品中污染物含量超过食品卫生标准，直接危害人类健康，才表明农田土壤已受到了污染。而农田土壤修复的目的是利用物理、化学和生物的方法转移、吸附、降解和转化土壤中的污染物，使其浓度降低到可接受水平，或将有毒有害的污染物转化为无害的物质。修复技术的基本原理是改变污染物在土壤中存在的形态或同土壤的结合方式，降低其在环境中的可迁移性与生物可利用性，或降低土壤中有害物质的浓度。总之，农田土壤修复的最终目的是恢复土壤的正常功能以达到农业安全生产。

## 三、农田污染土壤修复后的监测

### (一) 点位布设

农田污染土壤修复后的监测点位布设要与修复前判定土壤是否已被污染时的监测点位一致，这样才便于比对修复前后的监测结果，以考察修复效果。

### (二) 监测项目

1. 土壤理化性质

修复后的土壤首先应监测其理化性质，检测项目包括全氮、全磷、全钾、速效 N、速效 P、速效 K、有机质、全盐量、阳离子交换量和 pH 值等，并与该土壤修复前的有关资料进行比对，观察修复前后土壤理化性质的变化情况，为土壤恢复生产提供参考。

2. 污染物

修复后的农田土壤，必须对其污染项目逐一进行检测，对比修复前后污染物的测定结果，考察修复效果，初步判断修复是否成功。

## 四、农田污染土壤修复后的种植试验

1. 盆栽试验

盆栽试验的目的是制定修复后土壤中污染物的安全临界值，采用修复后的土壤，人为添加污染物，种植该农田土壤污染前的农作物，根据污染物特点选择土壤中污染物全量或有效态的测定，农产品作全量测定，通过剂量-效应关系，建立相关线性方程，以农产品卫生标准限量值代入方程，计算出污染物的安全临界值，并以此作为农田污染土壤修复结果评价的依据之一。

2. 小区试验

小区试验的最终目的是判断原种植作物对修复后的农田土壤环境质量的适宜程度。试验方法是在修复后的农田土壤中划出面积为 1～2 亩的试验小区，种植原来作物，种植的时间、方式、施肥、浇水及田间管理等均按当地的习惯进行。作物成熟后，作物和土壤同步采集，样品处理和检测均按《农田土壤环境质量监测技术规范》规定执行。

## 五、评价方法的选择

因为评价方法的选择主要取决于评价目的，而农田污染土壤修复结果评价的目的是评

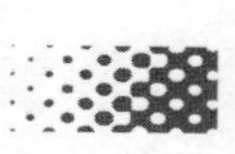

价修复后土壤的环境质量是否达到了农作物安全生产的条件，即原来种植的农作物对修复后土壤的适宜程度或农产品的产量和安全质量是否得到了保障，所以农田污染土壤修复结果的评价方法应选择适宜性评价。

## 六、评价方法与结果表达

### （一）评价方法

选择农作物对产地土壤环境质量适宜性评价方法，即采用单项污染指数法来评价农田污染土壤修复的效果，应按以下步骤进行。

1. 样品采集

（1）农田土壤样品的采集　农田土壤样品的采集应在同一点位分别采集修复前、后的土壤样品，经加工处理后待测。测定项目为土壤理化性质和污染物全量或有效态。

（2）小区试验的土壤和作物样品采集　小区试验待农作物成熟后，土壤和农作物样品多点位同步采集，加工、处理后待测。测定项目为土壤中的污染物全量或有效态、农作物的超标率和减产率。

2. 样品检测

（1）农田土壤样品检测　农田土壤样品检测是指修复前、后土壤样品的检测，检测项目包括土壤理化性质检测和目标污染物的检测。检测结果按表5-5、表5-6填写。

表5-5　土壤理化性质检测

| 检测项目 | 全氮/% | 全磷/% | 全钾/% | 速效N/(mg/kg) | 速效P/(mg/kg) | 速效K/(mg/kg) | 有机质/% | 全盐量/% | 阳离子交换量/(cmol/kg) | pH值 |
|---|---|---|---|---|---|---|---|---|---|---|
| 修复前 | | | | | | | | | | |
| 修复后 | | | | | | | | | | |
| 历史资料 | | | | | | | | | | |

表5-6　目标污染物检测

| 检测项目 | Cd/(mg/kg) | Pb/(mg/kg) | Hg/(mg/kg) | As/(mg/kg) | Gr/(mg/kg) | Cu/(mg/kg) | Zn/(mg/kg) | Ni/(mg/kg) | 其他 |
|---|---|---|---|---|---|---|---|---|---|
| 修复前 | | | | | | | | | |
| 修复后 | | | | | | | | | |
| 历史资料 | | | | | | | | | |

注：目标污染物是指土壤中已确定的一种或几种污染物。

（2）小区试验土壤和农作物样品检测　小区试验土壤和农作物样品是指污染土壤修复后，在小区试验中种植原来农作物，作物成熟后，多点位同步采集土壤和作物样品。土壤和农产品的检测项目均为目标污染物。检测结果按表5-7填写。

3. 适宜性评价指数的计算

（1）适宜性评价指数计算公式

表 5-7 小区试验土壤和农作物样品检测

| 检测项目 | Cd /(mg/kg) | Pb /(mg/kg) | Hg /(mg/kg) | As /(mg/kg) | Cr /(mg/kg) | Cu /(mg/kg) | Zn /(mg/kg) | Ni /(mg/kg) | 其他 |
|---|---|---|---|---|---|---|---|---|---|
| 土壤中全量 | | | | | | | | | |
| 土壤中有效态 | | | | | | | | | |
| 农产品含量 | | | | | | | | | |

$$P_{ijk适宜}=C_i/S_{ijk} \tag{5-2}$$

式中 $P_{ijk适宜}$——土壤中重金属 $i$、土壤类型 $k$、农作物种类 $j$ 时的适宜性评价指数；

$C_i$——土壤中重金属 $i$ 全量或有效态的实测值，mg/kg；

$S_{ijk}$——土壤中重金属 $i$、土壤类型 $k$、农作物种类 $j$ 时适宜性评价指标值。

注：当利用物理、化学或生物技术，使土壤中目标污染物转移（如洗脱）、降解（如光解、热解）等，以达到土壤中目标污染减少、农产品安全生产时，可用污染物全量值进行评价；如果通过吸附、或改变污染物存在形态以减少作物对污染物的吸收，达到土壤修复目的，可用目标污染物的有效态进行评价。

（2）适宜性评价指数的计算 将农田土壤样品重金属 $i$ 的测定值（全量或有效态）和重金属 $i$ 的安全临界值代入公式计算出适宜指数。

4. 农产品安全性评价指数的计算

（1）农产品单项污染指数计算公式 见第三章式（3-2)。

（2）农产品安全性评价指数的计算 将农产品重金属 $i$ 的实测值及标准限量值代入上述公式，计算出农产品安全性评价指数 $P_{i安全}$。

当 $P_{i安全}\leqslant 1.0$，农产品是安全的；当 $P_{i安全}>1.0$，农产品受到污染，超过食品卫生标准限量值。

5. 农产品超标率的计算方法

见第三章式（3-3)。

6. 农产品减产率的计算方法

见第三章式（3-4)。

### （二）农田污染土壤修复评价结果表达

1. 适宜性评价方法评价指标

（1）适宜性评价指数 包括土壤适宜性评价指数和农产品安全性评价指数。

（2）农产品减产率

（3）农产品超标率

2. 适宜性评价结果表达的内容

农田污染土壤修复效果如何，经过适宜性评价得到土壤适宜性评价指数、农产品安全性评价指数、农产品减产率、农产品超标率，根据这些评价指标将修复后的农田土壤的环

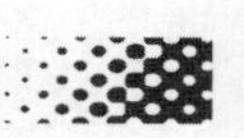

境质量对种植各类农作物的适宜性划分土壤等级。用适宜性评价方法对农田污染土壤修复后环境质量的等级划分见第三章表3-69。

## 参考文献

[1] 刘凤枝，马锦秋．土壤监测分析实用手册．北京：化学工业出版社，2010.

# 下篇

# 应用篇

# 第六章

# 新评价体系的应用概述

## 第一节　土壤重金属累积性评价与适宜性评价的适用范围

### 一、土壤重金属累积性评价的适用范围

根据土壤重金属累积性评价，可计算出土壤中污染物的累积程度、累积量、累积速率及发展趋势，为客观、科学地判断土壤污染奠定了基础。

1. 土壤中污染物累积指数

土壤中重金属单项累积指数和综合累积指数的计算，可定量描述土壤中单一污染物的累积程度或多种污染物的综合累积程度，计算方法见第三章附件 1. 中 3.1。

2. 土壤中污染物累积量

土壤中污染物累积量等于污染物实测值减去土壤背景量，其大小代表污染物增加程度，累积量越大，累积程度越高。

$$Q_i = C_i - S_i \tag{6-1}$$

式中　$Q_i$——污染物累积量，mg/kg；

$C_i$——污染物实测值，mg/kg；

$S_i$——土壤背景值，mg/kg。

3. 土壤中污染物累积速率

用土壤中某污染物累积量除以累积时间即为该污染物累积速率。

$$V = Q/t \tag{6-2}$$

式中　$V$——污染物累积速率，mg/(kg·a)；

$Q$——污染物累积量，mg/kg；

$t$——累积时间，a。

### 二、土壤重金属适宜性评价的适用范围

通过土壤适宜性评价，可判断出土壤环境质量对种植作物的适宜程度，并在此基础上对土壤环境质量进行分等定级；根据不同土壤的环境质量状况及适宜种植的作物种类，进行种植结构调整，必要时进行修复治理，以达到合理、有效地利用耕地土壤的目的。

1. 土壤环境质量对种植作物适宜性评价

用土壤中某污染物测定值除以土壤种植作物临界值，即为该土壤环境质量对该种作物的适宜指数。当适宜指数小于等于 1.0 时，说明该土壤环境质量适宜种植该类作物，属适宜区；当适宜指数在 1.0～1.5 之间时，说明该土壤环境质量已超过种植该类作物的临界值，可能出现少量农产品可食部分超标（或因污染减产）现象，属限制区；当适宜指数大于 1.5 时，说明该土壤中某类污染物的测定值已明显超过该类农作物的临界值，会有部分农产品可食部分超过国家食品卫生标准（或因污染减产），已对农产品的产量或安全质量构成威胁，不适宜种植该类农产品，定义为禁产区（见表 6-1）。

**表 6-1　农产品产地土壤环境质量等级划分标准**

| 划定等级 | $P_{i有效态}$ | 农产品超标率（或因污染减产）/% | 适宜程度 |
|---|---|---|---|
| 1 | $P_{i有效态} \leqslant 1.0$ | 0 | 适宜区：土壤中重金属污染物含量低于临界值，保证种植的农产品产量和安全质量 |
| 2 | $1.0 < P_{i有效态} \leqslant 1.5$ | ≤10 | 限制区：土壤中重金属污染物含量尚未对农产品安全质量和作物产量构成较大威胁，少量农产品重金属污染物超过食品卫生标准 |
| 3 | $1.5 < P_{i有效态}$ | >10 | 禁产区：土壤中重金属污染物含量已经超过临界值，较多农产品重金属污染物超过食品卫生标准 |

适宜性评价结果可用于农产品产地土壤环境质量等级划分、种植结构适宜性调整、土壤污染修复效果评估等。

2. 土壤环境质量等级划分

根据适宜种植作物对污染物的敏感程度，可将土壤环境质量划分成不同等级（见表 6-2）。

**表 6-2　农产品产地土壤环境质量等级划分标准**

| 产地等级 | 土壤适宜指数及农产品减产或超标情况 | 适用情况 |
|---|---|---|
| Ⅰ | 土壤中重金属对各类农作物适宜指数均小于 1，且未有因污染减产或超标现象 | 耕地土壤环境质量良好，适宜种植各类农作物 |
| Ⅱ | 土壤中某些重金属已对某类敏感农作物造成威胁，使其适宜指数大于 1，或有明显的因污染减产或超标现象；而对一些具有一定耐性的农作物，适宜指数仍小于 1，且尚没有因污染造成减产或超标现象 | 该产地已不适宜种植对环境条件敏感的农作物，但尚可种植具有一般耐性的农作物 |
| Ⅲ | 土壤某些重金属已使具有一定耐性的农作物适宜指数大于 1，或有明显的因重金属等减产或超标现象；而对一些耐性较强的农作物，适宜指数仍小于 1，且没有因污染明显减产或超标现象 | 该产地已不适宜种植具有一般耐性的农作物，但尚可种植具有较强耐性的作物 |
| Ⅳ | 土壤中某些重金属已使各类食用农产品适宜指数均大于 1，或有明显的因污染减产或超标现象 | 该产地已不适宜种植食用农产品，但可种植非食用农产品 |

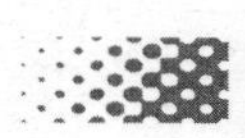

Ⅰ级地：土壤环境质量良好，适宜种植各类农产品。

Ⅱ级地：该产地已不适宜种植对环境条件敏感的农作物，但尚可种植具有一般耐性的农作物。

Ⅲ级地：该产地已不适宜种植具有一般耐性的农作物，但尚可种植具有较强耐性的作物。

Ⅳ级地：只能种植非食用农产品。

3. 农产品产地适宜性种植结构调整

通过农产品产地土壤适宜性评价，可以根据不同农产品所适宜的土壤环境质量，即根据不同农产品对污染物所具有的不同抗性，选择适宜种植的农产品，进行适宜性种植结构调整，以达到既不浪费宝贵的耕地资源，又不生产超标农产品而危害人体健康的目的。

4. 污染产地修复结果的评价

对农产品产地进行修复，主要是通过改变土壤的理化性质，或添加对污染物进行固化的改良剂，使污染物对农作物的有效态降低，吸收量减少，以达到修复的目的。用适宜性评价方法，可有效地判断出修复对土壤中污染物的控制效果，以及农作物对污染物的吸收利用情况，对修复结果做出合理评价。

## 三、累积性评价与适宜性评价的区别和关系

1. 累积性评价与适宜性评价二者相互之间不可替代

累积性评价是在与背景含量比较意义上的评价，由此可以计算出累积指数、累积量、累积速率等指标，但并不能说明其对所种植的农产品是否适宜；而适宜性评价也只能判断对该区域种植的作物是否适宜，并不能说明该区域的土壤是否受到污染，以及土壤环境质量状况发展趋势等。由此可见，累积性评价与适宜性评价从不同侧面反映了土壤环境质量状况，且不可替代。

2. 累积性评价与适宜性评价相互依存

土壤最重要的功能之一就是种植农产品。对农产品产地土壤环境质量评价的最终目的就是合理、有效地利用土壤。因此，适宜性评价（以及适宜性结构调整）才是土壤评价的真正目的，也就是说，累积性评价是为适宜性评价服务的；然而，累积性评价又是适宜性评价的基础，只有摸清土壤中重金属污染物的背景情况、累积指数、累积速率，才能计算出土壤的使用年限。

因此，只有将累积性评价与适宜性评价结合起来，才能清楚地表达土壤环境质量状况。

3. 累积性评价与适宜性评价相互区别与关系的举例

在一般情况下，土壤对污染物具有一定的容量，累积性评价与适宜性评价区别与关系见图 6-1。

由图 6-1 可以看出，当土壤类型确定后，其重金属的背景含量是个定值；当在该土壤上种植农作物种类确定后，相应的土壤临界值也是定值；但随着时间的推移，土壤会不断地受到农业种植本身及工业“三废”等的影响，土壤中重金属实测值会不断地增加；当实测值远远低于临界值（$C<0.8$）时，属无风险区，农作物的种植是安全的；当实测值接

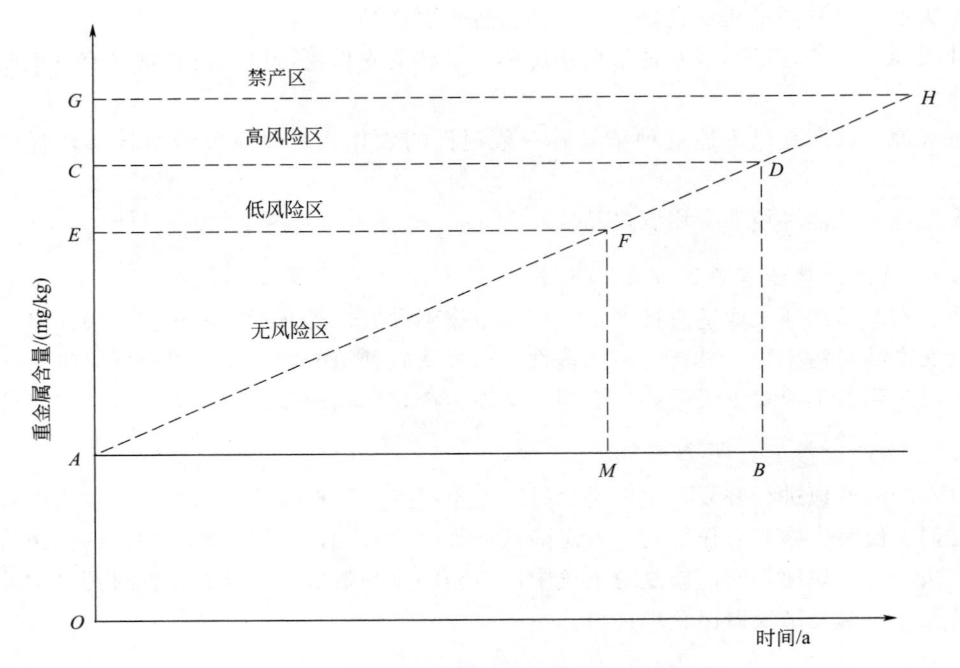


图 6-1　累积性评价与适宜性评价区别与关系

注：累积量等于实测值减去背景值；*AB* 表示背景值；*CD* 表示临界值；*AD* 表示实测值；*AF* 上任一点的实测值与临界值之比均<0.8，属于无风险区；而 *FD* 上的实测值与临界值之比大于 0.8、小于 1，属于低风险区；*DH* 上的实测值与临界值之比在 1.0～1.5 之间，属高风险区；在 *GH* 以上的实测值与临界值之比大于 1.5，属于禁产区。

近临界值（$0.8<C<1$）时，属低风险区，土壤中重金属污染物对种植作物会造成一定的威胁；当实测值高于临界值（$1.5>C>1$）时，属高风险区，农作物产量或安全质量会明显受到影响，导致农作物减产或农产品超标；当实测值远远高于临界值（$C>1.5$）时，会导致大部分农作物减产或可食部分超标，已不适宜种植该种农作物，应划为该种农作物的禁止生产区。

但在一些特殊情况下，例如我国南方一些酸性土壤地区，由于土壤重金属容量比较小，但背景值又较高（如矿区周边的农田土壤），土壤背景值本身就高于某些种类作物的临界值，虽累积指数小于 1（即没有累积），但种植某些敏感作物仍会超标，见图 6-2。

而在北方的一些碱性土壤地区，虽然经过多年的污水灌溉等，土壤中某些污染物的累积指数已大于 1，但由于土壤容量相对较大，种植大部分作物仍不超标，即测定值仍小于临界值，见图 6-3。

因此，单独使用累积性评价或适宜性评价，都不能说清楚土壤环境质量状况。只有根据不同的评价需要，选择适当的评价方法，并将二者结合，才能有效评价农产品产地土壤环境质量状况。

## 四、累积性评价与适宜性评价相结合的应用

用累积性评价与适宜性评价相结合的方法，可以计算出土壤的可利用年限和预测农产品产地高风险区域。

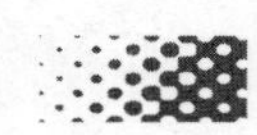

图 6-2　南方酸性土壤示意

注：*AB* 表示背景值；*CD* 表示临界值。

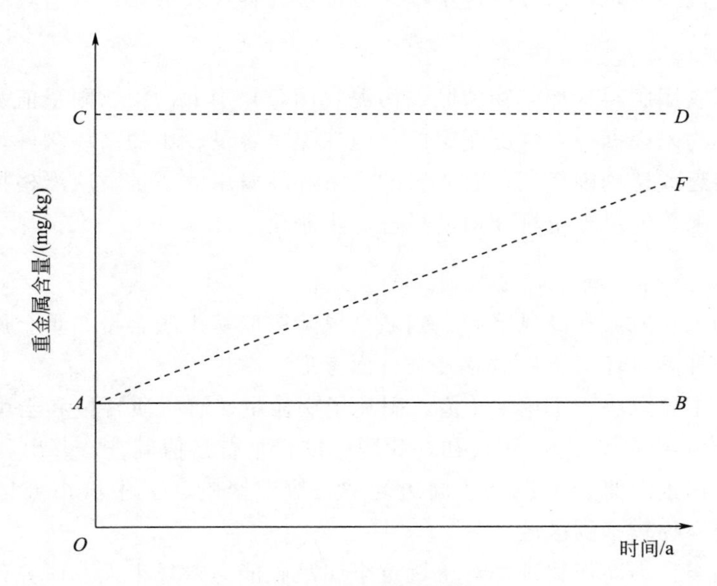


图 6-3　北方碱性土壤示意

注：*AB* 表示背景值；*CD* 表示临界值；*AF* 表示测量值。

1. 土壤可利用年限估算

土壤环境质量状况能满足种植作物的需求，即为土壤有效可利用期。然而，土壤对污染物是具有一定容量的，当土壤中污染物含量小于临界值时就不会对农产品的产量和安全质量造成危害；但随着时间的推移，土壤中污染物不断累积，当土壤中污染物含量超过临界值时就会对农产品产量或安全质量造成危害。土壤可利用年限可通过土壤中欲种植作物临界值减去土壤实测值即为土壤的剩余容量，除以土壤该污染物的累积速率求得土壤种植该作物的可利用年限，见式（6-3）：

$$T=(S_i-C_i)/V \tag{6-3}$$

式中 $T$——可利用年限，a；

$S_i$——临界值，mg/kg；

$C_i$——实测值，mg/kg；

$V$——累积速率，mg/(kg·a)。

2. 农产品产地土壤高风险区预测

所谓高风险区，就是土壤环境质量有可能对农产品产量或安全质量造成威胁的区域。也就是说，土壤中某污染物含量的实测值已达到或接近该地区种植作物的土壤临界值的区域。

可用风险指数来描述农产品产地土壤种植作物的风险程度。风险指数可用重金属含量的实测值与临界值之比来描述（即为适宜性评价指数）。

当该指数大于等于1时，表明土壤中重金属含量已经超出安全生产的界限，属于高风险。

当该指数小于1，且大于等于0.8时，表明该土壤处于低风险。

当该指数小于0.8时，表明该土壤比较安全。

土壤高风险区多出现在南方酸性土壤、对重金属容量较低且背景值较高的区域。

3. 指导施肥和再生水灌溉

目前，我国农用肥料（如矿物磷肥、污泥农用等）中的污染物限量值及再生水农灌中污染物限量值，均是根据一般情况制定的。但在土壤容量较小的高风险区，由于土壤中污染物的含量已接近或达到临界值，对肥料的质量和灌溉水的质量就应严格把关，否则会造成雪上加霜的后果，使耕地土壤环境质量进一步恶化。

4. 确定重点监测区域，简化监测工作

监测工作的重点应放在高风险区。判断高风险区应从土壤容量、重金属背景值、人为污染和种植作物种类对环境条件敏感几个方面考虑。

土壤容量：主要取决于土壤pH值、阳离子交换量、有机质含量和土壤质地等。

重金属背景值：20世纪80年代初，我国已进行了背景值调查，并出版了专辑。

人为污染：污水灌溉、工矿企业周边受“三废”影响、大中城市郊区使用污水、污泥、生产生活废弃物较多的区域。

种植作物种类：不同作物种类对土壤重金属吸收能力差异很大。研究认为，蔬菜对环境条件比较敏感，一般情况下敏感程度：叶菜＞根菜＞果菜。

由此可见，在土壤pH值较低的南方酸性土壤区，土壤对重金属容量较小；在矿区周边的农田土壤中，重金属背景值较高；有些地区由于采矿、洗矿、冶炼等，对土壤造成污染；区域种植习惯也很重要，一些水、热资源丰富的地区，复种指数高，种植作物种类复杂，更需要关注那些对污染物敏感的作物。

从上述几个方面考虑，可初步确定出高风险区，从而可有的放矢地进行监测，简化监测工作，节约人力、物力。

# 第二节 新评价体系在典型污染区调查中的应用

## 一、3 种耕地土壤重金属铅、镉质量安全限量值研究结果

通过对辽宁草甸棕壤、湖北红壤、广西灰色石灰土 3 种土壤，2 种作物（水稻、青菜），2 种污染元素（铅、镉）的盆栽和大田实验，得出该 3 种耕地土壤中铅和镉 2 种重金属污染元素在水稻和青菜中的全量和有效态（DTPA 提取）评价限量指标值（见表 6-3）。

**表 6-3 我国 3 种耕地土壤重金属污染评价限量指标值** 单位：mg/kg

| 采样地点及土壤类型 | | Pb | | Cd | |
|---|---|---|---|---|---|
| | | 水稻 | 青菜 | 水稻 | 青菜 |
| 沈阳张士草甸棕壤 | 总量 | 365 | 326 | 3.16 | 0.69 |
| | 有效态 DTPA 提取 | 106 | 131 | 1.66 | 0.35 |
| 湖北大冶红壤 | 总量 | 262 | 252 | 1.09 | 0.51 |
| | 有效态 DTPA 提取 | 138 | 118 | 0.73 | 0.21 |
| 广西灰色石灰土 | 总量 | 556 | 140 | 4.61 | 0.43 |
| | 有效态 DTPA 提取 | 383 | 51 | 3.07 | 0.22 |

## 二、新、老土壤环境质量评价体系对土壤和农产品同步评价结果的比较

1. 3 个典型污染区域的土壤和作物同步调查评价结果的比较

由表 6-3 中给出的指标值对 3 个相应的污染区（辽宁张士、湖北大冶、广西刁江）的土壤、农产品进行了同步调查评价，验证了其符合程度。与现行的国家标准 GB 15618—1995 评价比较，土壤与农产品超标率之间有更好的相关性（见表 6-4、图 6-4）。

**表 6-4 用国标和新标准（全量、有效态）对土壤-植物测试结果进行评价相关性比较**

| 地区 | 元素 | 土壤 | | | | | | | 粮食作物 | | |
|---|---|---|---|---|---|---|---|---|---|---|---|
| | | 样本数/个 | 国标 | | 新标准(全量) | | 新标准(有效态) | | 样本数/个 | 超标个数/个 | 超标率/% |
| | | | 超标个数/个 | 超标率/% | 超标个数/个 | 超标率/% | 超标个数/个 | 超标率/% | | | |
| 沈阳张士 | Pb | 50 | 0 | 0 | 0 | 0 | 0 | 0 | 50 | 10 | 20 |
| | Cd | 50 | 48 | 96 | 8 | 16 | 7 | 14 | 50 | 6 | 12 |
| 湖北大冶 | Pb | 60 | 0 | 0 | 0 | 0 | 6 | 10 | 60 | 29 | 48.3 |
| | Cd | 60 | 52 | 86.7 | 60 | 100 | 25 | 41.7 | 60 | 38 | 63.3 |
| 广西刁江 | Pb | 113 | 70 | 61.9 | 12 | 10.6 | 5 | 4.4 | 113 | 8 | 7.1 |
| | Cd | 113 | 112 | 99.1 | 84 | 74.3 | 82 | 72.6 | 113 | 41 | 36.3 |
| 总计 | Pb | 223 | 70 | 31.4 | 12 | 5.4 | 11 | 4.9 | 223 | 47 | 21.1 |
| | Cd | 223 | 212 | 95.1 | 152 | 68.2 | 114 | 51.1 | 223 | 85 | 38.1 |

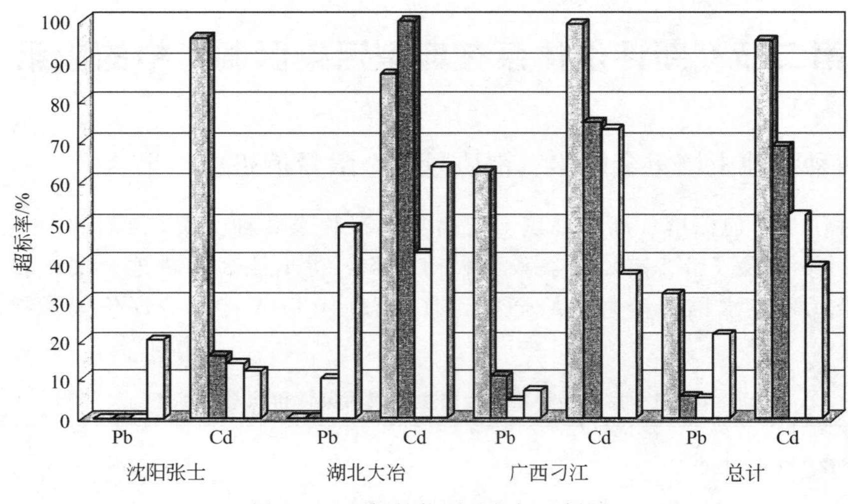


图 6-4　土壤-植物测试超标比例图

□ 土壤原超标率　■ 土壤新超标率　□ 有效态超标率　□ 作物超标率

从表 6-4 和图 6-4 可以看出，用评价限量指标值对土壤污染进行评价比用国标评价的结果与农产品超标率更为接近；用新指标值中的有效态限量值对土壤污染状况进行评价与用全量值评价相比，其结果与农产品超标率之间有更好的相关性。说明根据不同土壤类型、不同作物品种、不同作物生长环境制定出的土壤中重金属污染评价限量指标值更符合实际情况。

从结果可以看出，以土壤污染评价的有效态限量指标值评价土壤的污染状况及土壤污染对农作物污染的影响程度，与用现行国家标准值评价比较，其评价结果更为准确，具有更大的实用价值。

2. 对 5 个典型污染区域的土壤和作物同步调查评价结果的比较

用新的评价体系与现行国家标准 GB 15618—1995 对淮海平原潮土区、辽东半岛棕壤区、长江中游红壤区、长江三角洲黄泥土区和刁江流域红壤区 5 个地区土壤与作物同步调查评价结果见表 6-5。

**表 6-5　用国标和新标准对土壤-作物测试结果的评价相关性比较**

| 土壤 | | | | | | | 作物 | | |
|---|---|---|---|---|---|---|---|---|---|
| 地区 | 元素 | 样本数/个 | 国标 | | 新标准 | | 样本数/个 | 超标个数/个 | 超标率/% |
| | | | 超标个数/个 | 超标率/% | 超标个数/个 | 超标率/% | | | |
| 长江三角洲黄泥土区 | Pb | 100 | 1 | 1 | 0 | 0 | 100 | 1 | 1 |
| | Cd | 100 | 54 | 54 | 3 | 3 | 100 | 9 | 9 |
| 长江中游红壤区 | Pb | 100 | 5 | 5 | 0 | 0 | 100 | 34 | 34 |
| | Cd | 100 | 76 | 76 | 27 | 27 | 100 | 40 | 40 |
| 刁江流域红壤区 | Pb | 100 | 16 | 16 | 2 | 2 | 100 | 11 | 11 |
| | Cd | 100 | 98 | 98 | 6 | 6 | 100 | 36 | 36 |

续表

| 地区 | 元素 | 土壤 | | | | | 作物 | | |
| --- | --- | --- | --- | --- | --- | --- | --- | --- | --- |
| | | 样本数/个 | 国标 | | 新标准 | | 样本数/个 | 超标个数/个 | 超标率/% |
| | | | 超标个数/个 | 超标率/% | 超标个数/个 | 超标率/% | | | |
| 辽东半岛棕壤区 | Pb | 100 | 0 | 0 | 0 | 0 | 100 | 0 | 0 |
| | Cd | 100 | 54 | 54 | 1 | 1 | 100 | 1 | 1 |
| 淮海平原潮土区 | Pb | 100 | 2 | 2 | 0 | 0 | 100 | 0 | 0 |
| | Cd | 100 | 24 | 24 | 0 | 0 | 100 | 1 | 1 |

以表6-5中长江三角洲黄泥土区为例，用现行国标评价，在100个土壤样本中有54个土壤样品Cd超标，超标率达54%，而使用新的评价体系只有3个土壤样品Cd超标，超标率只有3%，同步测定的作物样品，结果是在100个作物样本中，有9个作物样品Cd超标，超标率为9%。显然，新的评价体系结果土壤与作物符合程度高，或者说有更好的相关性。同样，在辽东半岛100个土壤样本中有54个Cd超过国家标准，超标率达54%，新评价体系结果只有1个样品Cd超标，同步调查作物结果，Cd超标个数为1，超标率为1%，与新评价体系高度相关，而与现行国家标准对土壤及作物同步调查评价结果则相差很大。

# 第七章

# 新评价体系在土壤环境质量等级划分及种植结构调整中的应用

中国幅员辽阔，自然地理、景观变化大，表生植物对土壤作用差异显著。近年来，随着城市化和工业化的发展，工业废水、废气和废渣的排放量增加，处理不善；再加上农业自身污染的加剧，致使农田土壤中重金属含量迅速增加，部分农田土壤重金属污染状况严重。

改变种植制度、调整作物种类是减轻农田土壤重金属危害的有效措施，对不同地区土壤环境质量进行有效评价需采用科学合理的土壤环境质量等级划分方法，本章主要介绍适宜性评价和累积性评价两种方法，及其在种植结构调整中的应用。

## 第一节　土壤环境质量等级划分

土壤是自然的构成要素，同时也是农业生产非常重要的自然资源。土壤的环境质量作为土壤质量重要的组成部分，表征了土壤容纳、吸收以及降解各种环境污染物的能力。土壤环境质量直接影响农产品质量，进而影响周边人群的生活和发展。近年来，工业的迅猛发展、城市化进程的加快以及人们不合理地利用土地，给土壤带来了重金属污染等问题，不但造成了土壤环境质量下降，也破坏了土壤的生态系统功能，从而威胁到农产品产地的安全性。污染物通过被污染的土壤，经过迁移转化、生物链富集等过程，最终转移到各种农产品中，进而危害人体健康。

目前，可用来评价土壤环境质量的定量方法很多，有模型法、聚类法、GIS法、污染指数法、加权模糊关联法等。传统方法主要指污染指数法，即单因子污染指数法和综合污染指数法，但这两种方法均不适用于农产品主要土壤环境质量评价。在多年实践的基础上，适宜性评价和累积性评价两种方法方便、合理、科学、针对性强，评价结果较符合实际。

### 一、适宜性评价对农田土壤环境质量等级划分

现行的《土壤环境质量标准》对土壤环境质量的等级划分已不适用当前的土壤环境状况，用适宜性评价代替更为合理和科学。适宜性评价是针对在各种类型的耕地土壤中种植不同种类的作物而受到重金属污染危害的适宜程度进行评价。

农产品产地土壤环境质量适宜性评价是以土壤中重金属有效态测定值与农产品产地同一种类型土壤环境质量适宜性评价指标值比较，来反映农产品产地土壤环境质量对种植某种作物的适宜程度[1]。用土壤中重金属有效态含量表示的农产品产地土壤环境质量适宜

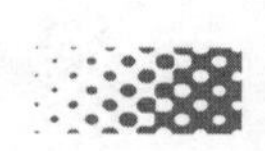

性评价，能够更好地反映农产品安全质量与土壤中重金属含量的关系，从而保障土壤安全性生产、农作物生长不受影响及农产品中污染物含量不超过食品卫生标准。

在产地适宜性评价和土壤环境质量等级划分的基础上，调查当地习惯种植的农作物，依据对污染的敏感性分类配置，在不同安全等级的产地种植不同抗性的农作物，对污染较轻的产地，调整种植水稻、小麦、大豆等粮食作物；对污染相对较重的产地，调整种植高粱、果树等高抗性作物；对污染严重的产地，调整种植棉花、花卉等非食用农产品，从而达到既利用有效的耕地资源，又保障安全农产品生产的目的。详见第三章第四节内容。

### 二、累积性评价对农田土壤环境质量等级划分

德国学者 Müller 于 1969 年提出地积累指数法（Index of Geoaccumulation，IGEO），曾主要用于沉积物中重金属污染程度的定量指标，现被广泛应用于大气沉降、土壤以及沉积物中重金属的污染评价。

单因子污染指数法主要用于突出表示某单个因子的污物程度，仅适用于单一因子污染严重的特定区域的评价。然而，土壤污染一般多由数个因素复合污染造成，单因子评价很难全面反映整体的污染状况。

综合污染指数法能够综合反映污染状况，也称作内罗梅污染指数法，其反映了各重金属对土壤环境的综合作用，同时突出了高浓度重金属对土壤环境质量的影响，有助于了解研究区域土壤综合污染状况。综合污染评价既可以兼顾多种污染物的水平也能反映某种污染物的污染程度，是目前各类型产地认证以及产地土壤环境质量评价最常使用的方法。

农产品产地累积性评价是用土壤重金属全量测定值与累积性评价指标值相比较，以反映耕地土壤累积性状况。土壤重金属累积性评价指标值为当地同一种类土壤背景值或对照点测定值。土壤背景值可以参考、查阅相关文献。

累积性评价是针对各种类型土壤受到不同有害重金属污染的累积程度和趋势的评价。这种评价只考虑农田土壤在背景值的基础上重金属的累积程度，而不涉及农作物对土壤的适宜性。农田土壤累积性评价详见第三章第四节相关内容。

## 第二节　农作物种类敏感性排序

农田土壤重金属污染是指由于人类的活动致使农田土壤中重金属过量累积引起的污染，通常包括生物毒性显著的 Pb、Cr、Cd、Hg、As 以及具有毒性的 Cu、Zn 等污染物对土壤的污染。土壤重金属污染具有隐蔽性和滞后性，它不仅会对作物产生毒害，使农作物减产，并且可通过食物链富集生成毒性更强的甲基化合物，最终在人体内积累，危害人类健康[2]。

对我国 8 个城市农田土壤中 Cr、Cu、Pb、Zn、Ni、Cd、Hg 和 As 的浓度进行统计分析，大部分城市高于其土壤背景值。农业部（现农业农村部）农产品污染防治重点实验室对全国 24 个省市土地调查显示，320 个严重污染区面积约 $5.48\times10^{6}hm^{2}$，重金属超标的农产品占污染物超标农产品总面积的 80%以上。2006 年前，国家环境保护总局（现生态环境部）对$3\times10^{5}hm^{2}$ 基本农田保护区土壤的重金属抽测了 $3.6\times10^{4}hm^{2}$，重金属超标率达 12.1%。

重金属污染物不能被化学或生物降解，易通过食物链途径在植物、动物和人体内积

累，毒性大，对生态环境、食品安全和人体健康构成严重威胁。因此，农田土壤重金属污染已成为当前日益严重的环境问题。然而，不同农作物对重金属的累积作用和敏感程度不尽相同，现就不同种类作物对几种重金属的敏感性研究举例说明如下。

## 一、农作物对铅敏感性排序

### （一）采用水培方法对不同种类蔬菜幼苗对铅的敏感性研究

王玲、刘凤枝等[3]采用水培方法，通过不同种类蔬菜幼苗对铅的敏感性研究，探讨了小白菜（叶菜类）、黄瓜、豇豆（瓜果类）和萝卜（根茎类）对重金属铅的吸收积累量及铅对其幼苗生长发育的影响。结果表明，蔬菜幼苗根和茎叶累积铅量均随铅处理浓度增加而显著增加（$P<0.05$），且在同一处理浓度下，根中铅含量远高于茎叶中铅含量。蔬菜幼苗期根对铅的敏感性排序为黄瓜＞小白菜＞萝卜＞豇豆，茎叶为小白菜＞萝卜＞黄瓜＞豇豆。此外，黄瓜和豇豆出芽率显著降低，4 种蔬菜幼苗根生长均明显受到抑制。

1. 蔬菜幼苗根和茎叶对铅吸收累积含量

考虑实际生产中产地环境 Pb 的浓度，在考察幼苗对 Pb 的吸收累积量时 Pb 浓度设定为 8mg/L。不同 Pb 浓度水培液中，小白菜、萝卜、黄瓜和豇豆幼苗根和茎叶对 Pb 的吸收累积量分别见表 7-1 和表 7-2。

**表 7-1　蔬菜幼苗根中 Pb 的吸收累积量**　　单位：mg/kg

| Pb 浓度/(mg/L) | CK | 0.5 | 1.0 | 2.0 | 4.0 | 8.0 | 相关系数 |
|---|---|---|---|---|---|---|---|
| 小白菜 | 30.64f | 2335e | 2814d | 3880e | 4883b | 6333a | 0.900① |
| 萝卜 | 32.53f | 1464e | 2434d | 3323e | 3570b | 5461a | 0.915① |
| 黄瓜 | 15.82f | 1727e | 2863d | 3203e | 5355b | 7229a | 0.949② |
| 豇豆 | 16.91f | 342e | 1032d | 1260e | 1786b | 3000a | 0.972② |

① 表示 $P<0.05$。

② 表示 $P<0.01$。

注：数据后的不同字母表明具有显著性差异（$P<0.05$）。

**表 7-2　蔬菜幼苗茎叶中 Pb 的吸收累积量**　　单位：mg/kg

| Pb 浓度/(mg/L) | CK | 0.5 | 1.0 | 2.0 | 4.0 | 8.0 | 相关系数 |
|---|---|---|---|---|---|---|---|
| 小白菜 | 4.4f | 80e | 172d | 225e | 304b | 378a | 0.909① |
| 萝卜 | 7.1f | 88e | 126d | 178e | 229b | 280a | 0.900① |
| 黄瓜 | 1.9e | 46d | 50cd | 57e | 74b | 115a | 0.924② |
| 豇豆 | 5.4d | 14cd | 18e | 33b | 42b | 54a | 0.941② |

注：表中注解说明同表 7-1。

4 种蔬菜幼苗根和茎叶中 Pb 的吸收累积量均随 Pb 处理浓度的增加而增加，二者呈显著正相关（$P<0.05$），相关系数均在 0.9 以上，且在同一条件下，幼苗根中 Pb 含量远高于茎叶中 Pb 含量。如 Pb 浓度为 8mg/L 时，4 种蔬菜根中 Pb 含量是茎叶的 16～63 倍。这说明 Pb 在植株内主要富集在根部，只有很小一部分向茎中转运，由根部到地上部分浓度是逐渐降低的。植物叶片也能吸收 Pb，但大气中以固体颗粒存在的 Pb 大部分仅沉降在叶片表面，它们大多不能透过蜡质层和角质层进入叶片内部。

从表 7-1 和表 7-2 还可以看出，在 Pb 浓度相同的情况下，不同种类蔬菜根和茎叶中 Pb 含量存在较大差异，黄瓜根中 Pb 含量最高，小白菜稍高于萝卜，豇豆含量最低。在

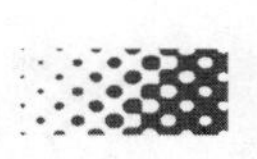

Pb浓度为8mg/L时，豇豆根中Pb含量仅是黄瓜根中的47%。而对于4种蔬菜的茎叶部分，小白菜Pb含量最高，其次是萝卜，黄瓜和豇豆对Pb的吸收累积量都小于萝卜，且黄瓜的累积量大于豇豆。因此，在相同环境条件下，4种蔬菜中黄瓜根对Pb有较强的累积能力，而小白菜茎叶对Pb有较强的累积能力。蔬菜中Pb的含量主要取决于蔬菜种类，由于其生长习性、生理代谢过程的差异，对Pb的积累也存在较大差异。

由以上分析可以得出，供试蔬菜根对Pb的吸收累积强弱顺序，即对Pb的敏感性排序为黄瓜＞小白菜＞萝卜＞豇豆；茎叶对Pb的敏感性排序为小白菜＞萝卜＞黄瓜＞豇豆。

2. Pb对出芽率的影响

4种蔬菜种子的出芽率见表7-3。用不同浓度的Pb溶液处理4种蔬菜种子，小白菜和萝卜种子发芽快，且发芽率较高，黄瓜和豇豆种子在高浓度下发芽很慢且种子容易腐烂而不发芽。低浓度的Pb溶液对萝卜种子发芽有稍微的促进作用，随着浓度的增大，种子发芽率降低。不同水平的Pb溶液对小白菜的发芽率影响不明显，只有在最大浓度时才表现出显著性差异。低浓度的Pb溶液对豇豆和黄瓜的发芽影响不大，当Pb浓度达到2mg/L时开始抑制种子发芽。当Pb浓度为32mg/L时黄瓜种子发芽率比对照降低38%，豇豆种子发芽率降低30%。

**表7-3 4种蔬菜种子的出芽率** 单位：%

| Pb浓度/(mg/L) | 空白 | 0.5 | 1.0 | 2.0 | 4.0 | 8.0 | 16.0 | 32.0 |
|---|---|---|---|---|---|---|---|---|
| 小白菜 | 100.00±0.00a | 97.50±4.33ab | 97.50±2.50ab | 96.67±4.73ab | 97.50±1.25ab | 95.83±5.05ab | 96.25±3.31ab | 94.58±9.38b |
| 萝卜 | 78.33±6.67b | 87.78±6.94a | 81.11±18.36ab | 81.11±6.94ab | 78.89±11.09b | 78.89±9.18b | 78.33±11.67b | 70.55±11.10c |
| 黄瓜 | 84.44±18.36a | 64.44±39.77bc | 73.33±37.86ab | 53.33±34.64c | 55.55±45.26bc | 63.33±49.10bc | 61.11±47.41bc | 52.22±34.05c |
| 豇豆 | 91.67±14.43a | 81.94±20.56ab | 79.17±32.54abc | 75.00±36.33bc | 66.67±34.10bc | 73.61±38.71bc | 73.61±34.95bc | 63.89±23.69c |

注：表中数据为平均值±标准值，数据后的不同字母表明具有显著性差异（$P<0.05$），下同。

3. Pb对根长的影响

在蔬菜生长过程中，根系不但从土壤中提取各种营养物质，也会因吸入污染物质使生长受到抑制，严重时可导致死亡，本实验中，4种蔬菜的根长与水培液的Pb浓度有较好的负相关性：$r$(小白菜)$=-0.783^*$，$r$(萝卜)$=-0.810^*$，$r$(黄瓜)$=-0.683^*$，$r$(豇豆)$=-0.770^*$（*表示$P<0.05$，下同）。图7-1中，与对照相比，不同浓度的Pb溶液

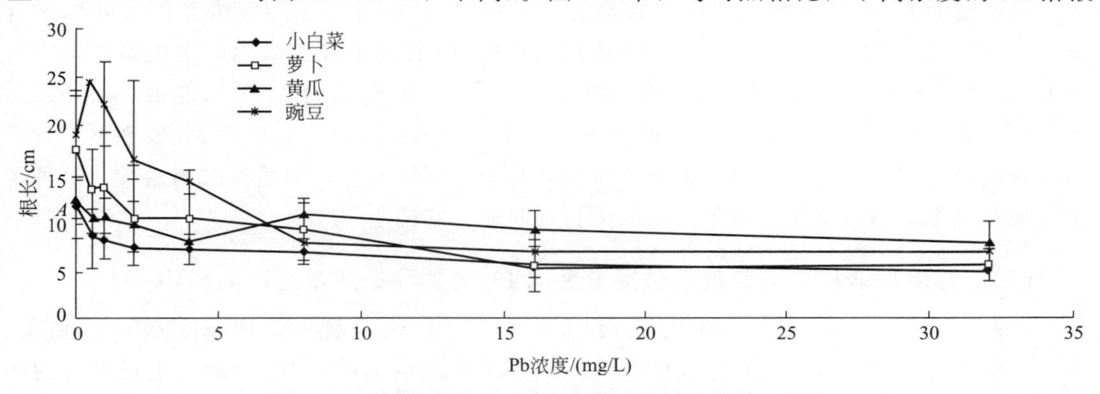


图7-1 不同浓度的Pb溶液对4种蔬菜的根长的影响

对小白菜、萝卜和黄瓜的根长均产生抑制作用，且随着Pb浓度增大抑制作用加大。当Pb浓度为2mg/L时，小白菜的根长比对照减少34%、萝卜减少39%、黄瓜减少21%。当Pb浓度为32mg/L时，小白菜的根长比对照减少57%、萝卜减少69%、黄瓜减少38%。低浓度的Pb溶液对豇豆的根长有刺激作用，但是当Pb浓度大于2mg/L时，对豇豆的根长抑制作用越来越大。Pb浓度为4mg/L时，抑制率为25%；Pb浓度为32mg/L时，抑制率达到64%。

计算不同Pb浓度下4种蔬菜的根长相对对照的抑制率，并以浓度($x$)—抑制率($y$)进行回归分析，根据回归方程得出4种蔬菜的$EC_{90}$值（指蔬菜根伸长抑制率为90%时的Pb浓度）见表7-4。回归方程如下（* *表示$P<0.01$，*表示$P<0.05$，下同）：

小白菜：$y=0.9329x+30.257$，$r=0.956^{**}$

萝卜：$y=1.4381x+31.596$，$r=0.866^{*}$

黄瓜：$y=0.5882x+17.594$，$r=0.686$

豇豆：$y=2.5215x+2.7204$，$r=0.753$

**表7-4 4种蔬菜的$EC_{90}$值** 单位：mg/L

| 蔬菜 | 小白菜 | 萝卜 | 黄瓜 | 豇豆 |
|---|---|---|---|---|
| $EC_{90}$ | 64.04 | 40.61 | 123.10 | 34.61 |

4. $EC_{90}$值的比较

$EC_{90}$值可以作为蔬菜受重金属毒害致死的临界值，Pb浓度超过$EC_{90}$值蔬菜几乎不能生长，这为确保蔬菜的安全性生产提供了依据。由表7-4可以看出，Pb对4种蔬菜的毒性效应不同。黄瓜对Pb的$EC_{90}$值最高，其次是小白菜，萝卜和豇豆对Pb的$EC_{90}$值相差不大，豇豆稍低于萝卜，表明豇豆对Pb的毒性效应响应最灵敏。4种蔬菜对Pb的$EC_{90}$值大小为：黄瓜＞小白菜＞萝卜＞豇豆。这和前面根对Pb的敏感性排序一致，说明4种蔬菜根对Pb的敏感性大小为：黄瓜＞小白菜＞萝卜＞豇豆。

5. 结论

蔬菜幼苗对Pb有很强的吸收累积作用，且根的累积作用远大于茎叶，根对Pb的累积强弱顺序，即根对Pb的敏感性排序为黄瓜＞小白菜＞萝卜＞豇豆，茎叶对Pb的敏感性排序为小白菜＞萝卜＞黄瓜＞豇豆。

低浓度的Pb对供试蔬菜叶片叶绿素的合成有刺激作用，但随Pb浓度增大叶绿素含量开始下降，从而降低光合作用。酶活性是植物在Pb胁迫下较为敏感的生理指标，小白菜CAT活性随Pb浓度的增大先增大后降低，而其他3种蔬菜的CAT活性则逐渐升高。

4种蔬菜幼苗的生长发育在Pb胁迫下受到不同程度的影响，高浓度Pb处理下，黄瓜和豇豆的发芽率受到明显抑制，在生长初期叶片受害症状明显，随培养时间延长，这种受害症状表现逐渐不明显4种蔬菜根系的生长则明显受到抑制。

### （二）利用水培和土培实验，研究重金属Pb对各种类蔬菜生产的影响

洪春来、贾彦博等[4]通过利用水培和土培实验，研究了重金属Pb对蔬菜（小白菜、芹菜、茄子、辣椒、胡萝卜）生长的影响，观察了在水培条件下Pb对蔬菜生长发育的影响和在土培条件下Pb对蔬菜生长发育的影响。结果表明：低浓度的Pb能促进蔬菜的生

长，而随着Pb添加浓度的增加，蔬菜生物量迅速降低；且水培条件下蔬菜受重金属毒害影响更大。不同蔬菜受Pb毒害的能力表现为芹菜>小白菜>胡萝卜>辣椒或茄子。

1. 水培条件下Pb对蔬菜生长发育的影响

由图7-2可知，水培条件下蔬菜在重金属Pb低浓度条件下表现为生物量增加，而随着重金属Pb浓度的升高，蔬菜生物量迅速下降，不同蔬菜对重金属Pb毒害的反应存在很大的差异。供试4种蔬菜在水培条件下耐受重金属Pb毒害能力的大小总体表现为芹菜>小白菜>茄子>辣椒。

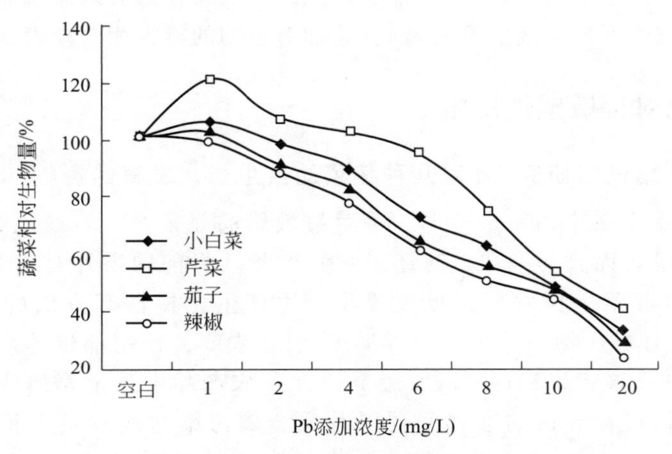


图7-2 水培条件下Pb添加对不同蔬菜生物量的影响

2. 土培条件下Pb对蔬菜生长发育的影响

与水培条件下的试验结果类似，4种蔬菜对重金属Pb都具有一定的耐受性。由图7-3可知，在低浓度下蔬菜均没有表现出明显的受害症状，生长正常，且Pb在一定程度上表现出生长促进作用，刺激蔬菜地上部分的生长，小白菜和芹菜的生物量增产作用尤为明显。而辣椒的耐受性相对较低，在低浓度下就比对照减产，这可能一方面是由于不同蔬菜类型本身对重金属毒害的耐受性存在差异；另一方面也可能与果菜的生育期较长有关，辣椒从移栽到采收一般需要4个月左右，而芹菜和小白菜生长2个月左右就收获，这使得辣椒在毒性介质中胁迫时间长，受重金属毒害的影响大，随着重金属处理浓度的增加，4种

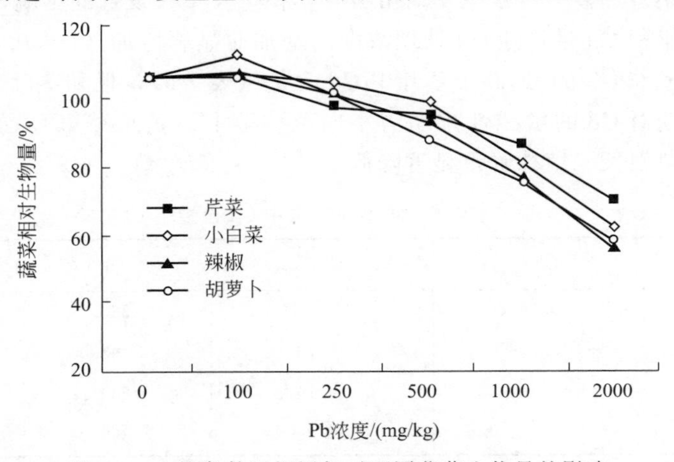


图7-3 土培条件下铅添加对不同蔬菜生物量的影响

蔬菜均开始出现中毒症状，表现为植株生长矮小、叶片黄化、辣椒叶片部分脱落。供试蔬菜在土培条件下对铅毒害的耐受性大小总体表现为芹菜＞小白菜＞胡萝卜＞辣椒。

同时从图 7-2、图 7-3 可以看到，相同浓度的重金属 Pb 添加量下，同种蔬菜在水培和土培条件下受重金属毒害的影响不同。在水培条件下蔬菜受重金属毒害影响更大，蔬菜生物量在溶液中重金属浓度小于 1mg/L 已明显下降，而在土壤中 Pb 浓度直到超过 500mg/kg后才开始表现为显著降低，这主要跟这 2 种介质中重金属 Pb 对植物的有效性存在差异有关。溶液中的重金属因为都是可溶态，植物可以直接吸收，而添加到土壤中的重金属 Pb 大部分被土壤所吸附和固定，能够被蔬菜直接吸收的有效态重金属 Pb 含量很低，因而，相同处理浓度下，溶液中重金属 Pb 添加对植物的毒害相对较大。

## 二、农作物对镉敏感性排序

### （一）利用水培试验研究 Cd 对几种蔬菜幼苗生长、发育的影响

镉（Cd）是重金属中污染最普遍、蔬菜最敏感的元素之一，产地受 Cd 污染后，不仅影响其安全质量，而且污染严重时还影响其产量。目前国内外对蔬菜 Cd 污染的研究较多，如对 Cd 对蔬菜生长发育、吸收累积、生理生化特性等方面的影响均有大量报道。研究表明，Cd 对作物的危害受外界温度、Cd 浓度、作用部位等众多因素影响，不同种类蔬菜对 Cd 迁移、累积存在较大差异。此外农产品中重金属的残留问题、重金属沿食物链向生物体可食部位的迁移问题以及重金属污染与疾病发生相关性等方面的研究也相当活跃。

刘传娟，刘凤枝等[5]对不同种类蔬菜苗期对镉的敏感性进行了研究，本书通过 4 种不同蔬菜的水培试验，探讨了 Cd 对蔬菜幼苗吸收累积和生长发育的影响，并按对 Cd 累积量的多少进行敏感性排序，同一条件下吸收累积 Cd 量越多定义为该蔬菜对 Cd 越敏感，旨在找出不同种类蔬菜苗期对 Cd 的敏感性差异，从而推断 Cd 对不同种类蔬菜安全质量的影响程度，为农产品产地种植结构调整提供科学依据。

产地环境中镉（Cd）对蔬菜的影响主要表现为蔬菜可食部分超标，高浓度时影响其生长发育，因此本书评述蔬菜幼苗对 Cd 的敏感性是按其对 Cd 吸收累积量来排序的，累积 Cd 量越高定义为该蔬菜幼苗对 Cd 敏感。采用水培方法，探讨了 Cd 对小白菜（叶菜）、黄瓜、豇豆（果菜）和萝卜（根菜）幼苗吸收累积量及生长发育的影响，结果表明：蔬菜幼苗根和茎叶中累积 Cd 量均随 Cd 处理浓度的增加而显著增加（$P<0.05$），同一处理浓度下根中 Cd 含量（表 7-5）远高于茎叶中 Cd 含量（表 7-6），根和茎叶对 Cd 的累积强弱顺序，即蔬菜苗期对 Cd 的敏感性排序为小白菜＞萝卜＞黄瓜＞豇豆；随 Cd 浓度增加，蔬菜出苗率、幼苗根长、植株鲜重显著降低。

**表 7-5　蔬菜幼苗根中 Cd 含量**　　单位：mg/kg

| Cd 浓度/(mg/L) | CK | 0.01 | 0.1 | 1.0 |
|---|---|---|---|---|
| 小白菜 | 39.54 | 112.04 | 380.09 | 2638.18 |
| 黄瓜 | 15.20 | 80.73 | 198.06 | 1199.37 |
| 豇豆 | 12.86 | 39.19 | 202.29 | 703.88 |
| 萝卜 | 41.48 | 109.97 | 395.29 | 1545.58 |

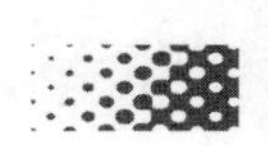

表 7-6 蔬菜幼苗茎叶中 Cd 含量 单位：mg/kg

| Cd 浓度/(mg/L) | CK | 0.01 | 0.1 | 1.0 |
|---|---|---|---|---|
| 小白菜 | 5.9 | 17.15 | 98.59 | 545.92 |
| 黄瓜 | 3.29 | 12.36 | 28.56 | 172.84 |
| 豇豆 | 1.65 | 3.83 | 6.65 | 38.72 |
| 萝卜 | 4.92 | 7.36 | 67.01 | 536.45 |

从表 7-5 和表 7-6 可以看出，蔬菜根和茎叶 Cd 含量均随 Cd 处理浓度的增加而显著增加（$P<0.05$），二者呈显著正相关线性关系，相关系数均大于 0.98，且同一处理水平下根中 Cd 含量远高于茎叶中 Cd 含量，表明蔬菜对 Cd 有很强的累积作用，且根的累积能力远大于茎叶，如 Cd 浓度为 0.1mg/L 时，4 种蔬菜根中 Cd 含量是茎叶中的 3.86～30.42 倍。因此对某一种蔬菜而言，环境中 Cd 含量是决定蔬菜体内 Cd 含量的重要因素。

从表 7-7 和表 7-8 还可以看出，在 Cd 浓度相同的情况下，不同蔬菜种类体内 Cd 含量存在较大差异。小白菜的 Cd 含量最高，萝卜的 Cd 含量与之接近，当溶液中 Cd 浓度为 0.01～1.0mg/L 时，小白菜根中 Cd 的含量分别是黄瓜和豇豆最高含量的 1.39～2.20 倍，最低含量的 1.92～3.75 倍；小白菜茎叶中 Cd 的含量分别是黄瓜和豇豆最高含量的 1.39～3.45 倍，最低含量的 4.48～14.83 倍。因此，4 种蔬菜中，小白菜和萝卜对 Cd 有较强的累积能力。

蔬菜根和茎叶对 Cd 的累积作用按顺序均为小白菜＞萝卜＞黄瓜＞豇豆，也就是说，小白菜对 Cd 最敏感，其次是萝卜，然后是黄瓜和豇豆。

此外，本书做了 Cd 对出苗率、根长、植株鲜重的影响实验，结果见表 7-7～表 7-9。

表 7-7 Cd 对出苗率的影响 单位：%

| Cd 浓度/(mg/L) | CK | 0.01 | 0.1 | 1.0 | 5.0 | 10.0 |
|---|---|---|---|---|---|---|
| 小白菜 | 98.67±2.31a | 98.67±2.31a | 100±0.00a | 100±0.01a | 100±0.02a | 100±0.03a |
| 黄瓜 | 71.67±2.89a | 73.33±5.77a | 83.33±2.89a | 71.67±10.41a | 76.67±10.41a | 76.67±15.28a |
| 豇豆 | 96.67±0.00a | 96.67±4.04ab | 96.67±0.00a | 96.67±0.00a | 87±0.00bc | 82.33±13.61c |
| 萝卜 | 80±10.8ab | 86.25±8.54a | 83.75±9.46a | 81.25±14.93b | 80.00±5.77ab | 80.00±7.07ab |

注：表中数据为平均值±标准差，数据后的不同字母表明具有显著性差异（$P<0.05$），下同。

表 7-8 Cd 对根长的影响 单位：cm

| Cd 浓度/(mg/L) | CK | 0.01 | 0.1 | 1.0 | 5.0 | 10.0 |
|---|---|---|---|---|---|---|
| 小白菜 | 8.06±1.78a | 7.78±2.22a | 6.14±1.47b | 2.34±0.92cd | 1.79±0.72d | 1.68±0.89d |
| 黄瓜 | 12.89±3.18a | 9.67±2.64bc | 11.06±3.61b | 7.99±2.77c | 5.29±2.58d | 2.01±0.62c |
| 豇豆 | 20.77±3.24b | 20.57±3.74b | 22.98±1.85a | 1.94±0.94c | — | — |
| 萝卜 | 11.73±4.52a | 12.19±4.01a | 11.86±3.30a | 7.66±2.63b | 4.53±1.59c | 5.49±1.75c |

表 7-9 Cd 对蔬菜幼苗植株鲜重的影响 单位：g

| Cd 浓度/(mg/L) | CK | 0.01 | 0.1 | 1.0 | 5.0 | 10.0 |
|---|---|---|---|---|---|---|
| 小白菜 | 2.51 | 2.50 | 1.91 | 1.31 | 1.30 | 1.38 |
| 黄瓜 | 13.3 | 12.08 | 12.17 | 11.11 | 9.22 | 5.58 |
| 豇豆 | 17.44 | 16.74 | 16.92 | 9.75 | 8.29 | 8.88 |
| 萝卜 | 6.84 | 7.86 | 7.62 | 7.16 | 6.41 | 6.01 |

由表 7-7 可见，在本试验设定的 0.01～10.0mg/L 的 Cd 浓度范围内，Cd 对小白菜、黄瓜和萝卜出苗率均略有促进作用，但当 Cd 浓度高于 5.0mg/L 时，对豇豆出苗表现为抑制作用，豇豆出苗率比对照低 10.0%，10.0mg/L 时豇豆出苗率比对照低 14.8%。说明 Cd 对豇豆的萌发及正常出苗有危害，5.0mg/L 时即显著抑制了其出苗。

表 7-8 表明了 Cd 对蔬菜的危害首先作用在根部，因为在种子萌发时胚根最先接触到溶液，在累积量和作用时间上均大于芽，Cd 对 4 种供试蔬菜的根长均有明显影响。由表 7-8 可见，小白菜和黄瓜在各 Cd 浓度下的根长均比对照减少，且随 Cd 浓度增加减少幅度增大，当 Cd 浓度为 1.0mg/L 时，小白菜根长比对照减少 71.0%，黄瓜根长比对照减少 38.0%；当 Cd 浓度为 10.0mg/L 时，小白菜根长比对照减少 79.2%，黄瓜根长比对照减少 84.4%。

当 Cd 浓度低于 0.1mg/L 时，对豇豆和萝卜根长生长有促进作用，当 Cd 浓度高于 1.0mg/L 时，对其则有显著抑制作用，豇豆在 Cd 浓度为 1.0mg/L 时根长比对照减少 90.66%，当 Cd 浓度高于 5.0mg/L 时，根不能正常生长；萝卜在 Cd 浓度为 1.0mg/L 时根长比对照减少 34.7%，在 Cd 浓度为 50mg/L 时根长比对照减少 61.4%。

因蔬菜种类和 Cd 浓度不同，蔬菜根长受到的影响差异较大。其中豇豆根长生长受 Cd 危害最大。

由表 7-9 可见，Cd 对蔬菜幼苗植株鲜重有明显影响，影响的大小则因 Cd 浓度的不同而有很大差异。小白菜、黄瓜、豇豆在各水平下的植株鲜重均比对照低，随 Cd 浓度增大植株鲜重减少的幅度增加，10.0mg/L 时，小白菜植株鲜重比对照减少 45.0%，黄瓜值株鲜重比对照减少 58.0%，豇豆植株鲜重比对照减少 49.0%。但萝卜例外，Cd 浓度低于 1.0mg/L 时，对萝卜幼苗生长发育有促进作用；Cd 浓度为 0.01mg/L 时，萝卜植株鲜重比对照增加 14.9%；但当 Cd 浓度高于 5.0mg/L 时，对鲜重略有抑制；Cd 浓度为 10.0mg/L 时，萝卜幼苗鲜重比对照低 12.1%。

由上面分析可知，蔬菜幼苗对 Cd 有很强的吸收累积作用，且根的累积作用远大于茎叶，根和茎叶对 Cd 的累积强弱顺序均为小白菜＞萝卜＞黄瓜＞豇豆，同时考虑食品安全将是限制蔬菜生产的主要因素，因此供试蔬菜幼苗对 Cd 的敏感性排序为小白菜＞萝卜＞黄瓜＞豇豆。

随 Cd 质量浓度增大及处理时间延长，植株叶片叶绿素降低，蔬菜叶片轻度褪绿直至萎蔫，根部变褐变黄，豇豆和小白菜幼苗存活率下降。但 CAT 活性逐渐升高，说明随处理浓度的增加，蔬菜幼苗受到危害增大，从而启动自身保护机制，减轻受 Cd 的危害。

4 种供试蔬菜幼苗的生长发育在 Cd 胁迫下受到不同程度的影响，豇豆受到的影响最大，其幼苗根长在 Cd 质量浓度为 0.1mg/L 时比对照显著降低，1.0mg/L 时植株鲜重显著降低，5.0mg/L 时出苗率显著降低，并且根无法止常生长。

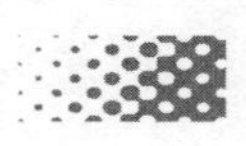

### (二) 利用水培实验，研究Cd对23种蔬菜幼苗毒害敏感性差异

丁枫华等[6]通过水培苗期毒性实验，研究了9个科23种常见作物幼苗对镉毒害敏感性的差异，结果表明，大部分供试植物在0.1～0.25mg/L镉浓度条件下开始出现表观毒害症状。不同作物种类所表现的毒害症状有较大差异。作物地上部鲜重对较低浓度镉(0.1～0.5mg/L)胁迫的响应比其他生长性状指标更加敏感和稳定，可作为植物对镉敏感性的筛选指标。不同种类作物$EC_{20}$值（地上部生物量降低20%时培养液中镉的浓度）的变化范围为0.03～24.67mg/L。根据表观毒性响应端点和$EC_{20}$对作物镉毒害敏感性分别进行分类，两种分类结果基本一致。大白菜、油白菜、油麦菜、芥菜、小白菜属于镉敏感作物，可以作为确定土壤和植物中镉的毒害临界值的生态毒性受体以及土壤镉污染的检测植物。黄瓜为镉抗性较强作物。

本书对镉敏感蔬菜采用了以下2种分类方法。

1. 根据表观毒害响应端点对作物敏感性的分类

根据水培期间各种作物在镉胁迫下出现毒害响应端点，将作物对镉毒害的敏感性进行了分类，大致分为镉敏感作物、镉较敏感作物、镉较不敏感作物、镉不敏感作物4类，见表7-10。

表7-10 根据表观毒害响应端点对作物镉敏感性的分类

| 分类 | 蔬菜种类 | 表观毒害响应端点 |
| --- | --- | --- |
| 镉敏感作物 | 大白菜、油白菜、蕹菜、油麦菜、芥菜、小白菜 | 毒害响应的最低浓度为0.1mg/L，处理7d新叶失绿黄化，0.25mg/L镉处理7d长势开始受抑，侧根须根增多 |
| 镉较敏感作物 | 番茄、茄子、生菜、菜心、花椰菜、早稻、中稻、晚稻1、晚稻2、红豇豆 | 毒害响应的最低浓度为0.25mg/L，处理7d新叶开始黄化，侧根须根增多，0.5mg/L镉处理4d长势开始受抑 |
| 镉较不敏感作物 | 结球甘蓝、萝卜、红萝卜、辣椒、葛苋 | 毒害响应的最低浓度为0.25mg/L，处理7d新叶开始黄化；1.0mg/L处理7d长势开始受抑；20.0mg/L以上处理10d下部叶枯萎或整株死亡 |
| 镉不敏感作物 | 芹菜、黄瓜 | 毒害响应的最低浓度为5.0mg/L，处理7d新叶开始黄化，侧根须根增多；10.0mg/L处理7d长势开始受抑制 |

2. 依据地上部鲜重的$EC_{20}$值对作物镉敏感性分类

在对各类作物地上部鲜重耐性指数进行一致性检验及处理间差异显著性分析的基础上，以模拟95%的置信区间拟合镉和作物间剂量-效应的相关模型。不同种类作物对镉毒害响应的差异也造成拟合方程的不一致。通过回归方程分别计算各种作物地上部鲜挥重减少20%时培养液中镉的浓度($EC_{20}$)，并对23种植物的$EC_{20}$值进行多目标聚类（表7-11）。结果表示，油麦菜、大白菜、茄子、芥菜、油白菜、小白菜为镉敏感作物，黄瓜为镉不敏感作物。大部分作物的分析结果与表7-10分类基本一致。

## 三、农作物对砷的敏感性排序

常思敏等[7]对土壤砷污染及其对作物的毒害研究进展做了综述，分析了砷对作物毒害的影响因素，砷对作物的毒性因其含量、价态、土壤的pH值、土壤类型和质地，以及作物的种类、基因型的不同而不同。虽然土壤中砷含量较高时对作物有毒害作用，但土壤中微量砷能刺激作物生长发育，提高作物产量，甚至提高某些作物（柑橘）的品质。由于

表 7-11 不同种类作物地上部鲜重耐性指数与镉浓度间关系及相应的 $EC_{20}$ 值①

| 分类 | 蔬菜种类 | 拟合方程 | $R^2$ | $EC_{20}$/(mg/L) |
| --- | --- | --- | --- | --- |
| 镉敏感作物 | 油麦菜 | $y^{**}=-0.092\ln(x)+0.478$ | 0.837 | 0.03 |
| | 茄子 | $y^{**}=-0.134\ln(x)+0.449$ | 0.949 | 0.07 |
| | 油白菜 | $y^{**}=-0.107\ln(x)+0.531$ | 0.751 | 0.08 |
| | 大白菜 | $y^{**}=-0.111\ln(x)+0.522$ | 0.837 | 0.08 |
| | 芥菜 | $y^{**}=-0.127\ln(x)+0.501$ | 0.905 | 0.10 |
| | 小白菜 | $y^{**}=-0.123\ln(x)+0.556$ | 0.794 | 0.14 |
| 镉较敏感作物 | 晚稻 1 | $y^{**}=-0.086\ln(x)+0.647$ | 0.903 | 0.17 |
| | 生菜 | $y^{**}=-0.118\ln(x)+0.601$ | 0.918 | 0.18 |
| | 早稻 | $y^{**}=-0.093\ln(x)+0.648$ | 0.954 | 0.20 |
| | 红豇豆 | $y^{**}=-0.196\ln(x)+0.507$ | 0.994 | 0.22 |
| | 中稻 | $y^{**}=-0.069\ln(x)+0.670$ | 0.893 | 0.23 |
| | 花椰菜 | $y^{**}=-0.109\ln(x)+0.639$ | 0.865 | 0.23 |
| | 番茄 | $y^{**}=-0.067\ln(x)+0.704$ | 0.734 | 0.24 |
| | 晚稻 2 | $y^{**}=-0.113\ln(x)+0.677$ | 0.862 | 0.34 |
| | 蕹菜 | $y^{**}=-0.103\ln(x)+0.706$ | 0.827 | 0.39 |
| | 苋菜 | $y^{**}=-0.160\ln(x)+0.699$ | 0.933 | 0.53 |
| 镉较不敏感作物 | 红萝卜 | $y^{**}=0.0006x^2-0.045x+0.849$ | 0.937 | 1.09 |
| | 芹菜 | $y^{**}=0.845e^{-0.041x}$ | 0.860 | 1.31 |
| | 菜心 | $y^{**}=-0.198\ln(x)+0.928$ | 0.769 | 1.91 |
| | 萝卜 | $y^{**}=-0.0006x^2-0.050x+0.943$ | 0.975 | 2.94 |
| | 辣椒 | $y^{**}=-0.0076x^2+0.014x+0.828$ | 0.824 | 3.03 |
| | 结球甘蓝 | $y^{**}=0.0007x^2-0.052x+0.960$ | 0.965 | 3.19 |
| 镉不敏感作物 | 黄瓜 | $y^{**}=1.057e^{-0.011x}$ | 0.651 | 24.67 |

① $x$ 为添加镉浓度，mg/L，$y$ 为地上部鲜重耐性指数，%。

注：$y^{**}$ 表示达 1%极显著水平，$n=9$。

土壤的酸碱度影响土壤砷的有效性，土壤溶液的 pH 值越高，砷对水稻毒性越大，对作物的生长发育抑制越严重[8,9]。

一般来说，作物耐砷能力的大小顺序为：小麦＞玉米＞蔬菜＞大豆＞水稻，其中，旱稻＞水稻[10,11]。蒋彬等[12]对 239 份水稻品种的砷含量测定表明，不同水稻基因型中，稻米含砷量为 0.08～49.14mg/kg，变异系数为 51.8mg/kg。Mehary，Macnair[13]对不同品种绒毛草进行耐砷性比较研究表明，耐砷品种体内砷的累积量远低于敏感品种。

不同作物对砷的毒性反应差别较大，水稻对砷十分敏感，而旱地作物对砷相对不敏感。例如，栽培在红壤上的 9 种植物，砷害程度的大小顺序是：水稻＞雀稗＞苋菜＞生姜＞辣椒＞烟草＞空心菜＞水花生；而栽培在褐土上的 3 种作物，砷害的顺序是：小麦＞萝卜＞玉米。砷极易被植物吸收积累，但作物体内含砷量因作物种类不同而有很大差异。例如，豆荚、扁豆、甜菜、甘蓝、黄瓜、茄子、番茄和马铃薯等作物含砷量最小，莴苣和萝卜等作物的含砷量最多，而洋葱等作物含砷量介于两者之间。砷在作物体内分布也不均匀，蔬菜地上部分积累的砷比地下部分多，水稻则是根部积累得最多，茎叶次之，稻壳与糙米中最少。

丁枫华等[14]通过水培苗期毒性实验，研究了 8 个科 19 种常见蔬菜幼苗在砷胁迫下生长性状敏感性的差异，结果表明，砷对大部分蔬菜的影响存在一个较低浓度（0.1～1.0mg/L）的刺激效应和高浓度（10.0mg/L 以上）的抑制效应。砷对蔬菜地上部生物量

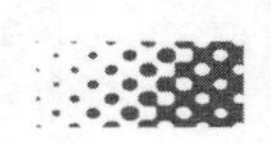

的影响普遍较根部明显。蔬菜地上部鲜重对砷胁迫相对敏感，不同种类蔬菜 $EC_{20}$ 值的变化范围为 0.20～42.87mg/L。根据表观症状和 $EC_{20}$ 对蔬菜敏感性分别进行分类，两种结果基本一致。黄瓜、红豇豆、苋菜、辣椒、茄子确定为砷敏感作物，可以作为确定土壤和植物中砷毒害临界值的基础生态受体。

本书对砷敏感蔬菜采用了以下 2 种分类方法。

1. 根据表观症状对蔬菜敏感性的分类

根据水培期间各种蔬菜出现毒害的时间、出现毒害的最低浓度及毒害表观症状的轻重程度将蔬菜砷敏感性分为砷敏感作物、砷较敏感作物、砷较不敏感作物、砷不敏感作物 4 类，见表 7-12。

**表 7-12 根据表观症状对蔬菜砷敏感性的分类**

| 分类 | 蔬菜种类 | 表观症状 |
|---|---|---|
| 砷敏感作物 | 蕹菜、黄瓜、红豇豆、苋菜、辣椒、茄子 | 出现毒害的最低浓度为 5.0mg/L，黄瓜新叶脉间失绿黄化，侧根丛生，苋菜、红豇豆、蕹菜根量稀少发褐，50.0mg/L 以上砷处理 10d 枯萎或死亡 |
| 砷较敏感作物 | 甘蓝、油白菜、大白菜、番茄 | 出现毒害的最低浓度为 5.0mg/L，侧根须根增多；20.0mg/L 砷处理 10d 根量稀少，长势严重受抑；50.0mg/L 生长停滞 |
| 砷较不敏感作物 | 生菜、油麦菜、小白菜、芹菜 | 出现毒害的最低浓度为 10.0mg/L，处理 7d 生菜、油麦菜根系发褐 |
| 砷不敏感作物 | 花椰菜、菜心、萝卜、红萝卜、芥菜 | 出现毒害的最低浓度为 10.0mg/L，处理 10d 侧根须根增多，其余可见症状不明显，50.0mg/L 处理 4d 长势稍受抑制 |

2. 根据 $EC_{20}$ 植对蔬菜砷敏感性分类

考虑到不同种类蔬菜在砷胁迫下毒性效应的差异，通过剂量-效应模型拟合，并依据地上部鲜重的 $EC_{20}$ 值 0.20～42.87mg/L 对 19 种蔬菜砷敏感性进行多目标聚类（表 7-13），结果表明，辣椒、茄子、苋菜、青菜、黄瓜、甘蓝、红豇豆为砷敏感作物，分析结果与根据表观症状对蔬菜砷敏感性的分类结果基本一致。

## 四、农作物对铬敏感性排序

不同作物对铬毒害耐性的研究尚少见报道，邓波儿等[15]在实验中以 4 种粮食作物（6 个品种)、5 种牧草和 7 种蔬菜（10 个品种）为对象，分析比较作物耐铬性的差异，并从生理生化方面探讨作物耐铬性的实质，以探讨重金属铬的毒害机理。

不同作物对铬毒害耐性的差异如下。

统计分析表明，不同作物显著减产（或干物质显著降低）时土壤中铬浓度不同（表 7-14）。当土壤中添加六价铬为 10mg/kg 时，小白菜（南亲矮脚黄）、辣椒、番茄和黄瓜显著减产；加入 20mg/kg 时干物量显著降低的作物有紫花苜蓿、黑麦草、苏丹草和小白菜（武昌矮脚黄，四月吃)；加入六价铬为 30mg/kg 时，减产作物有红三叶草和萝卜；而水稻（华矮 837)、红菜苔和小麦在加入 60mg/kg 六价铬时才减产。土壤中加入 180mg/kg 六价铬时，水稻（广陆矮 4 号）仍未明显受害。

表 7-13 不同种类蔬菜地上部鲜重耐性指数与砷浓度间关系及相应的 $EC_{20}$ 值

单位：mg/L

| 分类 | 蔬菜种类 | 拟合方程 | $R^2$ | $EC_{20}$ |
| --- | --- | --- | --- | --- |
| 砷敏感作物 | 辣椒 | $y^{**}=-0.0778\ln(x)+0.6744$ | 0.9117 | 0.20 |
| | 茄子 | $y^{**}=-0.152\ln(x)+0.8523$ | 0.9291 | 1.41 |
| | 苋菜 | $y^{**}=-0.0019x^2-0.0639x+1.0203$ | 0.8988 | 3.90 |
| | 油白菜 | $y^{**}=3\times10^{-5}x^2-0.01x+0.8406$ | 0.9439 | 4.11 |
| | 黄瓜 | $y^{**}=-0.1769\ln(x)+1.0581$ | 0.7788 | 4.30 |
| | 甘蓝 | $y^{**}=4\times10^{-5}x^2-0.0119x+0.8539$ | 0.9119 | 4.60 |
| | 红豇豆 | $y^{**}=0.0001x^2-0.0221x+0.9083$ | 0.9113 | 5.10 |
| 砷较敏感作物 | 油麦菜 | $y^{**}=4\times10^{-5}x^2-0.0114x+0.8868$ | 0.9615 | 7.83 |
| | 大白菜 | $y^{**}=-0.9107e^{-0.0155x}$ | 0.8033 | 8.36 |
| | 番茄 | $y^{**}=-1.0537e^{-0.0183x}$ | 0.8588 | 15.05 |
| | 蕹菜 | $y^{**}=1.1551e^{-0.0327x}$ | 0.9649 | 11.23 |
| | 芹菜 | $y^{**}=2\times10^{-5}x^2-0.0071x+0.8892$ | 0.7846 | 13.04 |
| | 生菜 | $y^{**}=3\times10^{-5}x^2-0.0106x+0.9891$ | 0.9538 | 18.84 |
| 砷较不敏感作物 | 小白菜 | $y^{**}=0.8929e^{-0.0065x}$ | 0.7387 | 16.90 |
| | 红萝卜 | $y^{**}=-0.1463\ln(x)+1.2165$ | 0.9119 | 17.23 |
| | 花椰菜 | $y^{**}=4\times10^{-5}x^2-0.0131x+1.0529$ | 0.9755 | 20.60 |
| | 菜心 | $y^{**}=0.926e^{-0.0053x}$ | 0.8595 | 20.67 |
| 砷不敏感作物 | 萝卜 | $y^{**}=-0.0821\ln(x)+0.989$ | 0.8345 | 24.40 |
| | 芥菜 | $y^{**}=1.1419e^{-0.0083x}$ | 0.9366 | 42.87 |

注：$y^{**}$ 表示达 1%极显著水平，$n=9$。

表 7-14 作物产量（或干物重）显著降低时的土壤含铬量

| 作物 | 品种 | 土壤含铬量/(mg/kg) | | 作物 | 品种 | 土壤含铬量/(mg/kg) | |
| --- | --- | --- | --- | --- | --- | --- | --- |
| | | $Cr^{6+}$ | $Cr^{3+}$ | | | $Cr^{6+}$ | $Cr^{3+}$ |
| 水稻 | 广陆矮 4 号 | | 800* | 黄瓜 | 青鱼胆 | 10 | 50 |
| 水稻 | 华矮 837 | 60* | 600* | 番茄 | 薯叶番茄 | 10 | 50 |
| 玉米 | 华玉 2 号 | 20 | 100* | 红菜苔 | 十月红 | 60* | — |
| 玉米 | 郧单 1 号 | 10 | 50 | 萝卜 | 黄州萝卜 | 30* | — |
| 小麦 | 鄂麦 6 号 | 60* | 200* | 豆角 | 川豆 | 20 | 100 |
| 大麦 | 157 | — | 600* | 红三叶 | | 30 | 100 |
| 小白菜 | 武昌矮脚黄 | 20* | 100* | 紫花苜蓿 | | 20 | 100 |
| | 南京矮脚黄 | 10* | — | 黑麦草 | | 20 | 50 |
| | 四月吃 | 20* | 50* | 苏丹草 | | 20 | 50 |
| 辣椒 | 华椒 1 号 | 10* | — | 燕麦 | | 20 | 100 |
| | 华椒 17 号 | 10 | 50 | | | | |

注：* 为作物经济产量显著减产时土壤含铬量，其余为生物学产量。

不同作物铬吸收量的差异如下。

试验结果表明，生长在六价铬含量为 10mg/kg 的土壤中，水稻、红菜苔、苏丹草地上部分含铬量最低，一般都<1mg/kg，小白菜、番茄含量较高，达 3.6～5.3mg/kg，而其他作物含铬在 1～2.6mg/kg 之间。生长在含三价铬 100mg/kg 的土壤中，植株铬含量最低的作物是玉米（华玉 2 号），水稻和大麦含铬量<2mg/kg；辣椒、黄瓜、番茄、黑麦草和燕麦植株含铬量为 5～7.5mg/kg；而小白菜（四月吃）含铬量则高达 10mg/kg 以上。

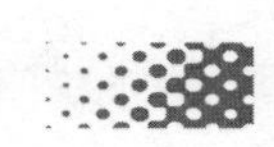

说明不同作物铬吸收量差异明显。耐性作物与敏感性作物组织含铬量的差异见表 7-15。由表 7-15 看出，在含 30mg/kg 六价铬的土壤中，对铬敏感性作物的组织含铬量（按干重计）为 2.85～10.79mg/kg，而耐性作物为 0.55～1.5mg/kg。

**表 7-15　耐性作物与敏感性作物组织含铬量**（按干重计）　　单位：mg/kg

| 铬处理/(mg/kg) | | 耐性作物 | | | | 敏感性作物 | | | | | |
|---|---|---|---|---|---|---|---|---|---|---|---|
| | | | | | | 小白菜 | | | | | |
| | | 水稻 | 小麦 | 红菜苔 | 萝卜 | 武昌矮脚黄 | 南京矮脚 | 番茄 | 辣椒 | 黄瓜 | 玉米郧单1号 |
| $Cr^{6+}$ | 0 | 0.531 | 0.393 | | | | | 1.63 | 2.78 | 1.20 | 0.91 |
| | | (0.068) | (0.085) | (0.613) | (0.282) | (1.858) | (1.487) | | | | |
| | 10 | 0.525 | 1.063 | | | | | 3.19 | 2.14 | 2.18 | 1.19 |
| | | (0.066) | (0.207) | (0.747) | (0.468) | (2.601) | (3.625) | | | | |
| | 30 | 0.552 | 1.367 | | | | | 6.28 | 4.24 | 4.39 | 2.58 |
| | | (0.066) | (0.220) | (1.508) | (1.882) | (5.545) | (10.768) | | | | |
| $Cr^{3+}$ | 0 | 0.410 | 0.599 | | | | | 1.63 | 2.78 | 1.20 | 0.91 |
| | | (0.060) | (0.075) | | | (2.020) | | | | | |
| | 100 | 1.700 | 2.070 | | | | 5.80 | 7.11 | 6.12 | 2.40 | |
| | | (0.062) | (0.100) | | | (3.480) | | | | | |
| | 200 | 3.030 | 2.803 | | | | 0.32 | 13.28 | 10.56 | 3.88 | |
| | | (0.077) | (0.158) | | | (8.640) | | | | | |

注：括号内数字为食用部分含铬量，其余为茎叶铬含量。

不同作物造成减产时的土壤中三价铬浓度也不同。供试蔬菜和牧草大多在土壤中三价铬含量为 50～100mg/kg 时减产，而粮食作物水稻、大麦却是在三价铬含量为 600～800mg/kg 三价铬时才减产，二者相差 10 倍以上。

以作物相对生长量进行作物耐铬性的分级，实验中以在土壤中投入 30mg/kg 六价铬或 150mg/kg 三价铬时的相对生长量作为作物耐铬能力的分级标准，相对生长量大于 80%的为耐性强作物，50%～80%的为中等耐性作物，小于 50%的为敏感性作物，其结果见图 7-4、图 7-5。

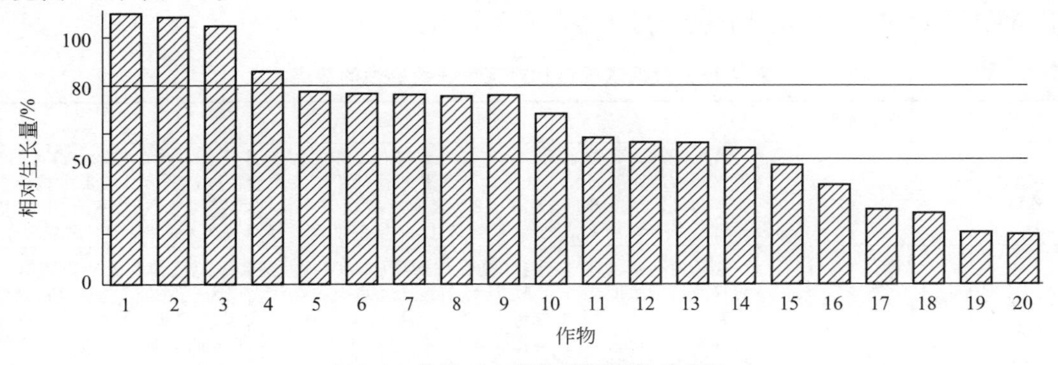


图 7-4　作物对六价铬毒害耐性的分级

1—水稻（广陆矮 4 号）；2—红菜苔；3—小麦；4—萝卜；5—红三叶；6—苏丹草；7—黑麦草；8—燕麦；9—水稻（华矮 837）；10—紫苜蓿；11—辣椒（华椒 1 号）；12—玉米（华玉 2 号）；13—豆角；14—小白菜（四月吃）；15—小白菜（武昌矮脚黄）；16—黄瓜；17—玉米（郧单 1 号）；18—小白菜（南京矮脚黄）；19—辣椒（华椒 17 号）；20—番茄

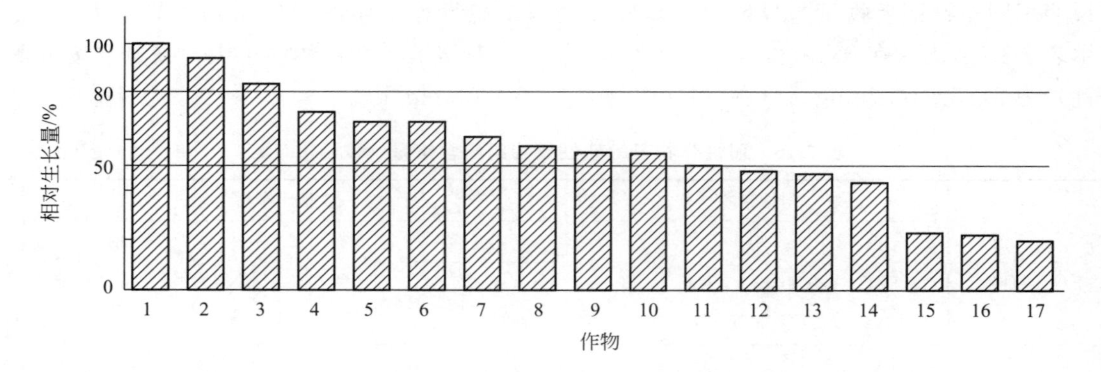


图 7-5 作物对三价铬毒害耐性的分级

1—水稻（广陆矮 4 号）；2—大麦；3—小麦；4—水稻（华矮 837）；5—豆角；
6—玉米（华玉 2 号）；7—燕麦；8—红三叶；9—小白菜（四月吃）；
10—黑麦草；11—小白菜（武昌矮脚黄）；12—黄瓜；13—辣椒（华椒 17 号）；
14—番茄；15—紫苜蓿；16—玉米（郧单 1 号）；17—苏丹草

对六价铬耐性强的作物：水稻（广陆矮 4 号）、红菜苔、小麦秋萝卜；中等耐性作物：红三叶、苏丹草、黑麦草、燕麦、水稻（华矮 837）、紫花苜蓿、辣椒（华椒 1 号）、玉米（华玉 2 号）、豆角和小白菜（四月吃）；铬敏感性作物：小白菜（武昌矮脚黄、南京矮腰黄）、黄瓜、玉米（郧单 1 号）、辣椒（华椒 17）和番茄。

## 五、农作物对锌敏感性排序

陈玉真等[16]采用水培试验对福建省 16 种蔬菜对锌毒害敏感性研究，结果表明，黄瓜和空心菜的锌毒害表观症状最为明显，而快白菜、早熟 5 号、莴笋、油麦菜、芥菜、胡萝卜症状表观最不明显，添加锌最高浓度 32mg/L 处理 11d 左右才出现轻微黄化现象。

本书对锌敏感蔬菜采用了以下 2 种分类方法。

1. 根据锌对蔬菜毒害的表观症状分类

根据水培期各蔬菜对锌毒害的表观症状严重程度、出现毒害症状的最低浓度和最早时间，将蔬菜对锌毒害的敏感程度分为 3 类，见表 7-16。

**表 7-16 根据表观症状对蔬菜锌敏感性的分类**

| 分类 | 蔬菜种类 | 表观症状 |
| --- | --- | --- |
| 锌敏感作物 | 黄瓜、空心菜 | 黄瓜添加毒害第 2 天 32mg/L 处理便有 1 株死亡，2 株萎蔫。空心菜添加毒害第 2 天 32mg/L 处理的大部分植株基部老叶就开始出现大量枯斑，空心菜、黄瓜出现毒害症状的最低浓度都是 2mg/L，2 种蔬菜对锌毒害主要症状表现为：老叶布有枯斑，培养后期老叶失水干枯脱落，新叶黄化，最高浓度生长停滞甚至死亡，根部有腐烂现象 |
| 锌较敏感作物 | 苋菜、玉豆、豇豆、四九菜心 | 这几种蔬菜出现毒害症状是在添加毒害 4d 左右，苋菜、玉豆、四九菜心出现毒害症状的最低浓度 4mg/L，豇豆为 2mg/L。豆类的症状表现为：茎基部呈黑褐色，老叶前期布有枯斑，后期叶缘卷曲，失水，干枯，生长抑制。苋菜的症状表现为：新叶首先表现为黄花，后期表现为白化现象，叶缘卷曲，叶心不能正常抽出新叶。四九菜心症状表现为：新叶及叶心失绿黄化，生长受阻 |
| 锌较不敏感作物 | 山西小白菜、茄子、榨菜、茼蒿 | 这几种蔬菜出现毒害症状是在添加毒害 8d 左右，茼蒿、榨菜出现毒害症状的最低浓度为 2mg/L，山西小白菜、茄子出现毒害症状的最低浓度为 4mg/L。山西小白菜、茄子、榨菜的主要症状表现为：培养前期新叶黄化，后期老叶有少量枯斑，有少量叶片枯萎脱落。茼蒿的症状表现为：培养前期新叶黄化，后期新叶布有枯斑，叶尖失水枯萎卷曲 |

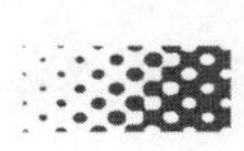

2. 依据锌毒害蔬菜的 $EC_{20}$ 对敏感性分类

蔬菜的生产量主要用地上部鲜重或根鲜重来衡量。这 2 个指标与锌添加浓度之间的最优回归方程及相应的 $EC_{20}$ 值见表 7-17。

**表 7-17　各蔬菜与锌添加浓度的最优回归方程及相应的 $EC_{20}$ 值**

| 蔬菜种类 | 地上部方程 | $EC_{20}$/(mg/L) | 地下部方程 | $EC_{20}$/(mg/L) |
|---|---|---|---|---|
| 黄瓜 | $Y^{**}=0.989e^{-0.068X}$ | 3.12 | $Y^{**}=0.770e^{-0.057X}$ | 0.67 |
| 早熟 5 号 | $Y^{**}=0.01X^2-0.052X+0.959$ | 3.26 | $Y^{**}=0.820e^{-0.024X}$ | 1.03 |
| 山西小白菜 | $Y^{**}=0.949e^{-0.041X}$ | 4.17 | $Y^{**}=0.830e^{-0.033X}$ | 1.12 |
| 苋菜 | $Y^{**}=1.009e^{-0.062X}$ | 4.46 | $Y^{**}=0.992e^{-0.042X}$ | 5.52 |
| 莴笋 | $Y^{**}=0.001X^2-0.038X+0.953$ | 4.58 | $Y^{**}=1.047e^{-0.029X}$ | 9.28 |
| 玉豆 | $Y^{**}=0.966e^{-0.035X}$ | 5.39 | $Y^{**}=1.020e^{-0.032X}$ | 7.59 |
| 豇豆 | $Y^{**}=0.001X^2-0.039X+0.993$ | 5.82 | $Y^{**}=-0.113\ln(X)+0.732$ | 1.83 |
| 四九菜心 | $Y^{**}=0.971e^{-0.024X}$ | 8.07 | $Y^{**}=0.785e^{-0.021X}$ | 0.90 |
| 茄子 | $Y^{**}=0.966e^{-0.022X}$ | 8.57 | $Y^{**}=1.176e^{-0.026X}$ | 14.82 |
| 油麦菜 | $Y^{**}=0.951e^{-0.020X}$ | 8.65 | $Y^{**}=0.981e^{-0.032X}$ | 6.37 |
| 榨菜 | $Y^{**}=0.001X^2-0.055X+1.244$ | 9.83 | $Y^{**}=-0.104\ln(X)+0.754$ | 1.56 |
| 空心菜 | $Y^{**}=1.183e^{-0.036X}$ | 10.87 | $Y^{**}=-0.003X^2-0.061X+1.350$ | 6.77 |
| 茼蒿 | $Y^{**}=1.078e^{-0.024X}$ | 12.43 | $Y^{**}=1.0283e^{-0.022X}$ | 21.47 |
| 胡萝卜 | $Y^{**}=1.132e^{-0.027X}$ | 12.86 | $Y^{**}=1.240e^{-0.041X}$ | 10.69 |
| 芥菜 | $Y^{**}=0.176e^{-0.026X}$ | 14.82 | $Y^{**}=1.086e^{-0.021X}$ | 14.55 |
| 快白菜 | $Y^{**}=1.056e^{-0.17X}$ | 16.33 | $Y^{**}=-0.002X^2-0.051X+1.064$ | 7.22 |

注：$Y^{**}$ 表示达 1%极显著水平，$n=9$。

由于植物在幼苗期主要是以地上部鲜重来衡量蔬菜产量的，且地上部鲜重与营养液中添加锌的浓度相关性较好，故采用地上部鲜重作为蔬菜减产指标。根据地上部 $EC_{20}$ 值将蔬菜对锌的敏感性进行分类见表 7-18。

**表 7-18　根据地上部 $EC_{20}$ 值将蔬菜对锌的敏感性进行分类**

| 锌敏感作物 | 锌较敏感作物 | 锌较不敏感作物 | 锌不敏感作物 |
|---|---|---|---|
| 黄瓜、早熟 5 号 | 山西小白菜、苋菜、莴笋、玉豆、豇豆 | 四九菜心、茄子、油麦菜、榨菜、空心菜 | 茼蒿、胡萝卜、芥菜、快白菜 |

根据各蔬菜对锌毒害的表观症状和地上部鲜重减产两方面的表观确定黄瓜为锌敏感作物，胡萝卜、芥菜和快白菜为锌不敏感作物。

## 六、农作物对镍敏感性排序

罗丹、胡欣欣等[17]在镍对蔬菜毒害临界值的研究中，通过水培实验，综合蔬菜对镍毒害的表观症状和地上部生物是降低 20%的效应浓度值 $EC_{20}$，对 18 种福建常见蔬菜对镍毒害的敏感性分别做出了排序。

1. 根据蔬菜对镍毒害的表观症状敏感性分类

植物受镍毒害后，生理的变化可通过地上部生长状况、叶片颜色和形态的变化等表现出来。因此，通过表观症状可大致分辨出不同植物对镍毒害的敏感程度。0.1mg/L 镍处理的各种蔬菜均没有明显的镍毒害症状。0.5mg/L 镍处理处，黄瓜上部嫩叶出现黄斑，快白上部嫩叶脉间失绿。其余蔬菜均在 2.5mg/L 镍处理下出现毒害症状。因此，以镍处理下出现毒害症状的各种蔬菜的受害程度大致分为三类，即镍敏感作物、镍较敏感作物和镍较不敏感作物。见表 7-19。

**表 7-19 依据表观症状的蔬菜镍敏感性分类**

| 分类 | 蔬菜种类 | 表观症状 |
|---|---|---|
| 镍敏感作物 | 黄瓜、快白菜 | 0.5mg/L 镍处理下，黄瓜上部叶片出现黄斑块，快白菜上部叶脉间失绿 |
| 镍较敏感作物 | 蕹菜、早熟 5 号、豇豆、番茄、芥菜、茄子、萝卜、花椰菜、甘蓝、山西白、清江白、菜心 | 2.5mg/L 镍处理下，各蔬菜主要表现为上部叶黄化，有大块黄白斑成褐斑，并不同程度失水 |
| 镍较不敏感作物 | 苋菜、莴笋、生菜、油麦 | 2.5mg/L 镍处理下，各蔬菜主要表现为新叶黄化 |

2. 根据蔬菜生长状况的敏感性分类

不同蔬菜品种间株高、根长、地上部生物量（鲜重）和根生物量（鲜重）无法直接进行比较，可以通过计算各种蔬菜上述各项指标的耐性指数，其计算式为：耐性指数(%)=处理/对照×100。本研究表明，蔬菜株高、根长、地上部和根系生物量与镍添加浓度呈显著或极显著的负相关，尤其是地上部鲜重与镍处理浓度间的关系最优，故采用镍对蔬菜地上部生物量的抑制程度判断毒害程度。以蔬菜地上部相对生物量（处理生物量与对照生物量比值）和镍添加浓度之间的最优回归方程计算出各种蔬菜地上部生物量（鲜重）减少20%时，溶液中镍的浓度见表 7-20。

**表 7-20 各种蔬菜相对生物量与镍浓度间的相关及相应的 $EC_{20}$ 值**

| 蔬菜种类 | 最优回归方程 | $p(EC_{20})$ /(mg/L) | 蔬菜种类 | 最优回归方程 | $p(EC_{20})$ /(mg/L) |
|---|---|---|---|---|---|
| 蕹菜 | $y=-0.122\ln(x)+0.5683$ | 0.15 | 萝卜 | $y=-0.2136\ln(x)+0.7553$ | 0.81 |
| 豇豆 | $y=-0.1373\ln(x)+0.6649$ | 0.37 | 甘蓝 | $y=-0.207\ln(x)+0.6193$ | 0.42 |
| 早熟 5 号 | $y=-0.1355\ln(x)+0.5596$ | 0.17 | 山西白 | $y=-0.1819\ln(x)+0.5267$ | 0.22 |
| 黄瓜 | $y=-0.1488\ln(x)+0.551$ | 0.19 | 快白菜 | $y=-0.1616\ln(x)+0.6424$ | 0.38 |
| 苋菜 | $y=-0.1551\ln(x)+0.4721$ | 0.12 | 花椰菜 | $y=-0.1387\ln(x)+0.5769$ | 0.20 |
| 番茄 | $y=-0.2049\ln(x)+0.6215$ | 0.42 | 莴笋 | $y=-0.2368\ln(x)+0.8235$ | 1.10 |
| 芥菜 | $y=-0.207\ln(x)+0.6704$ | 0.54 | 油麦 | $y=-0.1935\ln(x)+0.7086$ | 0.62 |
| 菜心 | $y=-0.1661\ln(x)+0.5322$ | 0.20 | 生菜 | $y=-0.1656\ln(x)+0.6816$ | 0.49 |
| 清江白 | $y=-0.1514\ln(x)+0.4513$ | 0.10 | 茄子 | $y=-0.1644\ln(x)+0.4975$ | 0.16 |

由表 7-22 可见，各种蔬菜地上部生物量减少 20%时，溶液中镍的浓度（mg/L）依次为：清江白(0.10)＜苋菜(0.12)＜蕹菜(0.15)＜茄子(0.16)＜早熟 5 号(0.17)＜黄瓜(0.19)＜菜心(0.20)＝花椰菜(0.20)＜山西白(0.22)＜豇豆(0.37)＜快白菜(0.38)＜番茄＝甘蓝(0.42)＜生菜(0.49)＜芥菜(0.54)＜油麦(0.62)＜萝卜(0.81)＜莴笋(1.10)。$EC_{20}$值越小，表明蔬菜对镍毒害越敏感；$EC_{20}$越大表明蔬菜对镍毒害耐性越强。

## 七、农作物对汞敏感性排序

黄玉芬[18]在土壤汞对作物的毒害及临界值研究中，实验了 16 种蔬菜对汞毒害的敏感

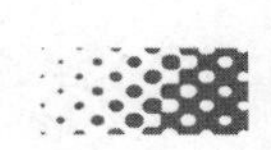

程度，并采用了表观症状和蔬菜地上部生物呈减少 20%时溶液相应的汞浓度（$EC_{20}$）2 种对蔬菜汞毒害敏感性分类的方法，结果如下。

1. 根据表观症状对蔬菜汞毒害敏感性分类

水培期间根据蔬菜汞毒害症状和出现时间、最低浓度及表观症状和轻重程度，将蔬菜对汞毒害的敏感性进行分类，共分为汞敏感作物、汞较敏感作物、汞较不敏感作物、汞不敏感作物 4 类，见表 7-21。

**表 7-21　根据表观症状对蔬菜汞毒害敏感性的分类**

| 分类 | 蔬菜种类 | 表观症状 |
| --- | --- | --- |
| 汞敏感作物 | 大白菜<br>黄瓜 | 毒害出现最低浓度为 0.25mg/L，黄瓜在该浓度下根系微褐，基部第 1、2 叶片叶缘微黄化，大白菜基部第 1、2 叶片略黄化。大白菜处理 15d 时高浓度（32mg/L）下的幼苗死亡或近于死亡 |
| 汞较敏感作物 | 茄子<br>蕹菜<br>上海青<br>莴笋<br>茼蒿 | 莴笋、上海青毒害出现最低浓度为 0.5mg/L，长势弱于对照，根系微褐。茄子、茼蒿、蕹菜毒害出现的最低浓度为 1.0mg/L，植株长势受抑制，基部叶片黄化，根系主根较短、须根减少，呈褐色。高汞（32.0mg/L）处理时，茄子严重矮化，根发黑坏死，植株接近死亡 |
| 汞较不敏感作物 | 早熟 5 号<br>芹菜<br>苋菜<br>小白菜<br>西红柿 | 早熟 5 号、芹菜、苋菜、小白菜、西红柿毒害出现的最低浓度为 1.0mg/L，该类蔬菜在 0.25mg/L 汞的处理下，长势良好或优于对照，根系须根明显增多。高汞（32.0 mg/L）处理，早熟 5 号、芹菜基部第 1、2 叶片干枯、心叶浓绿，苋菜基部第 1、2、3 叶片已脱落，小白菜基部第 1、2、3、4 叶片黄化加剧，有枯斑。西红柿基部第 1、2 叶片黄化、出现枯斑，其根系呈褐色，植株高汞处理未见死亡 |
| 汞不敏感作物 | 豇豆<br>荷兰豆<br>白萝卜<br>胡萝卜 | 豇豆、胡萝卜、白萝卜毒害出现最低浓度为 1.0mg/L，荷兰豆毒害出现最低浓度为 2.0mg/L。该类蔬菜在 0.5mg/L 处理下，长势良好或优于对照，根系须根明显增多。高汞（16.0～32.0mg/L）处理下植株长势弱、萎蔫失水，根系矮、少，呈褐色，植株未见死亡。其中豇豆高汞处理时出现心叶黄化，荷兰豆茎秆出现黑斑，胡萝卜基部第 1、2、3、4 叶片黄化，白萝卜基部叶片枯萎、黄化、有枯斑，心叶浓绿，出现茎基部腐烂症状 |

2. 根据 $EC_{20}$ 值对蔬菜汞毒害敏感性分类

以不同种类蔬菜进行汞胁迫的剂量-效应最优模型拟合，以各类蔬菜地上部生物量（鲜重或干重）和汞添加处理浓度之间的最优回归方程，计算出各种蔬菜地上部生物量减少 20%时溶液中相应的汞浓度（$EC_{20}$）。因为本实验是蔬菜水培苗期实验，并以地上部鲜重的蔬菜产量计算，故采用地上部鲜重指标来进行蔬菜汞敏感性分类。见表 7-22。

由表 7-22 可见，$EC_{20}$ 值由小到大顺序为（蔬菜对汞毒害敏感性排序）：黄瓜（0.12）＜蕹菜（0.64）＜莴笋（0.72）＜苋菜（1.07）＜上海青（1.64）＜荷兰豆（2.27）＜大白菜（2.36）＜小白菜（2.98）＜茼蒿（3.04）＜芹菜（3.27）＜胡萝卜（4.83）＜西红柿（5.10）＜早熟 5 号（5.54）＜茄子（6.88）＜豇豆（8.04）＜白萝卜（9.06）。

依据表观症状和 $EC_{20}$ 值 2 种分类方法综合考虑，确定黄瓜为供试蔬菜中的汞敏感作物为黄瓜，汞不敏感作物为胡萝卜和白萝卜。见表 7-23。

表 7-22 不同种类蔬菜地上部鲜重与汞浓度间关系及相应的 $EC_{20}$ 值

| 蔬菜种类 | 地上部鲜重 | |
|---|---|---|
| | 最优拟合方程 | $EC_{20}$/(mg/L) |
| 豇豆 | $y^{**}=-54.643\ln x+64.656$ | 8.04 |
| 荷兰豆 | $y^{**}=-24.21\ln x+19.072$ | 2.27 |
| 茄子 | $y^{**}=-33.681\ln x+29.639$ | 6.88 |
| 西红柿 | $y^{**}=5.0608x^2-69.779x+239.17$ | 5.10 |
| 蕹菜 | $y^{**}=0.8482x^2-12.428x+45.5$ | 0.64 |
| 小白菜 | $y^{**}=8.1927x^2-54.975x+91.725$ | 2.98 |
| 大白菜 | $y^{**}=-20.027\ln x+21.165$ | 2.36 |
| 早熟 5 号 | $y^{**}=0.4954x^2-18.626x+175.07$ | 5.54 |
| 上海青 | $y^{**}=1.1994x^2-26.594x+146.67$ | 1.64 |
| 芹菜 | $y^{**}=9.1727x^2-54.038x+79.614$ | 3.27 |
| 莴笋 | $y^{**}=17.643x^2-121.48x+207.62$ | 0.72 |
| 茼蒿 | $y^{**}=2.7449x^2-37.255x+126.46$ | 3.04 |
| 苋菜 | $y^{**}=-22.131\ln x+39.283$ | 1.07 |
| 胡萝卜 | $y^{**}=-20.223\ln x+13.419$ | 4.83 |
| 白萝卜 | $y^{**}=2.0388x^2-39.371x+190.02$ | 9.06 |
| 黄瓜 | $y^{**}=0.2163x^2-7.4004x+62.625$ | 0.12 |

注：$y^{**}$ 表示达 1%极显著水平。

表 7-23 不同作物汞敏感性分类

| 分类 | 汞敏感作物 | 汞较敏感作物 | 汞较不敏感作物 | 汞不敏感作物 |
|---|---|---|---|---|
| 蔬菜种类 | 黄瓜 | 大白菜<br>蕹菜<br>莴笋<br>茼蒿<br>上海青<br>小白菜<br>苋菜 | 茄子<br>西红柿<br>早熟五号<br>芹菜<br>荷兰豆<br>豇豆 | 胡萝卜<br>白萝卜 |

# 第三节 土壤环境质量与种植农作物种类的适宜性调整

土壤是人类赖以生存的重要自然资源之一，保护土壤是保障粮食与食品安全的基础。近年来，我国土壤重金属污染整体呈加剧趋势。为掌握土壤重金属污染状况并为其防治提供依据，有关部门相继开展了土壤重金属污染普查工作。如果能够把土壤环境质量等级划分与土壤重金属污染普查工作结合起来，将对我国今后农产品种植结构调整产生深远影响。

改变种植结构，调整作物种类也是减轻农田土壤重金属危害的有效措施。对于污染严重不适宜种植粮食作物的地区，可以开展苗木花卉的生产；而对于污染较轻的区域，可以种植耐重金属较强的品种，减少农作物对重金属的吸收，降低重金属对人类健康的危害。不同种类的植物生理学特性不同，对土壤重金属的吸收效应存在一定的差异。根据不同作物对重金属元素的吸收效应的特点，针对土壤重金属污染程度的不同，有选择地种植作物，有利于降低土壤重金属对农产品的污染，使受污染的农田得到合理利用。不同的作物品种对重金属的富集存在差异，同时不同作物品种对重金属也体现出不同耐性。因此可以

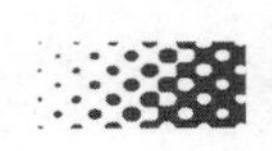

通过田间实验或盆栽实验筛选重金属低积累作物品种和耐性作物品种来减弱重金属对农作物的危害，从而降低人类健康受重金属危害的风险。

## 一、对粮食作物主产区耕地土壤环境质量调查

我国粮食作物主要品种为水稻、小麦、玉米及高粱、谷子等杂粮。水稻产地为长江中下游平原和四川盆地，小麦产地以华北平原、东北平原为主，玉米产地主要在华北平原，高粱产地在北方地区，谷子主要在黄土高原。首先，必须对粮食的主要产地土壤进行监测，切实弄清产地土壤的环境质量，尤其是土壤中有害重金属的含量。查清各地区土壤中对水稻、小麦、玉米等作物生长影响较为严重并且威胁作物品质的重金属的种类及含量。例如同为水稻，因产地土壤类型不同、环境不同，主要危害的重金属种类可能不同。其次，在调查的基础上，确定各地区不同土壤类型、各作物种类（水稻、小麦、玉米及其他）的有害重金属种类（一种或多种）。

## 二、确定粮食作物主产区耕地土壤有害重金属的安全临界值

我国很多区域存在“边治理、边污染、越治理、越污染”的现象。部分基层政府重工业、轻农业，重经济、轻环境，重当前利益、轻长远发展现象严重。农田环境安全问题得不到地方政府的重视，重金属污染持续发生。由于重金属污染区域差异大，现行标准不能完全适用于不同地区、不同土壤和不同作物，导致缺乏科学的评价体系，特别是针对不同作物的产地土壤重金属安全阈值和评价标准缺失，难以满足保障农产品生产安全的要求。因此亟待研究产地重金属安全阈值，建立健全农田重金属安全评价方法体系。

（1）确定水稻各产地　土壤不同有害重金属的安全临界值。

（2）确定小麦各产地　土壤不同有害重金属的安全临界值。

（3）确定玉米各产地　土壤不同有害重金属的安全临界值。

## 三、对粮食作物主产区耕地土壤环境质量进行适宜性评价

环境污染是指人类活动所引起的环境质量下降而有害于人类或生物正常生存和发展的现象。显然，环境污染是一个从量变到质变的发展过程，很难确定污染物累积与危害发生的明确界线。以未受人为活动影响的深层土壤元素含量（地球化学基准值）为参比，度量土壤环境的相对变化程度，综合考虑土壤污染的尘态效应，确定土壤污染等级划分标准，划分土壤污染等级。

我国农田土壤受污染率已从20世纪80年代末期的不足5%上升至目前的近20%。我国土壤污染正从常量污染物转向微量持久性毒害污染物：土壤污染从局部蔓延到大区域，从城市郊区延伸到乡村，从单一污染扩展到复合污染，从有毒有害污染发展至有毒有害污染与氮、磷营养污染的交叉，形成点源与面源污染共存，生活污染、农业污染和工业污染叠加、各种新旧污染与二次污染相互复合或混合的态势。目前，受到重金属污染的农田已遍布我国多个省。

（1）水稻各产地　划分有害重金属适宜性等级。

（2）小麦各产地　划分有害重金属适宜性等级。

（3）玉米各产地　划分有害重金属适宜性等级。

## 四、种植作物种类适宜性调整的原则

① 适宜性评价结果表明已不适合种植原来作物的必须调整。

② 优先考虑调整种植抗性较强的粮食作物品种。

③ 不适合种植粮食作物的耕地改为种植经济作物。

土壤污染与大气污染和水污染不同，大气污染和水污染一般比较直观，容易被人们发觉；而土壤污染往往不易被人们发现，一般要等到农产品发生危害时，人们才会追溯到土壤，并且需要通过对土壤样品进行分析化验和农作物的残留检测才能确定。另外，污染物质在大气和水体中一般容易扩散和稀释，所以只要切断污染源并采取有效的治理措施，很快就会见效；而污染物在土壤中一般难以扩散和稀释，土壤污染一旦发生则很难恢复，治理成本较高、治理周期较长，甚至被某些重金属污染的土壤需要200～1000年的时间才能够恢复。因此，重金属污染的治理以及作物种类的适宜性调整，应长期坚持，常抓不懈。

## 五、蔬菜种类的适宜性调整的原则

由于蔬菜种类繁多，全国各地区的蔬菜品种差异也较大，人们对各类蔬菜的喜欢程度和食用习惯也不尽相同，各地区的菜农对当地主要蔬菜品种多年积累的种植经验和管理技术水平也各有特点和差异。所以，对蔬菜种植种类进行适宜性调整，其繁杂程度和难度与大田作物相比是可想而知的。

1. 对菜田土壤进行环境质量调查

① 确定菜田土壤中重金属的含量。

② 确定影响蔬菜生长和品质的主要重金属种类。

2. 确定种植主要蔬菜品种对土壤有害重金属的安全临界值并进行适宜性评价

① 确定蔬菜中根菜、叶菜、果菜的代表作物。

② 制定出相应的临界值。

③ 对种植蔬菜代表作物做适宜性评价。

3. 确定不同品种的蔬菜对有害重金属敏感性排序

4. 根据敏感性排序确定各地区优先种植蔬菜的种类

5. 根据敏感性排序确定各地区受危害严重的蔬菜种类

6. 根据叶类菜、根茎菜和果类菜受重金属危害的程度进行种植结构调整

## 参考文献


[1] 刘凤枝，徐亚平，蔡彦明等．农产品产地土壤环境质量适宜性评价研究．农业环境科学学报，2007，01：6-14.

[2] 周东美，王玉军，陈怀满．论土壤环境质量重金属标准的独立性与依存性．农业环境科学学报，2014，02：205-216.

[3] 王玲，刘凤枝，蔡彦明等．不同种类蔬菜幼苗对铅的敏感性研究．农业环境科学学报，2010，29（9）：1646-1652.

[4] 洪春来，贾彦博，王润屹等．铅毒害对蔬菜生长影响的研究．现代农业科技，2008，20.

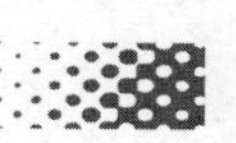

[5] 刘传娟，刘凤枝，蔡彦明等．不同种类蔬菜幼苗期对镉的敏感性研究.农业环境科学学报，2009，28（9）：1789-1794.
[6] 丁枫华，刘术新，罗丹等．23种常见作物对镉毒害的敏感性差异．环境科学，2011，32（1）：277-283.
[7] 常思敏，马新明，蒋媛媛等．土壤砷污染及其对作物的毒害研究进展.河南农业大学学报，2005，39（2）：161-166.
[8] 陈国斌，刘更另．土壤中砷的吸附和砷对水稻的毒害效应与pH的关系.中国农业科学，1993，26（1）：63-69.
[9] 陈国斌．土壤溶液中的砷及其与水稻生长效应的关系.生态学报，1996，16（2）：147-153.
[10] 许嘉琳，杨居荣，荆红卫等.砷污染土壤的作物效应及其影响因素．土壤，1993，26（6）：50-58.
[11] 杨清.砷对小麦生长的影响．土壤肥料，1992，（3）：23-25.
[12] 蒋彬，张慧萍.水稻精米中铅镉砷含量基因型差异的研究．云南师范大学学报：自然科学报，2002，22（3）：37-40.
[13] Mehary A A，Macnair M R. Suppression of the high affinity phosphate uptake system: mechanism of arsenate tolerance in Holcus lanatas L. Jour nal of Experimental Botany，1992，43: 524-529.
[14] 丁枫华，刘术新，罗丹等．基于水培毒性测试的砷对19种常见蔬菜的毒性．环境化学，2010，29（3）：439-443.
[15] 邓波儿，刘国仇，周易勇等．不同作物对铬毒害耐性的研究．植物营养与肥料学报，1991（1）：98-103.
[16] 陈玉真，张娟，黄玉芬等．福建省16种蔬菜对锌毒害敏感性的研究．农业环境科学学报，2011，30（11）：2185-2191.
[17] 罗丹，胡欣欣，郑海锋等．镍对蔬菜毒害临界值的研究．生态环境学报，2010，19（3）：584-589.
[18] 黄玉芬.土壤汞对作物的毒害及临界值研究．福州：福建农林大学，2011.

第八章

# 新评价体系在农田污染土壤修复效果评估中的应用

## 第一节　农田污染土壤修复目标的确认

### 一、农田土壤污染的现状

我国经济长期以来一直以较快速度发展，造成不少重复建设、产能过剩的局面，资源、能源浪费严重，这是一种消耗高、污染重的粗放型发展模式。

近年来，随着工业化进程的不断加快，矿产资源的不合理开采及其冶炼排放，长期对农田土壤进行污水灌溉和污泥施用，人为活动引起的大气沉降以及化肥和农药的施用等，土壤污染严重[1]。据不完全调查，全国由污水灌溉的污染耕地约 3250 万亩，固体废弃物堆存占地和毁田约 200 万亩，其中多数集中在经济较发达地区。严重的土壤污染造成巨大危害。据估计，全国每年因重金属污染的粮食达 $1.2\times10^{6}$t，造成的直接经济损失超过 200 亿元。土壤中的有害重金属积累到一定程度就会对土壤-植物系统产生毒害，不仅导致土壤退化、农作物产量和品质的降低，而且通过径流和淋洗作用污染地表水和地下水，导致水文环境恶化，并可能通过直接接触、食物链等途径危及人类的健康和生命。2012～2013 年轰动全国的湖南镉大米事件就是因为农田土壤被镉严重污染致使稻米中镉含量超过食品卫生标准，镉米的上市销售直接危害人的身体健康，长期食用镉米，体内镉积累达到一定的浓度会对肾、肝造成严重的伤害，直致威胁生命，后果的严重性不堪设想。因此，采取适当的措施治理农田土壤的重金属污染，既是促进社会进步、经济发展的客观要求，也是保护人体健康、维持社会稳定的重要保障。

2013 年 6 月，国家环保部门发布的《中国土壤环境保护政策》显示，我国土壤污染的总体形势不容乐观，部分地区土壤严重污染，在重污染企业或工业密集区、矿产开采周边地区、城市郊区已经出现了土壤严重污染区和高风险区。在各类环境要素中，土壤是污染物的最终受体，大量水、气污染陆续转化为土壤污染，损害经济社会可持续发展的基础。然而，由于土壤污染具有隐蔽性、滞后性、长期性，尤其是重金属污染还具有不可逆性的特点[2]，所以土壤污染对人类的危害将是灾难性的。

环保部门在 2006～2010 年组织开展的土壤污染调查结果表明，在珠江三角洲、长江三角洲、环渤海等发达地区，不同程度地出现了局部或区域性土壤环境质量下降的现象。工业“三废”排放、各种农用化学品的使用、城市污染向农村转移，污染物通过大气、水进入土壤，重金属和难降解有机污染物在土壤中长期累积，致使局部地区土壤污染负荷不断加大。在对我国 $3\times10^{5}\mathrm{hm}^{2}$ 基本农田保护区有害重金属抽样监测中发现，有 $3.6\times$

$10^4 hm^2$ 的土壤重金属超标，超标率达 12.1%。调查显示，华南地区部分城市有 50%的耕地遭受镉、砷、汞等有毒重金属和石油类有机物的污染，长江三角洲地区有的城市连片的农田受多种重金属污染，致使 10%的耕田土壤基本丧失了生产力。

全国现有近 1/5 的耕地受到不同程度的污染，不少工业企业废弃场地土壤环境问题十分突出。总的来说，南方土壤污染重于北方，长江三角洲、珠江三角洲、东北老工业基地等部分区域土壤污染问题更为突出，西南、中南地区土壤重金属超标范围较大。全国受有机物污染的农田面积已达 $3.6\times10^7 hm^2$，受重金属污染土地面积达 $2\times10^7 hm^2$，且其中严重污染土地面积超过$7\times10^5 hm^2$，而 $1.3\times10^5 hm^2$ 的土地因镉含量超标而被弃耕。

农田土壤除受到重金属污染之外，被有机污染物污染的农田状况也很严重。有机污染物包括石油类、多环芳烃、农药、有机氯等。有机污染物，尤其是持久性（难降解）的多环芳烃、有机氯及多氯联苯等危害是长期的。虽然，我国早已禁止生产和使用有机氯农药，如滴滴涕和六六六，但是它们在耕地土壤中的残留仍然对土壤、作物起毒害作用。

目前，农田污染土壤的修复已经提到议事日程，但是我国土壤污染治理技术尚不成熟，仍处于局部的田间试验阶段，现有的各种修复技术仍存在着技术难题以待解决。

研究显示，污染土壤修复治理所需资金巨大，如荷兰在 2000～2009 年间，土壤污染修复成本为 3.35 亿欧元/年。根据欧美发达国家经验，土壤保护成本∶土壤可持续管理成本∶场地修复成本基本上是 1∶10∶100 的关系。

污染土壤修复技术的研究起步于 20 世纪 70 年代后期，在过去的 30 多年期间，欧、美、日、澳等地区和国家纷纷制定了土壤修复计划，投入巨额资金研究修复技术与设备，积累了丰富的现场修复技术与工程应用经验，成立了许多土壤修复公司和网络组织，使土壤修复技术得到了快速发展。我国该项研究工作起步较晚，研发水平和应用经验与美、英、德、荷等发达国家相比还存在较大差距。

## 二、农田土壤污染物的确定

土壤是环境的重要组成部分，是自然环境的核心，土壤污染会对大气、水环境质量造成影响，同时也涉及农产品的产量与质量，并可通过食物链危害人类和动物的生命健康。

土壤是指由矿物质、有机质、水、空气及生物有机体组成的地球陆地表面能够生长植物的疏松层，依据其独特的物质组成、结构和空间位置，在提供肥力的同时，还通过自身的缓冲、同化和净化性能，在稳定和保护人类生存环境中发挥着极为重要的作用。

农田土壤污染物的确定是关系到采用何种修复技术以及评估修复效果而建立的标准和相关技术规范的首要工作。

1. 农田土壤污染物的种类

① 有害重金属：一般指镉、铅、汞、砷、铬、镍等。

② 农药、兽药、抗生素等。

③ 多氯联苯类、多环芳烃类等持久性毒害有机污染物。

④ 施用化肥引起硝酸盐等过量积累。

2. 农田土壤污染物的确定

（1）污染源的确定

① 采矿、冶炼、电镀企业污染周边农田土壤：矿区或冶炼厂的生产废水和废渣对周

边农田的污染主要是重金属污染。

② 石油产品、炼焦化工、医药等企业对周边农田排放的污染物主要是有机污染物，尤其是多氯联苯、多环芳烃等持久性毒害物质及挥发性、半挥发性的有机物质，也包括重金属污染物。

③ 污水灌溉对农田的污染：大、中城市周边的农田土壤，多年来使用污水灌溉，尽管近年来许多城市修建了污水处理厂，对城市工业、生活污水进行再生处理，但是大部分地区仍达不到全部使用达标的再生水进行农田灌溉。污水直接灌溉农田或污水与再生水混合灌溉是当前普遍的现象。因为，目前污水处理厂做不到污水的分类处理，污水来源复杂，而处理工艺单一，所以再生水的质量很难保证达到农田灌溉用水的标准要求。

污水灌溉对农田的污染是综合的，它既有工业废水，又有生活污水，还包括医院排放的废水，其污染物包括重金属、有机污染物、硝酸盐、表面活性剂、挥发酚等多项污染物。

(2) 污染物的确定　在农田周围污染源确定之后，就能比较明确地锁定目标污染物。在此基础上，对土壤进行污染物监测，确定其含量。

① 单一污染物。

② 综合污染物。

③ 重金属。

④ 有机物。

(3) 污染程度的确定　农田土壤污染程度的确定应包括两层含意：一是土壤中污染物的含量应有明确的定量数据，它表征了土壤被污染的程度；二是与土壤同步采样测定作物可食部分污染物的含量，并与食品卫生标准比较，确定污染物对作物危害的严重程度，如测定数据接近或超过食品卫生标准的限量值，则说明被污染的农田土壤生产的作物通过食物链将危害人体健康。此时，土壤已不适合种植该种农作物，应立即调整种植结构，或对污染土壤进行修复。

## 第二节　农田土壤污染修复技术的选择

### 一、农田土壤污染修复技术

近些年来，世界各国都更加重视土壤环境的污染治理，也加大了对土壤污染治理的技术研究[3]。在美国投入的100多亿美元的上万个政府基金项目中，有近千个是对土壤污染治理的技术研究[4]。就目前来说，世界环保产业的价值已经超过千亿美元，而且呈不断上涨趋势，可见土壤治理的技术研究已经成为国内外的研究热点。

1. 物理修复

物理修复主要根据土壤介质及污染物的物理特征而采用的操作方法。物理修复的优点是适应性广，缺点主要有容易破坏土壤结构，而且往往能耗较大，运行成本相对较高，再加上可能导致二次污染的风险，其应用范围受到一定的限制[5]。

(1) 热脱附　利用对流、传热、传导的热交换原理，提高土壤中有机污染组分的温度，使其转变为气相并与土壤固相分离的方法。热脱附技术具有污染物处理范围宽、设备

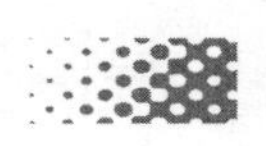

可移动、修复后土壤可再利用等优点，特别适于含氯有机物等沸点较低的有机污染物，也可以应用于汞等挥发性重金属污染。目前欧美国家已将土壤热脱附技术工程化，广泛应用于场地有机污染土壤的离位或原位修复，但是该技术相关设备价格昂贵、脱附时间过长、传热效率低、能耗高等问题尚未得到很好解决，而且气相的收集、处理等问题也困扰了其在土壤修复中的应用。

（2）电动修复　电动修复是将电极插入受污染土壤，通过施加电流形成电场，利用电场产生电渗析、电迁移和电泳效应，驱动土壤污染物沿指定方向定向迁移，从而将污染物富集至电极区集中处理或分离。电动修复技术可有效除去土壤中重金属，但是该技术对土壤的含水率、渗透率等理化性质要求较高，所以使用范围有限。此外，电动修复在国内暂时没有应用实例，所以此技术的可靠性还有待实践检验。

（3）客土法　主要包括客土、换土和深耕翻土等措施。

换土法是指在污染土壤上覆盖无污染的洁净土壤，或将污染土壤挖走换上未被污染的土壤的方法。该法能够快速降低污染土壤对环境的危害，但是工程量大，只适于小面积、污染严重的土壤，而且只能实现污染的转移或者是暂时掩盖，并没有彻底消除风险。

2. 化学修复

（1）化学氧化/化学还原法　化学氧化技术是通过向土壤中加入氧化剂如 Fenten 试剂、臭氧、过氧化氢、高锰酸钾等，使其与污染物质发生氧化分解，来实现土壤净化的目的。化学还原技术是通过向土壤中加入还原剂如 $SO_2$、零价铁、气态 $H_2S$ 等，使土壤中污染物发生还原反应来实现净化土壤的目的。

化学氧化法适用于有机污染的修复，化学还原法原理为纳米级零价铁粉的强脱作用。此外，还原法还可以用于六价铬还原三价铬。但是化学氧化/化学还原法效率较低，需要其他技术协助，或者开发辅助催化剂。

（2）稳定、固化技术　稳定技术是通过向土壤中添加化学物质，改变重金属的存在形态或价态，将污染物转化为不易溶解、迁移能力低或毒性小的状态和形式。固化技术是将固化剂与重金属污染土壤按一定比例混合，最终形成渗透性较低的固体混合物，从而将污染物固封在固化体中。固化技术修复时间短、易操作，但会破坏土壤结构，只适用于污染严重、面积较小的土壤修复。为了达到更好的处理效果，联合使用稳定技术与固化技术，称为稳定固化技术。其优点是费用较低，缺点是没有转化污染物，只是阻断了污染物的暴露途径。

（3）淋洗　土壤淋洗是利用清水或化学溶剂或其他可能把污染物从土壤中（轻质土或沙质土）淋洗出来的流体（甚至可能是气体），通过离子交换、沉淀、吸附和螯合等作用，把土壤固相中的重金属、有机物转移到土壤液相中，再把含污染物的淋洗液进一步处理，常用的淋洗液有 EDTA，它与重金属有强络合能力。淋洗修复的优点是效率高，缺点是存留的淋洗液可能造成二次污染。

（4）热分解技术　热分解技术作为一种有机污染土壤的修复技术，通过加热土壤的方法（90～650℃），使土壤中的大分子、环状有机污染物分解。分解后的小分子有机物再转化为气相，从土壤中分离，达到净化土壤的目的。挥发出的有机污染物经过冷凝、活性炭吸附或燃烧等过程进行后续处理，以免污染物逸出而污染大气。该技术适于高污染土壤，但对土壤物理、化学、生物性质具有极大的破坏性，运行成本也相对较高，其应用范围受到很大限制。

3. 生物修复

生物修复是利用生物的生命代谢活动对土壤中重金属、有机物进行富集，或者通过生物化学作用改变重金属、有机物的化学形态，使污染物固定或解毒，降低在环境中的迁移性和生物毒性。

（1）植物修复技术　植物修复是利用某些植物能忍耐和超量积累某污染物的特性来清除土壤中的重金属，其修复方式有植物提取（植物吸收）、植物挥发和植物稳定 3 种。植物修复技术具有成本低、不破坏土壤理化性质、不引起二次污染等优点。但植物修复消耗时间长，易受到气候、地质条件和土壤类型的限制，并且选择性强。

① 植物提取修复技术：植物提取修复指利用某些植物对某种重金属的超富集能力对重金属污染的土壤进行修复。根据植物的聚集、吸收、运输、富集污染物的性能，植物修复可分为两种类型：第一种为连续吸收，就是把重金属富集植物种植在污染土壤中；第二种为螯合辅助吸收，即利用速生型重金属富集作物与螯合辅助剂配合，促进植物的吸收。

② 植物挥发修复技术：植物挥发修复技术是利用植物根系分泌的一些特殊物质使土壤中的重金属转化为可挥发态，或者植物将土壤中重金属吸收到体内后将其转化为气态物质释放到大气中，从而净化土壤的一种修复技术。

③ 植物固化修复技术：植物固化修复技术主要是通过改变环境（pH、Eh）使重金属的形态发生变化，在植物的根部积累或沉淀，降低重金属在土壤中的移动性，并不会减少土壤重金属的含量，只是暂时固定土壤中重金属，包括分解、螯合、氧化还原等多种反应。

（2）动物修复技术　动物修复技术是利用土壤中某些低等动物如蚯蚓等吸收土壤中的重金属，从而在一定程度上降低污染土壤中重金属的含量。蚯蚓虽有吸收重金属的能力，同时它有可能将重金属再次释放出来，造成土壤二次污染。

（3）微生物修复技术　土壤中的某些微生物能代谢产生柠檬酸、草酸等物质，而这些物质能与重金属生成螯合物或草酸等沉淀，微生物对重金属的吸收、沉淀、氧化还原等作用会降低土壤重金属的活性，减轻对环境的污染危害。这种生物修复技术已在农药或石油污染土壤中得到应用。在我国，已构建了农药高效降解菌筛选技术、微生物修复剂制备技术和农药残留微生物降解田间应用技术；也筛选了大量的石油烃降解菌，复配了多种微生物修复菌剂，研制了生物修复预制床和生物泥浆反应器，提出了生物修复模式。近年来，开展了有机胂和持久性有机污染物如多氯联苯和多环芳烃污染土壤的微生物修复工作。

4. 农业生态修复

农业生态修复主要包括两个方面：一是农艺修复措施；二是生态修复。农艺修复措施包括改变耕作制度，调整种植作物品种，种植不进入食物链的植物，选择能降低土壤重金属污染的化肥，或施用能够固定重金属的有机肥等措施，来降低重金属污染。生态修复是通过调节土壤水分、土壤养分、pH 值和氧化还原状况以及气温、湿度等生态因子，实现对污染物所处环境介质的调控。我国在这方面研究较多，并取得了一定的成效。

5. 联合修复

骆永明[6]指出：协同两种或两种以上修复方法，形成联合修复技术，不仅可以提高

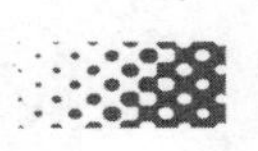

单一污染土壤的修复速率与效率，而且可以克服单项修复技术的局限性，实现对多种污染物的复合/混合污染土壤的修复，已成为土壤修复技术中的重要研究内容。

骆永明提出了以下联合修复技术：a. 微生物/动物-植物联合修复技术；b. 化学/物化-生物联合修复技术；c. 物理-化学联合修复技术等。

### 二、污染土壤修复技术的发展趋势

采用物理、化学技术修复污染土壤，不仅费用昂贵，而且常常导致土壤结构被破坏、土壤生物活性下降和肥力退化等问题。污染土壤的植物修复、动物修复和微生物修复作为一种新兴的、高效的生物修复技术将是土壤环境修复科学技术研发的主要方向[7]。农田污染土壤采用上述几种生物修复技术或联合生物修复技术，可以做到土壤原位修复，既能有效消除有毒害污染物对作物产量和质量的影响，又不破坏土壤肥力和生态环境功能，而且不导致二次污染的发生。生物修复技术适用于大面积的农田污染土壤的治理，具有经济、高效的双重优势。但该技术目前还处于田间试验和示范阶段，对所产生的信息尚未进行系统评价，还需要更多的田间试验结果来支撑该技术的研究和发展。

## 第三节 农田污染土壤修复结果的评估

### 一、国外污染土壤修复标准的现状

1. 污染土壤修复标准的分类

国外的土壤一般都是按照土壤类型或土壤修复后再利用的目的进行分类的。他们把土壤修复后的土地按用途分为农业用地、居住（公园）用地、非居住区（工业用地、商业用地、体育用地和广场用地等）以及以保护地下水为目的的用地等，并制定相应的标准。这种分类方法可以充分利用土壤的纳污能力，降低污染土壤修复的成本，简化污染土壤修复效果的评价程序。

2. 污染土壤修复效果的评价指标

多数发达国家都已制定了土壤修复标准，对土壤修复的效果评价基本上是采用生态毒理学标准[8]。例如，美国各州均有自己的土壤修复标准。美国新泽西州的《土壤修复标准》中居住区和非居住区标准就是依据人类健康风险评价建立的，假设的风险暴露途径包括：皮肤摄取、直接吸入、通过地下水影响、皮肤接触的过敏性（主要是六价铬）等。其中在皮肤摄取和直接吸入两个方面主要从毒理学层面考虑来制定标准。美国俄勒冈州土壤修复标准中 76 种危险物质的清洁水平界定也是通过污染物在地下迁移和污染物通过皮肤摄取、吸入方式的直接接触的风险评估来确定的，通过健康毒理实验对每种危险物质分别制定出土壤清洁水平，并明确标出致癌物及非致癌物对人体健康的危害。通过对污染物的风险识别，进行健康毒理学和生态毒理学的剂量响应评价是建立污染土壤修复标准的通用方法。

## 二、我国污染土壤修复标准的现状

1. 现行的《土壤环境质量标准》是土壤环境质量评价和污染土壤修复效果评价的唯一标准

1996年3月起实施的我国《土壤环境质量标准》(GB 15618—1995)是目前我国对土壤环境质量评价的唯一标准，当然污染土壤修复效果的评价也只能参照这个标准执行。20年来，农田土壤环境质量评价工作执行的也是这个标准。

2. 我国现在没有污染土壤修复标准

我国至今一直以《土壤环境质量标准》(GB 15618—1995)来指导土壤环保工作，污染土壤修复标准还是一块空白。而且，我国幅员辽阔，土壤类型众多，从北至南，自西向东，土壤环境差异很大，而这项标准没有体现这些差异性，显然适用性不强。

(1) 污染土壤修复标准不完全等同于土壤环境质量标准　两者有许多实质性差异。污染土壤修复标准是根据修复后再利用的目的把土壤分为不同类型的标准，如农业用地标准、居住用地标准、非居住用地标准等，不同用地目的依据的标准指标显然是不同的。但是，污染土壤修复标准的目标是使土壤环境中的污染物含量降低到不足以导致较大的或不可接受的生态损害和人体健康危害的程度，这与土壤的环境质量标准的目标确实是一致的。土壤环境质量标准则以保护土地资源及避免发生土地污染为目标。

(2) 农田污染土壤修复后效果应该达到农业利用的目的　在我国被污染的土地中，农业用地占的比重最大，如湖南、湖北、江西、广东、广西等地，由于开矿、冶炼、石油、化工、医药及污灌，大面积的农田受到重金属和有机物的污染，农作物中污染物超标率较大，直接危害人体健康。农田污染土壤的修复迫在眉睫，而且修复的效果必须达到农业利用的标准，保障农田土地的质量和数量，以保障人体的健康。

3. 现行的《土壤环境质量标准》存在的问题

①《土壤环境质量标准》中用重金属的总量作为界定的指标，重金属的总量只能表明不同类型土壤中每种有害重金属的储量信息，大部分重金属在土壤中存在的形态是处于矿物晶格中，结合牢固，通常情况下无法破坏其晶格结构，只有对土壤采用全消解技术时才能使重金属全部转移到溶液中，然后测其总量。实际上重金属在土壤中以多种形态存在，只有处于土壤溶液中的重金属才参与作物生长发育的过程，土壤溶液中重金属的形态为有效态，有效态重金属可以被作物根部吸收，经茎的传导，最终达到作物籽实，即可食部分。研究表明，土壤中有效态铅、镉含量与糙米(或蔬菜)中铅、镉含量具有极显著的相关性，所以应该用重金属的有效态含量代替现行《土壤环境质量标准》中的重金属总量作为界定指标，既符合客观实际又科学合理。

②《土壤环境质量标准》中的二级标准是保障农业生产，维护人体健康的土壤限制值。研究表明，在不同类型土壤中种植不同种类的作物，不同的重金属的限制值是不同的，无论以重金属的总量还是以有效态表示均是如此。然而在《土壤环境质量标准》中没有涉及土壤类型分类，只是将土壤的酸碱程度分为三类；也没有涉及作物种类，只是将土壤按耕作方式分为水田和旱田；至于不同重金属的限制值只是按照土壤的三类pH值范围给定的，而不是按照不同土壤类型、不同作物种类给定的。这样看来，20多年前制定的《土壤环境质量标准》本身就存在不足，况且这20多年恰恰是中国经济发展最快，同时也

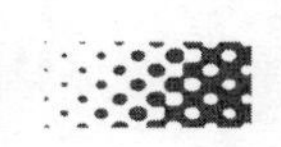

是污染最严重的时期，当前我国土壤污染的实际情况到底是怎样的，发展趋势如何，很难说清楚。用现行的《土壤环境质量标准》来评价农田污染土壤修复的效果，显然存在不足。

## 三、适宜性评价在农田污染土壤修复效果评价中的应用

按《耕地土壤重金属污染评价技术规程》和《耕地土壤重金属有效态安全临界值制定技术规范》（参照第五章第四节相关内容）中的规定对农田污染土壤修复效果进行评价。

① 制定耕地土壤重金属有效态安全临界值。

② 以有效态安全临界值作为适宜性评价的指标值。

③ 以适宜性评价指数（单项污染指数法）对修复效果进行评价。

④ 对修复后农田土壤环境质量进行适宜性判定，并根据判定结果将农产品产地划分为适宜区、限制区和禁产区。

⑤ 对修复后农田土壤环境质量进行等级划分和种植结构调整。

## 参考文献


[1] 俄胜哲，杨思存，崔云玲等．我国土壤重金属污染现状及生物修复技术研究进展．安徽农业科学，2009，37（19）：9104-9106.

[2] 黄益宗，郝晓伟，雷鸣等．重金属污染土壤修复技术及其修复实践．农业环境科学学报，2013，03：409-417.

[3] 赵金艳，李莹，李珊珊等．我国污染土壤修复技术及产业现状．中国环保产业，2013，03：53-57.

[4] 杨勇，何艳明，栾景丽等．国际污染场地土壤修复技术综合分析．环境科学与技术，2012，10：92-98.

[5] 周启星，宋玉芳．污染土壤修复原理与方法．北京：科学出版社，2004.

[6] 骆永明．污染土壤修复技术研究现状与趋势．化学进展，2009，Z1：558-565.

[7] 王海峰，赵保卫，徐瑾等．重金属污染土壤修复技术及其研究进展．环境科学与管理，2009，11：15-20.

[8] 周启星，滕涌，林大松．污染土壤修复基准值推导和确立的原则与方法．农业环境科学学报，2013，02：205-214.

# 第九章

# 土壤环境质量高风险区域预测

近年来我国在对各种修复方法的机制与技术进行深入和广泛研究的同时，也逐步引入了国外较成熟的污染土壤的风险评估和基于风险的土壤环境质量标准，并且针对污染土壤的人体健康风险评估、生态风险评估和我国土壤标准的修订问题进行了详细调研和系统研究。

## 第一节　土壤环境容量

### 一、土壤环境容量的定义

“土壤环境容量（或称土壤负载容量）是指一定环境单元、一定时限内遵循环境质量标准，既保证农产品质量和生物质量，同时也不使环境污染时，土壤容纳污染物的最大负荷量”[1]。张从[2]将“土壤在环境质量标准的约束下所能容纳污染物的最大数量”称为土壤环境容量。

土壤是一个十分复杂的多介质开放系统，由固体、液体和气体多相组成，含有从纳米级到大质量的矿物颗粒和有机质，它涉及许多相互影响的非平衡化学过程。

王淑莹等[3]认为“土壤环境容量是在人类生存和自然条件生态不受破坏的前提下，土壤环境所能容纳的污染物的最大负荷量”。卢升高等[4]认为“土壤环境容量是在区域土壤指标标准的前提下，土壤免遭污染所能接受的污染物最大负荷”。由此可知，土壤环境容量属于一种控制指标，随环境因素以及人们对环境目标期望值的变化而变化。

### 二、土壤环境容量是土壤环境质量的重要指标

土壤既是自然的构成要素，又是农业生产最重要的自然资源。土壤环境质量作为土壤质量的重要组成部分，表征了土壤容纳、吸收和降解各种环境污染的能力，它是指在一定的时间和空间范围内，土壤自身性状对其持续利用以及对其他环境要素，特别是对人类或其他生物的存在、繁衍以及社会经济发展的适宜性。

1. 重金属含量是土壤环境质量的主要指标

土壤背景值是未受到外来入侵土壤的重金属含量的基础数值，不同类型的土壤，其背景值不同。而土壤容量是指土壤对重金属的负载容量，其值应该是土壤允许重金属含量最高值即临界值减掉背景值。显然，土壤中重金属含量应包括：背景值、临界值、容量值以及土壤环境质量监测时的测定值等几个方面的含义。

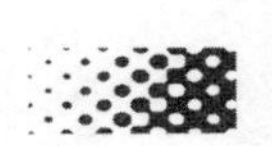

我国《土壤环境质量指标》（GB 15618—1995）中给出了土壤重金属含量的限量值，农田土壤归为Ⅱ类土壤，分别给出了8种重金属在水田和旱田的最高允许值。我国多年来一直执行的这个标准，在环境质量监测中，同样的重金属含量值只要不超过二级标准的允许值，则认为以重金属含量为指标的农田土壤达到了安全生产的要求。然而，在实践中发现以重金属的全量值作为“标准”中的限量值不能真实反映作物对重金属的吸收过程。因为重金属在土壤中是以多种形态存在的：第一种是在土壤溶液中的游离态的离子，可溶于水的络合态、螯合态；第二种是吸附在土壤胶体上的多种可交换态及难溶于水的沉淀物；第三种是闭蓄在矿物质晶格中的固定态；重金属更多的是处于固定态。显然，用重金属全量所给出的允许限量值是不符合作物对重金属吸收的实际过程的，也是不科学的。此外，实践中还发现，重金属的实测值虽然并未超过农田的允许值，但作物的可食部分含量却超过食品卫生标准，相反有时重金属的实测值已超过“标准”的允许值，但作物可食部分却符合食品卫生标准，甚至在个别地区，土壤的背景值已接近或超过农田土壤的限量值。现行“标准”的另外一个问题是，不区别土壤类型，只是简单区分土壤pH值而作为全国的统一的标准使用已无法满足农业安全生产的需要。所以，“标准”中重金属允许含量值应更为科学地界定。用“有效态”代替“全量”，对不同类型土壤、不同作物种类、不同重金属分别制定出农田土壤重金属有效态安全临界值，这才是农田土壤环境质量的重要指标。

2. 土壤环境容量是土壤环境质量的重要指标

环境质量包括自然环境质量和社会环境质量，土壤环境质量是自然环境质量的重要组成部分。土壤环境质量是指在一定的时间和空间范围内，土壤自身性状对其持续利用以及对其他环境要素，特别是对人类或其他生物的生存、繁衍以及社会经济发展的适宜性，是土壤环境“优劣”的一种概念。

（1）土壤环境容量的确定　对重金属而言，土壤环境容量，确切地说应该是土壤的负载容量，对农田而言，土壤的负载容量应取决于土壤所容纳重金属的最大负荷量和背景值。目前，有关土壤环境容量的容量值是以特定的参比手段取得的，它随条件而改变，准确地说，土壤环境容量不是一个确定的值，而是一个范围值。土壤性质、环境因素以及多元素交互作用等均对土壤环境容量有显著影响。一般而言，农田土壤中重金属的最高允许量越大，背景值越小，则土壤容量越大；相反，土壤中重金属最高允许量越小，背景值越高，则土壤容量越小。显然，土壤容量是反映土壤环境质量的一个重要指标。

（2）土壤临界值的确定　土壤环境容量的确定取决于一个重要的因素，就是土壤临界值，农田土壤重金属的安全临界值就应该是土壤环境质量标准中重金属的允许的限量值，如前所述，它应该以“有效态”来表示更为确切。

耕地土壤重金属临界值主要依赖于农产品中污染物的限量标准，通过实验获得产品可食部分重金属浓度与土壤中相应元素含量的关系，从而推算出土壤重金属的临界值。

标准赋值的科学性、实用性和时代性是土壤环境质量的核心问题之一，它具有自然和社会影响的双重属性。研究表明[5]，糙米和蔬菜中Cd、Pb的含量与土壤中有效态Cd、Pb含量呈现出极显著的相关性，通过盆栽实验、小区实验的结果，拟合剂量-效应关系方程，以便为限量标准计算出土壤中重金属的有效态安全临界值。农田土壤的安全临界值与土壤的类型有关、与作物种类有关、与不同的重金属有关，即在不同类型的土壤中种植不同的作物，不同重金属有各自的安全临界值。临界值不仅受土壤性质、环境、时间影响，而且还受作物种类的影响。即使在同类土壤中种植同种作物，对于同种类重金属，每次试验、计算的结果也不会是一样的数值。这说明临界值并非是一个确定值，而是一个随条件而变化的范围值。

## 第二节　影响土壤环境容量的因素

### 一、土壤胶体性质对土壤环境容量的影响

土壤是各种矿物和岩石风化的最终产物。这个最终产物的矿物成分为土壤黏土矿物，主要有蒙脱石、高岭石和伊利石三种类型，它们具有吸附阳离子的能力。其吸附能力以蒙脱石最强，高岭石最弱，伊利石居中。这三种黏土矿物是土壤中的无机胶体的主要组成部分。土壤中还存在有机胶体，有机胶体是土壤中动植物残骸经土壤微生物分解后而形成的有机物质，而腐殖质是有机胶体的最主要成分，占总有机物的80%～90%。有机胶体表面带有负电荷，对阳离子，包括重金属具有强的吸附能力。此外，有机质中含有的有机物可与阳离子形成络合物或螯合物，尤其是非水溶性的络合物和螯合物也夹杂或吸附在腐殖质的表面。土壤中还含有有机-无机复合胶体。总之，土壤的胶体性质可以吸附包括重金属在内的各种价态的阳离子。土壤胶体吸附阳离子的顺序受离子的价数和半径影响，价态较高而半径又较大的阳离子往往优先被吸附。胶体中又以腐殖质容纳重金属的含量最高，其次是蒙脱石，而高岭石及伊利石最低。

### 二、阳离子交换量对土壤环境容量的影响

土壤中阳离子被胶体吸附的作用是指土壤胶体对离子态物质的吸附和保持作用，又称物理化学吸附。被胶体吸附的阳离子又可以被土壤溶液中的阳离子交换下来。实际上是胶体分散系统中的扩散层的阳离子与土壤溶液中阳离子相互交换达到平衡的过程。不同的胶体物质，在不同的土壤条件下所能交换的阳离子量也不同。当土壤溶液为中性时，土壤吸附阳离子的最大量为该土壤的阳离子交换量或称阳离子代换量（CEC），又称土壤阳离子最大吸附容量。通常情况下，土壤中所含盐基性阳离子量高，土壤的养分就充足。从土壤对重金属离子的吸附量高低可以判断该土壤对重金属容纳量的大小。一般情况下，我国从南到北土壤的阳离子交换量（CEC）依次由低到高。研究表明，东北黑土 CEC 为 35～45cmol/kg，华北地区褐土 CEC 为 12～20cmol/kg，长江中下游地区 CEC 在 20～30cmol/kg 之间，南方红壤仅为 5～10cmol/kg。土壤阳离子交换量决定土壤对某种金属的吸附量关系也由实验得以证明，在某具体温度下，两种土壤对重金属 Cd 的吸附量与该土壤的阳离子交换量呈显著的正相关，其相关系数分别为 0.996 和 0.912，而与腐殖质含量的相关系数分别为 0.705 和 0.659，而与黏粒间的相关性不明显，其相关系数仅为 0.510 和 0.549。该实验说明了决定土壤对重金属的吸附量的因素，首先是土壤阳离子交换量，其次是腐殖质含量，而黏粒作用不明显。

综上所述，包括重金属在内的阳离子在土壤中的交换与吸附过程是一种可逆的动态平衡；阳离子交换是等当量进行的；阳离子价数越高，吸附能力越强；同样阳离子半径越

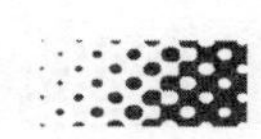

大，吸附能力越强；阳离子交换量越大，土壤重金属容量越大。

## 三、有机质含量对土壤环境容量的影响

1. 土壤中有机质的存在形态

① 新鲜的有机物，尚未被微生物分解的动植物残体。

② 分解的有机物，经过土壤中微生物分解，有机质已经分解并新合成了一些简单的有机化合物。

③ 腐殖质，指有机质经过微生物分解后，再合成的一种褐色或暗褐色的大分子胶体物质。腐殖质与土壤矿质化土粒紧密结合，是土壤有机质存在的主要形态，占土壤有机质总量的85%以上。

2. 农田土壤中有机质含量

在不同土壤中有机质含量差异很大，含量高的可达20%或30%，含量低的还不足1%（荒漠土和风沙土）。在农田土壤中，一般把耕作层中含有机质在20%以上的土壤称为有机质土壤，20%以下的称为矿质土壤。一般情况下，耕作层土壤的有机质含量在1%～3%之间。

3. 有机质的作用

① 有机质含有大量的植物营养元素，如N、P、K、Ca、Mg、S、Fe等重要元素及一些植物生长的必需微量元素。土壤有机质经矿质化过程，释放大量的营养元素，为植物生长提供养分。

② 腐殖质可以吸附大量的阳离子和重金属，可以保有养分，改善土壤结构、保持土壤水分，腐殖质又经矿质化过程释放养分，从而保证植物生长过程的养分需求。

③ 有机质是土壤中微生物生命活动所需养分和能量的安全来源。没有有机质就不会有土壤中所有的生物化学过程，土壤中微生物种群、数量和活性随着有机质含量增加而增加，具有极显著的正相关。

④ 有机质中的配位体可以和大多数二价或三价的阳离子和重金属离子形成络合物和螯合物，对重金属具有隐蔽作用和缓冲作用。

4. 腐殖质的性质和作用

（1）腐殖质的性质

① 保肥性：腐殖质是有机高分子胶体，有着巨大的比表面积和表面能，腐殖质胶体以带负电荷为主，从而可吸附土壤中可交换性的阳离子如$K^+$、$NH_4^+$、$Ca^{2+}$、$Mg^{2+}$、$Fe^{3+}$、$Cu^{2+}$、$Zn^{2+}$等，一方面可避免离子随水流失；另一方面又能被交换下来进入土壤溶液，供植物吸收利用，其保肥性能非常显著。腐殖质和黏土矿物一样，具有强的吸附能力，但是，单位质量腐殖质保存阳离子养分的能力比黏土矿物大几倍至几十倍。因此，腐殖质具有巨大的保肥能力。

② 保水性：腐殖质是亲水胶体，具有巨大的比表面积和亲水基团，据测定腐殖质的吸水率在500%左右，而黏土矿物的吸水率仅在50%左右。因此，腐殖质能提高土壤的保水性。

③ 保温性：腐殖质为棕色、褐色或黑色物质，被土粒包围后使土壤颜色变暗，从而

增加了土壤吸热的能力，提高了土壤温度。腐殖质的热容量比空气、矿物质大，而比水小，导热性能居中，因此，腐殖质含量高的土壤，其土壤温度相对较高，且变化小，保温性能好。这一特性对北方早春时节促进种子萌发特别重要。

④ 缓冲能力：腐殖酸本身是一种弱酸，腐殖酸和其盐类可构成缓冲体系，缓冲土壤中 $H^+$ 浓度的变化，使土壤具有一定的缓冲能力。更重要的是腐殖质是一种胶体，具有强的吸附性能和较高阳离子交换能力，因此，使土壤具有较强的缓冲能力。

（2）腐殖质的作用

① 腐殖质是作物生长的营养源，是含氮很高的有机化合物，主要组成元素为碳、氢、氧、硫、氮、磷等，在一定的条件下腐殖质缓慢分解，释放出以氮和硫为主的养分供作物吸收，同时放出二氧化碳加强作物的光合作用。此外，被腐殖质胶体吸附的阳离子交换下来进入土壤溶液，供作物吸收利用，所以腐殖质是土壤养分的主要来源。

② 腐殖质可提供有机配位体络合或螯合无机阳离子。有机物在土壤微生物的分解过程中，产生各种有机物质或分泌物，如酶等，土壤中也存在人工合成的配位体，如农药和其他有机污染物。土壤中包括重金属在内的无机阳离子都具有形成络合物和螯合物的能力，所生成的络合物或螯合物，有些是水溶性的，有些是非水溶性的。重金属离子所生成的不溶于水的络合物或螯合物吸附在各类胶体表面，降低了重金属的有效态含量，而不能被作物直接吸收，减少了其对作物的危害。

③ 腐殖酸的作用：腐殖质含有两种主要的腐殖酸，即胡敏酸和富里酸。两种腐殖酸均显酸性，且富里酸的酸性强于胡敏酸，二者的功能团多，带负电量大，故它们的阳离子交换量均很高。因此，富里酸对金属和重金属阳离子有很高的络合能力，但其螯合物一般是水溶性的，呈溶胶状态，易被植物吸收，也易流出土壤进入其他环境。胡敏酸则不同，除了与一价金属离子，如与 $Na^+$、$K^+$ 相结合形成的螯合物是不溶于水的，与其他价态离子结合，也能形成难溶于水的絮凝态物质，使土壤保收了有机碳和营养元素，同时又吸收了有毒的重金属离子，缓解了对植物的毒害。因此，含胡敏酸多的腐殖质可大大提高土壤对重金属的容纳量。可以通过两种腐殖酸的比值大小（胡酸性/富里酸）来判断土壤重金属环境容量的大小。一般情况下，我国北方地区土壤中的比值是胡酶酸/富里酸$>1$，而南方红壤、黄壤中，这个比值则$<1$，所以，北方土壤的容量较大，而南方土壤的容量较小。

## 四、酸碱性对土壤环境容量的影响

我国农田土壤的 pH 值在 5～9 范围之内，南方红壤、黄壤地区 pH 值在 5～6 之间，基本$<7$，显酸性，北方棕壤地区 pH 值在 7～8 之间，显碱性。在酸性土壤中，土壤溶液 $H^+$ 浓度较高，活力较强，阳离子交换量小，土壤容量小。而在碱性土壤中，$OH^-$ 浓度较高，活力较强，阳离子交换量大，重金属离子多呈现氢氧化物、碳酸盐沉淀，有的形成了难溶盐，土壤容量大。陈怀满等[8]在影响铅的土壤环境容量的因素一文中表明，随着 pH 值升高，土壤对 Pb 的固定能力增强。对红壤和黄棕壤进行 Pb 的吸附实验表明，随 pH 值上升，土壤对 Pb 的吸持能力明显增强（图 9-1），由于黄棕壤的 pH 值比红壤高，因此对自然土来说，黄棕壤吸持 Pb 的能力比红壤要强，即使添加同样浓度的 Pb，黄棕壤上水稻植株吸收的 Pb 比红壤要少，土壤可提取 Pb 也较少，但超过一定的 pH 值后，两者对 Pb 的固定能力则又有所变化。

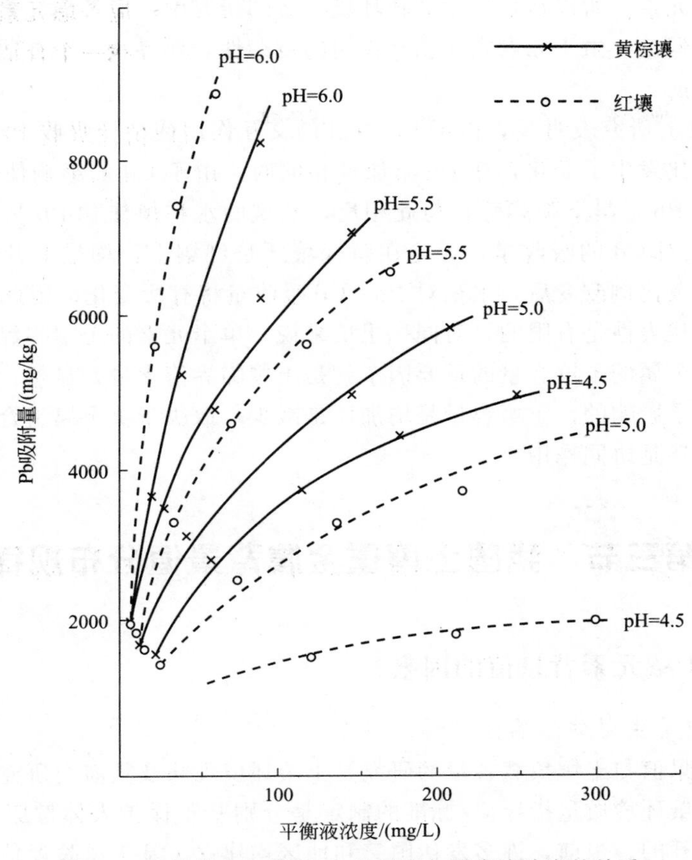


图 9-1 黄棕壤和红壤对 Pb 的吸附与平衡液浓度的关系

## 五、土壤中共存金属离子对土壤容量的影响

在自然界，对土壤的污染可能是以某一种元素或某一种化学物质为主，但多数情况下亦伴随有其他污染物存在，即复合污染。重金属污染往往为两种或多种重金属元素的复合污染，它具有普遍性、复杂性等特点[7]。重金属之间的相互作用会影响生物对某些金属的累积过程或不同层次上的生物毒性，其主要可分为拮抗作用和协同作用。拮抗作用是指一种金属元素阻碍或抑制另一种金属元素的吸收的现象；协同作用是指一种金属元素促进另一种或多种金属元素的吸收的现象。当然，有些重金属并不存在两者之间相互作用，即通常所谓的加合作用。在草甸棕壤中，施 Pb 促进了水稻对 Cd 的吸收，因为加入 Pb 之后，Pb 竞争替代了 Cd 在土壤中的吸附点，从而提高了土壤中 Cd 的有效性[8]。重金属在土壤吸附点位的竞争，最终结果导致一种金属元素取代另一种已被吸附的金属元素。而这种竞争很大程度上取决于重金属的元素价态、浓度比和介质特性等。在土壤介质中，金属离子竞争吸附的相互作用，最终导致金属离子在固、液两相中的重新分配。这种重新分配改变了金属离子的生物有效性，其中生物有效性与生物毒性密切相关。陈怀满等[8]认为为了帮助理解某个元素在植物体中的生理、生化过程或在土壤中的引力，对单个元素植物效应进行研究是十分必要的。然而，土壤-植物系统中重金属循环受多种因素制约，除了环境因子和土壤理化性质外，对同一土壤来说，重金属复合污染中单个元素的植物效应亦

受控于其他共存元素，所以在环境标准和环境容量的研究中，应考虑元素之间的相互作用对容量的影响。但是，由于元素之间相互作用的复杂性，要寻找一个合适指标来表征这种综合影响是不易的。

对 Pb 和 Cd 的研究表明[6]，由于 Pb、Cd 的交互作用使植株吸收 Pb 和 Cd 的量与它们单独存在时相比发生了变化，在 Pb 添加量相同时，由于 Cd 的影响使得生长在黄棕壤上的水稻植株含 Pb 量呈下降趋势；与此相反，红壤的水稻植株含 Pb 量却有所上升。在 Pb 存在时，水稻对 Cd 的吸收量，无论在黄棕壤还是红壤上，均呈上升趋势。但在共存元素种类、浓度及比例改变后，水稻对 Pb、Cd 吸收量将有所变化，因此，单个元素获得的临界值含量的代表性是有限的，对同一土壤来说，单个元素的土壤临界含量亦受共存元素制约。影响重金属的土壤容量的重要因子就是土壤临界值含量，显然，土壤容量是受土壤中共存金属离子影响的，土壤容量是增加还是减少，取决于重金属组合交互作用的类型是属于拮抗作用还是协同作用。

## 第三节　我国土壤重金属背景值分布规律

### 一、影响土壤元素背景值的因素

1. 土壤母质是主要的影响因子

土壤元素背景值与土壤负载容量的研究是土壤环境现状及其演变研究的重要内容。欧美等发达国家土壤环境质量指导值/标准的制定是分别基于保护人体健康和保护陆地生态安全的原则而展开的。当前，许多发达国家和地区均建立了基于风险评估的土壤环境基准与标准体系，但不同的国家和地区在标准的名称和定位上有所区别。影响土壤背景值的因素很多，其中包括成土母质、成土过程、土壤类型、土壤性质、不同的自然地理单元和气候条件，以及土地利用等人类活动，但研究表明，土壤母质是主要影响因子。杨学义[9]在对南京地区的 8 种母质发育的土壤中 15 种元素（Be、Sc、La、Cr、Mo、Mn、Co、Ni、Cu、Zn、Cd、Hg、Pb、As、Se）土壤背景值的研究表明，花岗岩主要由钾长石、石英、酸性钾长石、云母等矿物组成，这些矿物中微量元素含量较少，因而土壤中除 Se、Hg 外，Sc、Cr、Mn、Co、Ni、Cu、Zn、As 的含量均低，而下蜀黏土系第四纪更新世沉淀物，其矿物组成多种多样，因此由这种母质所发育的土壤，所含的 Be、Sc、Cr、Mn、Cu、As、Mo、Co、Se、Ni、Hg、Pb 等元素丰富而均匀。而石灰岩发育的土壤，由于其特殊的发育条件，As、Zn、Cd 等能与铁、锰氧化物形成难溶解的沉淀，故在这类土壤中，Zn、Cd、As、Pb 的含量随着铁、锰含量的增加而升高。

唐诵六[10]为了确定土壤母质及土壤类型，对土壤重金属背景值的影响进行了定量的探讨。所用的 46 个土样分别采自北京、天津、济南、南京、广州及广东省其他各地。在此区域内土壤类型众多，包括褐土、黄棕壤、红壤、黄壤、赤红壤、砖红壤及石灰土。成土母质包括花岗岩、片麻岩、辉长岩、橄榄辉长岩、玄武岩及石灰岩。不同地区、土类及母岩的样品均有很大差别。检测元素包括 Cu、Zn、Mn、Cr、Co、Ni、Pb 和 As，结果表明土壤中重金属元素的背景值在很大程度上继承了母岩的特性，证实了土壤中重金属元素和含量变化主要遵从土壤发育的母岩性质。

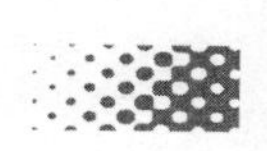

2. 成土条件对土壤元素背景值起重要作用

魏复盛等[11]通过对全国范围内进行的大面积与大量样本的研究结果提出以下观点。

① 某些岩类对其上土壤中微量元素的含量起着控制作用，不同气候下的成土过程不能明显地改变原母质中微量元素的含量，抗风化能力强的石英质岩石（如较纯质砂岩与风砂土）属此种情况。

② 某些岩石对其上土壤中微量元素的含量控制作用不强，相反地，气候及风化作用程度能强烈地改变原母岩中微量元素的含量，如抗风化能力弱的碳酸盐类岩石（石灰岩、白云岩）属此种情况。

③ 其他岩类对其上土壤中微量元素的含量的控制作用介于上述二者之间，即在这些岩石上发育的土壤中元素的含量既继承了母岩的特点，又受到不同气候条件下风化成土过程的影响，抗风化能力中等的硅酸盐与铝硅酸盐岩石（如花岗岩、玄武岩、页岩、黏土、黄土等）属此类。在一般情况下，由于锰硅酸盐类岩石分布较广，即大部分土壤中微量元素的含量同时受到母岩和成土过程的双重影响。因此研究的结论是：母岩和气候组合类型是地带性土壤微量元素含量的决定性因素。此外，土壤的 pH 值、有机质、土壤黏粒组成、土壤氧化铁含量等对土壤元素背景值亦有不同程度的影响。

## 二、土壤背景值的地域分异规律

1. 土壤元素背景值的土纲分区和大自然区分异

魏复盛等[11]在研究中得出的，环境意义较大的 12 种元素在 6 种不同土纲中的含量（mg/kg）比较见图 9-2。

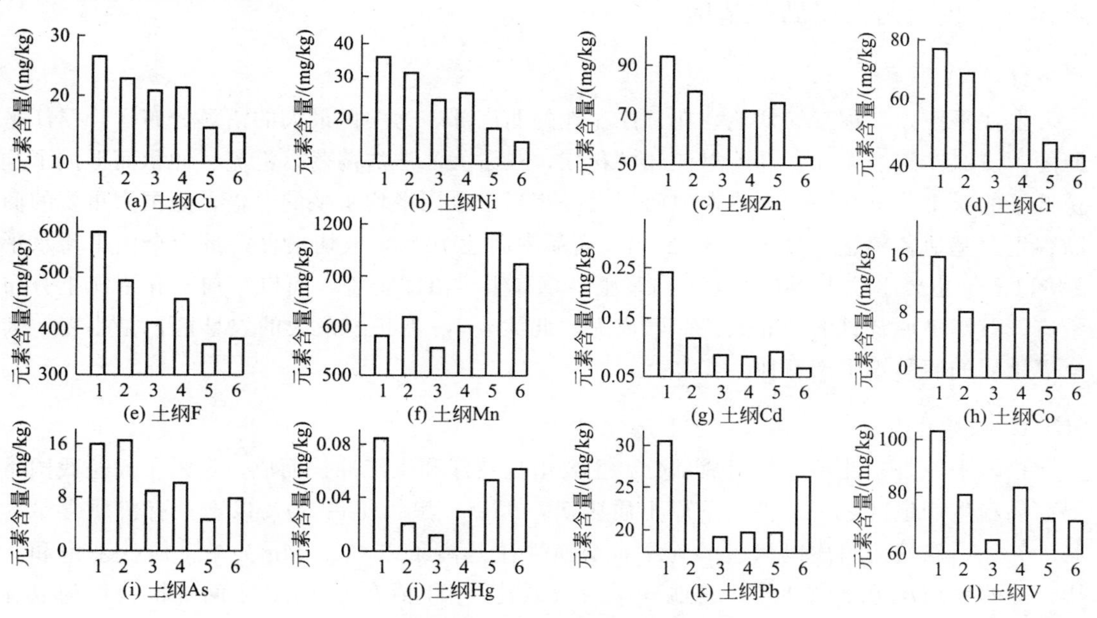


图 9-2　我国各土纲土壤元素含量比较

1—岩成土；2—高山土；3—钙成土与石膏盐成土；4—饱和硅铝土；5—不饱和硅铝土；6—富铝土

从图 9-2 可以看出：a. 除 Hg、Pb、Mn、As、F、V 外，其他元素含量均以在富铝土纲为最低，尤其以 Cu、Ni、Co、Zn、Cr 等第四周期过渡元素最为明显，在不饱和硅铝土亚纲中次之；b. 除 Mn、As 外，其他元素含量均在岩成土纲中最高，在高山土纲中次高；c. 除 Hg、V 外，其他元素在饱和硅铝土亚纲、钙成土纲及石膏岩成土纲中含量较接近，排序居中间位置。包括 8 种重金属在内的 12 个考察元素在 6 种土纲中的含量顺序为：岩成土纲＞高山土纲＞钙成土纲与石膏盐成土纲＝饱和硅铝土亚纲＞不饱和硅铝土纲＞富铝土纲。而上述 12 种元素在我国大自然区含量的顺序概略为：西南区＞青藏高原区＞蒙新区＝华北区＞东北区＞华南区。

2. 东部森林土类元素背景值纬向变化趋势

我国东部自北向南 9 个森林土类（棕色针叶林土、暗棕壤、棕壤、褐土、黄棕壤、黄壤、红壤、赤红壤、砖红壤）中微量元素含量的纬向变化趋势可以分为以下几种情况：a. Cu、Ni、Co、V、Cr 及 F 在华北及华中地区的褐土、棕壤及黄棕壤中含量较高，在北部的暗棕壤、棕色针叶林土及南部的赤红壤与砖红壤中含量较低，而砖红壤最低；b. Mn 和 Cd 的含量自北方土类向南方土类逐渐降低；c. Zn、Hg 无明显变化。

3. 北部荒漠与草原土类元素背景值的径向变化趋势

我国北部自东向西 6 个草原与荒漠土类（灰色森林土、黑钙土、栗钙土、棕钙土、灰漠土与灰棕漠）中微量元素含量的变化趋势从东向西递减而后递增的趋势十分明显。

## 第四节　我国农业主产区种植农作物分布

### 一、我国九大商品粮基地

1. 三江平原

三江平原，又称三江低地，在三江盆地的西南部，为中国最大的沼泽分布区。三江平原的“三江”即黑龙江、乌苏里江和松花江，三条大江浩浩荡荡，汇流、冲积而形成了这块低平的沃土。三江平原人均耕地面积大致相当于全国平均水平的 5 倍，是国家重要的商品粮生产基地，年总产量达 $1.5\times10^7$t，商品率高达 70%，人均粮食产量为全国平均水平 4 倍以上。主要土壤类型有黑土、白浆土、草甸土、沼泽土等，而以草甸土和沼泽土分布最广。三江平原昔日的“北大荒”已成为“北大仓”，是我国最大的农垦区，是小麦、大豆等重要的商品粮生产基地。

2. 松嫩平原

松嫩平原是东北平原的组成部分，主要由松花江和嫩江冲积而成。松嫩平原是我国重要商品粮生产地区之一。松嫩平原土质肥沃，黑土、黑钙土占 60%以上，有机质含量为 4%～5%，腐殖质组成以胡敏酸为主，交换性盐基离子以 Ca、Mg 为主，属盐基饱和土壤，除腐殖质层近于中性外，其他各层为微碱性，pH 值在 8～8.5 之间。粮食作物以春小麦、玉米、高粱、谷子为主，局部地区栽种早熟的粳稻，经济作物以大豆、甜菜、亚麻为主。

3. 成都平原

成都平原，又称川西平原、盆西平原，为中国西南最大平原。成都平原北部包括涪江

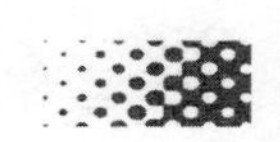

冲积平原，中部岷江、沱江冲积平原，南部青衣江、大渡河冲积平原等，因成都位于平原中央故称为成都平原。成都平原以紫色土为主，土壤肥沃，河渠纵横密布，属典型的水田农业区，农作物一年两熟或三熟。成都平原是我国重要的水稻、棉花、油菜、小麦、柚子、茶叶、药材、蚕丝、香樟产区，有“天府之国”的美称。其中水稻、小麦和油菜产量高而稳定，是我国著名的商品粮、油生产基地。

4. 珠江三角洲

珠江三角洲是西江、北江和东江入海时冲击沉淀而成的一个三角洲，位于广东省中南部，珠江下游，毗邻香港、澳门，与东南亚地区隔海相望，被称为中国的“南大门”。三角洲属亚热带气候，终年温暖湿润，年均气温 21～23℃，土壤肥沃，河道纵横，对农业有利。水稻单位面积产量在我国名列前茅。热带、亚热带水果有荔枝、柑橘、香蕉、菠萝、龙眼、杨桃、芒果、柚子、柠檬等 50 多种，珠江三角洲发展了桑基鱼塘、果基鱼塘、蔗基鱼塘等立体农业结构形式，是全国生态农业典范。

5. 江汉平原

江汉平原位于湖北省中南部，由长江与汉江冲积而成，是我国海拔最低的平原之一。江汉平原物产丰富，是湖北乃至全国重要的粮食产区和农产品生产基地，素有“鱼米之乡”之称。江汉平原位于长江中游，与洞庭湖平原合称“两湖平原”。江汉平原是我国少有的稻、麦、粟、棉、麻、油、糖、鱼、菜都能大量出产的地区，以种植水稻、棉花、油菜为主，湖区是中国著名的水产区，其中多种水产品为重要出口商品，江汉鱼米乡是它的真实写照，是我国重要商品粮基地之一。

6. 江淮平原

江淮平原位于江苏省、安徽省的淮河以南、长江下游一带，主要由长江、淮河冲积而成。地势低洼，海拔一般在 10m 以下，水网交织，湖泊众多，受地质构成和上升运动影响，沿江一带平原形成了 2～3 级阶地，分布着众多的低山、丘陵和冈地。江淮平原处于中亚热带区域，水、热资源丰富。作物一般一年二熟，也可一年三熟。作物主要以水稻、冬小麦、棉花等为主，也适宜柑橘等亚热带果木栽培和油桐等经济林木生长，常患内涝，后经过开辟苏北灌溉总渠，修建运河堤闸和江都水利枢纽等工程内涝有所改善，是重要的农业区。

7. 太湖平原

太湖平原位于江苏省长江以南，浙江省钱塘江以北，东海以西，天目山以东，是一个以太湖为中心的碟形洼地。太湖平原区内河网密布，有长江、江南运河等无数条大小河流通过，土壤肥沃，灌溉便利，又有较好的耕作措施和机械化条件，可发展双季水稻连作的三熟制，是我国商品粮基地，也是苏州碧螺春、杭州龙井等名茶的原产地，又是以丝绸生产、加工和棉布生产而闻名的地区。

8. 洞庭湖平原

洞庭湖平原位于湖南省北郊，两湖平原南部，北部与湖北的江汉平原相接，又称洞庭盆地。主要由长江通过松滋、太平、藕地、调弦四口输入的泥沙和洞庭湖水系湘江、资水、沅江、澧水等带来的泥沙冲积而成。平原热量丰富、水域广阔、土层深厚，土壤自然肥力较高，为理想的粮、棉、麻、水产和蚕丝的重要基地。湖区多围湖造田形成的圩田，是我国的商品粮基地和重要淡水鱼区，产量已达全国前列。

9. 鄱阳湖平原

鄱阳湖平原，又称豫章平原、鄱阳湖盆地，是长江和鄱阳湖水系赣、抚、信、修、饶等水冲积而成的湖滨平原，位于江西省北部及安徽省西南边境，为长江中下游平原的一部分。平原上稻田、菜畦、鱼塘、蓬湖纵横交错，是江南的粮食、棉花、油料、生猪等生产的重要基地。

## 二、粮食作物品种及产地

主要粮食作物的生产与分布介绍如下。

1. 稻谷

稻谷是我国主要粮食作物之一。我国种植稻谷有着悠久的历史，是世界上产稻谷最多的国家。稻谷在全国粮食生产和人民生活消费中均占第一位。

稻谷按其对土壤、水分的适应性大小，可分为旱稻和水稻两类，我国主要种植水稻，旱稻种植极少。水稻按其品种不同，可分为籼稻、粳稻和糯稻；按其成熟期可分为早稻、中稻和晚稻。水稻在我国分布很广，除了个别高寒或干旱地区以外，从北纬18.5°的海南岛到北纬52°的黑龙江呼玛县，从东南部的台湾省到西北部的新疆都有分布。水稻的分布广而不均，南方多而集中，北方少而分散。大致分为两大产区。

（1）南方稻谷集中产区　秦岭—淮河以南、青藏高原以东的广大地区，水稻面积占全国水稻总面积的95%左右。按地区差异，又可分为三个区。

① 华南双季籼稻区。包括南岭以南的广东、广西、福建、海南和台湾五个省区。该区属于热带和亚热带湿润区，水、热资源丰富，生长期长，复种指数大，是我国以籼稻为主的双季稻产区。海南等低纬度地区有三季稻的栽培。

② 长江流域单、双季稻区。包括南岭以北、秦岭—淮河以南的江苏、浙江、安徽、江西、湖北、湖南、重庆、四川、上海等省市和豫南、陕南等地区。该区地处亚热带，热量比较丰富，土壤肥沃，降水丰沛，河网湖泊密布，灌溉方便，历年来水稻种植面积和产量分别占全国2/3左右，是我国最大的水稻产区。该区以长江三角洲、里下河平原、皖中平原、鄱阳湖平原、赣中丘陵、洞庭湖平原、湘中丘陵、江汉平原以及成都平原等最为集中。长江以南地区大多种植双季稻，长江以北地区大多实行单季稻与其他农作物轮作。籼稻和粳稻均有分布。

③ 云贵高原水稻区。本区地形复杂，气候垂直变化显著，水稻品种也有垂直分布的特点，海拔2000m左右地区多种植籼稻，1500m左右地区是粳、籼稻交错区，1200m以下种植籼稻。本区以单季为主。

（2）北方稻谷分散产区　秦岭—淮河以北的广大地区属单季粳稻分散区。稻谷播种面积占全国稻谷总播种面积的5%左右，具有大分散、小集中的特点。单季粳稻分散区主要分布在以下三个水源较充足的地区：东北地区水稻主要集中在吉林的延吉、松花江和辽河沿岸；华北主要集中于河北、山东、河南三省及安徽北部的河流两岸及低洼地区；西北主要分布在汾渭平原、河套平原、银川平原和河西走廊、新疆的一些绿洲地区。

北方分散产区的水稻以一季粳稻为主，稻米质量较好。

2. 小麦

小麦是我国产量仅次于稻谷的第二大粮食作物。我国也是小麦栽培最古老的国家之一，约有4500年的历史。

小麦是温带性旱地作物，品种较多，耐旱，适应性强，我国大部分地区适宜种植小麦，小麦可分为春小麦和冬小麦两大类，我国以冬小麦分布面积最大，约占小麦播种面积的80%以上。

（1）春小麦区　我国春小麦占全国小麦总产量的10%以上，主要分布于长城以北，岷山、大雪山以西气候寒冷、无霜期短的地区，小麦只能在春天播种，当年收割，是一年一熟制作物。其中黑龙江、内蒙古、甘肃和新疆为主要产区。

（2）北方冬麦区　分布在长城以南，六盘山以东，秦岭—淮河以北的各省区，包括山东、河南、河北、山西、陕西等省，是我国最大的小麦生产区和消费区。该区小麦的播种面积和产量均占全国的2/3以上，有我国的“麦仓”之称。

（3）南方冬麦区　分布在秦岭—淮河以南、横断山脉以东地区。安徽、江苏、四川和湖北等省为集中产区，大部分为棉麦和稻麦两熟制。本区居民以稻米为主食，故小麦商品率较高。

3. 玉米

玉米属高产作物，经济价值较高，是我国最主要的杂粮，在粮食作物中仅次于水稻、小麦，居第三位。我国玉米产量仅次于美国，居世界第二位。玉米对自然条件要求不严格，在我国分布很广，各地都有分布，其中以吉林、山东、河北、辽宁、四川产量最多。

4. 其他作物

（1）高粱　高粱具有抗旱、耐涝、耐盐碱、适应性强的特性，所以在我国北方干旱地区、涝洼及盐碱地区多有种植。高粱在我国分布很广，以东北平原最为集中，其次为黄河中下游和淮北平原一带。

（2）谷子　谷子是我国传统粮食作物。谷子具有较强的抗旱能力，需水量少，为小麦需水量的2/3左右，对土壤要求不严格，生长期较短。谷子容易储藏，适宜作储备粮，营养价值较高，主要分布在淮河以北至黑龙江的克山地区。

## 三、经济作物品种及产地

经济作物是轻工业的主要原料和人民生活吃、穿、用的农作物。经济作物的种类繁多，可分为纤维作物、油料作物、糖料作物和其他经济作物。

1. 纤维作物

纤维作物是纺织工业的重要原料，主要有棉花、麻类和蚕茧等。

（1）棉花　我国是世界主要产棉国之一。棉花是重要的经济作物，其种植面积居经济作物之首，占经济作物播种面积的1/3左右。棉花是纺织工业的重要原料，国防、化工、医药等工业也离不开棉花，棉秆可造纸，棉籽可榨油，棉籽饼是优质饲料，所以棉花生产对于国家建设和人民生活等都有重要意义。我国棉花产地分布广泛，按照自然条件，栽培管理水平和种植的历史条件，将全国划分为3个主要棉区。

① 黄河流域棉区。包括秦岭—淮河以北、长城以南、六盘山以东的山东、河北、河

南、山西、陕西及北京、天津七省市。棉花产量以山东、河南、河北三省最多。本区植棉历史悠久，自然条件优越，区内地势平坦，秋雨少，日照充足，有利于棉花的生长，成为我国最大的棉花产区，其种植面积占全国棉田面积的1/2。

② 长江流域棉区。本区包括上海、浙江、江苏、安徽、江西、湖南、湖北等省市，湖北、江苏两省产量最多。本区植棉历史悠久，技术水平较高，劳动力充足，区内纺织业发达，运输条件便利，使该区成为全国棉花单产和商品率最高的棉区，也是我国第二大产棉区。但秋天雨多，湿度大，日照较少，影响棉花吐絮，棉花质量不如黄河流域棉区。

③ 西北内陆棉区。包括新疆和甘肃河西走廊地区。本区地处干旱地区，降水少，光照条件优越，温差大，病虫害少，棉花品质好，是我国第三大产棉区，也是我国优质长绒棉产区。

(2) 麻类　麻类是一种古老的纤维作物。我国是世界上主要产麻国之一，也是麻类品种最多的国家，主要品种有黄麻、红麻、苎麻、亚麻等。

亚麻主要产于东北，以黑龙江省产量最多，集中于哈尔滨附近，其次是吉林省，集中于延边地区。

2. 油料作物

油料作物品种繁多，主要有花生、油菜、芝麻、胡麻、大豆、向日葵等。我国油料作物的种植面积在经济作物中居首位，是世界上油料作物种植最多的国家。

(1) 花生　在各种油料作物中，花生的单产高，含油率高，是喜温耐瘠作物，对土壤要求不严，以排水良好的沙质土壤为最好。花生生产分布广泛，除西藏、青海外全国各地都有种植，主要集中在山东、广东、河南、河北、江苏、安徽、广西、辽宁、四川、福建等省区，其中山东的产量居全国首位，其次是广东。目前，全国花生主要集中在两个地区：一是渤海湾周围的丘陵地及沿河沙土地区；二是华南福建、广东、广西、台湾等地的丘陵及沿海地区。

(2) 油菜　油菜是我国播种面积最大、地区分布最广的油料作物，我国是世界上生产油菜最多的国家。油菜是喜凉作物，对热量要求不高，对土壤要求不严。根据播种期的不同，可分为春、冬油菜，春、冬油菜分布的界限相当于春、冬小麦的分界线而略偏南。我国以种植冬油菜为主。长江流域是全国冬油菜最大产区，其中四川省的播种面积和产量均居全国之首；其次为安徽、江苏、浙江、湖北、湖南、贵州等省。春油菜主要集中于东北、西北北部地区。

(3) 芝麻　我国是世界上生产芝麻最多的国家之一。芝麻是一种含油率很高的优质油料作物，我国芝麻分布广泛，主要分布在河南、湖北、安徽、山东等省，其中河南省产量居全国首位。

(4) 大豆　我国是大豆的故乡，早在5000年前，大豆就扎根于华夏沃土，中世纪以后，大豆经阿拉伯传入西方。美国大面积种植大豆只有70余年的历史，却一跃成为世界头号大豆生产国，2000年产量达$7.5\times10^7$t，占全球大豆总产量的50%。而中国却成为世界第一大豆进口国，年进口量达$1.4\times10^7$t。我国大豆年产量目前在世界排在美国、巴西之后，居第三位。大豆既是粮食作物，又是油料作物，同时也是副食品的重要原料，营养价值高，因而大豆在农业中具有特殊的地位。

大豆是喜温作物，生长旺季需要高温，收获季节以干燥为宜，很适宜在我国北方温带

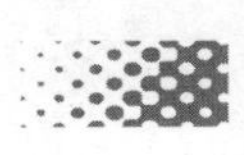

地区栽培。我国大豆分布广泛，而以松辽平原和黄淮平原最为集中。松辽平原是我国最主要的大豆生产基地，主要集中于松花江、辽河沿岸和哈大线沿线；其中，哈尔滨、辽源、长春被称作我国大豆的“三大仓库”，其单产和商品率居全国之冠。

(5) 向日葵　向日葵是一种出油率和营养价值都很高而又高产的油料作物。向日葵油商品生产基地分布范围很广，主要分布在东北、西北、华北、吉林、辽宁、内蒙古等省区，其中内蒙古的产量最高。

3. 糖料作物

糖料作物主要包括甘蔗和甜菜，其中以甘蔗为主。甘蔗主要分布在南方沿海各省区，甜菜分布在北方各省区，所以有“南蔗北菜”的特点。

(1) 甘蔗　甘蔗是热带和南亚热带经济作物，具有喜高温、喜湿、喜肥的特性，生长期长。我国甘蔗主要分布在北纬24°以南的地区。其中以广东、广西、台湾、福建、海南、云南、四川等省区种植面积最大，广东是大陆上种植甘蔗最多的省份。

(2) 甜菜　甜菜喜温凉气候，有耐寒、耐旱、耐碱等特性。我国甜菜主要分布在北纬40°以北各省区，黑龙江、内蒙古、新疆、古林、甘肃、宁夏为主要产地。黑龙江是我国甜菜的最大产区。甜菜生产基地有黑龙江松嫩平原西部、吉林西部、内蒙古河套地区和新疆玛纳斯地区。

4. 其他作物

我国是茶叶原产地，茶叶种植已有2000多年的历史。明清时期，茶叶就成为我国重要的出口物资，曾长期独占世界市场。后来生产遭到严重破坏，1949年年产量仅为$4.1\times10^4$t。1949年后，我国茶叶生产恢复和发展很快，1996年茶叶产量达$5.9\times10^5$t，仅次于印度，居世界第二位。

我国茶区辽阔，广泛分布在秦岭—淮河以南的广大山地和丘陵地带，以浙江、湖南、安徽、四川、福建五省产量最多，是我国著名的五大产茶省，其次是云南、广东、湖北等省。

## 第五节　耕地土壤重金属风险评价方法

### 一、耕地土壤重金属污染生态风险评价

《土壤重金属污染生态风险评价方法综述》[12]以土壤生态系统为对象，介绍了国家已有的几类重金属污染生态风险评价方法，包括概念模型法、数学模型法、指数法、形态分析法、植物培养法等。生态风险评价在欧美都有法律依据和技术规则，1993年欧盟颁布了化学品生态风险评价规定和技术指导文件，美国环保局（US EPA）1998年正式颁布了《生态风险评价指南》，对不同生态系统风险评价制定了相关技术规范。从1983年美国国家科学院提出土壤生态风险评价方法，发展到Suter（1993年）、EPA（1998年）模型、MMSOLS等各种多介质模型，生态风险评价基本已经形成体系，可评价DDT、PCDD等土壤中有机农药的生态风险。而重金属污染风险评价方法基本都沿用了评价沉积物的Hakanson方法与地质累积指数法。

1. 生态风险评价模型

（1）概念模型　US EPA 1998 年颁布了《生态风险评价指南》，提出生态风险评价“三步法”，即问题形成、分析和风险表征。评价的第一步是问题表述，制定风险的分析计划；第二步是分析，确定生态系统如何与生态压力接触，并由此造成怎样的生态影响；第三步是描述生态风险，最后将结果传递给风险管理者。

（2）数学模型法

① 雨水溅落留存在植物体上污染物质量比的表达式（污染物在土壤表层约 1cm）如下：

$$C_{PA}=EC_{SSS}\times K_{PSI} \tag{9-1}$$

式中　$C_{PA}$——植物体上污染物的质量比，mg/kg；

$EC_{SSS}$——土壤中污染物的质量比，mg/kg；

$K_{PSI}$——植物-土壤分配系数，Mackone 估计其值为 0.017。

② 皮肤接触产生的暴露剂量[12]。

③ 消化作用产生的暴露剂量[12]。

2. 生态风险评价指数

近年来，将沉积物重金属污染评价方法用于土壤中重金属污染评价实例逐年增多，主要污染评价方法有潜在风险指数法、地质累积指数法、污染指数法和回归过量分析法等。下面主要介绍前两种方法。

（1）潜在风险指数法　潜在风险指数（$RI$）的计算公式如下：

$$RI=\sum_{i=1}^{m}E_{r}^{i} \tag{9-2}$$

$$E_{r}^{i}=T_{f}^{i}\times C_{f}^{i}\qquad Cd=\sum_{i=1}^{m}C_{f}^{i} \tag{9-3}$$

$$C_{f}^{i}=C_{D}^{i}/C_{R}^{i} \tag{9-4}$$

式中　$C_{f}^{i}$——单一金属污染系数；

$C_{D}^{i}$——样品实测浓度；

$C_{R}^{i}$——背景浓度；

$Cd$——多金属污染浓度；

$T_{f}^{i}$——不同金属生物毒性响应因子；

$E_{r}^{i}$——单一金属潜在生态风险因子；

$RI$——多金属潜在生态风险指数。

（2）地质累积指数法　地质累积指数法反映了重金属分布的自然变化特征，还可以判别人为活动对环境的影响，是区分人为活动影响的重要参数。其计算公式如下：

$$I_{geo}=\log_{2}\left(\frac{C_{n}}{1.5BEn}\right) \tag{9-5}$$

式中　$C_{n}$——样品中元素 $n$ 的浓度；

$BEn$——环境背景值浓度；

1.5——修正系数。

至目前为止，在生态风险评价方面还没有一种公认的、可以广泛接受的模型和方法，

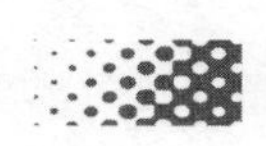

因而在实际应用中应结合评价区域土壤及其中重金属特性、评价目的，选择适当的评价方法。

## 二、耕地土壤重金属污染健康风险评价

重金属通过各种途径进入土壤成为持久性的有害污染物。土壤中的重金属主要是通过人体皮肤直接接触、地面扬尘等途径被人体直接吸入、食物摄入、饮水摄入等对人类健康产生危害，健康风险评价是 20 世纪 80 年代以后发展起来的，是指识别环境中可能的风险源，评价其与人体发生接触的暴露途径以及定量评价暴露结果对人体健康产生的危害程度。杨刚等[13]在《雅安市耕地土壤重金属健康风险评价》之中，引用了国外健康风险评价模型对雅安市主要耕地土壤中重金属（Pb、Zn、Cu、Cd）的分布及健康风险评价进行探讨，评价了土壤-人体健康风险。

1. 健康风险评价模型

（1）非致癌风险　土壤中每种有害重金属可能造成的潜在非致癌风险可用式（9-6）计算：

$$HQ=CDI/RfD \tag{9-6}$$

式中　$HQ$——风险指数；

$CDI$——慢性日摄入量，mg/(kg·d)；

$RfD$——参数剂量，mg/(kg·d)。

若同时评价几种污染物产生的非致癌风险，分别将每种污染物产生的风险相加，得总的非致癌风险指数，用式（9-7）表示：

$$HI=HQ_1+HQ_2+\cdots+HQ_n \tag{9-7}$$

当 $HI<1$ 时，表示没有慢性的非致癌风险产生；当 $HI\geqslant1$ 时，则应修复污染土壤，降低污染物含量，直到 $HI<1$ 为止。

（2）致癌风险　致癌风险是指长期暴露于某种致癌物的情况下，人体患癌症的可能性，致癌风险用式（9-8）所示：

$$CR=CDI\times SF \tag{9-8}$$

式中　$CDI$——慢性日摄入量，mg/(kg·d)；

$SF$——斜率因子，kg·d/mg。

当有多个致癌物质时，则致癌总风险为多个致癌风险之和，美国环保局认为致癌风险在 $1\times10^{-6}\sim1\times10^{-4}$ 之间是可以接受的。

（3）慢性日摄取量的计算

$$CDI=\frac{C\times IR\times CF\times FI\times EF\times ED}{BW\times AT\times 365} \tag{9-9}$$

式中　$CDI$——日慢性摄取量，mg/(kg·d)；

$C$——（水、土壤、大气）污染物浓度，mg/L 或 mg/kg 或 $mg/m^3$；

$IR$——摄取速率，mg/d；

$CF$——转换因子，$10^{-6}$ kg/mg；

$FI$——摄取系数，0～1.0%；

$EF$——暴露频率，d/a；

$ED$ ——暴露时间，a；

$BW$ ——受体体重，kg；

$AT$ ——平均接触时间，a。

2. 耕地土壤重金属污染健康风险评价存在的问题

(1) 参数的不确定性　慢性日摄取量公式中涉及多项参数，每项参数都是土壤中重金属进入人体的一种途径的程度的定量表达，包括皮肤直接接触而被人体吸收的重金属数量、人体呼吸而进入人体内的重金属数量以及通过饮食、饮水进入体内的重金属数量，而且每一次必须达到定量的表征，显然，评价模型的参数是至关重要的。只有参数科学、可信，才能做到日摄取量的计算数值是可靠的，也才能保证后续通过模型计算出的风险指数是可信赖的指标，否则很难做到定量的健康风险评价。

(2) 环境因素的影响　环境因素，如饮用水质情况，空气质量及食用粮食和蔬菜的品质，均是影响评价模型中各项参数的直接因素。不同地区、国家上述参数是不一样的，即使一个地区，随时间的推移，其参数也是变化的，所以参数的不统一、不确定性给评价带来了困难。况且，我国在健康风险评价方面与欧美国家相比仍存在很大差距，评价所需参数有时无据可查，导致参考国外有关参数来评价我国耕地土壤重金属健康风险无法达到既定的目标。

(3) 缺少风险评价指标值　重金属健康风险评价必须要说明重金属通过多种不同途径进入人体内，对人体健康所产生危害的定量剂量关系。不同种类的重金属对人体所造成的危害是不一样的，危害人体器官、程度及临床表现也是不同的。所以，健康风险评价必须有一个评价指标值，而通过模型计算出来的风险指数与评价指标值进行比较才能定量给出健康风险的程度的科学评价。但是，目前评价模型中显示不出人体健康的参数，这样计算出来的风险程度是无法表达出人体健康状况的。

## 三、耕地土壤重金属对食用农产品生产安全风险评价

耕地土壤重金属污染直接影响农作物的产量和质量，随着土壤中重金属污染的加重，作物可食部分中重金属含量也随之增加，这将对人体健康造成威胁，食品卫生法规定了各类食用农产品中重金属含量的限量值，把握住入口安全的最后一关。如何控制耕地土壤重金属含量，降低食用农产品安全风险，保证人体健康是食用农产品安全风险评价的目的。首先，必须建立土壤重金属含量与作物重金属含量所对应的剂量-效应模型，通过模型和食品卫生标准的限量值计算出土壤重金属的安全临界值。为能更接近真实反映作物从土壤中吸收重金属的过程，重金属在土壤中的含量用有效态来表示。其次，确定食用农产品安全风险评价的指标值，以指标值作为安全评价的科学依据，这个指标值就是上述计算得出的安全临界值。最后，用风险指数来表征耕地土壤重金属给食用农产品安全带来的风险程度。

1. 耕地土壤重金属有效态安全临界值的制定

重金属有效态安全临界值取决于作物的种类、土壤类型和重金属的种类。这表示，不同种类作物种植在不同类型的土壤上受不同重金属的危害各不相同，所以重金属有效态安全临界值是在特定的条件下制定的。具体通过盆栽实验和小区实验来制定安全临界值[5]。

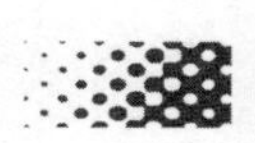

2. 确定风险评价的指标值

食用农产品风险评价的指标值以土壤重金属有效态安全临界值[5] $S_{ijk}$ 来表示。

3. 风险指数的计算

风险指数计算公式（单项风险指数）如下：

$$P_{ijk}=C_{i有效}/S_{ijk有效} \tag{9-10}$$

式中　$P_{ijk}$——土壤中重金属 $i$、土壤类型 $k$、农作物种类 $j$ 时风险评价指数；

$C_{i有效}$——土壤中重金属 $i$ 有效态的实测值，mg/kg；

$S_{ijk有效}$——土壤中重金属 $i$、土壤类型 $k$、农作物种类 $j$ 时风险评价指标值。

4. 风险等级的判定

土壤重金属食用农产品风险等级划分标准见表 9-1。

表 9-1　土壤重金属食用农产品风险等级划分标准

| 等级 | 风险指数 $P_{ijk}$ | 风险程度 |
|---|---|---|
| Ⅰ | $P_{ijk}\leqslant 0.8$ | 无风险 |
| Ⅱ | $0.8<P_{ijk}\leqslant 1.5$ | 存在风险 |
| Ⅲ | $P_{ijk}>1.5$ | 高风险 |

# 第六节　我国农田土壤环境质量高风险区预测

## 一、高风险区的定义

耕地土壤由于受到重金属的污染致使农作物产量和质量受到了影响，作物产量可能降低 10%或更多，可食用农产品的品质降低，其重金属的含量可能接近、或达到、或超过食品卫生标准规定的限量值，这样的粮食生产地区被称为高风险区。另外，还可以从耕地土壤重金属对食用农产品安全风险评价角度来定义高风险区，即风险指数 $P_{ijk}>1.5$ 时，可判定为高风险区。

## 二、影响风险指数的因素

在讨论影响风险指数的因素时，首先排除由于其他因素（如水、气等）对农产品安全生产的影响，土壤重金属污染研究土壤本身的原因对不同种类作物受到土壤中重金属危害所产生的风险。风险指数（$P_{ijk}$）是指在土壤类型 $k$ 的土壤上种植作物种类 $j$，受到土壤中重金属 $i$ 的危害而产生的风险指数。所以，应从土壤类型、作物种类和重金属种类来分析对风险指数的影响。

### （一）土壤类型和土壤性质的影响

土壤类型决定了土壤的性质，而成土过程又取决于地质因素和环境因素的影响，由于不同区域有不同的岩石、矿物种类，所以，经长期的风化后形成了各自的土壤类型。我国土壤类型复杂，多达 40 多种，可归纳为 10 个土纲（见表 9-2）。

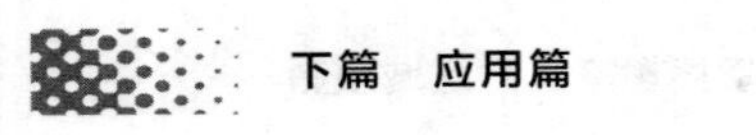


表 9-2　中国土壤分类表

| 土纲 | 土类 | 亚类 |
|---|---|---|
| 铁铝土 | 砖红壤 | 砖红壤、暗色砖红壤、黄色砖红壤 |
| | 赤红壤 | 赤红壤、暗色赤红壤、黄色赤红壤、赤红壤性土 |
| | 红壤 | 红壤、暗红壤、黄红壤、褐红壤、红壤性土 |
| | 黄壤 | 黄壤、表潜黄壤、灰化黄壤、黄壤性土 |
| 淋溶土 | 黄棕壤 | 黄棕壤、黏盘黄棕壤 |
| | 棕壤 | 棕壤、白浆化棕、潮棕壤、棕壤性土 |
| | 暗棕壤 | 暗棕壤、草甸暗棕壤、潜育暗棕壤、白浆化暗棕壤 |
| | 灰黑土 | 淡灰黑土、暗灰黑土 |
| | 漂灰土 | 漂灰土、腐殖质淀积漂灰土、棕色针叶林土、棕色暗针叶林土 |
| 半淋溶土 | 燥红土 | |
| | 褐土 | 褐土、淋溶褐土、石灰性褐土、潮褐土、褐土性土 |
| | 塿土 | |
| | 灰褐土 | 淋溶灰褐土、石灰性灰褐土 |
| 钙层土 | 黑垆土 | 黑垆土、黏化黑垆土、轻质黑垆土、黑麻垆土 |
| | 黑钙土 | 黑钙土、淋溶黑钙土、草甸黑钙土、灰性黑钙土 |
| | 栗钙土 | 栗钙土、暗栗钙土、淡栗钙土、草甸栗钙土 |
| | 棕钙土 | 棕钙土、淡棕钙土、草甸棕钙土、松沙质原始棕钙土 |
| | 灰钙土 | 灰钙土、草甸灰钙土、灌溉灰钙土 |
| 石膏盐层土 | 灰漠土 | 灰漠土、龟裂灰漠土、盐化灰漠土、碱化灰漠土 |
| | 灰棕漠土 | 灰棕漠土、石膏灰棕漠土、碱化灰棕漠土 |
| | 棕漠土 | 棕漠土、石膏棕漠土、石膏盐棕漠土、龟裂棕漠土 |
| 半水成土 | 黑土 | 黑土、草甸黑土、白浆化黑土、表潜黑土 |
| | 白浆土 | 白浆土、草甸白浆土、潜育白浆土 |
| | 潮土 | 黄潮土、盐化潮土、碱化潮土、褐土化潮土、湿潮土、灰潮土 |
| | 砂姜黑土 | 砂姜黑土、盐化砂姜黑土、碱化砂姜黑土 |
| | 灌淤土 | |
| | 绿洲土 | 绿洲灰土、绿洲白土、绿洲潮土 |
| | 草甸土 | 草甸土、暗草甸土、灰草甸土、林灌草甸土、盐化草甸土、碱化草甸土 |
| 水成土 | 沼泽土 | 草甸沼泽土、腐殖质沼泽土、泥炭腐殖质沼泽土、泥炭沼泽土、泥炭土 |
| | 水稻土 | 淹育性(氧化型)水稻土、潴育性(氧化还原型)水稻土、潜育性(还原型)水稻土、漂洗型水稻土、沼泽型水稻土、盐渍型水稻土 |
| 盐碱土 | 盐土 | 草甸盐土、滨海盐土、沼泽盐土、洪积盐土、残积盐土、碱化盐土 |
| | 碱土 | 草甸碱土、草原碱土、龟裂碱土 |
| 岩成土 | 紫色土 | |
| | 石灰土 | 黑石灰土、棕色石灰土、黄色石灰土、红色石灰土 |
| | 磷质石灰土 | 磷质石灰土、硬盘磷质石灰土、潜育磷质石灰土、盐渍磷质石灰土 |
| | 黄绵土 | |

续表

| 土纲 | 土类 | 亚类 |
|---|---|---|
| 岩成土 | 风沙土 | |
| | 火山灰土 | |
| 高山土 | 山地草甸土 | |
| | 亚高山草甸土 | 亚高山草甸土、亚高山灌丛草甸土 |
| | 高山草甸土 | |
| | 亚高山草原土 | 亚高山草原土、亚高山草甸草原土 |
| | 高山草原土 | 高山草原土、高山草甸草原土 |
| | 亚高山漠土 | |
| | 高山漠土 | |
| | 高山寒冻土 | |

1. 土壤类型与土壤环境容量

土壤类型决定了土壤环境容量，而环境容量大的土壤具有高的阳离子交换量，容量大而背景值低的耕地土壤具有较高的安全临界值，相反，容量小而背景值高的土壤安全临界值较低，从耕地土壤重金属对食用农产品的风险来看，高临界值的土壤风险低，而低临界值土壤风险高。从我国土壤类型来看，土纲为铁铝土的砖红壤、赤红壤、红壤与黄壤以及它们的亚类土壤均具有较低的土壤环境容量，所以，就土壤类型本身而论，这些类型土壤的安全临界值较低，风险指数较高。而其他土类如棕壤、褐土、黑土、草甸土等安全临界值较高，风险指数较低。

2. 土壤类型分布与风险区域

我国土壤类型的分布有明显规律，以长江为界，在长江以南，如湖南、福建、广东、广西等省区内大部分土壤类型属于红壤和黄壤。而北方地区，如河北、山东、辽宁、内蒙古以及西北和青藏高原等地则以棕壤、褐土、黑土、草甸土、土灰土等为主；南方地区以红壤、黄壤为主，所以，由土壤类型分布可以推断我国南方地区中湖北、湖南、福建、广东、广西等地应属于高风险区。

3. 土壤 pH 值分布与风险区域

(1) 土壤酸碱性的等级划分　土壤酸碱性大致划分为以下 9 个等级：$pH<4.5$，极强酸性；$4.5\leqslant pH<5.5$，强酸性：$5.5\leqslant pH<6.0$，酸性；$6.0\leqslant pH<6.5$，弱酸性；$6.5\leqslant pH<7.0$，中性；$7.0\leqslant pH<7.5$，弱碱性；$7.5\leqslant pH<8.5$，碱性；$8.5\leqslant pH<9.5$，强碱性；$pH\geqslant 9.5$，极强碱性。

(2) 土壤酸度分类　土壤酸度根据土壤中 $H^+$ 的存在方式，分为活性酸度和潜在酸度两类。

① 活性酸度：活性酸度是土壤溶液中 $H^+$ 浓度的直接反映，又称有效酸度，通常用 pH 值表示。活性酸度主要来源于 $CO_2$ 溶于水形成的碳酸和有机物质分解产生的有机酸，

以及土壤中矿物质氧化产生的无机酸，还有施用无机肥料中残留的无机酸，如硝酸、硫酸和磷酸等。此外，由大气污染形成的大气酸沉降也会使土壤酸化，所以它也是土壤活性酸度的一个重要来源。

② 潜在酸度：潜在酸度是土壤胶体吸附的可交换性 $H^+$ 和 $Al^{3+}$ 的反映。当这些离子处于吸附状态时，是不显酸性的，但当它们通过离子交换作用进入土壤溶液之后，即可增加土壤溶液中的 $H^+$ 浓度，使土壤 pH 值降低，只有盐基不饱和土壤才有潜在酸度和水解酸度。

③ 活性酸度与潜在酸度的关系：活性酸度与潜在酸度是同一平衡体系中的两种酸度，二者可互相转化，在一定条件下处于暂时性平衡状态。土壤活性酸度是土壤酸度的根本特点和现实表现。土壤胶体是 $H^+$ 和 $Al^{3+}$ 的储存库，潜性酸度是活性酸度的储备。

(3) 酸度对土壤的影响　酸性土壤中不管 $H^+$ 以活性酸度存在还是以潜在酸度存在，总之，$H^+$ 浓度较高，使土壤中各种价态的阳离子，包括重金属离子，大部分以游离状态或可溶于土壤溶液中的可溶状态存在，较少处于被胶体、有机质吸附的状态以及碳酸盐式氢氧化物的沉淀状态。因为土壤溶液中高浓度的 $H^+$ 以离子交换的形式使大多数阳离子交换进入土壤溶液中，这样给土壤带来的后果是土壤容量降低、阳离子交换量减少、土壤保持养分的数量递减、重金属的安全临界值降低等。总之，对农作物的生长、发育造成不利的影响，提高了作物的产量和质量风险。

(4) 土壤 pH 值分布与风险区域　我国土壤 pH 值大多在 4.5～8.5 之间。分布规律为由南向北 pH 值递增，长江（北纬 33°）以南的耕地土壤多数为酸性和强酸性；华南、西南地区广泛分布的红壤、黄壤，pH 值大多在 4.5～5.5 之间，华中、华东地区的红壤，pH 值在 5.5～6.5 之间；长江以北的耕地土壤多为中性或碱性。华北、西北的土壤大多含有碳酸钙，pH 值一般在 7.5～8.5 之间，少数强碱性土壤 pH 值高达 10.5。

综上所述，我国酸性土壤基本上分布在长江以南地区的红壤和黄壤区域。显然，在这个区域，土壤酸性与上述所讨论的土壤类型、容量等因素一样，是决定该地区是风险区或高风险区的又一重要因素。

4. 土壤质地分布与风险区域

(1) 土壤质地的概念　土壤质地是指土壤中不同直径的矿物颗粒，简称土粒的组合状况，各粒级土粒在土壤中的相对比例（质量百分数）称为土壤质地，或称土壤的机械组成。

(2) 土壤质地的分类　土壤质地主要继承了母质的性质，我国将土壤质地分为三类，即砂土、壤土、黏土。每类质地土壤又可细分，见表 9-3。

(3) 土壤质地特征

① 砂土：透气、透水性能好，但抗旱能力弱，易漏水，漏肥；因此土壤养分少，加之缺少黏粒和有机质，故保肥性能弱，施速效肥料易随雨水和灌溉水流失，应增施有机肥并适时追肥。砂土土壤容量小，阳离子交换量低。

② 黏土：土壤养分丰富，而且有机质含量较高，因此，土壤养分不易被雨水和灌溉水淋失，故保肥性能好，土壤胶体含量较多，阳离子交换量高，土壤容量大。但黏土土质过于致密，黏性大，透气、透水性差，遇雨水或灌溉时，水分难以下渗，排水困难，应注意开闸排水。

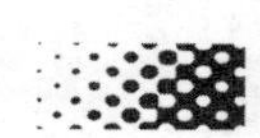

表 9-3　土壤质地的分类与组成

| 质地组 | 质地名称 | 颗粒组成/% | | |
|---|---|---|---|---|
| | | 砂粒(0.05～1mm) | 粗粉粒(0.01～0.05mm) | 细黏粒(＜0.001mm) |
| 砂土 | 极重砂土 | ＞80 | | |
| | 重砂土 | 70～80 | | |
| | 中砂土 | 60～70 | | |
| | 轻砂土 | 50～60 | | |
| 壤土 | 砂粉土 | ≥20 | ≥40 | ＜30 |
| | 粉土 | ＜20 | | |
| | 砂壤 | ≥20 | ＜40 | |
| | 壤土 | ＜20 | | |
| 黏土 | 轻黏土 | | 30～35 | |
| | 中黏土 | | 35～40 | |
| | 重黏土 | | 40～60 | |
| | 极重黏土 | | ＞60 | |

③ 壤土：兼有砂土和黏土的优点，是较理想的土壤。其耕地性能优良，适合农作物种类多。

(4) 土壤质地分布与风险区域　我国土壤质地的粗略分布为：北方以砂性土为主，通常称为二合土，性质介于黏土和砂土之间；中部地区以壤土为主；南方以黏性土为主。

壤土是较理想的耕地土壤，多数分布在我国的中部地区，如山东半岛、辽东半岛、华北平原、关中平原等，该区包括吉林、辽宁、山东、河北、北京、天津、山西、陕西等。砂土主要分布地区有：内蒙古、甘肃、宁夏、青海、山西、陕西等。黏土主要分布地区有：华南和西南地区，如云南、四川、贵州、广西；以及西北内陆，如青海、甘肃、宁夏及部分沿海地带。

从土壤质地的性质来看，壤土是较为理想的耕地土壤，具有土壤容量大、阳离子交换量高、含有丰富的有机质和土壤胶体的优点，所以，壤土地区是低风险区域。砂土地区的土壤，虽然保水、保肥性能差，有机质和土壤胶体含量少，土壤容量及阳离子交换量均低下，但是，土壤质地不是决定土壤肥力的唯一因素，可以通过增施有机肥，特别是农家有机肥料改善土质，还可以适时地追肥以补充土壤肥料的不足，砂土地区适于种植花生和块状农作物，如马铃薯和山芋等。所以，砂土地区还不能算是风险地区。黏土地区的问题比较复杂，因为黏土大部分分布在我国南方，南方地区雨水多、气温高，并且多为酸性土壤，个别地区土壤背景值高、阳离子交换量低、土壤容量小，使黏土地区处在风险区域内。

5. 土壤环境容量与风险区域

土壤环境容量亦称污染物的土壤负载容量，简称土壤容量，一般是指土壤能容纳重金属的最大负荷量。土壤的类型和性质基本上决定了土壤环境容量，而其大小又决定了重金属对农作物危害程度或风险的高低。所以，可以通过土壤环境容量来判断农作物安全生产的风险。土壤环境容量大，风险小；土壤环境容量小，风险大，这是重金属对食用农产品风险评价的基本出发点。

我国长江以南的耕地土壤类型主要是红壤和黄壤，并且大多数为酸性土壤，pH 值在

5.5～6.5之间，少数地区土壤的pH值在5.5以下，极个别地区pH<5.5。酸性的红壤和黄壤重金属的安全临界值低，这样土壤环境容量就小，如背景值再高，则容量更低，给食用农作物产量和质量带来的风险就越大。

6. 阳离子交换量与风险区域

阳离子交换量的大小可以说明耕地土壤离子交换的能力的强弱，也可表示土壤保肥性能的高低。当土壤中胶体含量多、有机质含量多时，阳离子交换量就大；反之，则小。土壤中的胶体可分为无机胶体、有机胶体及无机-有机复合胶体。无机胶体是指土壤中的次生黏粒矿物颗粒，也就是土粒，当直径在1～1000nm之间时是土壤中最为细致的部分，形成了土壤矿质胶体，即无机胶体。有机胶体是指有机化合物，主要是腐殖质即天然的高分子化合物所形成的胶体。而无机-有机复合胶体，即核心部分是黏粒矿物，外层是有机胶质被吸附在矿物胶体表面而形成的。胶体的性质特点如下：a. 比表面面积大，使胶体具有200～300$m^2$的表面积，具有相当大的反应活性和吸附性；b. 胶体表面主要带有负电荷，有很强的离子交换性能；c. 胶体是土壤各种物质中最活跃的部分，因而对土壤的性质影响最大。

由于土壤中黏土矿物的种类不同，所以形成的矿物胶体的特点与无机胶体的特点也不同。在我国土壤中，矿物胶体主要分为蒙脱石、高岭石和伊利石3种类型；这3种矿物胶体以蒙脱石吸附性能最强，高岭石最弱，伊利石居中。它们在土壤中的分布有如下规律：蒙脱石在我国东北、华北和西北地区的土壤中分布较广，蒙脱石具有膨胀性，所带电荷数量多且胶体性突出；高岭石在我国南方热带和亚热带土壤中普遍而大量存在，高岭石无膨胀性，所带电荷数量少，胶体特性较弱；伊利石广泛分布在我国各种类型的土壤中，尤其在西北、华北干旱地区的土壤中含量很高，它的特性近似于蒙脱石，但膨胀性较蒙脱石小，胶体特性居蒙脱石和高岭石之间。从矿物胶体的分布来看，我国南方土壤中红壤、黄壤是以高岭石为主的黏土矿物，胶粒表面所带负电荷少，故对碱金属、碱土金属和重金属离子吸附量低，仅为蒙脱石的1/15～1/10。在我国耕地土壤的中间地带，秦岭、长江过渡地带的黄棕壤及黄褐土则含有较多的伊利石黏土矿物。所以，黏土矿物分布是北方以蒙脱石为主，南方以高岭石为主，而中间地带则以伊利石为主。从黏土矿物胶体的特性和分布可以初步判断，南方的红壤和黄壤的离子交换性能较差，阳离子交换量较低。

在不同土壤中，有机质的含量差异很大，高的可达200g/kg甚至300g/kg以上，如在泥炭上和一些森林土壤中，低的有机质含量不足5g/kg，如漠境土和砂质土壤。在土壤当中，一般将耕层含有机质200g/kg以上的土壤称为有机质土壤；含有机质在200g/kg以下的土壤称为矿质土壤。一般在耕地土壤中，表层土壤有机质含量通常在50g/kg以下，多数处于10～30g/kg之间，少数小于10g/kg。有机质含量高的土壤具有高的阳离子交换量；有机质含量低的土壤，阳离子交换量也较低；尤其是在矿质胶体和有机质含量同时低的土壤中，阳离子交换量就更低。此外，土壤的酸碱度也影响阳离子交换量，土壤中的两性胶体在酸性条件下带正电荷，而一般土壤胶体带负电荷，正负电荷中和后，剩余的负电荷较中性条件下胶体的负电荷减少，所以阳离子交换量就减少；相反，在碱性条件下，两性胶体带负电荷，加上一般胶体的负电荷，负电荷数量较在中性条件下的胶体的负电荷数量增加，所以吸引的交换性阳离子增多，即阳离子交换量增大。由此可见，在我国南方地区，包括红壤、赤红壤、砖红壤和黄壤4种类型土壤均显酸性，故可判断其离子交

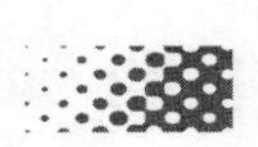

换性能较差，阳离子交换量较低。

不同质地的土壤，阳离子交换量差异较大，黏质土壤阳离子交换量较高；壤土居中；砂质土较低。

阳离子交换量基本上代表了土壤可能保持养分的数量，可以作为评价土壤保肥能力的指标，但是只知道阳离子交换量还不能正确理解土壤的性质和养分状况，因为，土壤胶体吸附的阳离子分为两类，即盐基离子（$Ca^{2+}$、$Mg^{2+}$、$K^{+}$、$Na^{+}$、$NH_4^{+}$ 等）和酸基离子（$H^{+}$ 和 $Al^{3+}$），而阳离子交换量是指这两类离子被吸附的总量。这两类离子性质不同，其比例关系对土壤性质有很大影响，所以必须弄清两类离子的比例关系。这种比例关系常用盐基饱和度来表示，所谓的盐基饱和度就是土壤胶体上吸附的可交换的盐基数量占全部阳离子交换量的百分数。当土壤胶体吸附阳离子都是盐基离子时，这种土壤称为盐基饱和土壤，胶体仅吸附了部分盐基离子而其余为 $H^{+}$ 和 $Al^{3+}$ 酸基离子时，土壤呈盐基不饱和状态，称为盐基不饱和土壤。盐基饱和度大的土壤一般呈中性或碱性，而饱和度过小，则土壤呈强酸性。一般认为，盐基饱和度不低于70%较为理想。盐基饱和度是真正反映土壤有效（或速效）养分含量、改良土壤的重要依据之一，是土壤供肥、保肥和稳肥的重要指标。

盐基不饱和土壤，当非盐基性离子（为 $H^{+}$ 和 $Al^{3+}$）占相当大比例时，土壤呈酸性或强酸性，这不仅表明土壤肥力很差，而且酸性或强酸性增加了土壤溶液中游离重金属离子的活度，加大了对农作物危害的风险。

以上内容完全是从土壤类型、土壤组织等诸多因素对风险指数的影响进行的讨论，而排除了由人为因素引起的外来污染所带来的风险。通过上述讨论可以得出如下结论。

① 我国耕地土壤的风险地区应在长江以南的南方地区，以湖北、湖南、福建、广东、广西为主要地区。

② 我国耕地土壤风险区集中在南方的红壤、砖红壤、赤红壤和黄壤 4 种类型的土壤区域。

③ 我国南方酸性土壤，尤其是 pH 值在 5.5～6.5 之间的土壤多为风险区，pH＜5.5 为高风险区。

④ 我国南方地区，土壤环境容量小，有机质含量低，胶体含量少，阳离子交换量小，盐基饱和度低的耕地土壤应属于风险区。

### （二）作物种类的影响

（1）作物主要种类　水稻、小麦和玉米。

（2）产地分布　水稻大部分产地在长江以南地区；小麦和玉米集中在东北和西北，如辽宁、山东等地区。

（3）风险作物　南方是耕地土壤的风险区域，而水稻又是江南各省的主要的粮食作物，所以水稻是风险作物。

### （三）重金属种类的影响

在同一土壤中种植同一作物，不同的重金属的危害程度是不相同的。我国耕地土壤中对作物有显著危害的重金属有 8 种，即 Cd、Pb、Cr、As、Hg、Cu、Zn、Ni。经多年的耕地土壤环境监测所累积的资料表明，8 种重金属在我国各地区在背景值的基础上，累积的状况差异较大，而且各地区对作物危害的重金属种类也有所不同。所以，各地区可以明确地判定哪一种或几种重金属对当地主要作物危害是最为严重的。这样就可根据本地区主要土壤类型、主要作物种类制定出具有最低危害作用的重金属临界值，根据临界值计算出风险指数。多年实践证明，上述 8 种重金属中土壤中，Cu、Zn、Ni 的含量对主要粮食作物构不成危害；As、Hg、Cr 的危害作用也不具有普遍性；Cd、Pb 是我国各类型土壤中的主要危害重金属，Pb 主要富集在作物的根部，对可食部分影响很小，所以，危害最严重的重金属是 Cd。在我国南方地区种植水稻，受重金属 Cd 危害是最值得关注的问题，也是耕地环境质量风险预测的焦点。

## 第七节　土壤环境质量发展趋势对农产品安全影响风险预警

土壤环境质量直接影响着农产品质量，进而影响着人类的生活和发展。近年来，工业的快速发展、城市化进程的推进以及人类不合理地利用土地，引起了土壤重金属污染、土壤环境质量下降、土壤生态系统功能破坏等问题，进而威胁到农产品产地的安全。

### 一、重金属污染对土壤环境质量发展趋势预测

1. 重金属污染农田土壤现状调查

(1) 对我国全部耕地土壤重金属含量监测　通过普查工作，弄清我国 18 亿亩耕地土壤中重金属的含量状况，并建立国控监测点位。

(2) 评价耕地土壤中重金属的累积状况、累积速率及发展趋势　土壤环境质量评价是单一环境要素的环境现状评价，主要是通过土壤中污染物含量的调查统计分析，评价土壤的受污染程度。

用耕地土壤重金属累积性评价方法[14]对全国耕地土壤分地区进行累积性评价，依据累积指数，确定累积等级、计算累积速率并预测发展趋势。

(3) 对高风险地区进行适宜性评价[14]

2. 重金属累积指数与风险预警

(1) 单项累积指数等级划分　当单项累积指数 $P_{i全量}>3.0$ 时，属于重度累积；表明土壤中某种重金属严重累积。

(2) 综合累积指数等级划分　当综合累积指数 $P_{综合}>2.1$ 时，属于重度累积，表明土壤中一种或几种重金属已远远超过背景值，土壤重金属累积程度严重。

(3) 重金属累积指数与风险预警

① 重金属重度累积而风险不高：有些地区，虽然耕地土壤中重金属已达重度累积，但是，由于该地区的土壤环境容量大，土壤中重金属含量值远低于安全临界值，所以对农产品安全造成的风险却不高。

② 重金属中轻度累积但风险高：有些地区，虽然耕地土壤中重金属只是中度或轻度累积，但是由于该地区的土壤环境容量小，土壤中重金属含量值已接近安全临界值，所以给农产品安全带来高风险。

③ 土壤背景值与风险预警：现实中，土壤背景值高的地区并非是高风险地区，而有

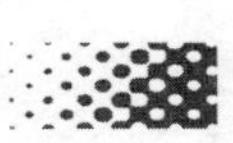

些低背景值的地区却是高风险区，这是因为风险的大小是由背景值与临界值之间的差距决定的。所以，不能以土壤背景值的高低来判断风险的大小，也不能完全依据土壤中重金属累积指数的大小来判断风险的大小，而必须综合分析才能合理地评价。

无论是何种情况，土壤中重金属的累积指数是由土壤中重金属的实测值与背景值之比而决定的，它真实地反映了土壤重金属污染（累积）的程度，或在一段时间内的累积速率及发展的趋势，为农产品安全生产评价提供了重要参数，也是政府部门制定保护耕地土壤及安全管理制度的重要依据。

3. 土壤适宜性评价指数与风险预警

(1) 用适宜性评价方法判定高风险区域　本书已经详细地讨论了土壤类型、土壤性质等诸多因素对土壤中重金属有效态的影响以及造成的食用农产品安全风险。因此，我国耕地土壤的高风险区域判定必须用适宜性评价方法，才能保障农业的安全生产。

(2) 适宜性评价指数对耕地土壤等级的划分

① 制定安全临界值：制定重金属安全临界值[5]，以安全临界值为评价指标值($S_{ijk}$)。

② 适宜性评价指数（$P_{ijk}$）计算公式见第三章式（3-1）。

③ 用适宜性评价指数对耕地土壤等级进行划分：因为临界值是一个范围值，虽然它是由剂量-效应关系建立起来的数学模型确定的方程，并根据食品卫生标准的限量值而计算出来的数值，但是，由于诸多因素的影响，临界值是一个范围值而不是一个理论上的确定值。所以，以临界值计算得到的评价指数也应该是一个范围值。根据多年实践经验，一般将适宜性评价指数值以120%的变化范围值作为对耕地土壤进行等级划分的依据。

当 $P_{ijk}$ 在 1.0～1.2 范围时，定义为高风险区；

当 $P_{ijk}$ 在 0.8～1.8 范围时，定义为风险区；

当 $P_{ijk}$ 在 0.8 以下，定义为无风险区。

4. 农产品安全评价指数与风险预警

(1) 农产品安全质量评价方法　农产品安全质量评价方法采用单项污染指数法。计算公式见第三章式（3-2）。

(2) 农产品安全质量风险预警　农产品是否安全可食用，必须执行农产品卫生标准，当农产品中重金属含量超过卫生标准的限量值，即农产品中重金属 $i$ 的安全评价指数 $P_{i安全}>1$ 时，农产品不可食用。$P_{i安全}<1$ 时，农产品是安全的，可以食用。但是，当 $P_{i安全}\approx1$ 时，农产品是属于安全还是已被污染，实际上很难判断。况且，农产品卫生标准中重金属的限量值应该具有一定的范围，而农产品中重金属的实测值也同样存在误差，存在一定的偏差范围。总之，安全质量必须执行国家标准，但应当考虑存在一个范围。如何既能表达这个范围，又能保证农产品安全，作者提出了一个农产品安全质量风险预警的概念。根据这个观念，将农产品的安全质量划分为 3 个等级：

当 $P_{i安全}\leqslant0.8$ 时，食品安全质量无风险；

当 $P_{i安全}$ 在 0.8～1.0 之间时，食品安全质量存在风险；

当 $P_{i安全}$ 在 1.0～1.2 之间时，食品安全质量有高风险。

## 二、综合利用重金属累积性评价、适宜性评价、农产品安全评价对农产品安全质量进行风险预警

联合使用累积性评价、适宜性评价、农产品安全评价对农产品安全质量风险预警，见表 9-4。

表 9-4　联合评价风险预警

| 类型 | 重金属累积指数 | | 适宜性指数 $P_{ijk}$ | | 农产品安全指数 $P_{ijk安全}$ | | 风险等级 |
|---|---|---|---|---|---|---|---|
| Ⅰ | 高 | 单项 $P_{i全量} \geqslant 3$ 或<br>综合 $P_{综合} \geqslant 2.1$ | 高 | 1.0～1.2 | 高 | 1.0～1.2 | 高风险区 |
| Ⅱ | | | 较高 | 0.8～1.0 | 较高 | 0.8～1.0 | 风险区 |
| Ⅲ | | | 低 | ≤0.8 | 低 | ≤0.8 | 无风险 |
| Ⅳ | 低 | 均为：<br>单项 $P_{i全量} < 2$<br>综合 $P_{综合} < 1.4$ | 高 | 1.0～1.2 | 高 | 1.0～1.2 | 高风险区 |
| Ⅴ | | | 较高 | 0.8～1.0 | 较高 | 0.8～1.0 | 风险区 |
| Ⅵ | | | 低 | ≤0.8 | 低 | ≤0.8 | 无风险 |

注：从理论上讲，适宜性指数大于 1.2 就应划为禁产区。

由表 9-4 可见，在第Ⅰ～Ⅲ类中，虽然重金属累积指数均为高累积状态，但由于土壤类型不同（即土壤容量不同）、种植物作种类不同（即作物对重金属敏感性不同），适宜指数也不尽相同，可分为：高、较高、低，农产品安全指数与适宜指数应较为一致，因此，导致风险等级则分别为：高风险区、风险区和无风险区；在Ⅳ～Ⅵ类中，虽然重金属累积指数均为低累积状态，但由于有些土壤类型容量较小，种植作物种类较为敏感，仍会出现适宜指数和农产品安全指数高、较高的情况，导致风险等级仍会出现高风险区和风险区。

通过上述内容可归纳出以下两点：第一，土壤重金属污染农产品安全风险预警要与重金属累积评价、适宜性评价、农产品安全评价联合使用，并以适宜性评价和农产品安全评价为主，但由于土壤本身的复杂性和土壤性质的差异性，累积性评价也是不可或缺的，尤其是重金属污染对于土壤环境质量的发展趋势的了解更是必不可少的；第二，由于土壤中重金属含量属微量测定，在样品采集和样品检测中要进行严格的质量控制，必须做到土壤样品与农产品样品同步采集、同时测定，并用标准样品进行质控，方可得到可信可比的实验结果，从而为农产品产地风险预警提供科学依据。

## 参考文献

[1] 夏增禄．土壤环境容量及其信息系统．北京：气象出版社，1991.

[2] 张从．环境评价教程．北京：中国环境科学出版社，2002.

[3] 王淑莹，高春娣．环境导论．北京：中国建筑工业出版社，2004.

[4] 卢升高，吕军．环境生态学．杭州：浙江大学出版社，2004.

[5] 刘凤枝．耕地土壤重金属有效态安全临界值制定技术规范（报批稿）.

[6] 孙铁珩，周启星．污染生态学研究的回顾与展望．应用生态学报，2002，13：221-223.

[7] 王新，梁仁禄，周启星．Cd-Pb 复合污染在土壤-水稻系统中生态效应研究．农村生态环境，2001.17：41-44.

[8] 陈怀满，郑春荣，孙小华．影响铅的土壤环境容量的因素．土壤，1994（4）.

[9] 杨学义．南京地区土壤背景值与母质的关系//环境中若干元素的自然背景值及其研究方法．北京：科学出版社，1982：16-20.

[10] 唐诵六．土壤重金属地球化学背景值的影响因素的研究．环境科学学报，1987，7（3）：245-252.

[11] 魏复盛，陈静生，吴燕玉等．中国土壤环境背景值研究．环境科学，1991，12（4）：12-19.
[12] 刘晶，滕彦国，崔艳芳等．土壤重金属污染生态风险评价方法综述．环境监测管理与技术，2007，19（3）：6-11.
[13] 杨刚，伍钧，孙百晔等．雅安市耕地土壤重金属健康风险评价农业环境科学学报，2010，29（增刊）：074-079.
[14] 刘凤枝，师荣光，徐亚平等．农产品产地土壤环境质量适宜性评价研究．农业环境科学学报，2007，26（1）：6-14.